网络空间安全学科系列教材

# 行为安全管理技术与应用实验指导

杨东晓　杜伯翔　王剑利　王萌　编著

清華大學出版社
北京

## 内 容 简 介

本书为“行为安全管理技术与应用”课程的实验指导教材。全书共 7 章，主要内容包括了解行为安全管理的基础知识、安装部署上网行为管理产品、用户管理、行为安全管理、流量管理策略、行为安全分析、上网行为管理设备系统维护。

本书由奇安信集团联合高等院校针对高等院校网络空间安全专业的教学规划组织编写，既适合作为网络空间安全、信息安全等相关专业的本科生的实验教材，也适合作为网络空间安全相关领域研究人员的基础读物。



**图书在版编目(CIP)数据**

行为安全管理技术与应用实验指导/杨东晓等编著. —北京：清华大学出版社，2023.3
网络空间安全学科系列教材
ISBN 978-7-302-61127-1

Ⅰ. ①行… Ⅱ. ①杨… Ⅲ. ①网络安全－安全管理－教材 Ⅳ. ①TN915.08

中国版本图书馆 CIP 数据核字(2022)第 111981 号

**责任编辑**：张 民 薛 阳
**封面设计**：常雪影
**责任校对**：郝美丽
**责任印制**：沈 露

**出版发行**：清华大学出版社
**网　　址**：http://www.tup.com.cn，http://www.wqbook.com
**地　　址**：北京清华大学学研大厦 A 座　　**邮　　编**：100084
**社 总 机**：010-83470000　　**邮　　购**：010-62786544
**投稿与读者服务**：010-62776969，c-service@tup.tsinghua.edu.cn
**质量反馈**：010-62772015，zhiliang@tup.tsinghua.edu.cn
**课件下载**：http://www.tup.com.cn，010-83470236
**印 装 者**：三河市人民印务有限公司
**经　　销**：全国新华书店
**开　　本**：185mm×260mm　　**印　　张**：21　　**字　　数**：488 千字
**版　　次**：2023 年 3 月第 1 版　　**印　　次**：2023 年 3 月第1 次印刷
**定　　价**：59.90 元

产品编号：085381-01

# 出版说明

21世纪是信息时代，信息已成为社会发展的重要战略资源，社会的信息化已成为当今世界发展的潮流和核心，而信息安全在信息社会中将扮演极为重要的角色，它会直接关系到国家安全、企业经营和人们的日常生活。随着信息安全产业的快速发展，全球对信息安全人才的需求量不断增加，但我国目前信息安全人才极度匮乏，远远不能满足金融、商业、公安、军事和政府等部门的需求。要解决供需矛盾，必须加快信息安全人才的培养，以满足社会对信息安全人才的需求。为此，教育部继2001年批准在武汉大学开设信息安全本科专业之后，又批准了多所高等院校设立信息安全本科专业，而且许多高校和科研院所已设立了信息安全方向的具有硕士和博士学位授予权的学科点。

信息安全是计算机、通信、物理、数学等领域的交叉学科，对于这一新兴学科的培养模式和课程设置，各高校普遍缺乏经验，因此中国计算机学会教育专业委员会和清华大学出版社联合主办了"信息安全专业教育教学研讨会"等一系列研讨活动，并成立了"高等院校信息安全专业系列教材"编委会，由我国信息安全领域著名专家肖国镇教授担任编委会主任，指导"高等院校信息安全专业系列教材"的编写工作。编委会本着研究先行的指导原则，认真研讨国内外高等院校信息安全专业的教学体系和课程设置，进行了大量具有前瞻性的研究工作，而且这种研究工作将随着我国信息安全专业的发展不断深入。系列教材的作者都是既在本专业领域有深厚的学术造诣，又在教学第一线有丰富的教学经验的学者、专家。

该系列教材是我国第一套专门针对信息安全专业的教材，其特点是：

① 体系完整、结构合理、内容先进。

② 适应面广：能够满足信息安全、计算机、通信工程等相关专业对信息安全领域课程的教材要求。

③ 立体配套：除主教材外，还配有多媒体电子教案、习题与实验指导等。

④ 版本更新及时，紧跟科学技术的新发展。

在全力做好本版教材，满足学生用书的基础上，还经由专家的推荐和审定，遴选了一批国外信息安全领域优秀的教材加入系列教材中，以进一步满足大家对外版书的需求。"高等院校信息安全专业系列教材"已于2006年年初正式列入普通高等教育"十一五"国家级教材规划。

2007年6月，教育部高等学校信息安全类专业教学指导委员会成立大会暨第一次会议在北京胜利召开。本次会议由教育部高等学校信息安全类专业教学指导委员会主任单位北京工业大学和北京电子科技学院主办，清华大学出版社协办。教育部高等学校信息安全类专业教学指导委员会的成立对我国信息安全专业的发展起到重要的指导和推动作用。2006 年，教育部给武汉大学下达了“信息安全专业指导性专业规范研制”的教学科研项目。2007 年起，该项目由教育部高等学校信息安全类专业教学指导委员会组织实施。在高教司和教指委的指导下，项目组团结一致，努力工作，克服困难，历时 5 年，制定出我国第一个信息安全专业指导性专业规范，于 2012 年年底通过经教育部高等教育司理工科教育处授权组织的专家组评审，并且已经得到武汉大学等许多高校的实际使用。2013 年，新一届教育部高等学校信息安全专业教学指导委员会成立。经组织审查和研究决定，2014 年，以教育部高等学校信息安全专业教学指导委员会的名义正式发布《高等学校信息安全专业指导性专业规范》(由清华大学出版社正式出版)。

2015 年 6 月，国务院学位委员会、教育部出台增设“网络空间安全”为一级学科的决定，将高校培养网络空间安全人才提到新的高度。2016 年 6 月，中央网络安全和信息化领导小组办公室(下文简称“中央网信办”)、国家发展和改革委员会、教育部、科学技术部、工业和信息化部及人力资源和社会保障部六大部门联合发布《关于加强网络安全学科建设和人才培养的意见》(中网办发文〔2016〕4 号)。2019 年 6 月，教育部高等学校网络空间安全专业教学指导委员会召开成立大会。为贯彻落实《关于加强网络安全学科建设和人才培养的意见》，进一步深化高等教育教学改革，促进网络安全学科专业建设和人才培养，促进网络空间安全相关核心课程和教材建设，在教育部高等学校网络空间安全专业教学指导委员会和中央网信办组织的“网络空间安全教材体系建设研究”课题组的指导下，启动了“网络空间安全学科系列教材”的工作，由教育部高等学校网络空间安全专业教学指导委员会秘书长封化民教授担任编委会主任。本丛书基于“高等院校信息安全专业系列教材”坚实的工作基础和成果、阵容强大的编委会和优秀的作者队伍，目前已有多部图书获得中央网信办与教育部指导和组织评选的“网络安全优秀教材奖”，以及“普通高等教育本科国家级规划教材”“普通高等教育精品教材”“中国大学出版社图书奖”等多个奖项。

“网络空间安全学科系列教材”将根据《高等学校信息安全专业指导性专业规范》(及后续版本)和相关教材建设课题组的研究成果不断更新和扩展，进一步体现科学性、系统性和新颖性，及时反映教学改革和课程建设的新成果，并随着我国网络空间安全学科的发展不断完善，力争为我国网络空间安全相关学科专业的本科和研究生教材建设、学术出版与人才培养做出更大的贡献。

我们的 E-mail 地址是：zhangm@tup.tsinghua.edu.cn，联系人：张民。

“网络空间安全学科系列教材”编委会

# 前言

没有网络安全,就没有国家安全;没有网络安全人才,就没有网络安全。

为了更多、更快、更好地培养网络安全人才,许多学校都加大投入,聘请优秀老师,招收优秀学生,建设一流的网络空间安全专业。

网络空间安全专业建设需要体系化的培养方案、系统化的专业教材和专业化的师资队伍。优秀教材是网络空间安全专业人才的关键。但是,这却是一项十分艰巨的任务,原因有二,其一,网络空间安全的涉及面非常广,至少包括密码学、数学、计算机、通信工程等多门学科,知识体系庞杂、难以梳理;其二,网络空间安全的实践性很强,技术发展更新非常快,对环境和师资要求也很高。

《行为安全管理技术与应用实验指导》是“行为安全管理技术与应用”课程的配套实验指导教材。通过实践教学,了解行为安全管理的基础知识,安装部署上网行为管理产品,理解和掌握用户管理、行为安全管理、流量管理策略、行为安全分析,以及上网行为管理设备系统维护的相关技术和方法。培养学生运用所学的技术和方法通过行为安全管理设备实现对上网行为进行管理和维护的能力。

本书在编写过程中得到奇安信集团的赵宇辉、侯昀、冯涛、张锋、段晓光、白国胜、包宏宇、刘俊浩、裴智勇、翟胜军等的鼎力支持,在此对他们的工作表示衷心的感谢!

本书适合作为高等院校网络空间安全、信息安全等相关专业的教材和参考资料。随着新技术的不断发展,今后将不断更新书中内容。

由于作者水平有限,书中难免存在疏漏和不妥之处,欢迎读者批评指正。

作　者

2022年8月

# 目录

# 第1章 了解行为安全管理的基础知识

本章主要介绍互联网行为安全管理技术的产生背景，以及行为安全管理的一些基本概念和基础知识。

完成本章学习后，可以初步了解上网行为管理产品的定义、意义与价值，掌握上网行为管理产品的登录方式。

## 上网行为管理系统登录实验

**【实验目的】**

掌握上网行为管理系统的登录操作，了解上网行为管理系统各个接口登录方法。

**【知识点】**

上网行为管理系统登录方法。

**【场景描述】**

A公司部署上网行为管理系统之后，张经理要求新来的安全运维工程师小王熟悉系统，成功登录该系统，掌握各个接口登录方法，以及系统登录相关配置。同学们和小王一起熟悉这台新的网络安全设备。

**【实验原理】**

用户可通过Web界面和命令行的方式对上网行为管理进行配置，上网行为管理系统的Web配置界面提供“用户管理”“网页过滤”“应用控制”“流量管控”“内容审计”等主要功能，系统包括系统监控、全局配置、SSL解密、安全防护、上网管理、流量管理、防火墙、用户管理、查询统计、统计报表、系统管理等管理模块，用户可以使用该界面完成策略配置，从而实现对员工上网行为的识别、管控与分析。本节中均使用上网行为管理系统的Web界面对其进行配置。

默认情况下，员工终端可从业务网段访问上网行为管理的业务口IP地址进入上网行为管理系统Web界面；管理机可以从管理网段访问上网行为管理系统的管理口IP地址进入配置页面。同时管理机也可以通过配置管理口选项，限制员工终端从业务口IP地址登录上网行为管理系统，防止员工误操作，造成损失。

**【实验设备】**

安全设备：上网行为管理设备 1 台。

网络设备：路由器 2 台。

主机终端：Windows 7 SP1 主机 2 台。

**【实验拓扑】**

实验拓扑如图 1-1 所示。

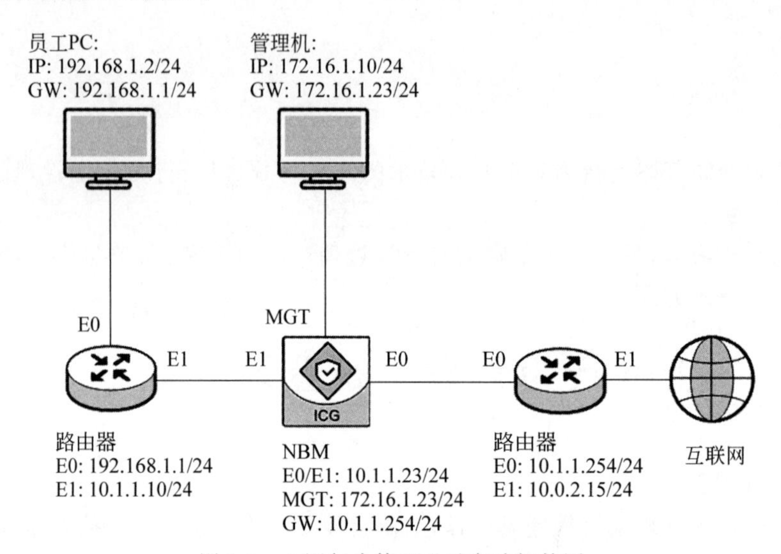


图 1-1　上网行为管理登录实验拓扑图

**【实验思路】**

(1) 配置管理机 IP 地址。

(2) 进入登录界面。

(3) 使用管理员账号登录上网行为管理系统。

(4) 使用员工 PC 登录上网行为管理系统。

(5) 配置管理口设置达到只允许管理机登录上网行为管理系统的效果。

**【实验步骤】**

(1) 设置管理机 IP 地址与上网行为管理的 MGT 口 IP 地址为同一网段，登录实验拓扑中的管理机，配置管理机 IP 地址为 172.16.1.10/24，默认网关为 172.16.1.23，单击“确定”按钮，如图 1-2 所示。

(2) 打开管理机的浏览器，在地址栏中输入上网行为管理的访问地址“https://172.16.1.23”(以实际 IP 地址为准)，在登录页面输入用户名“admin”、密码“admin123”(以实际密码为准)、验证码“69d6”(以实际验证码为准)，单击“登录”按钮，如图 1-3 所示。

(3) 为提高上网行为管理系统的安全性，系统会在用户使用初始密码登录时弹出“修改密码”对话框，本实验不需要修改默认密码，单击“暂不修改”按钮，如图 1-4 所示。

(4) 成功登录设备后，进入上网行为管理首页，如图 1-5 所示。

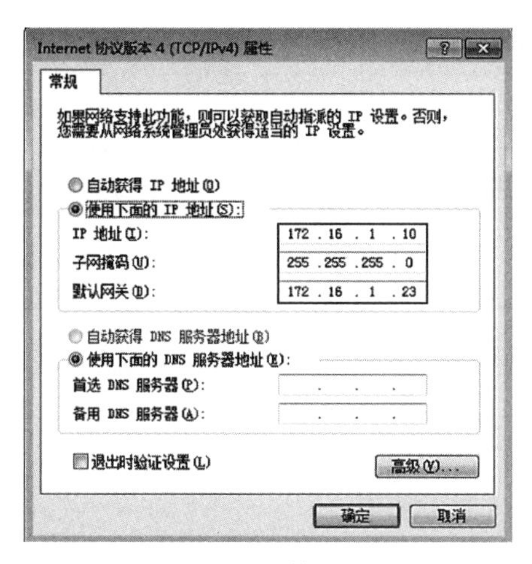


图 1-2　配置管理机 IP

图 1-3　上网行为管理登录界面

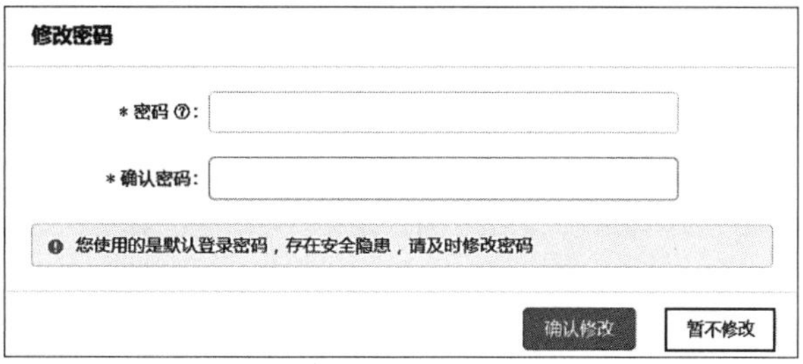

修改密码

* 密码：

* 确认密码：

您使用的是默认登录密码，存在安全隐患，请及时修改密码

确认修改　暂不修改

图 1-4　修改初始密码界面

(5) 单击“网络配置”→“模式配置”菜单，单击“配置网络模式”按钮，进入“配置网络模式”页面，如图 1-6 所示。

图 1-5　上网行为管理首页

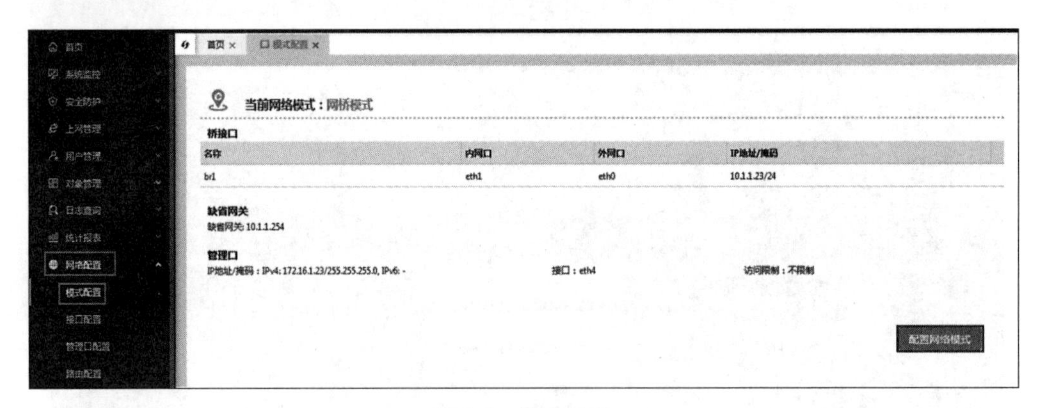


图 1-6　模式配置

（6）在“网络模式选择”对话框中，选中“网桥模式”单选按钮，单击“开始配置”按钮，如图 1-7 所示，进入“网桥模式配置”对话框。

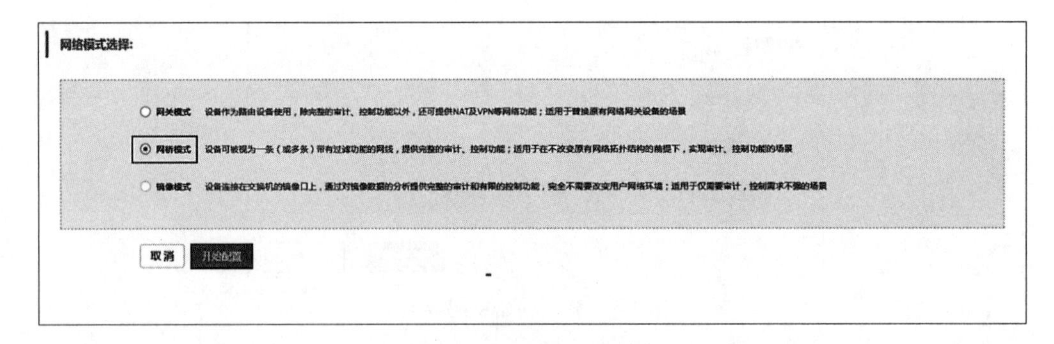


图 1-7　网络模式选择

（7）在“网桥模式配置”对话框中，单击“新建”按钮，配置网桥接口，如图 1-8 所示。

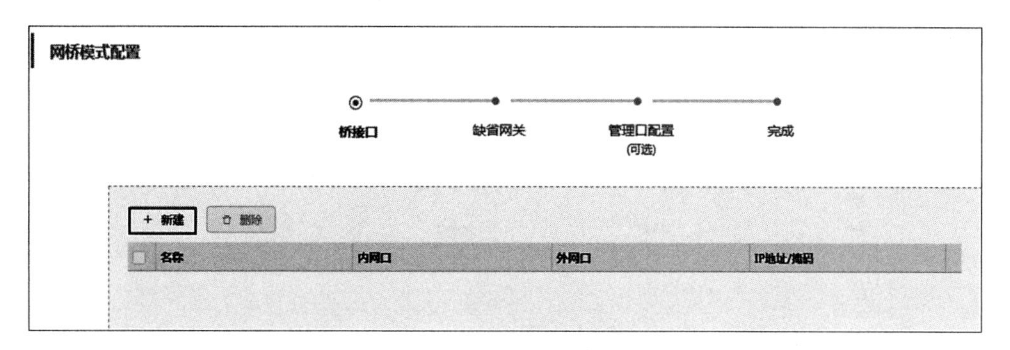


图 1-8 新建桥接口

(8) 在弹出的“编辑桥接口”对话框中填写配置信息。“名称”填写“br1”,“内网口”选择 eth1,“外网口”选择 eth0,“IP 地址/掩码”填写“10.1.1.23/24”,填写完成后,单击对话框下方的“确定”按钮,如图 1-9 所示(注:在上网行为管理中,外网口一般与互联网连接,本实验拓扑中路由器 E1 口与外网连接,故外网口应与路由器 E1 口处于同一网段;内网口是上网行为管理与公司内部网络连接的接口)。

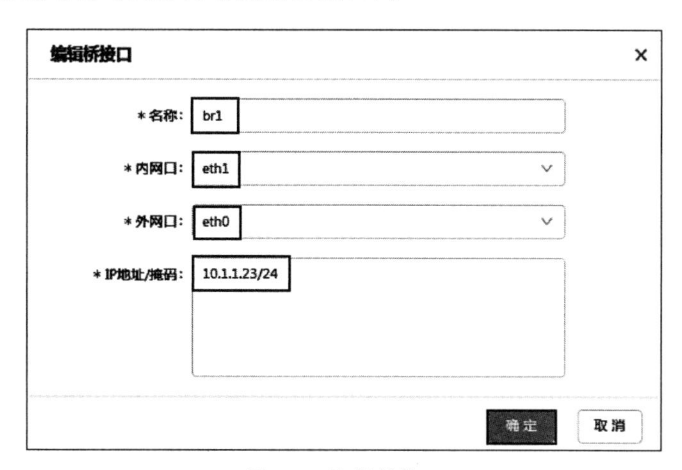


图 1-9 编辑桥接口

(9) 桥接口创建成功后,返回“网桥模式配置”页面,单击“下一步”按钮,进入“缺省网关”配置页面,如图 1-10 所示。

(10) 配置“缺省网关”为 10.1.1.254,单击“下一步”按钮,如图 1-11 所示。

(11) 进入“管理口配置”页面,本实验保持默认配置,单击“下一步”按钮,如图 1-12 所示。

(12) 所有的配置完成后,单击“保存并生效”按钮,使配置生效,如图 1-13 所示。

(13) 单击“网络配置”→“路由配置”菜单进行路由配置,单击“新建”按钮添加路由,如图 1-14 所示。

(14) 在弹出的“新建 IPv4 静态路由”对话框新建一条静态路由,“目的地址”填写“192.168.0.0”,“IP 掩码”填写“255.255.0.0”,“下一跳”填写“10.1.1.10”,“接口”选择 br1,单击“确定”按钮,新建路由完成,如图 1-15 所示。

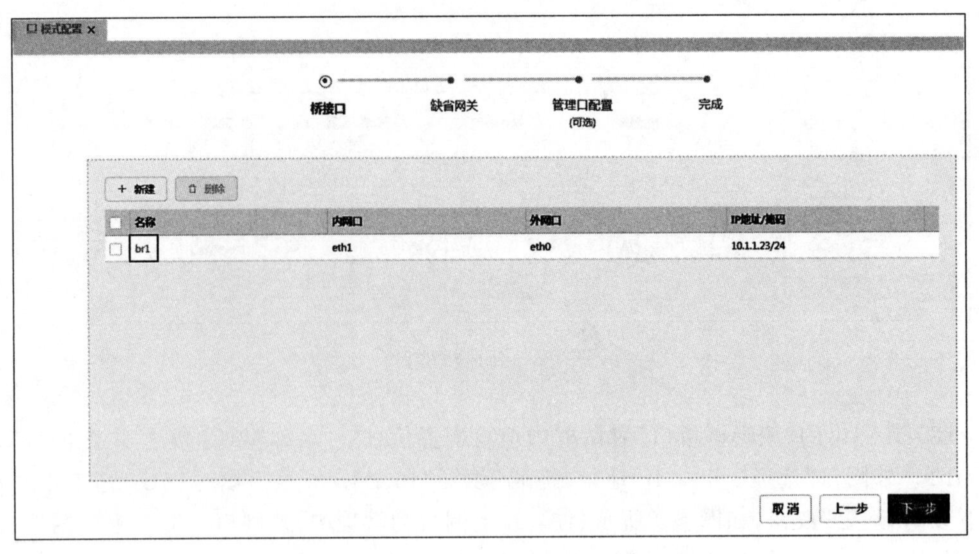


图 1-10　网桥模式配置页面

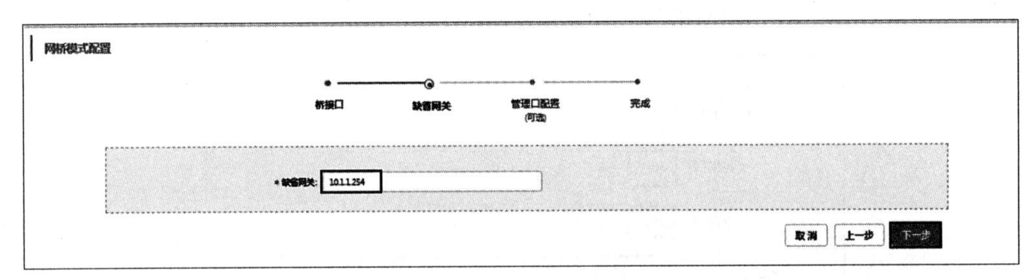


图 1-11　缺省网关配置

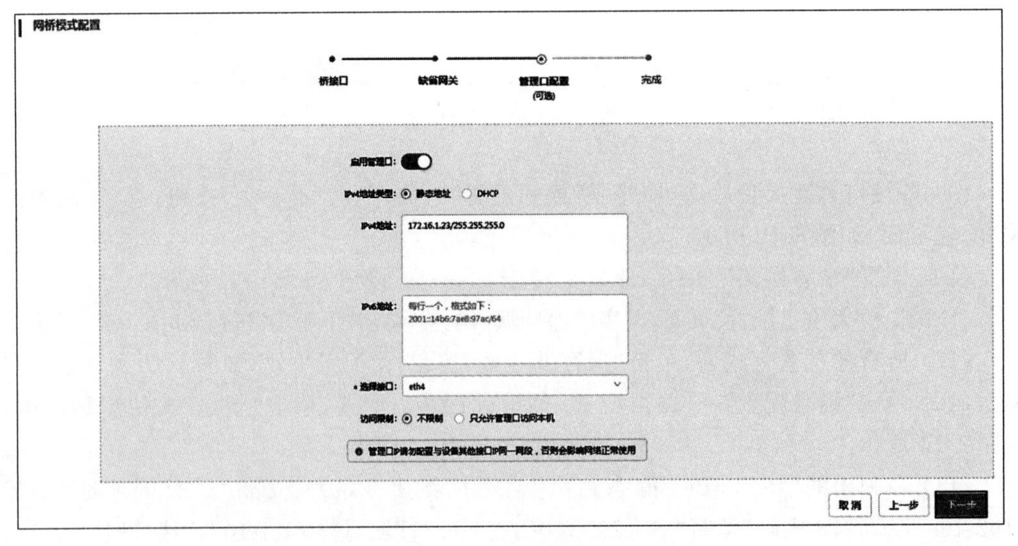


图 1-12　管理口配置

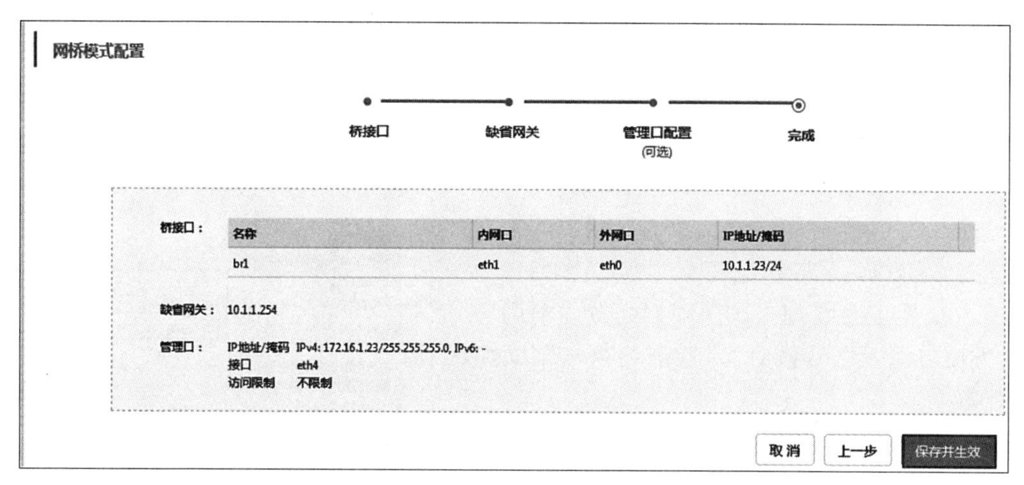


图 1-13　保存配置

图 1-14　新建路由

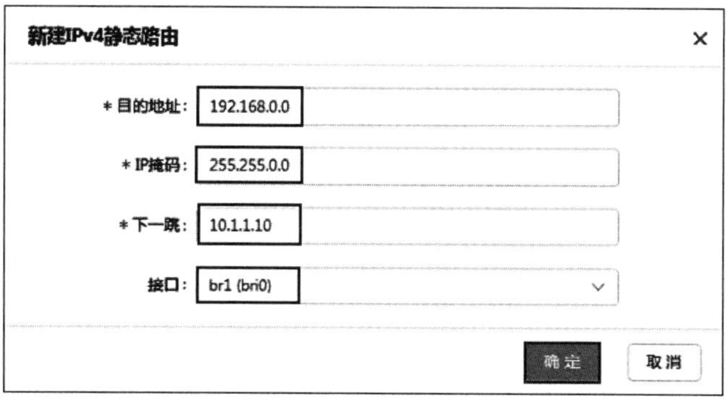

新建IPv4静态路由

* 目的地址：192.168.0.0

* IP掩码：255.255.0.0

* 下一跳：10.1.1.10

接口：br1 (bri0)

确 定　　取 消

图 1-15　新建静态路由

(15) 打开员工 PC，将 IP 地址配置为 192.168.1.2/24，默认网关为 192.168.1.1，单击“确定”按钮，如图 1-16 所示。

(16) 在员工 PC 中打开浏览器，在地址栏中输入上网行为管理的访问地址“https://10.1.1.23”(以实际 IP 地址为准)，在登录页面输入用户名“admin”、密码“admin123”(以实际密码为准)、验证码“5t22”(以实际验证码为准)登录上网行为管理。(此处是做管理口访问限制配置之前的验证，方便与配置之后做对比，验证结果见下文实验结果 1。)

(17) 打开管理机的浏览器，在地址栏中输入上网行为管理的访问地址“https://172.16.1.23”(以实际 IP 地址为准)，在登录页面输入用户名“admin”、密码“admin123”(以实际密码为准)、验证码“69d6”(以实际验证码为准)，单击“登录”按钮，如图 1-17 所示。

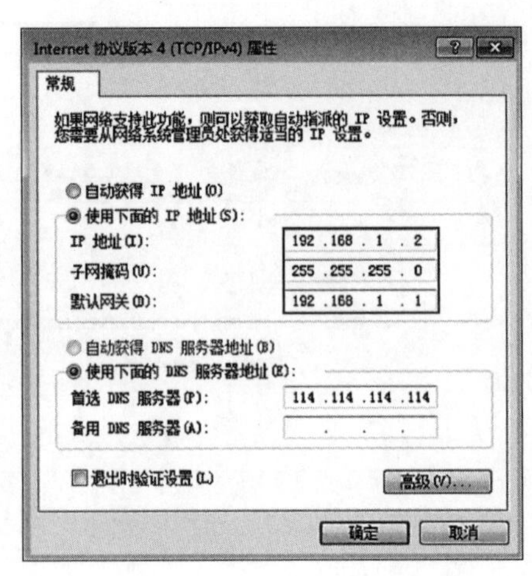


图 1-16　员工 PC 网络配置

图 1-17　上网行为管理登录界面

(18) 成功登录到设备后，进入上网行为管理首页，如图 1-18 所示。

(19) 单击“网络配置”→“管理口配置”菜单，进入管理口配置页面，如图 1-19 所示。

(20) 在“访问限制”选项中，选中“只允许管理口访问本机”单选按钮，单击“保存配置”按钮，如图 1-20 所示。

**【实验预期】**

(1) 员工 PC 成功登录上网行为管理系统。

(2) 配置完管理口后员工 PC 无法继续访问上网行为管理系统。

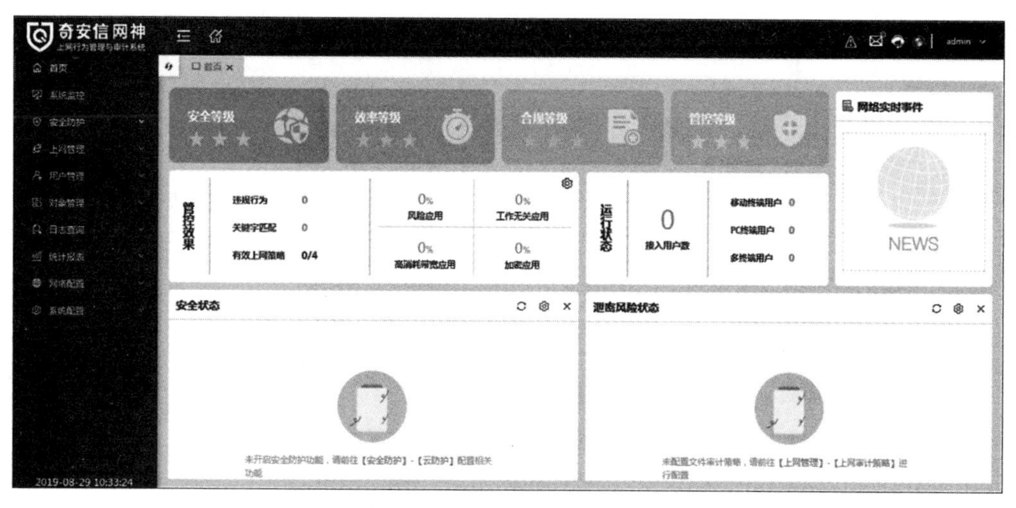


图 1-18　上网行为管理首页

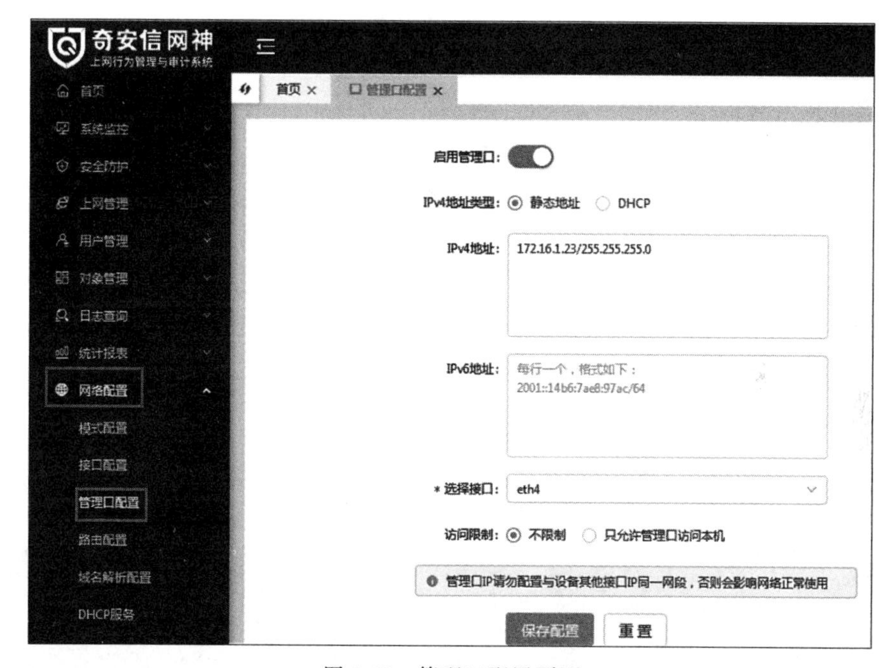


图 1-19　管理口配置页面

## 【实验结果】

### 1. 配置访问限制前，员工 PC 可以访问上网行为管理系统

（1）双击桌面的火狐浏览器快捷方式，运行火狐浏览器，如图 1-21 所示。

（2）打开管理机的浏览器，在地址栏中输入上网行为管理的访问地址“https://10.1.1.23”（以实际 IP 地址为准），在登录页面输入用户名“admin”、密码“admin123”（以实际密码为准）、验证码“5t22”（以实际验证码为准），单击“登录”按钮，如图 1-22 所示。

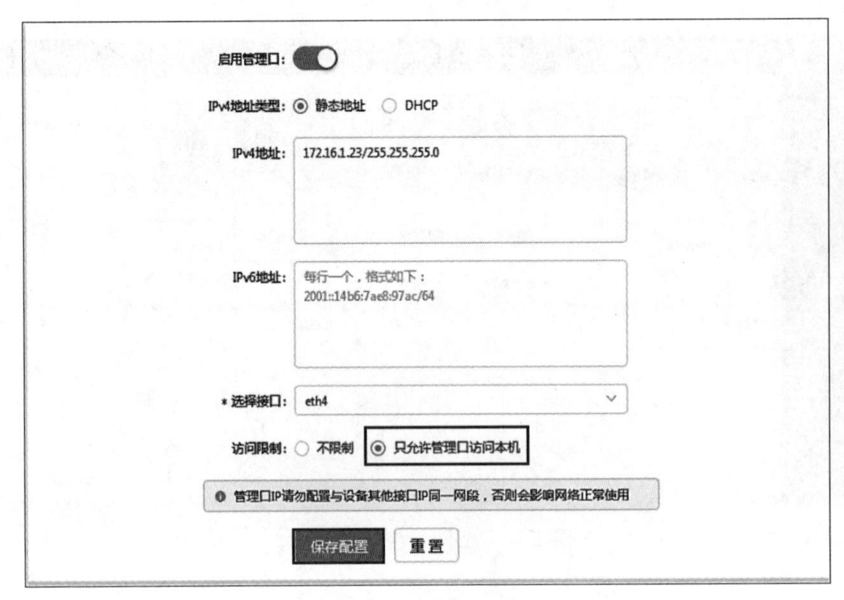


图 1-20　访问限制选择

图 1-21　运行火狐浏览器

图 1-22　员工 PC 访问上网行为管理系统

(3) 成功登录到设备后，进入上网行为管理首页，如图 1-23 所示。

图 1-23　上网行为管理首页

**2. 配置访问限制后，员工 PC 不能访问上网行为管理系统**

(1) 双击桌面的火狐浏览器快捷方式，运行火狐浏览器。

(2) 在地址栏中输入 IP 地址"https://10.1.1.23"(以实际地址为准)，如图 1-24 所示。(注：如果仍可以访问上网行为管理系统，尝试清理浏览器缓存并重试)

图 1-24　员工 PC 不能访问上网行为管理系统

## 【实验思考】

(1) 管理员还可以通过什么方式登录上网行为管理系统？

(2) 如果需要将设备恢复出厂设置，应该如何操作？

# 第2章 安装部署上网行为管理产品

本章主要介绍目前市场上主流的上网行为管理产品，并学习此类设备的安装和部署。

完成本章学习后，可以理解上网行为安全管理产品和防火墙的差异，初步掌握上网行为安全管理产品的安装和部署。

## 2.1 网络模式配置实验

**【实验目的】**

掌握上网行为管理的网关配置操作以及网桥配置操作。

**【知识点】**

上网行为管理系统的网桥及网关配置方法。

**【场景描述】**

由于网络安全法的实施，B公司现有两个办公区：研发工作区和总部办公区。公司需要对这两个办公区的员工进行上网行为管控，其中，研发办公区由于人数较少没有设置防火墙；总部办公区在外网出口设置了防火墙做了NAT，并已经对内网用户的文件传输进行了管控，需要新配置的设备不影响内网配置。网络安全运维工程师小王现需要将一台上网行为管理系统上架并部署，请同学们和小王一起根据两个办公区的不同要求，对上网行为管理的部署模式进行配置，满足员工PC可正常访问互联网的需求，并根据测试结果选择两个办公区的上网行为管理系统部署方式。

**【实验原理】**

上网行为管理与审计系统部署方式非常灵活，主要分为三种模式：①透明网桥模式，该模式支持单网桥和多网桥；②网关模式；③镜像模式。不同的网络部署模式适用于不同的拓扑结构。

上网行为管理系统配置网桥模式后可以透明接入客户网络，既不需要修改客户网络拓扑和配置，也不需要在客户PC上安装任何软件或更改任何配置，就可以部署到客户网络中并对其进行识别、管控和分析。

上网行为管理系统配置网关模式后可以作为出口网关部署，保证内网用户能够正常访问互联网，支持 NAT 和路由选路下报文转发的部署方式。内网用户访问网络，以上网行为管理系统的内网口作为默认网关地址。在此模式下，上网行为管理系统可以作为简单的传统防火墙，对进出流量进行管控，提高网络环境安全性。

**【实验设备】**

安全设备：上网行为管理设备 1 台。

网络设备：路由器 1 台。

主机终端：Windows 7 SP1 主机 2 台。

**【实验拓扑】**

实验拓扑如图 2-1 所示。

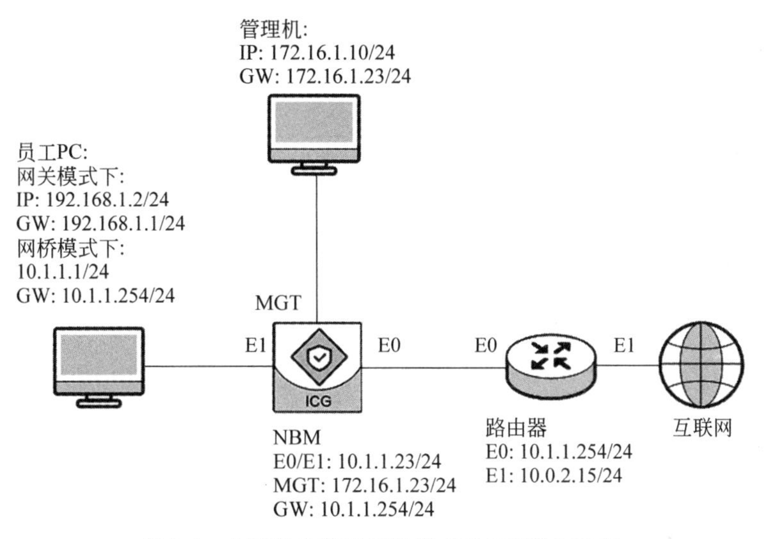


图 2-1　上网行为管理网络模式配置实验拓扑图

**【实验思路】**

(1) 配置管理机 IP 地址登录上网行为管理系统。

(2) 配置上网行为管理为网关模式。

(3) 配置员工 PC 网络使其可以上网。

(4) 配置上网行为管理为网桥模式网络。

(5) 配置员工 PC 网络使其可以上网。

**【实验步骤】**

(1) 登录管理机，设置管理机 IP 地址与上网行为管理的 MGT 口 IP 地址为同一网段，登录实验拓扑中的管理机，配置管理机 IP 地址为 172.16.1.10/24，默认网关为 172.16.1.23，单击“确定”按钮。

(2) 打开管理机的浏览器，在地址栏中输入上网行为管理的访问地址“https://172.16.1.23”(以实际 IP 地址为准)，跳转至上网行为管理登录页面，在登录页面输入用户名“admin”、密码“admin123”(以实际密码为准)、验证码“69d6”(以实际验证码为准)，单击

"登录"按钮。

(3) 为提高上网行为管理系统的安全性,系统会在用户使用初始密码登录时弹出"修改密码"对话框,本实验不需要修改默认密码,单击"暂不修改"按钮。

(4) 成功登录设备后,进入上网行为管理首页。

(5) 单击"网络配置"→" 模式配置"菜单,单击"配置网络模式"按钮,如图 2-2 所示,进入"网络模式选择"页面。

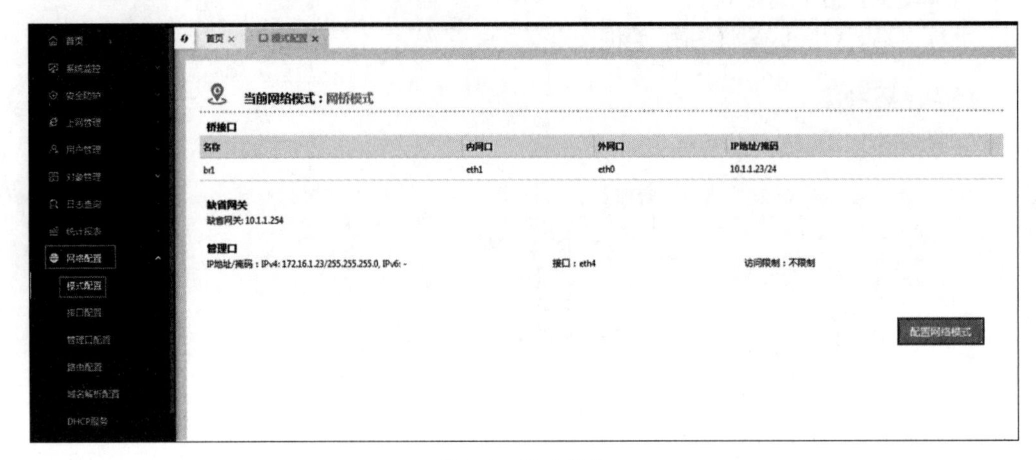


图 2-2　模式配置

(6) 在"网络模式选择"页面,选择"网关模式"选项,单击"开始配置"按钮,如图 2-3 所示。

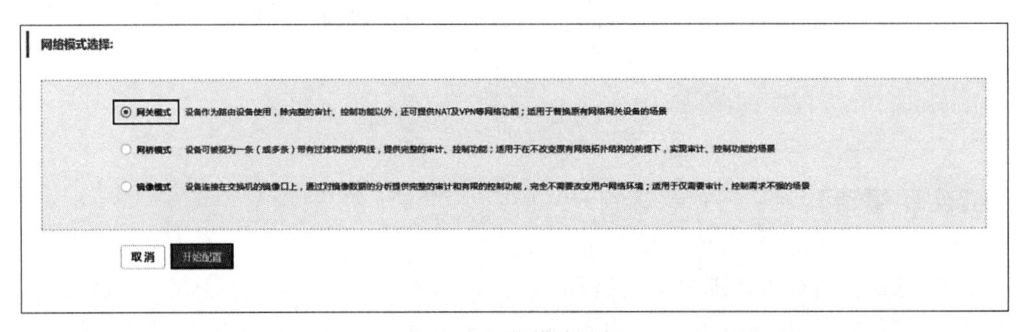


图 2-3　网络模式选择

(7) 在"网关模式配置"页面,单击"新建"按钮,弹出"新建内网口"对话框,"名称"填写"内网","选择接口"选择 eth1,"IPv4 地址/掩码"填写"192.168.1.1/24",如图 2-4 所示,单击"确定"按钮,进入如图 2-5 所示的界面。

(8) 单击"下一步"按钮,外网口配置界面进入。

(9) 在"网关模式配置"页面,单击"新建"按钮,弹出"新建外网口"对话框,"名称"填写"外网","选择接口"选择 eth0,"接入方式"选择"静态地址","IPv4 地址/掩码"填写"10.1.1.23/24","网关"填写"10.1.1.254","权重"填写"1",如图 2-6 所示,单击"确定"按钮,进入如图 2-7 所示的界面。

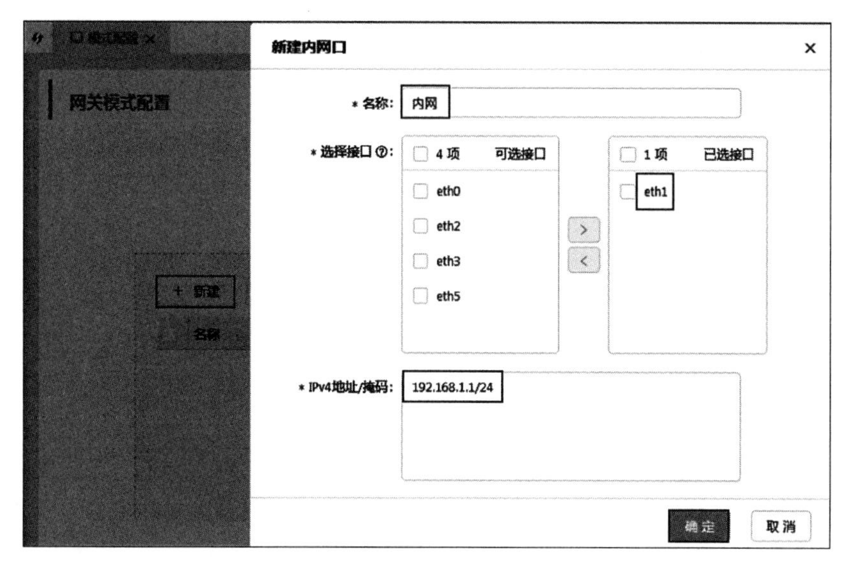


图 2-4　新建内网口

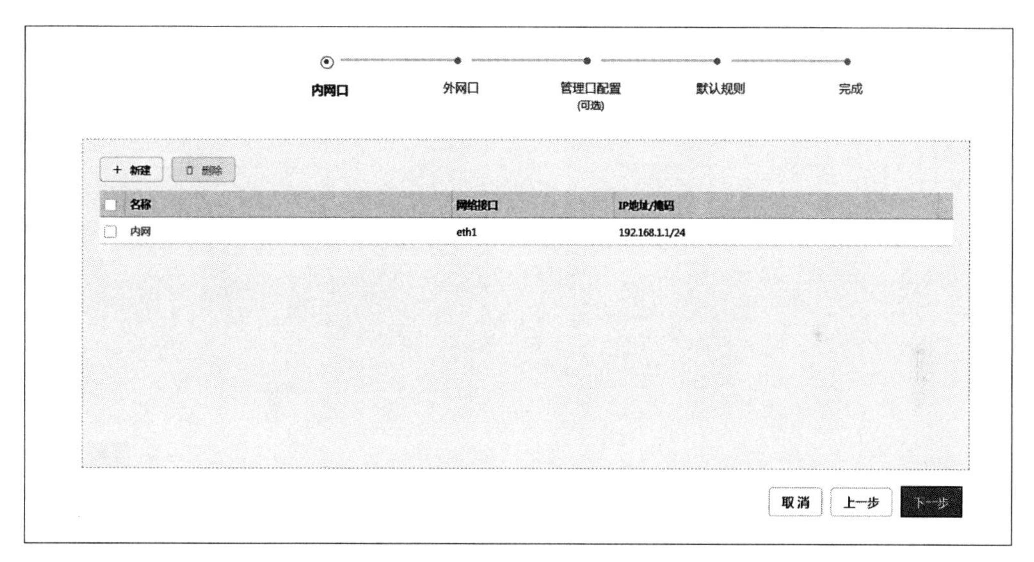


图 2-5　内网口配置保存成功

(10) 单击“下一步”按钮,进入管理口配置页面。

(11) 进入“管理口配置”页面,本实验保持默认配置,单击“下一步”按钮,如图 2-8 所示。

(12) 进入“默认规则”页面,本实验保持默认配置,单击“下一步”按钮,如图 2-9 所示。

(13) 所有的配置完成后,单击“保存并生效”按钮,使配置生效,如图 2-10 所示。

(14) 在弹出的“确认立即保存并生效网络配置”对话框中,单击“确定”按钮,如图 2-11 所示。

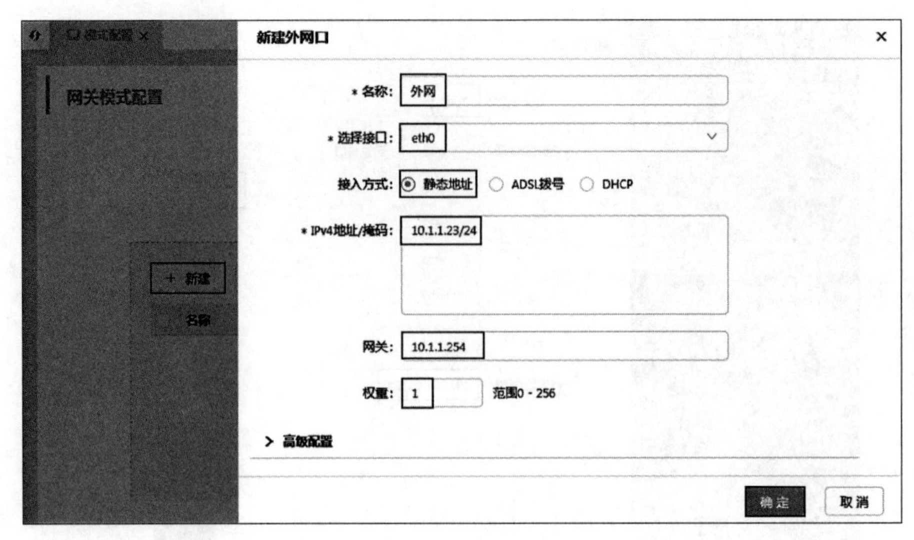


图 2-6　新建外网口

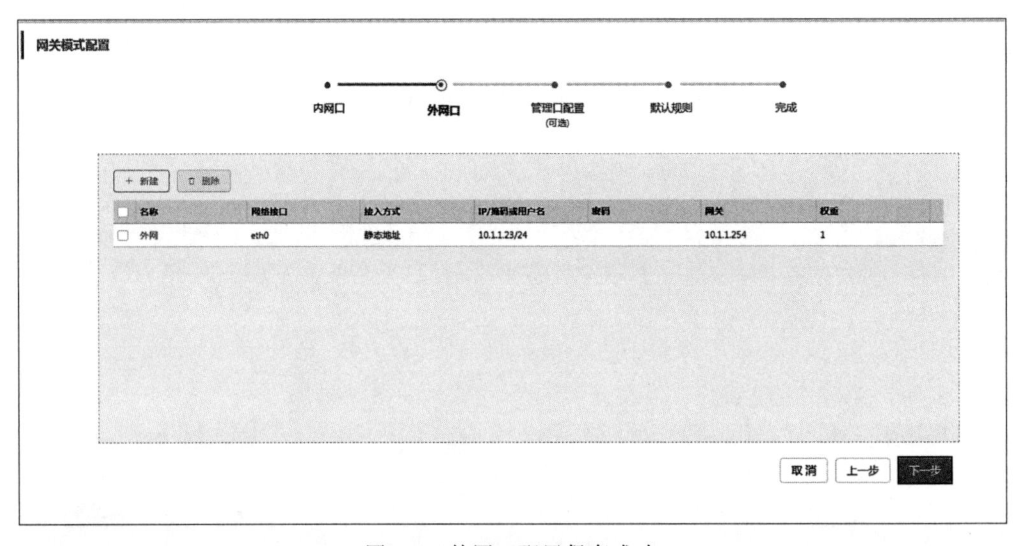


图 2-7　外网口配置保存成功

(15) 进入员工 PC，配置 IP 地址为 192.168.1.2/24，默认网关为 192.168.1.1，DNS 服务器为 114.114.114.114，返回桌面，双击火狐浏览器，在地址栏输入“https://www.baidu.com”，测试上网结果，测试结果见下文“实验结果”中的结果 1。

(16) 打开管理机，进入上网行为管理首页，单击“网络配置”→“模式配置”菜单，单击“配置网络模式”按钮，进入“网络模式选择”页面，如图 2-12 所示。

(17) 在“网络模式选择”页面中，选中“网桥模式”单选按钮，单击“开始配置”按钮，如图 2-13 所示，进入“网桥模式配置”页面。

(18) 在“网桥模式配置”对话框中，单击“新建”按钮，配置网桥接口，如图 2-14 所示。

(19) 在弹出的“编辑桥接口”对话框中填写配置信息。“名称”填写“br1”，“内网口”

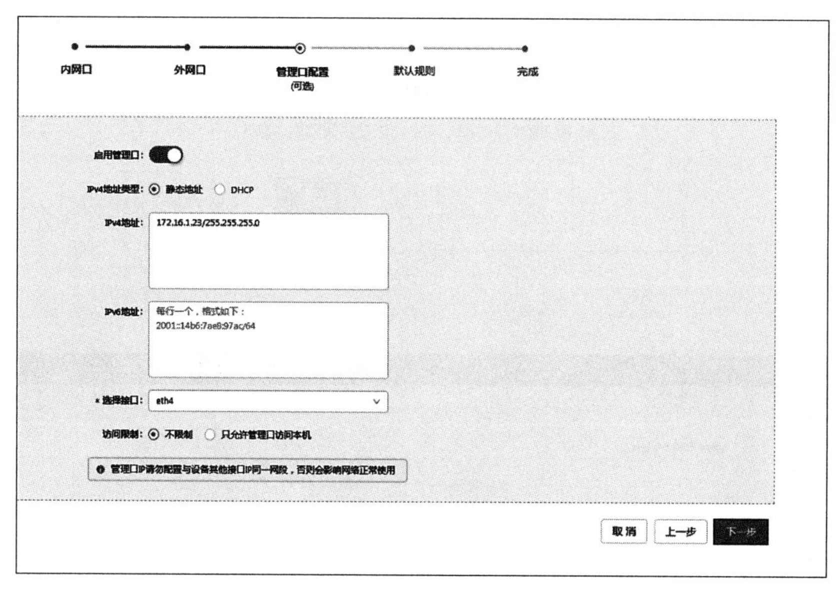


图 2-8　管理口配置

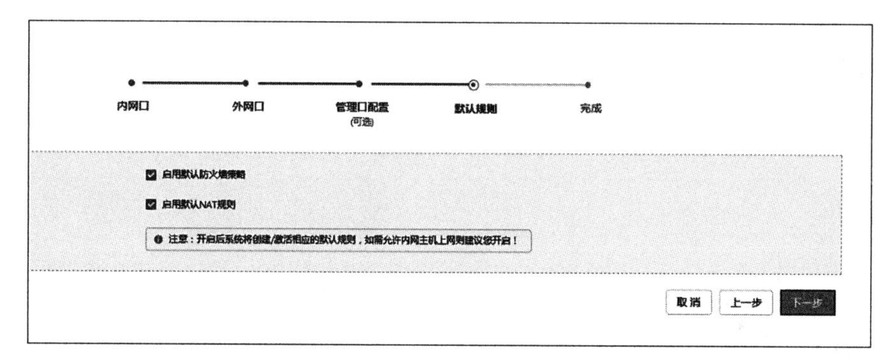


图 2-9　默认规则配置

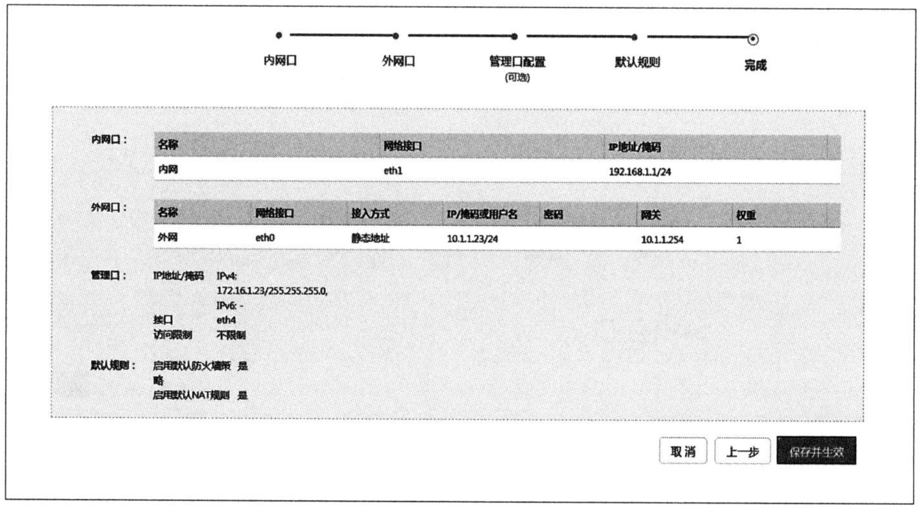


图 2-10　保存配置

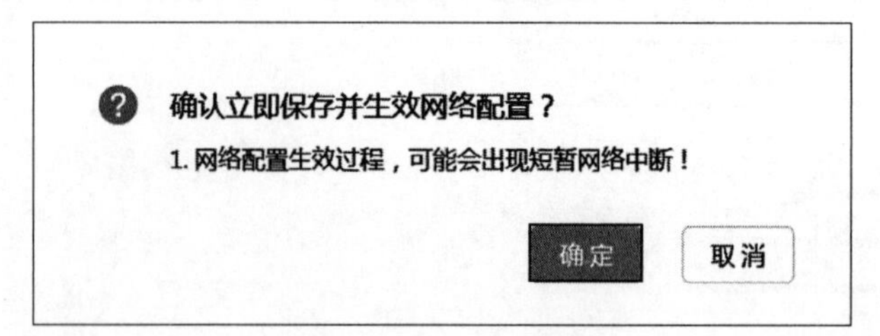


图 2-11　执行网络配置

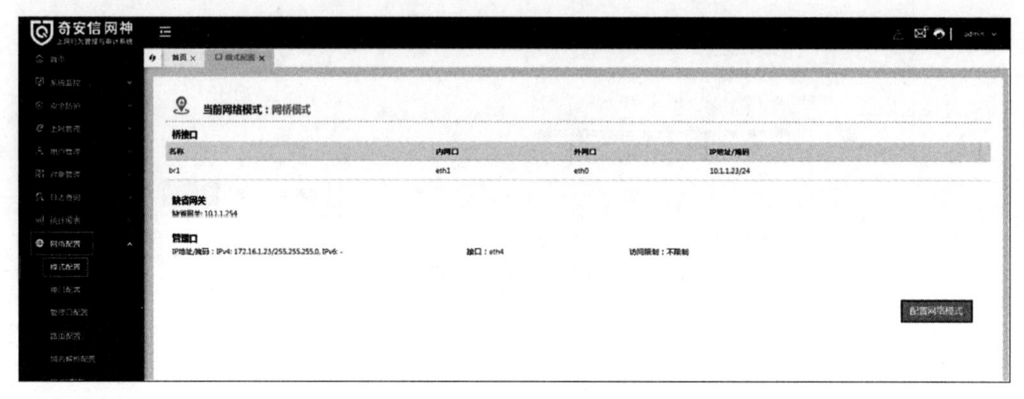


图 2-12　模式配置

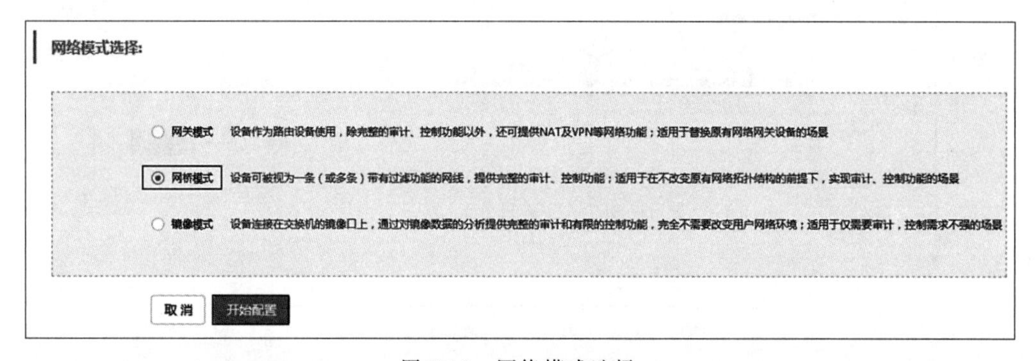


图 2-13　网络模式选择

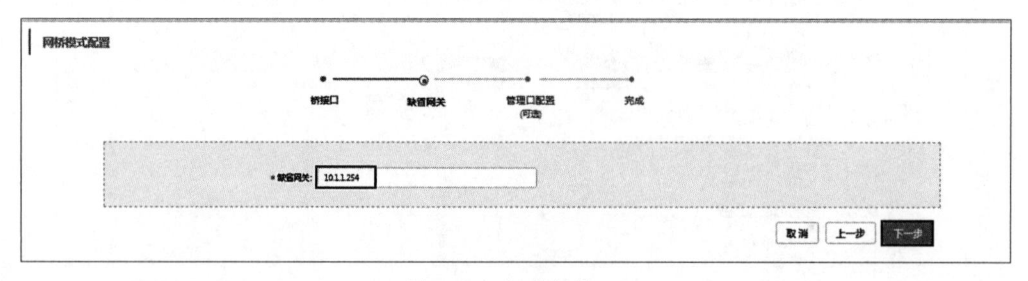


图 2-14　新建桥接口

选择 eth1，“外网口”选择 eth0，“IP 地址/掩码”填写“10.1.1.23/24”，填写完成后，单击对话框下方的“确定”按钮，如图 2-15 所示。（注：在上网行为管理中，外网口一般与互联网连接，本实验拓扑中路由器 E1 口与外网连接，故外网口应与路由器 E0 口处于同一网段；内网口是上网行为管理与公司内部网络连接的接口。）

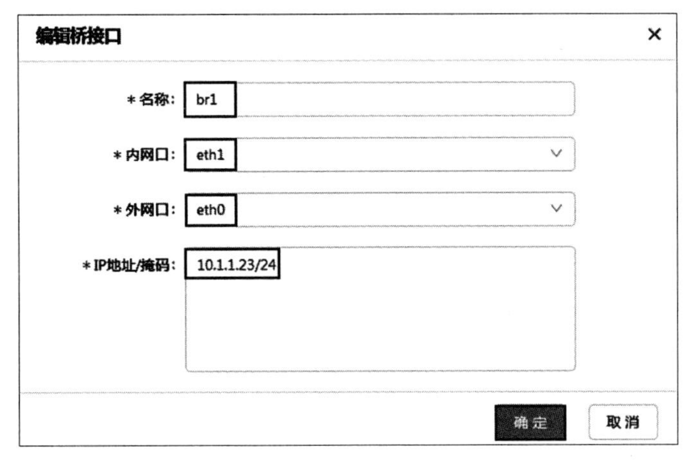


图 2-15　编辑桥接口

（20）桥接口创建成功后，返回“网桥模式配置”页面，如图 2-16 所示，单击“下一步”按钮，进入“缺省网关”配置页面。

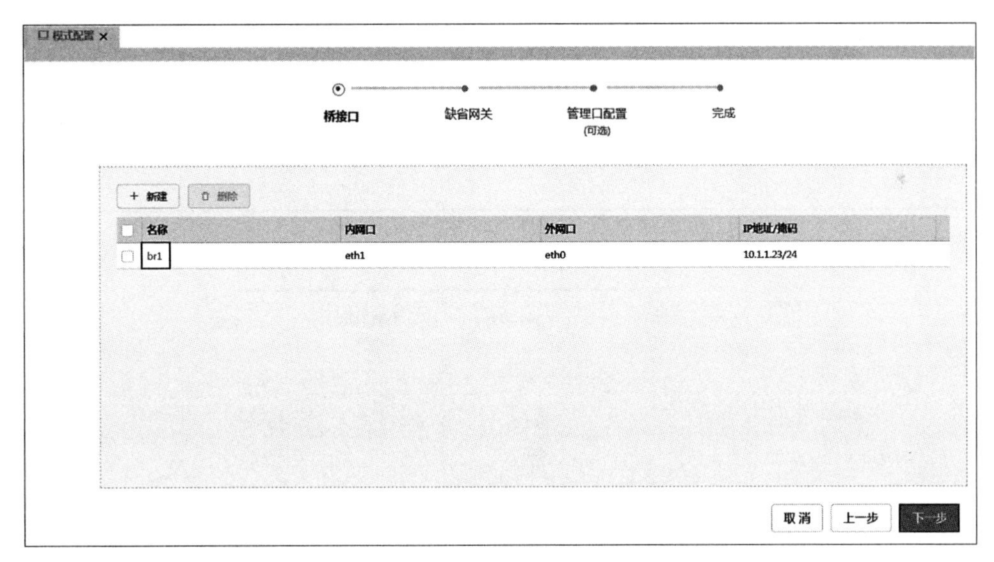


图 2-16　网桥模式配置页面

（21）配置“缺省网关”为“10.1.1.254”，如图 2-17 所示，单击“下一步”按钮。

（22）进入“管理口配置”页面，本实验保持默认配置，单击“下一步”按钮，如图 2-18 所示。

（23）所有的配置完成后，单击“保存并生效”按钮，使配置生效，如图 2-19 所示。

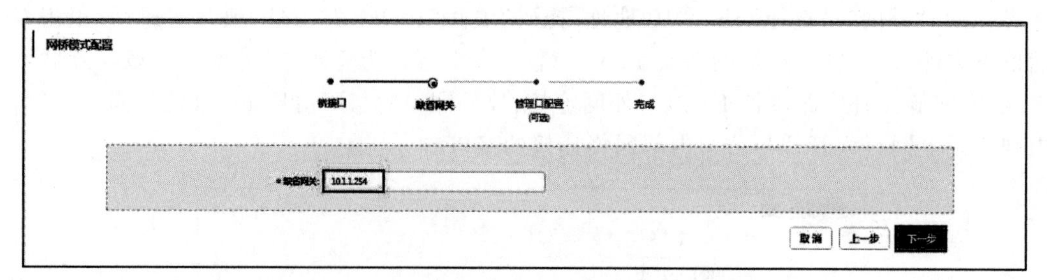


图 2-17　缺省网关配置

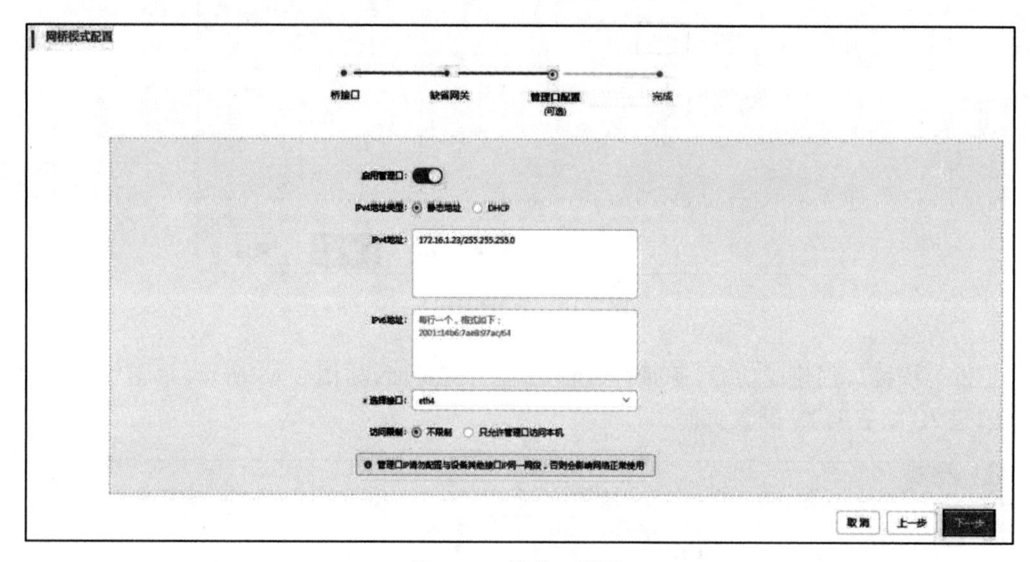


图 2-18　管理口配置

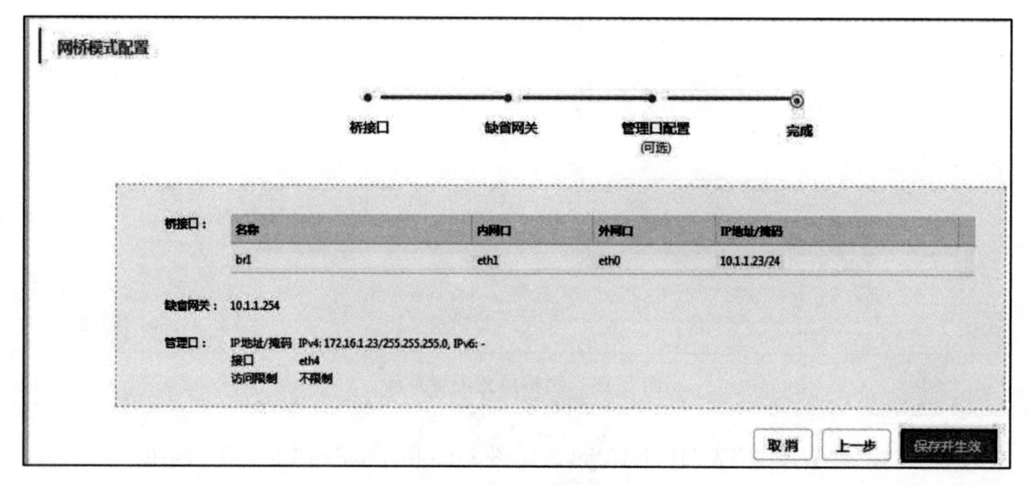


图 2-19　保存配置

(24) 在弹出的“确认立即保存并生效网络配置”对话框中，单击“确定”按钮，如图 2-20 所示。

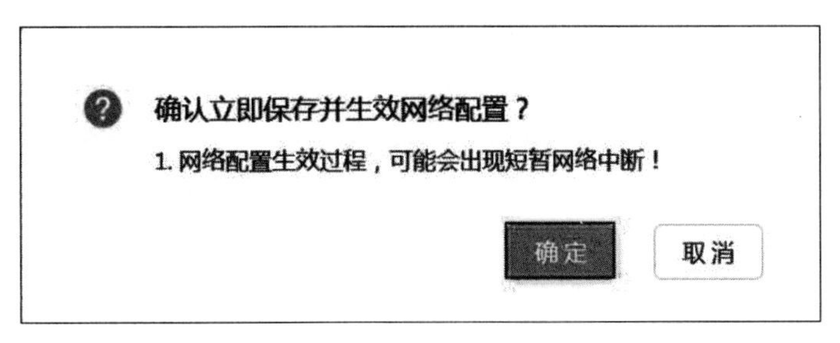


图 2-20　执行网络配置

(25) 打开员工 PC，配置 IP 地址为 10.1.1.1/24，默认网关为 10.1.1.254，DNS 服务器为 114.114.114.114，返回桌面，双击火狐浏览器，在地址栏输入“https://www.baidu.com”，测试上网结果，测试结果见下文“实验结果”中的结果 2。

**【实验预期】**

(1) 网关模式下，员工 PC 成功上网。

(2) 网桥模式下，员工 PC 成功上网。

**【实验结果】**

**1. 网关模式下，员工 PC 访问百度成功**

(1) 打开员工 PC 进行网络配置，将 IP 地址配置为 192.168.1.2/24，默认网关为 192.168.1.1，DNS 服务器为 114.114.114.114，单击“确定”按钮，如图 2-21 所示。

(2) 双击桌面的火狐浏览器快捷方式，运行火狐浏览器。

(3) 在地址栏输入“https://www.baidu.com”进行上网测试，满足实验预期 1，如图 2-22 所示。

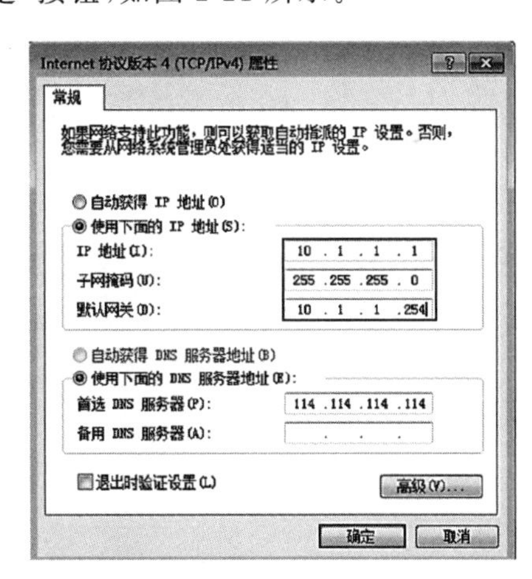


图 2-21　员工 PC 网络配置 1

**2. 网桥模式下，员工 PC 访问百度成功**

(1) 打开员工 PC 进行网络配置，配置 IP 地址为 10.1.1.1/24，默认网关为 10.1.1.254，DNS 为 114.114.114.114，单击“确定”按钮，如图 2-23 所示。

(2) 双击桌面的火狐浏览器快捷方式，运行火狐浏览器。

(3) 在地址栏输入“https://www.baidu.com”进行上网测试，满足实验预期 2，如图 2-24 所示。

**【实验思考】**

分别比较网关模式和网桥模式的部署优缺点。

图 2-22 访问网速测试页面 1

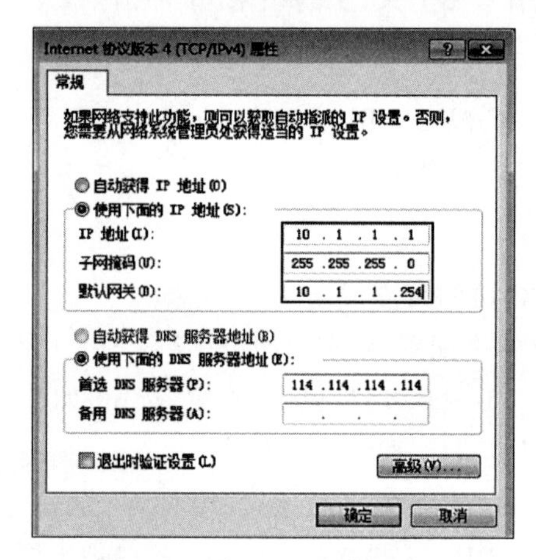


图 2-23 员工 PC 网络配置 2

图 2-24 访问网速测试页面 2

## 2.2　客户端推送实验

**【实验目的】**

了解上网行为管理客户端推送方法。

**【知识点】**

上网行为管理系统的客户端推送方法。

**【场景描述】**

A 公司决定加大监测力度，向每个员工终端推送上网行为管理客户端，请同学们和安全运维工程师小王一起完成上网行为管理客户端的推送配置。

**【实验原理】**

上网行为管理系统中部分策略在员工终端中安装有客户端的情况下才能正常生效，如客户端应用封堵策略是通过检测用户主机的系统环境，判断用户主机是否运行指定应用，允许用户主机接入网络并封堵指定应用。使用该客户端应用封堵策略功能就需要在用户主机上安装 AuthClient-Installer 客户端。上网行为管理系统的客户端主要用于协助进行用户认证及上网行为审计。

**【实验设备】**

安全设备：上网行为管理设备 1 台。

网络设备：路由器 2 台。

主机终端：Windows 7 SP1 主机 2 台。

**【实验拓扑】**

实验拓扑如图 2-25 所示。

**【实验思路】**

(1) 管理机登录上网行为管理。

(2) 推送客户端配置。

(3) 登录员工 PC 尝试访问 baidu.com。

(4) 在跳转页面中下载安装客户端。

**【实验步骤】**

(1) 设置管理机 IP 地址与上网行为管理的 MGT 口 IP 地址为同一网段，登录实验拓扑中的管理机，配置管理机 IP 地址为 172.16.1.10/24，默认网关为 172.16.1.23，单击“确定”按钮。

(2) 打开管理机的浏览器，在地址栏中输入上网行为管理的访问地址“https://172.16.1.23”(以实际 IP 地址为准)，跳转至上网行为管理登录页面，在登录页面输入用户名“admin”、密码“admin123”(以实际密码为准)、验证码“v5xn”(以实际验证码为准)，单击

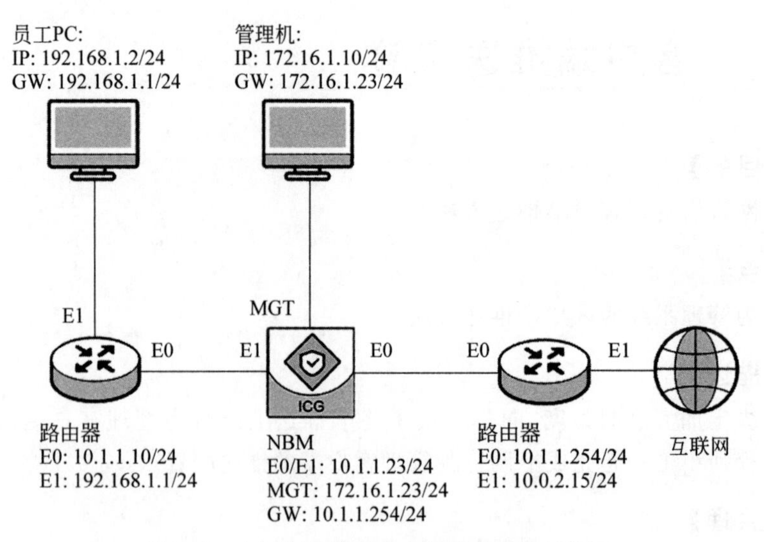


图 2-25　上网行为管理客户端推送实验拓扑图

"登录"按钮。

(3) 为提高上网行为管理系统的安全性,系统会在用户使用初始密码登录时弹出"修改密码"对话框,本实验不需要修改默认密码,单击"暂不修改"按钮。

(4) 成功登录设备后,进入上网行为管理首页。

(5) 单击"网络配置"→"模式配置"菜单,单击"配置网络模式"按钮,进入"配置网络模式"配置页面。

(6) 在"网络模式选择"对话框中,选中"网桥模式"选项,单击"开始配置"按钮,进入"网桥模式配置"对话框。

(7) 在"网桥模式配置"对话框中,单击"新建"按钮,配置网桥接口。

(8) 在弹出的"编辑桥接口"对话框中填写配置信息。"名称"填写"br1","内网口"选择 eth1,"外网口"选择 eth0,"IP 地址/掩码"填写"10.1.1.23/24",填写完成后,单击对话框下方的"确定"按钮。(注:在上网行为管理中,外网口一般与互联网连接,本实验拓扑中路由器 E1 口与外网连接,故外网口应与路由器 E0 口处于同一网段;内网口是上网行为管理与公司内部网络连接的接口。)

(9) 桥接口创建成功后,返回"网桥模式配置"页面,单击"下一步"按钮,进入"缺省网关"配置页面。

(10) 配置"缺省网关"为 10.1.1.254,单击"下一步"按钮。

(11) 进入"管理口配置"页面,本实验保持默认配置,单击"下一步"按钮。

(12) 所有的配置完成后,单击"保存并生效"按钮,使配置生效。

(13) 单击"网络配置"→"路由配置"菜单进行路由配置,单击"新建"按钮添加路由。

(14) 在弹出的"新建 IPv4 静态路由"对话框中新建一条静态路由,"目的地址"填写"192.168.0.0","IP 掩码"填写"255.255.0.0","下一跳"填写"10.1.1.10","接口"选择 br1,单击"确定"按钮,路由新建完成。

（15）开启用户识别功能，单击"系统配置"→"高级配置"菜单，进入高级配置页面，单击"用户工具识别"按钮（注：用户工具识别功能开启后，系统才能自动识别在线用户所使用的工具），如图 2-26 所示。

图 2-26　开启用户工具识别

（16）单击"用户管理"→"组织结构"菜单，进入组织结构页面，单击"新建用户"按钮，弹出"新建用户"对话框，"名称"填写"xiaoli"，"所属组"选择"/根/"，"IP/IP 段"填写"192.168.1.2"，"登录名"填写"aa"，"密码"填写"123456"，"确认密码"填写"123456"，单击"确定"按钮，如图 2-27 所示。

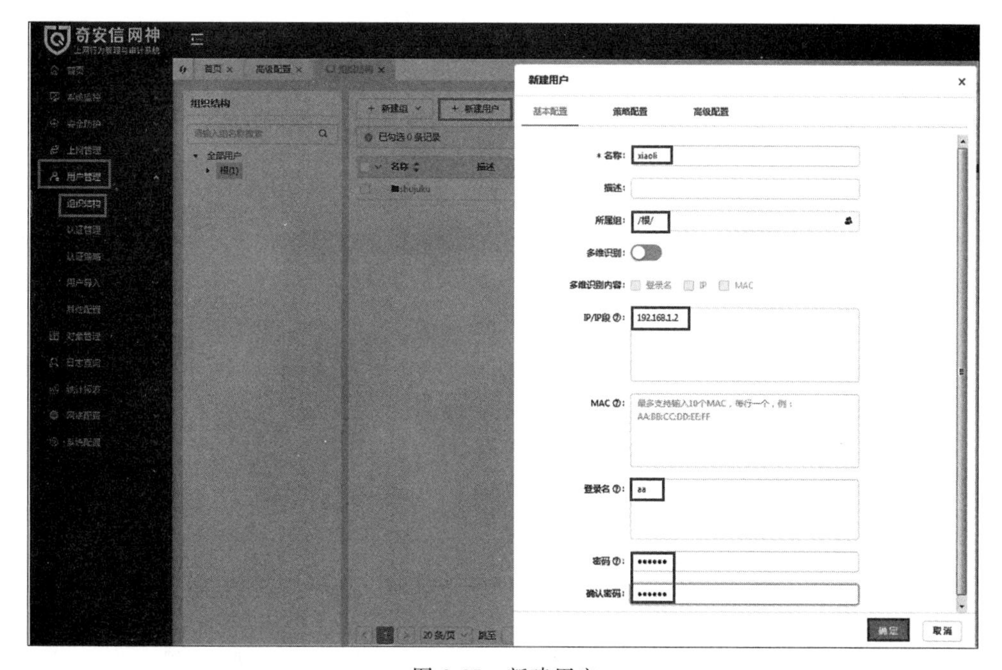


图 2-27　新建用户

(17) 单击“对象管理”→“IP 对象”菜单，单击“新建”按钮弹出“新建 IP 对象”对话框，“名称”填写“员工 PC”，如图 2-28 所示。

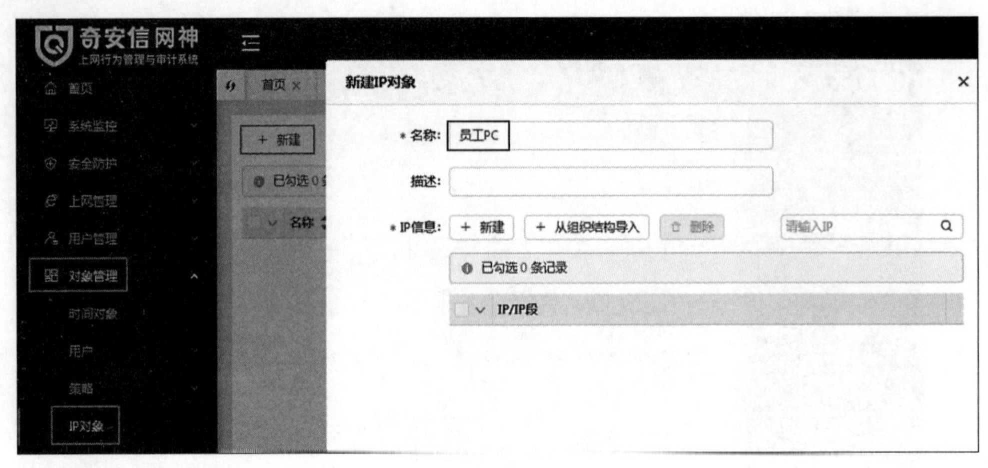


图 2-28　新建 IP 对象

(18) 在“IP 信息”选项中，单击“新建”按钮，弹出“新建 IP 信息”对话框，“IP 信息”填写“192.168.1.2”，单击“确定”按钮，保存 IP 信息，如图 2-29 所示。

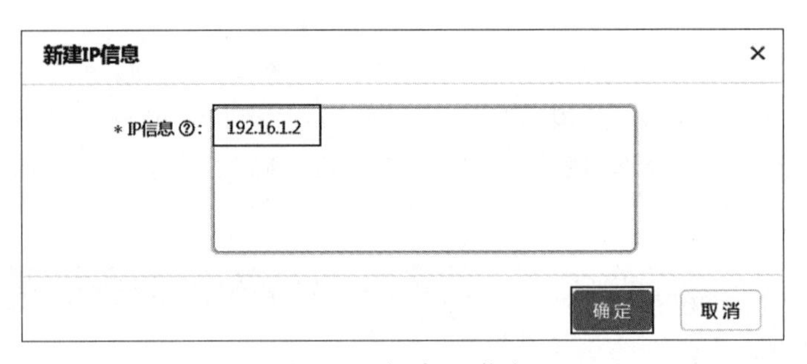


图 2-29　新建 IP 信息

(19) 返回“新建 IP 对象”配置页面，单击“确定”按钮，保存配置，如图 2-30 所示。

(20) 单击“上网管理”→“客户端管控”→“客户端推送”菜单，进入客户端推送页面，单击“客户端推送”后的按钮开启客户端推送功能，“用户”选择“/根/xiaoli”，“位置”选择“所有位置”，“IP”选择“员工 PC”，单击“保存”按钮，如图 2-31 所示。

(21) 单击右上角的“立即生效”按钮，弹出“确认立即生效”对话框，单击“确定”按钮，如图 2-32 所示。

## 【实验预期】

(1) 配置完客户端推送配置后，成功将客户端推送至员工 PC。

(2) 员工 PC 成功安装客户端后可正常上网。

## 【实验结果】

(1) 进入员工 PC，双击桌面的火狐浏览器快捷方式，运行火狐浏览器。

图 2-30　IP 对象配置完成

图 2-31　客户端推送

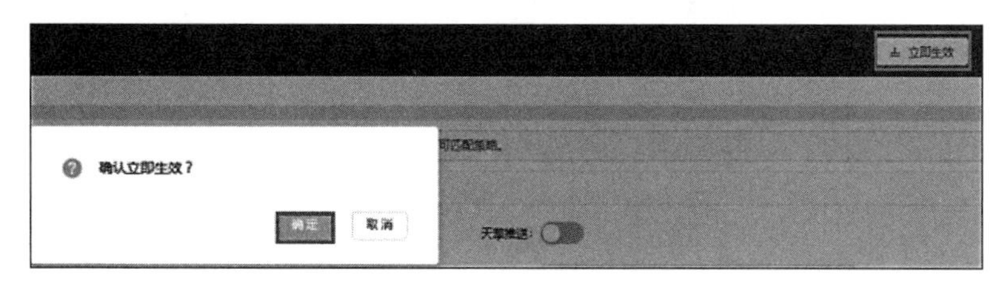


图 2-32　立即生效

（2）打开浏览器后会自动弹出“请登录网络”界面，单击“打开网络登录页面”按钮，如

图 2-33 所示。（注：打开浏览器前一定要查看员工 PC 上是否已经存在客户端，如果存在请卸载，否则不会弹出“请登录网络”页面。）

图 2-33　登录网络页面

（3）跳转至“上网客户端下载”页面，成功推送客户端到员工 PC，与实验预期 1 相符，单击“立即下载”按钮下载客户端，如图 2-34 所示。

图 2-34　客户端下载页面

（4）在员工 PC 的“下载”中找到下载的客户端，双击进行安装，如图 2-35 所示。

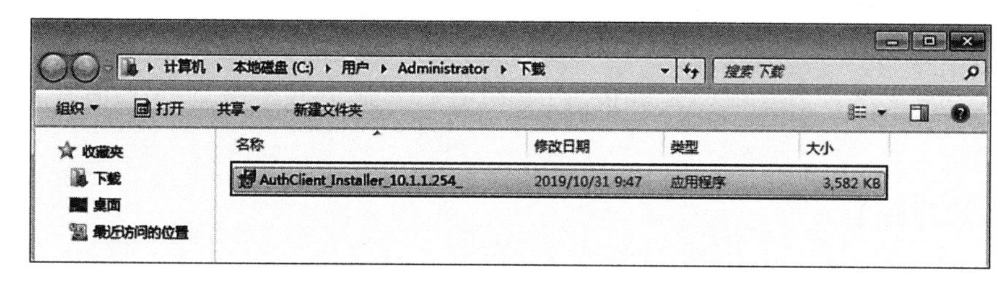


图 2-35 客户端安装

（5）客户端安装后成功运行，可以在右下角看到客户端图标，此时 PC 可以正常上网，与实验预期 2 相符，如图 2-36 所示。

图 2-36 客户端运行后访问百度

**【实验思考】**

为什么员工 PC 上存在客户端时，双击浏览器无法弹出“请登录网络”页面？

## 2.3 SNMP 审计实验

**【实验目的】**

掌握通过网管软件获取上网行为管理信息的方法。

**【知识点】**

使用 SNMP 获取上网行为管理系统硬件信息。

【场景描述】

A 公司新购买一台上网行为管理设备，已在办公网中部署，网络安全运维工程师小王现需要获取上网行为管理的系统信息，请同学们和他一起使用 SNMP 网管软件完成配置。

【实验原理】

简单网络管理协议(SNMP)是专门设计用于在 IP 网络管理网络节点(服务器、工作站、路由器、交换机及 Hubs 等)的一种标准协议，它是一种应用层协议。上网行为管理支持使用 SNMP 获取硬件信息，故可使用支持 SNMP 的网管软件对上网行为管理的信息进行获取。

【实验设备】

安全设备：上网行为管理设备 1 台。

网络设备：路由器 2 台。

主机终端：Windows 7 SP1 主机 2 台。

【实验拓扑】

实验拓扑如图 2-37 所示。

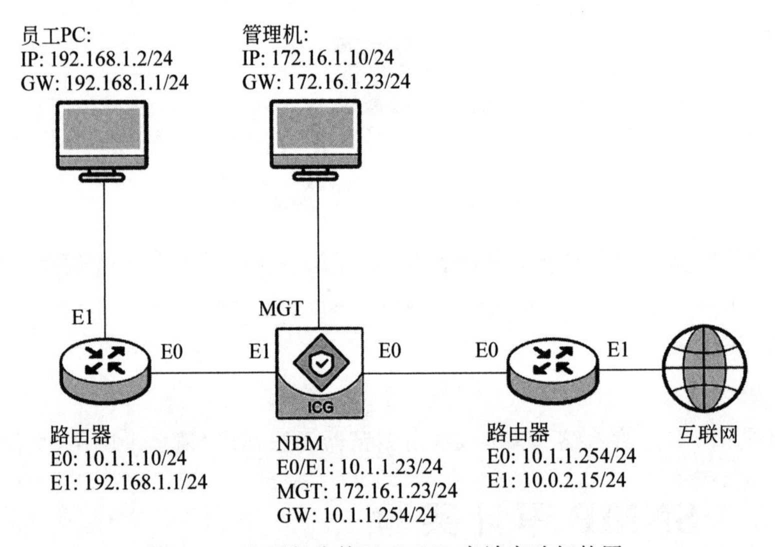


图 2-37　上网行为管理 SNMP 审计实验拓扑图

【实验思路】

(1) 管理机登录上网行为管理。

(2) 上网行为管理 SNMP 配置。

(3) 进入员工 PC 进行 SNMP 网管软件操作。

(4) 获取上网行为管理系统信息。

**【实验步骤】**

(1) 设置管理机 IP 与上网行为管理的 MGT 口 IP 为同一网段,登录实验拓扑中的管理机,配置管理机 IP 为 172.16.1.10/24,默认网关为 172.16.1.23,单击“确定”按钮。

(2) 打开管理机的浏览器,在地址栏中输入上网行为管理的访问地址“https://172.16.1.23”(以实际 IP 为准),在登录页面输入用户名“admin”、密码“admin123”(以实际密码为准)、验证码“v5xn”(以实际验证码为准),单击“登录”按钮。

(3) 为提高上网行为管理系统的安全性,系统会在用户使用初始密码登录时弹出“修改密码”对话框,本实验不需要修改默认密码,单击“暂不修改”按钮。

(4) 成功登录设备后,进入上网行为管理首页。

(5) 单击“网络配置”→“模式配置”菜单,单击“配置网络模式”按钮,进入“配置网络模式”对话框。

(6) 在“配置网络模式”对话框中,选中“网桥模式”选项,单击“开始配置”按钮,进入“网桥模式配置”对话框。

(7) 在“网桥模式配置”对话框中,单击“新建”按钮,配置网桥接口。

(8) 在弹出的“编辑桥接口”对话框中填写配置信息。“名称”填写“br1”,“内网口”选择 eth1,“外网口”选择 eth0,“IP 地址/掩码”填写“10.1.1.23/24”,填写完成后,单击对话框下方的“确定”按钮。(注:在上网行为管理中,外网口一般与互联网连接,本实验拓扑中路由器 E1 口与外网连接,故外网口应与路由器 E0 口处于同一网段;内网口是上网行为管理与公司内部网络连接的接口。)

(9) 桥接口创建成功后,返回“网桥模式配置”页面,单击“下一步”按钮,进入“缺省网关”配置页面。

(10) 配置“缺省网关”为 10.1.1.254,单击“下一步”按钮。

(11) 进入“管理口配置”页面,本实验保持默认配置,单击“下一步”按钮。

(12) 所有的配置完成后,单击“保存并生效”按钮,使配置生效。

(13) 单击“系统配置”→“系统维护”→“网管工具”菜单,进入 SNMP 配置页面,单击“启用 SNMP”选项后的按钮,开启 SNMP 功能,“SNMP 团体名”填写“public”,单击“保存配置”按钮保存配置,如图 2-38 所示。

(14) 打开员工 PC,双击“snmptest-快捷方式”图标打开网管工具,Local IP 填写“Any”,Device IP/Port 填写“10.1.1.23/161”(ICG 的 IP/端口固定为 161),SNMP Version 默认为 SNMP V2c,Community 填写“public”(与 ICG 配置的 snmp 团体名一致),如图 2-39 所示。

**【实验预期】**

网管软件获取上网行为管理信息成功。

**【实验结果】**

(1) 打开员工 PC,双击“snmptest-快捷方式”图标打开网管工具,如图 2-40 所示。

图 2-38　启用 SNMP

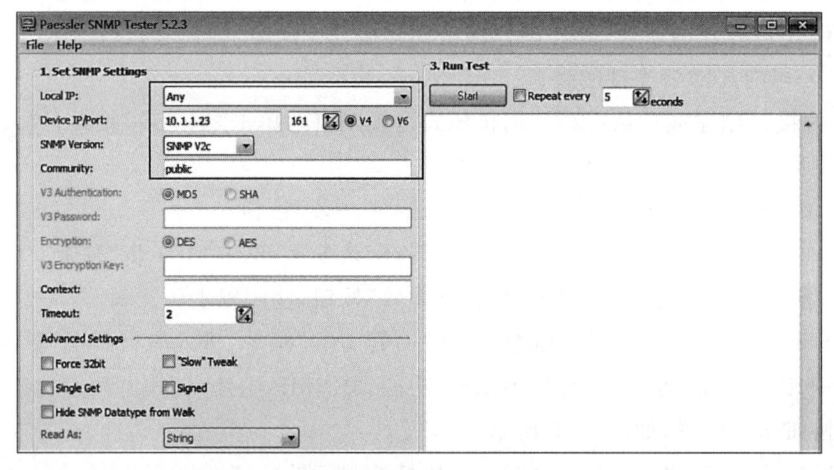


图 2-39　网管工具配置

(2) 在“2.Select Request Type”中选择 Walk 单选按钮并填写“1.3.6.1.2.1”(ICG 的公有 MIB 库 OID 节点，具体数据从厂商售后处获取)，单击 Start 按钮，即可获取到 sysDescr 对实体的描述，如硬件、操作系统等信息，如图 2-41 所示。

(3) 在“2.Select Request Type”中选择 Walk 单选按钮并填写“1.3.6.1.4.1.37157”(ICG 的私有 MIB 库 OID 节点，具体数据从厂商售后处获取)，单击 Start 按钮，即可获取到“系统软件、特征库版本信息等”信息，如图 2-42 所示。

(4) 在“2.Select Request Type”中选择 Walk 单选按钮并填写“1.3.6.1.2.1.1.1”(ICG

图 2-40　打开网管工具配置

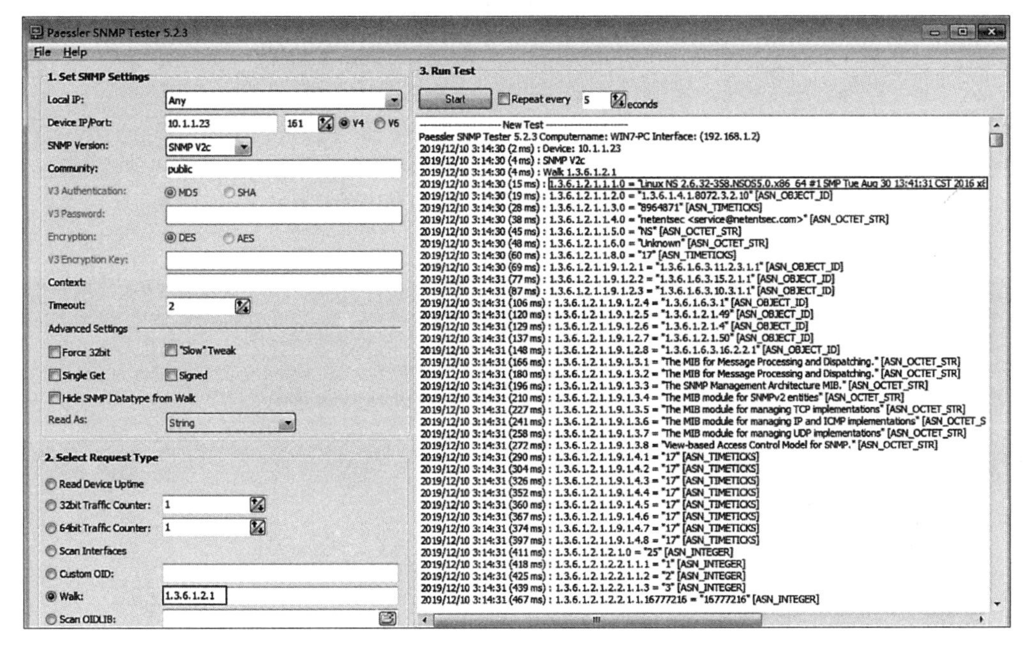


图 2-41　网管工具获取 ICG 公有 MIB 库信息

的公有 MIB 库 OID 节点，具体数据从厂商售后处获取)，单击 Start 按钮，即可获取到“系统操作版本”信息，如图 2-43 所示。

(5) 在“2.Select Request Type”中选择 Walk 单选按钮并填写“1.3.6.1.4.1.37157.1.4”(ICG 的私有 MIB 库 OID 节点，具体数据从厂商售后处获取)，单击 Start 按钮，即可获取到“系统负载”信息，如图 2-44 所示。

**【实验思考】**

思考 SNMP 报文的通信过程，是如何从 PC 到达上网行为管理设备的？

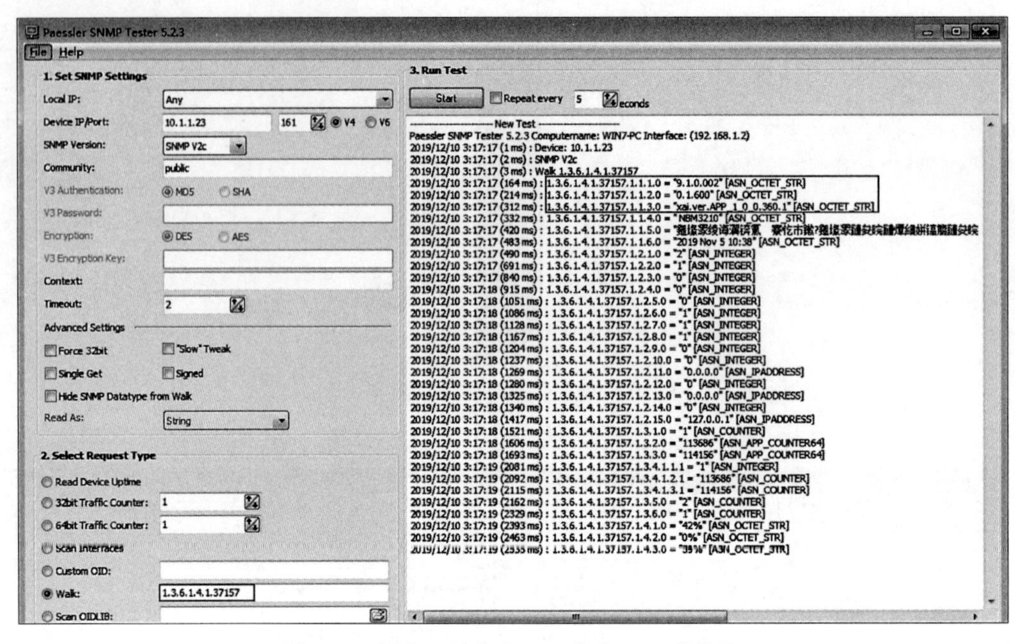


图 2-42　网管工具获取 ICG 私有 MIB 库信息

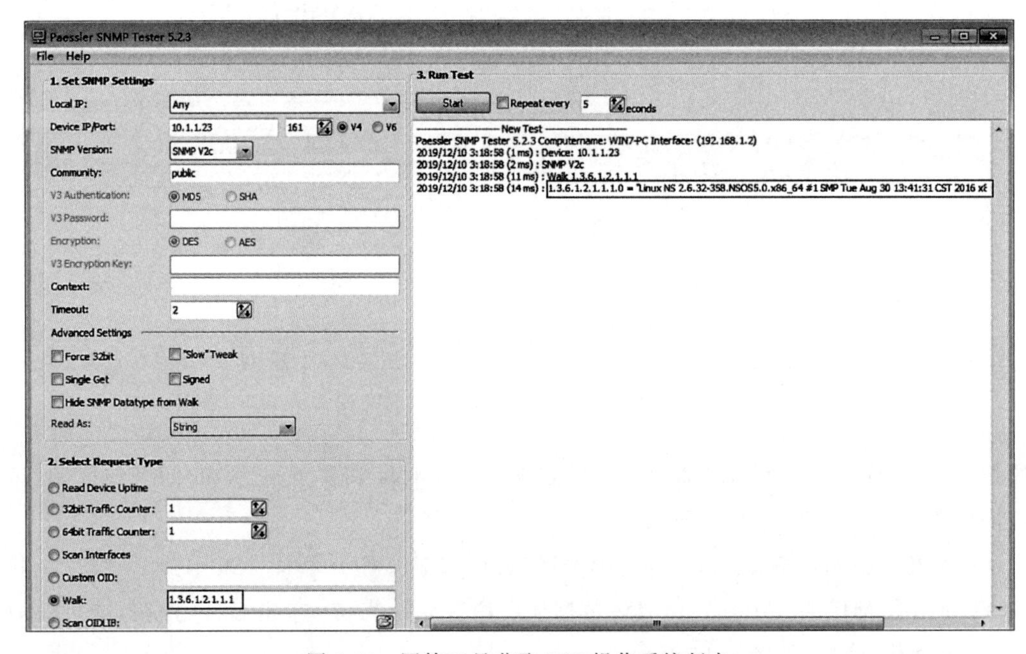


图 2-43　网管工具获取 ICG 操作系统版本

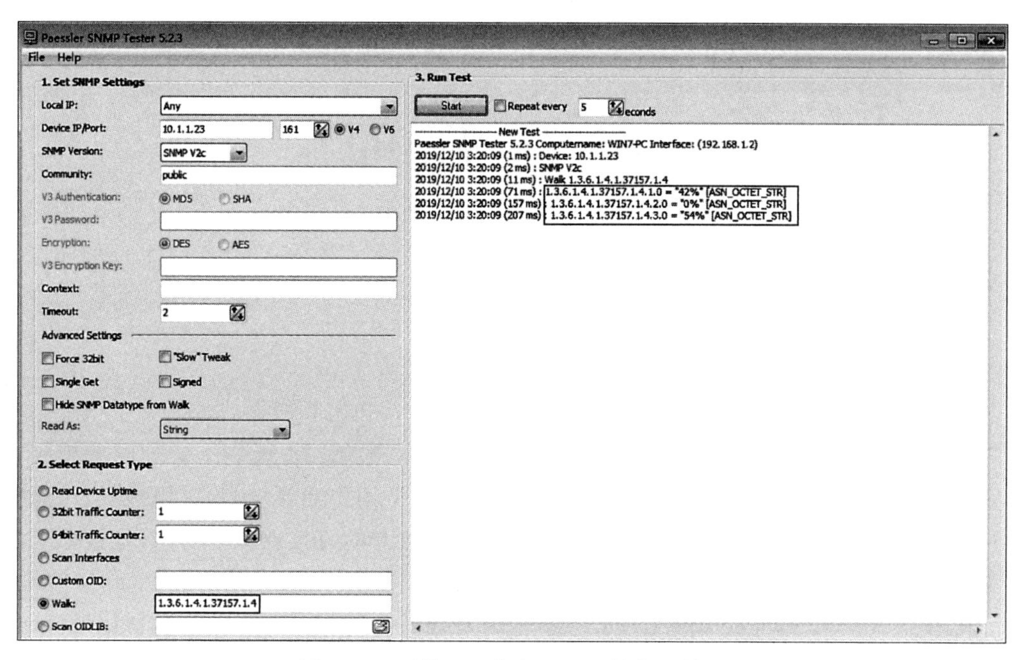


图 2-44　网管工具获取 ICG 系统负载信息

# 第3章 用户管理

本章主要介绍行为安全管理技术的核心之一：用户管理。行为安全管理归根到底是对人上网行为的管理。任何一条管理策略都是针对一个用户或者实体(虚拟的)组织设置的。因此对于用户的管理，识别能力决定了行为安全管理的直接效果，用户管理也是上网行为管理的基础。

完成本章学习后，可以理解上网行为安全管理设备如何实现用户的识别与认证，初步掌握上网行为安全管理设备对用户组的管理。

## 3.1 用户信息绑定实验

**【实验目的】**

了解上网行为管理的用户新建方法，掌握用户信息绑定配置方法。

**【知识点】**

使用上网行为管理系统配置用户信息绑定的方法。

**【场景描述】**

A公司的某研发部门正在开发公司的核心产品，出于安全性考虑，要求为参与该研发项目的员工分配固定的IP地址，并要求员工只能使用公司配发的设备上网，网络安全运维工程师小王决定使用上网行为管理的IP/MAC绑定功能实现此需求，请同学们和小王一起配置上网行为管理，实现上述需求。

**【实验原理】**

上网行为管理系统支持用户信息绑定的功能。默认情况下，用户识别方式为某一类识别信息唯一标识一个用户，不能与其他用户重复。勾选绑定用户上网信息后，系统将运用多个识别信息共同定位一个用户，可选识别方式包括IP、MAC和用户名。例如，选择登录名和IP识别，则必须设置用户的登录名和IP，只有当登录名和IP同时匹配时，系统才识别该用户。

在IP/MAC绑定功能中的“IP唯一”，即此MAC只能以此IP上线，但是此IP可以以其他MAC上线；在登录名绑定中的“IP/MAC唯一”，即此登录名只能以此IP/MAC

上线，但是此 IP/MAC 可以以其他登录名上线。

管理员可配置绑定用户信息，并选择包括的内容：登录名、IP 地址与 MAC 地址，从而实现本功能。

**【实验设备】**

安全设备：上网行为管理设备 1 台。

网络设备：二层交换机 1 台，路由器 1 台。

主机终端：Windows 7 SP1 主机 3 台。

**【实验拓扑】**

实验拓扑如图 3-1 所示。

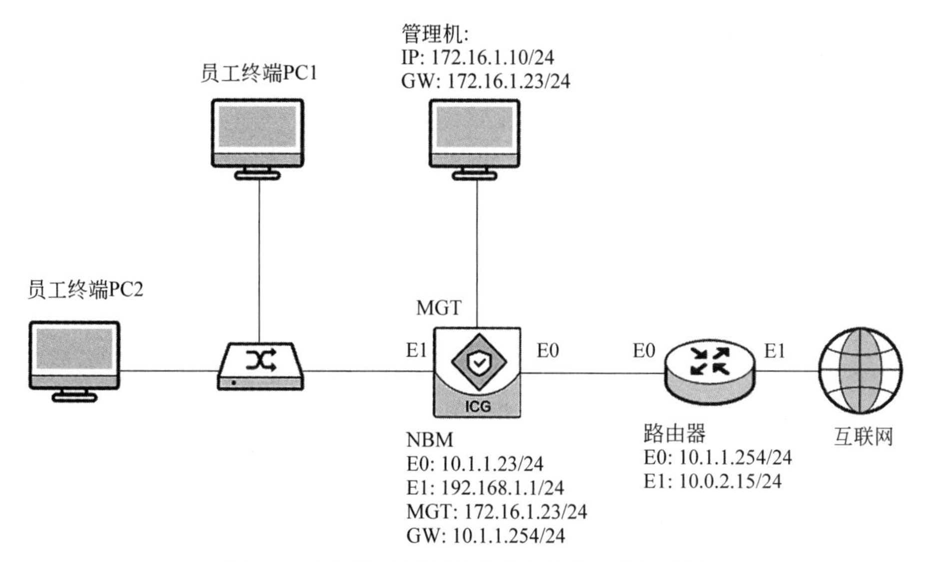


图 3-1　上网行为管理用户信息绑定实验拓扑图

**【实验思路】**

(1) 管理机登录上网行为管理。

(2) 配置上网行为管理为网关模式。

(3) 绑定用户上网信息。

(4) 进入员工终端上网。

(5) 上网行为管理查看在线用户。

(6) 分别更换员工 PC 的 IP 及 MAC，上网进行测试。

(7) 登录上网行为管理查看在线用户。

**【实验步骤】**

(1) 登录管理机，设置管理机 IP 与上网行为管理的 MGT 口 IP 为同一网段，登录实验拓扑中的管理机，配置管理机 IP 为 172.16.1.10/24，默认网关为 172.16.1.23，单击“确定”按钮。

（2）打开管理机的浏览器，在地址栏中输入上网行为管理的访问地址“https://172.16.1.23”（以实际 IP 为准），跳转至上网行为管理登录页面，在登录页面输入用户名“admin”、密码“admin123”（以实际密码为准）、验证码“v5xn”（以实际验证码为准），单击“登录”按钮。

（3）为提高上网行为管理系统的安全性，系统会在用户使用初始密码登录时弹出“修改密码”对话框，本实验不需要修改默认密码，单击“暂不修改”按钮。

（4）成功登录设备后，进入上网行为管理首页。

（5）单击“网络配置”→“模式配置”菜单，单击“配置网络模式”按钮，进入“配置网络模式”配置页面。

（6）在“网络模式选择”页面，选择“网关模式”选项，单击“开始配置”按钮。

（7）在“网关模式配置”页面，单击“新建”按钮，弹出“新建内网口”对话框，“名称”填写“内网”，“端口”选择 eth1，“IPv4 地址/掩码”填写“192.168.1.1/24”，单击“确定”按钮。

（8）单击“下一步”按钮，进入外网口配置界面。

（9）在“网关模式配置”页面，单击“新建”按钮，弹出“新建外网口”对话框，“名称”填写“外网”，“选择接口”选择 eth0，“接入方式”选择“静态地址”，“IPv4 地址/掩码”填写“10.1.1.23/24”，“网关”填写“10.1.1.254”，“权重”填写“1”，单击“确定”按钮。

（10）单击“下一步”按钮，进入管理口配置页面。

（11）进入“管理口配置”页面，本实验保持默认配置，单击“下一步”按钮。

（12）进入“默认规则”页面，本实验保持默认配置，单击“下一步”按钮。

（13）所有的配置完成后，单击“保存并生效”按钮，使配置生效。

（14）在弹出的“确认立即保存并生效配置”对话框中，单击“确定”按钮。

（15）进入员工终端 PC1，打开菜单栏，在“搜索程序和文件”选项栏中输入“cmd”，双击 CMD 图标，打开命令输入行，如图 3-2 所示。

图 3-2　打开 CMD

（16）在命令行输入指令“ipconfig /all”查看物理地址（MAC 地址），如图 3-3 所示。

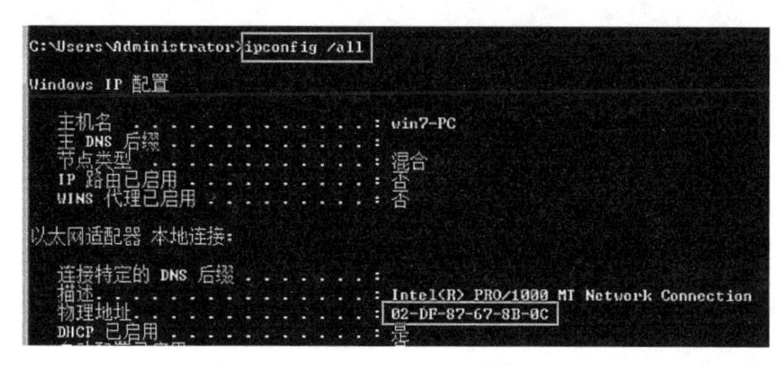


图 3-3　查看员工 PC1 物理地址

（17）打开管理机，进入上网行为管理首页，单击“用户管理”→“组织结构”菜单，单击“新建用户”按钮，弹出“新建用户”对话框，“名称”填写“xiaoli”，“所属组”选择“/根/”，“IP/IP 段”填写“192.168.1.2”，单击“确定”按钮，如图 3-4 所示。

图 3-4　新建用户

（18）单击“用户管理”→“其他配置”→“用户绑定”菜单，单击“新建”按钮，弹出“新建 IP/MAC 绑定”对话框，“IP”填写“192.168.1.2”，“MAC 地址”填写“02:DF:87:67:8B:0C”（注：以实际 MAC 地址为准），单击“确定”按钮，如图 3-5 所示。

（19）用户绑定配置完成过后，单击“启用 IP/MAC 绑定”选项后的按钮开启绑定功能，绑定关系选择“IP 与 MAC 一对一”选项，如图 3-6 所示。

（20）单击右上角的“立即生效”按钮，弹出“确认立即生效”对话框，单击“确定”按钮，

图 3-5　新建 IP/MAC 绑定

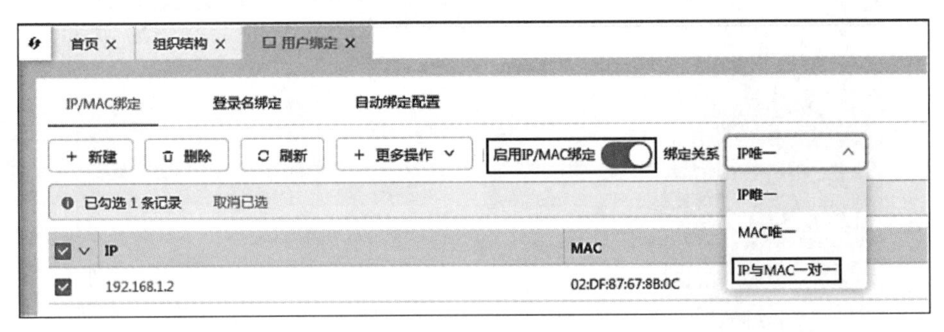


图 3-6　启用 IP/MAC 绑定

如图 3-7 所示。

图 3-7　立即生效

## 【实验预期】

(1) 将员工终端 PC1 的 IP 配置为 192.168.1.2 时，可以登录入网，在线用户中可查看。

(2) 更改员工终端 PC1 的 IP 为 192.168.1.4 后不满足绑定关系，无法正常上网，在线用户中可查看。

(3) 将员工终端 PC2 的 IP 配置为 192.168.1.2 后不满足绑定关系，无法正常上网，在线用户中可查看。

**【实验结果】**

(1) 打开员工 PC1，配置 IP 为 192.168.1.2/24，默认网关为 192.168.1.1，首选 DNS 服务器为 114.114.114.114，单击“确定”按钮。

(2) 双击桌面的火狐浏览器快捷方式，运行火狐浏览器，将员工 PC1 接入网络。

(3) 在地址栏输入“https://www.baidu.com”访问百度成功，满足实验预期 1，如图 3-8 所示。

图 3-8 访问百度成功

(4) 打开管理机，进入上网行为管理首页，单击“系统监控”→“在线用户”菜单，识别结果为“在线”，如图 3-9 所示。

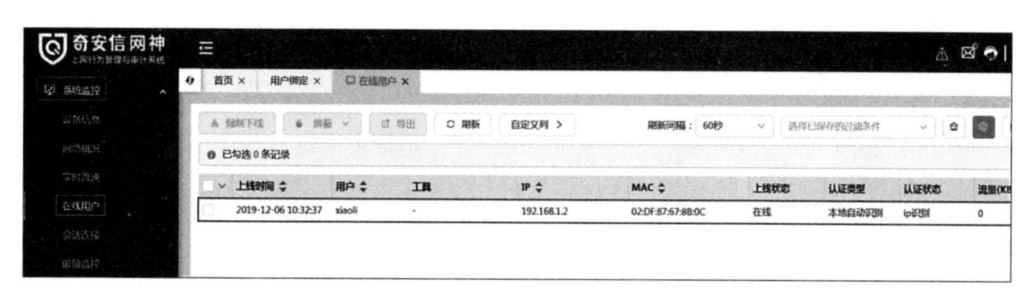


图 3-9 在线用户

(5) 打开员工 PC1，修改 IP 为 192.168.1.4/24，默认网关为 192.168.1.1，单击“确定”按钮。

(6) 双击桌面的火狐浏览器快捷方式，运行火狐浏览器，测试员工终端 PC1 是否可以正常上网。

(7) 在地址栏输入“https://www.baidu.com”，页面显示找不到网站，满足实验预期 2，如图 3-10 所示。

(8) 打开管理机，进入上网行为管理首页，单击“系统监控”→“在线用户”菜单，用户识别结果为“未在线”，认证状态显示为“不满足绑定条件”，如图 3-11 所示。

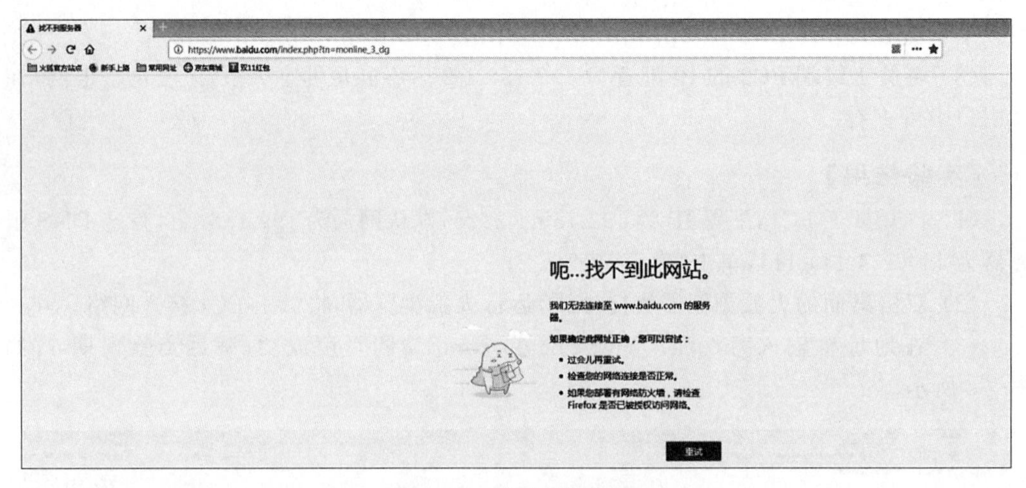


图 3-10　访问百度失败

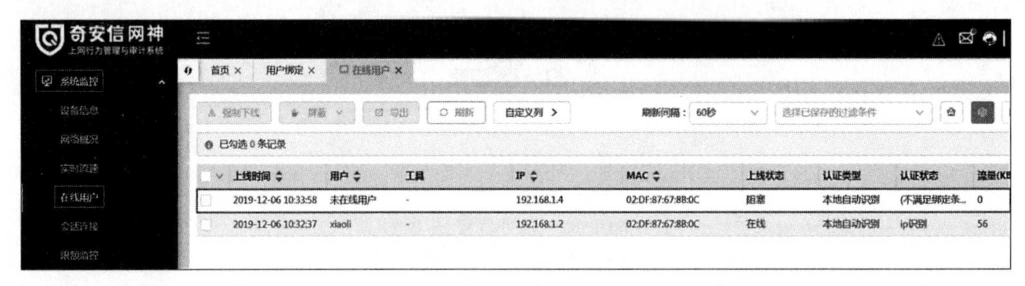


图 3-11　查看用户状态

(9) 打开员工 PC2，配置 IP 为 192.168.1.2/24，默认网关为 192.168.1.1，单击“确定”按钮。

(10) 双击桌面的火狐浏览器快捷方式，运行火狐浏览器，测试员工终端 PC2 是否可以正常上网。

(11) 在地址栏输入“https://www.baidu.com”，页面显示找不到网站，满足实验预期 3，如图 3-12 所示。

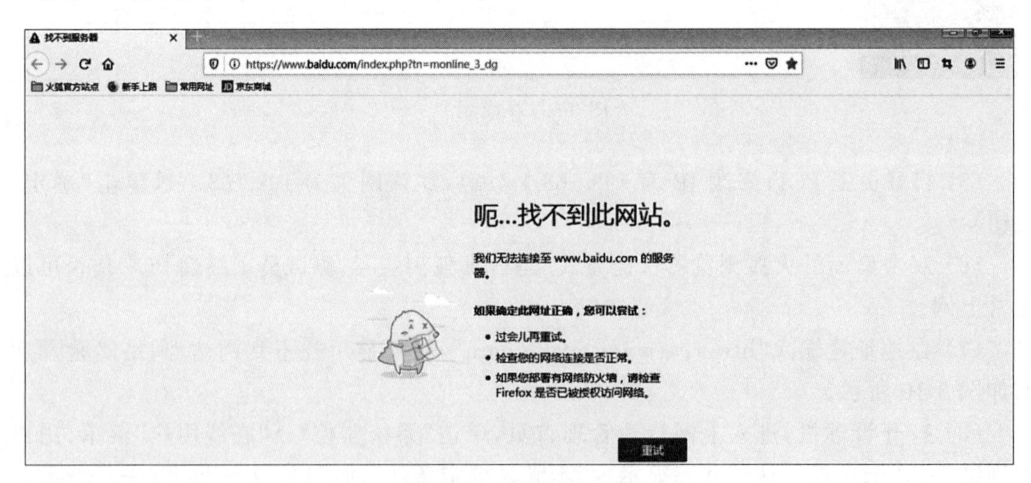


图 3-12　访问百度失败

（12）打开管理机，进入上网行为管理首页，单击“系统监控”→“在线用户”菜单，用户识别结果为“未在线”，认证状态显示为“不满足绑定条件”，如图 3-13 所示。

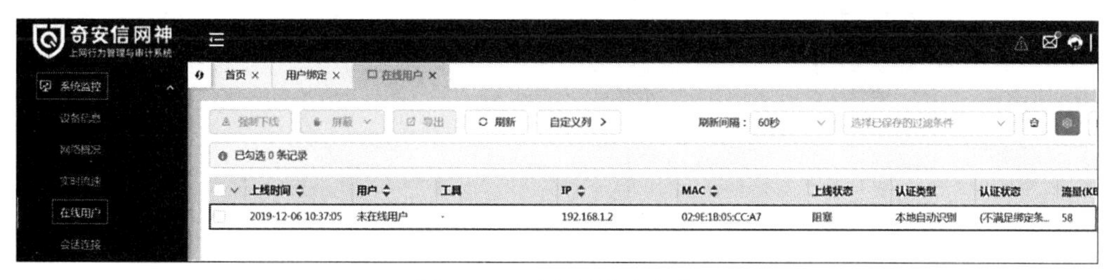

图 3-13　不满足绑定条件

**【实验思考】**

思考“IP/MAC 绑定”中绑定关系的 IP 唯一、MAC 唯一选项，在什么情景下使用？

## 3.2　Web 本地认证管理实验

**【实验目的】**

掌握 Web 认证配置方法，掌握登录页面编辑方法。

**【知识点】**

使用上网行为管理系统配置 Web 认证的方法以及自定义界面登录。

**【场景描述】**

A 公司需要对入网用户进行 Web 认证，并需要在登录页面中给用户提示“A 公司欢迎您，请文明上网，遵守网络安全法”。请同学们帮助网络安全运维工程师小王完成配置。

**【实验原理】**

上网行为管理系统支持对用户进行 Web 认证的功能以及对认证页面的编辑功能。Web 本地认证即用户通过 portal 页面输入的用户名、密码与上网行为管理系统内置的用户管理系统中的用户名、密码进行比对，比对一致则认为用户通过了 Web 本地认证，否则认为用户没有通过本地认证。管理员可在“用户管理”→“认证管理”→“认证配置”中进行相关配置，接着在“认证策略”中新建策略。完成配置后，达到内网用户访问网络，可使用本地服务器中存在的账户（登录名/密码）通过认证的目的。同时，管理员可以对 Web 登录界面进行完全自定义设置，包括 logo、背景图片、元素位置等。

**【实验设备】**

安全设备：上网行为管理设备 1 台。

网络设备：路由器 2 台。

主机终端：Windows 7 SP1 主机 2 台。

**【实验拓扑】**

实验拓扑如图 3-14 所示。

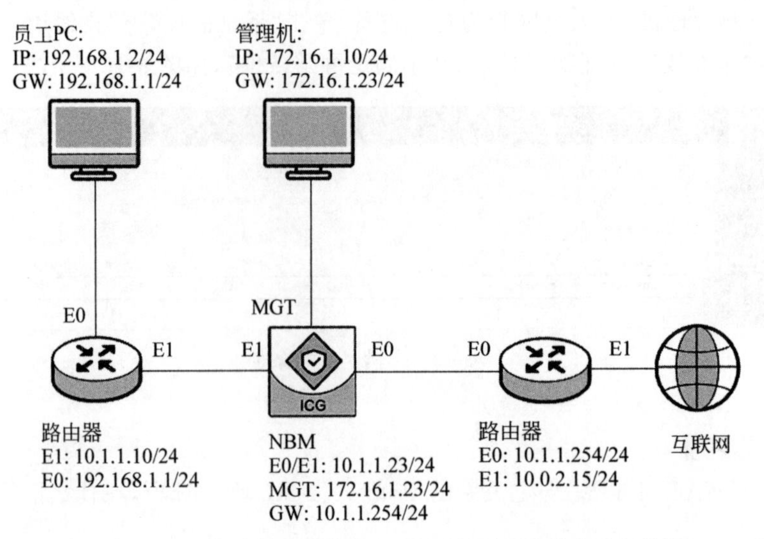


图 3-14 上网行为管理网络 Web 认证与页面编辑实验拓扑图

**【实验思路】**

(1) 登录上网行为管理。

(2) 配置网络和路由。

(3) 创建用户。

(4) 配置 Web 认证高级配置。

(5) 创建 IP 对象。

(6) 配置 Web 认证页面。

(7) 配置 Web 本地认证策略。

(8) 使用本地账号验证 Web 本地认证策略是否生效。

**【实验步骤】**

(1) 设置管理机 IP 与上网行为管理的 MGT 口 IP 为同一网段,登录实验拓扑中的管理机,配置管理机 IP 为 172.16.1.10/24,默认网关为 172.16.1.23,单击“确定”按钮。

(2) 打开管理机的浏览器,在地址栏中输入上网行为管理的访问地址“https://172.16.1.23”(以实际 IP 为准),跳转至上网行为管理登录页面,在登录页面输入用户名“admin”、密码“admin123”(以实际密码为准)、验证码“v5xn”(以实际验证码为准),单击“登录”按钮。

(3) 为提高上网行为管理系统的安全性,系统会在用户使用初始密码登录时弹出“修改密码”对话框,本实验不需要修改默认密码,单击“暂不修改”按钮。

(4) 成功登录设备后,进入上网行为管理首页。

(5) 单击“网络配置”→“模式配置”菜单,单击“配置网络模式”按钮,进入“配置网络模式”配置页面。

(6) 在“网络模式选择”对话框中,选中“网桥模式”选项,单击“开始配置”按钮,进入

“网桥模式配置”对话框。

(7) 在“网桥模式配置”对话框中,单击“新建”按钮,配置网桥接口。

(8) 在弹出的“编辑桥接口”对话框中填写配置信息。“名称”填写“br1”,“内网口”选择 eth1,“外网口”选择 eth0,“IP 地址/掩码”填写“10.1.1.23/24”,填写完成后,单击对话框下方的“确定”按钮。(注:在上网行为管理中,外网口一般与互联网连接,本实验拓扑中路由器 E1 口与外网连接,故外网口应与路由器 E0 口处于同一网段;内网口是上网行为管理与公司内部网络连接的接口。)

(9) 桥接口创建成功后,返回“网桥模式配置”页面,单击“下一步”按钮,进入“缺省网关”配置页面。

(10) 配置“缺省网关”为 10.1.1.254,单击“下一步”按钮。

(11) 进入“管理口配置”页面,本实验保持默认配置,单击“下一步”按钮。

(12) 所有的配置完成后,单击“保存并生效”按钮,使配置生效。

(13) 单击“网络配置”→“路由配置”菜单进行路由配置,单击“新建”按钮添加路由。

(14) 在弹出的“新建 IPv4 静态路由”对话框中新建一条静态路由,“目的地址”填写“192.168.0.0”,“IP 掩码”填写“255.255.0.0”, “下一跳”填写“10.1.1.10”,“接口”选择 br1,单击“确定”按钮,路由新建完成。

(15) 单击“用户管理”→“组织结构”菜单,进入组织结构编辑页面,单击“新建用户”按钮,弹出“新建用户”对话框,“名称”填写“小王”,“所属组”选择“/根/”,“IP/IP 段”填写“192.168.1.2”,“登录名”填写“xiaowang”,“密码”填写“123456”,“确认密码”填写“123456”,单击“确定”按钮,如图 3-15 所示。

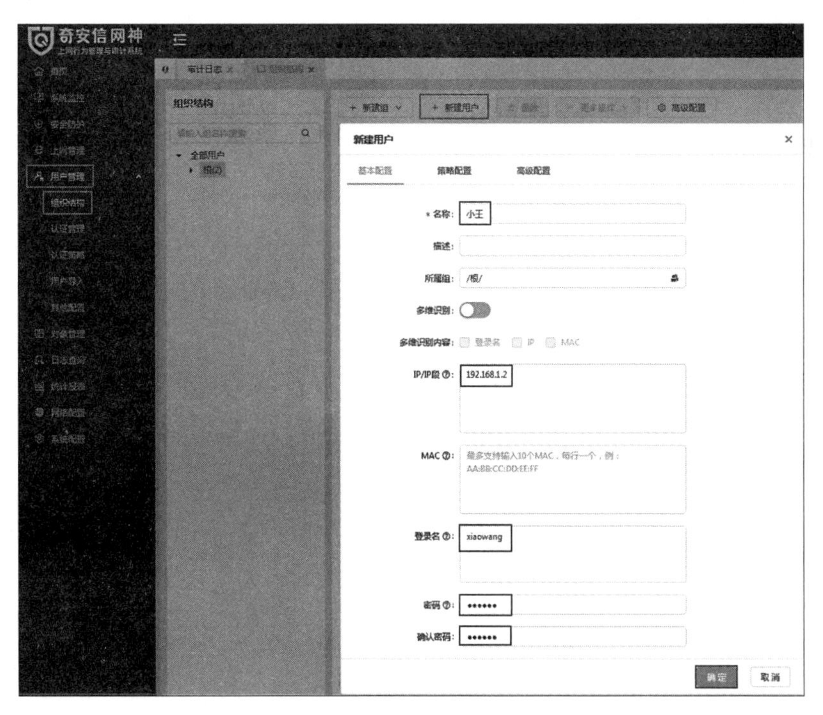


图 3-15 新建用户

(16) 单击“用户管理”→“认证管理”→“认证高级配置”菜单,进入认证高级配置页面,在“Web认证高级配置”选项栏,单击“启用HTTPS认证”选项后的按钮,开启HTTP认证功能,“认证下线地址”填写“10.1.1.254”,“未通过认证行为”选择“封堵网络应用”,单击“保存配置”按钮。

(17) 单击“对象管理”→“IP对象”菜单,单击“新建”按钮,弹出“新建IP对象”对话框,“名称”填写“员工PC”,在“IP信息”选项栏单击“新建”按钮。

(18) 弹出“新建IP信息”对话框,“IP信息”填写“192.168.1.2”,单击“确定”按钮。

(19) 返回“IP对象”配置页面,单击“确定”按钮。

(20) 单击“用户管理”→“认证管理”→“认证页面配置”菜单,单击“新建”按钮,如图3-16所示。

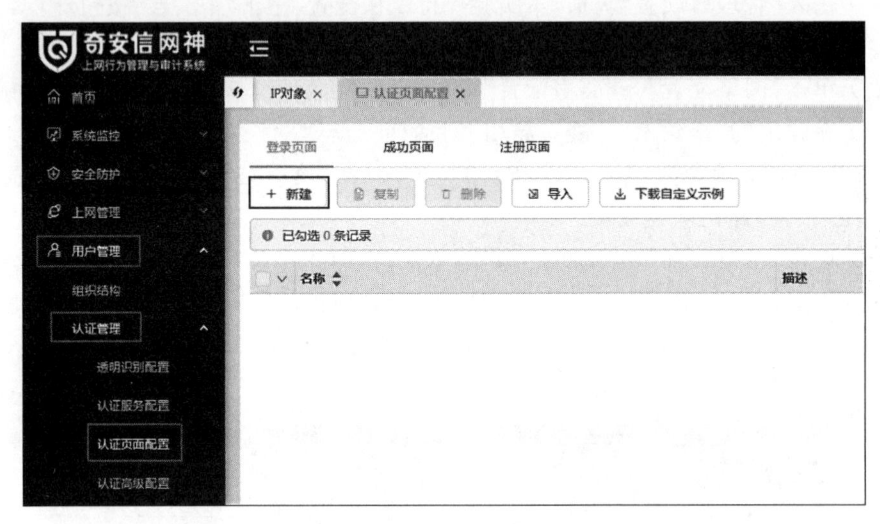


图3-16 认证页面配置

(21) 弹出“新建认证登录页面”对话框,“名称”填写“用户认证系统”,“文本内容”填写“上网须知:A公司欢迎您,请文明上网,遵守网络安全法”,单击“确定”按钮,如图3-17所示。

(22) 单击“用户管理”→“认证策略”菜单,单击“新建”按钮,弹出“新建认证策略”对话框,“名称”填写“WEB认证”,“认证划分方式”选择“按IP划分”,“IP对象”选择“员工PC”,“终端类型”选择“全部终端”,“认证方式”选择“Web认证”,“认证服务器”选择“web本地配置--web”,“认证登录界面”选择“用户认证系统”,单击“确定”按钮,如图3-18所示。

(23) 单击“立即生效”按钮,弹出“确认立即生效”对话框,单击“确定”按钮,如图3-19所示。

## 【实验预期】

(1) 使用员工PC访问互联网,弹出Web认证页面。

(2) 员工PC输入认证用户xiaowang后,可正常上网。

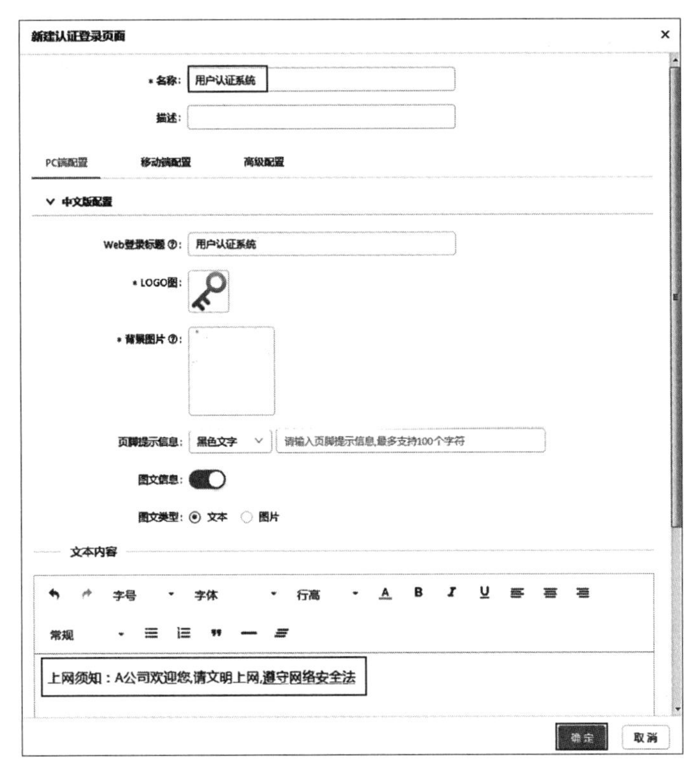


图 3-17　新建认证登录页面

图 3-18　新建认证策略

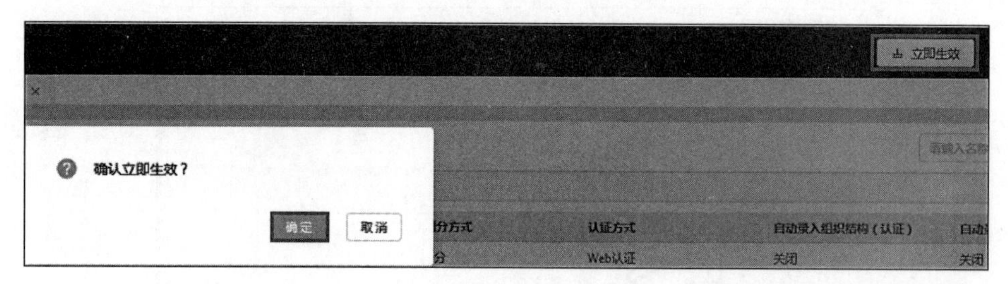


图 3-19　立即生效

（3）用户 xiaowang 认证成功后，可在上网行为管理上线用户看到该用户。

## 【实验结果】

（1）双击桌面的火狐浏览器快捷方式，运行火狐浏览器。

（2）浏览器跳转至“请登录网络”页面，满足实验预期 1，单击“打开网络登录页面”按钮，如图 3-20 所示。

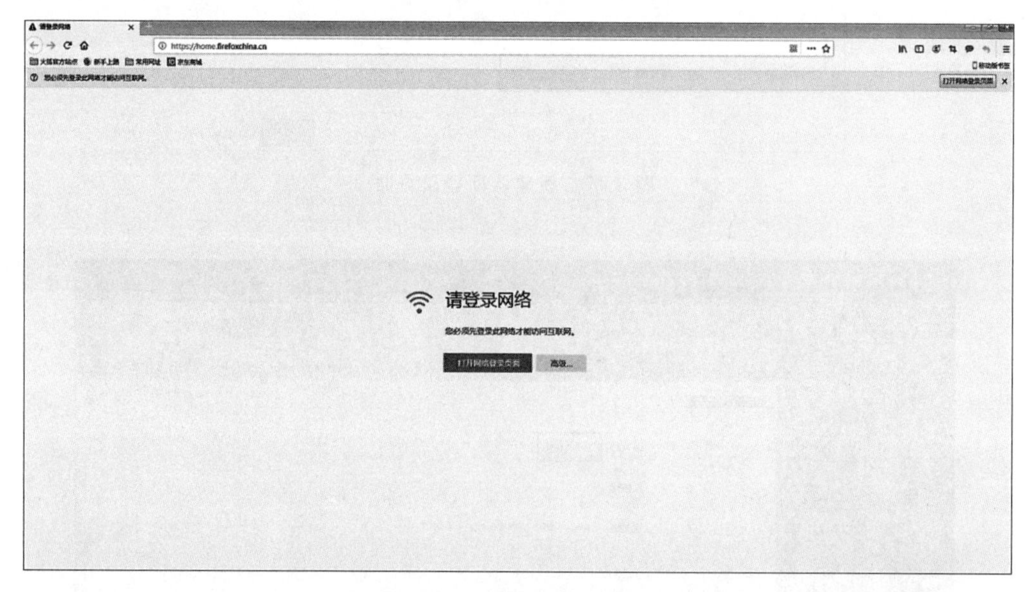


图 3-20　打开网络登录页面

（3）浏览器跳转到用户认证界面，“账号”填写“xiaowang”，“密码”填写“123456”，单击“登录”按钮，如图 3-21 所示。

（4）显示登录成功页面，如图 3-22 所示。

（5）员工 PC 成功访问百度，PC 可以正常上网，满足实验预期 2，如图 3-23 所示。

（6）打开管理机，进入上网管理首页，单击“系统监控”→“在线用户”菜单，显示 xiaowang 通过 Web 本地认证已在线，满足实验预期 3，如图 3-24 所示。

图 3-21　认证页面

图 3-22　登录成功页面

## 【实验思考】

Web 认证能和其他类型认证一起使用吗?

图 3-23 访问百度

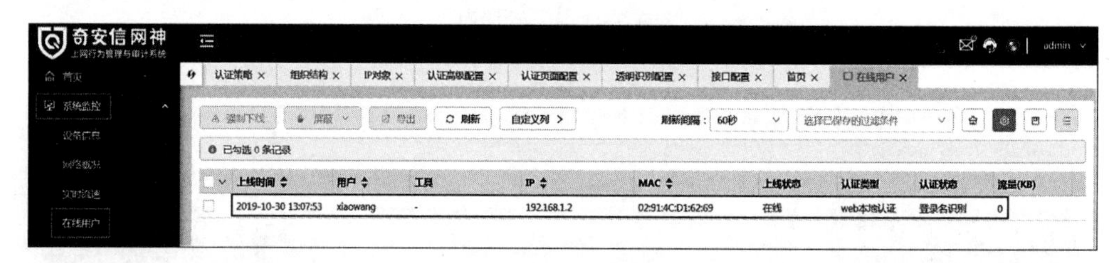

图 3-24 在线用户

## 3.3 用户登录细节管控实验

**【实验目的】**

掌握对用户上网时长和次数的管控配置方法，掌握认证超时自动下线配置方法。

**【知识点】**

使用上网行为管理系统配置用户登录时长自动下线，以及登录次数限制。

**【场景描述】**

A 公司内网部署了一台上网行为管理设备，由于业务的特殊性，需要外包人员小王到公司办公。为了提高外包人员工作效率，对外包人员的上网次数和时长做控制。要求每天上网次数不能超过两次，单次上网时长不能超过 10 分钟，请同学们和安全运维工程师小刘对上网行为管理配置并实现上述需求。

**【实验原理】**

上网行为管理系统支持对单个用户登录时长和次数进行限制，并对认证超时的用户进行强制下线。内网用户访问网络，产生各类流量，每个用户的指定使用时长被严格限制，当用户超出规定登录时长时对用户进行强制下线；下线的用户可以在规定的次数范围内重新登录，超出次数后则阻止重新登录。该配置可以规范用户的上网行为，限制用户上网时间，节省公司网络资源。

**【实验设备】**

安全设备：上网行为管理设备 1 台。

网络设备：路由器 2 台。

主机终端：Windows 7 SP1 主机 2 台。

**【实验拓扑】**

实验拓扑如图 3-25 所示。

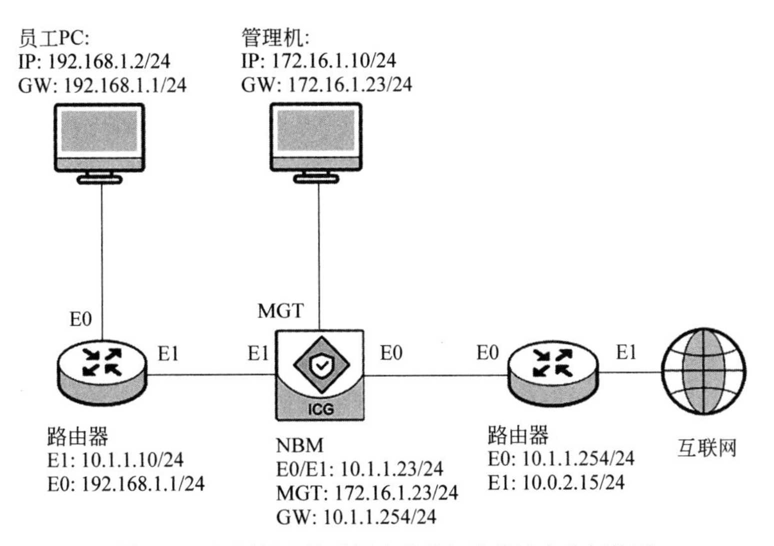


图 3-25　上网行为管理用户登录细节管控实验拓扑图

**【实验思路】**

(1) 登录上网行为管理。

(2) 配置网桥模式。

(3) 创建用户。

(4) 配置 Web 认证高级配置。

(5) 创建 IP 对象。

(6) 配置 Web 认证页面。

(7) 配置 Web 认证策略。

(8) 使用 xiaowang 账号认证上网，查看认证页面显示信息，观察 xiaowang 是否可正常上网。

(9) 将 xiaowang 账号退出，重新认证，观察 xiaowang 是否可正常上网。

(10) 将 xiaowang 账号保持在线 10 分钟后，观察该账号是否会被强制下线。上网次数超过两次后，验证 xiaowang 账号是否可再次认证成功。

**【实验步骤】**

(1) 设置管理机 IP 与上网行为管理的 MGT 口 IP 为同一网段，登录实验拓扑中的管理机，配置管理机 IP 为 172.16.1.10/24，默认网关为 172.16.1.23，单击“确定”按钮。

(2) 打开管理机的浏览器，在地址栏中输入上网行为管理的访问地址“https://172.16.1.23”(以实际 IP 为准)，跳转至上网行为管理登录页面，在登录页面输入用户名“admin”、密码“admin123”(以实际密码为准)、验证码“v5xn”(以实际验证码为准)，单击“登录”按钮。

(3) 为提高上网行为管理系统的安全性，系统会在用户使用初始密码登录时弹出“修改密码”对话框，本实验不需要修改默认密码，单击“暂不修改”按钮。

(4) 成功登录设备后，进入上网行为管理首页。

(5) 单击“网络配置”→“模式配置”菜单，单击“配置网络模式”按钮，进入“配置网络模式”配置页面。

(6) 在“网络模式选择”对话框中，选中“网桥模式”选项，单击“开始配置”按钮，进入“网桥模式配置”对话框。

(7) 在“网桥模式配置”对话框中，单击“新建”按钮，配置网桥接口。

(8) 在弹出的“编辑桥接口”对话框中填写配置信息。“名称”填写“br1”，“内网口”选择 eth1，“外网口”选择 eth0，“IP 地址/掩码”填写“10.1.1.23/24”，填写完成后，单击对话框下方的“确定”按钮。(注：在上网行为管理中，外网口一般与互联网连接，本实验拓扑中路由器 E1 口与外网连接，故外网口应与路由器 E0 口处于同一网段；内网口是上网行为管理与公司内部网络连接的接口。)

(9) 桥接口创建成功后，返回“网桥模式配置”页面，单击“下一步”按钮，进入“缺省网关”配置页面。

(10) 配置“缺省网关”为 10.1.1.254，单击“下一步”按钮。

(11) 进入“管理口配置”页面，本实验保持默认配置，单击“下一步”按钮。

(12) 所有的配置完成后，单击“保存并生效”按钮，使配置生效。

(13) 单击“网络配置”→“路由配置”菜单进行路由配置，单击“新建”按钮添加路由。

(14) 在弹出的“新建 IPv4 静态路由”对话框中新建一条静态路由，“目的地址”填写“192.168.0.0”，“IP 掩码”填写“255.255.0.0”，“下一跳”填写“10.1.1.10”，“接口”选择 br1，单击“确定”按钮，路由新建完成。

(15) 单击“用户管理”→“组织结构”菜单，进入组织结构编辑页面，单击“新建用户”按钮，弹出“新建用户”对话框，在“基本配置”页面中，“名称”填写“小王”，“所属组”选择“/根/”，“IP/IP 段”填写“192.168.1.2”，“登录名”填写“xiaowang”，“密码”填写“123456”，“确认密码”填写“123456”，单击“确定”按钮，如图 3-26 所示。

(16) 单击“用户管理”→“认证管理”→“认证高级配置”菜单，进入认证高级配置页面，在“Web 认证高级配置”选项栏，单击“启用 HTTPS 认证”选项后的按钮，开启 HTTPS 认证功能，“认证超时时间”填写 10，“认证下线 IP 地址”填写“10.1.1.254”，“未通

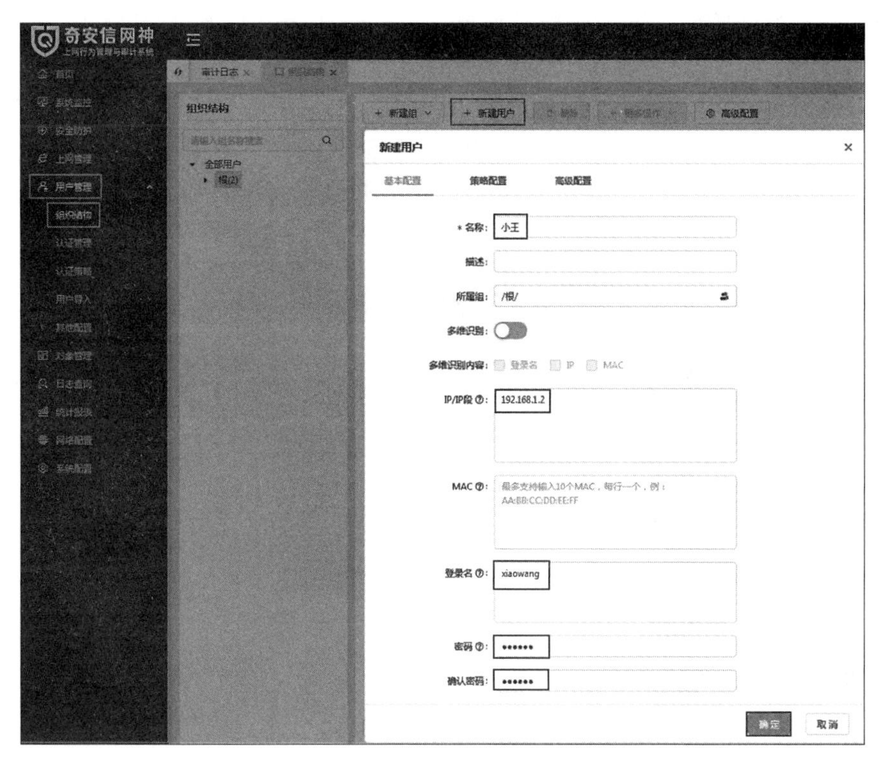

图 3-26　新建用户

过认证行为"选择"封堵网络应用","每天上网次数"填写"2",单击"保存配置"按钮,如图 3-27 所示。

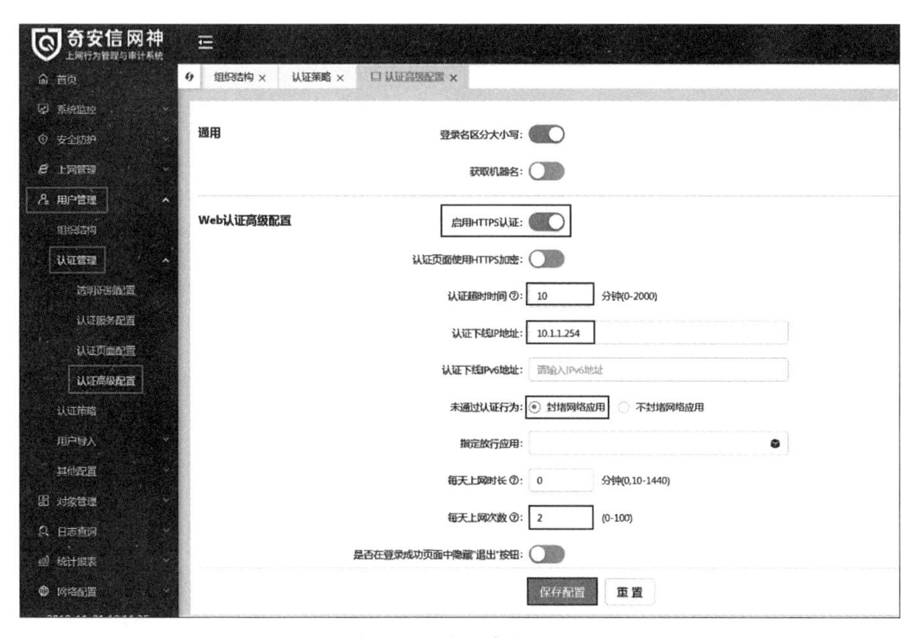

图 3-27　认证高级配置

(17) 单击“对象管理”→“IP 对象”菜单,单击“新建”按钮,弹出“新建 IP 对象”对话框,“名称”填写“员工 PC”,在“IP 信息”选项栏单击“新建”按钮。

(18) 弹出“新建 IP 信息”对话框,“IP 信息”填写“192.168.1.2”,单击“确定”按钮。

(19) 返回“IP 对象”配置页面,单击“确定”按钮。

(20) 单击“用户管理”→“认证管理”→“认证页面配置”菜单,如图 3-28 所示,单击“新建”按钮。

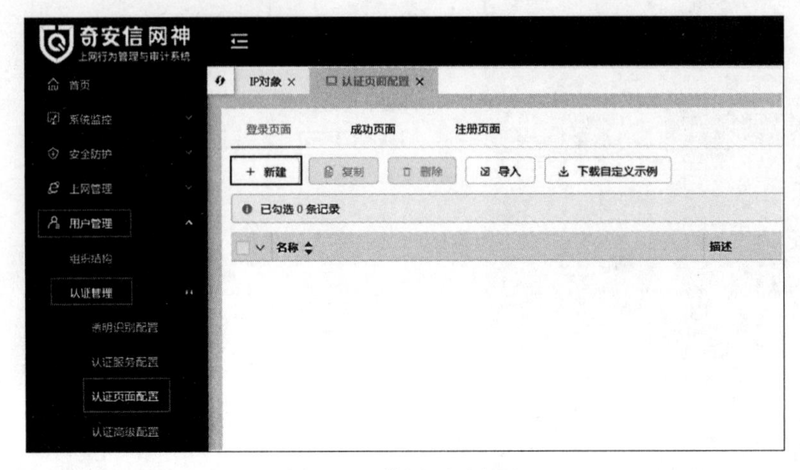


图 3-28 认证页面配置

(21) 弹出“新建认证登录页面”对话框,“名称”填写“用户认证系统”,“文本内容”填写“上网须知: A 公司欢迎您,请文明上网,遵守网络安全法”,单击“确定”按钮,如图 3-29 所示。

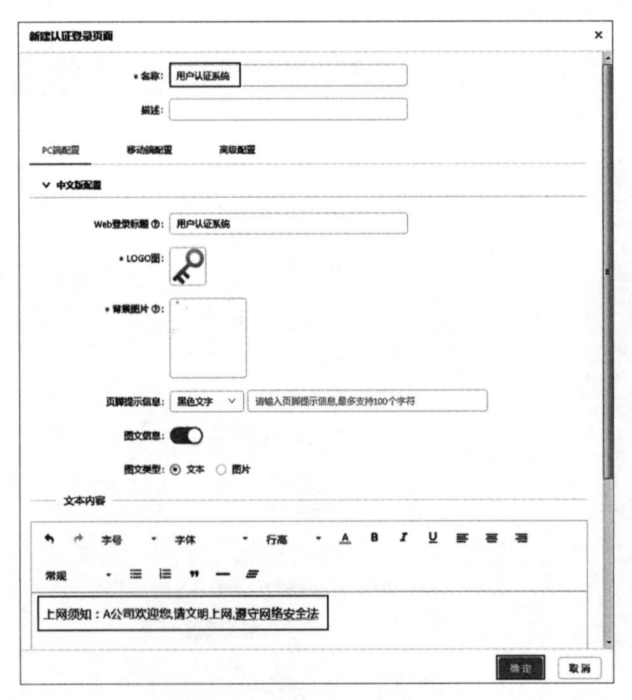


图 3-29 新建认证登录页面

(22) 单击“用户管理”→“认证策略”菜单,单击“新建”按钮,弹出“新建认证策略”对话框,“名称”填写“WEB认证”,“认证划分方式”选择“按IP划分”,“IP对象”选择“员工PC”,“终端类型”选择“全部终端”,“认证方式”选择“Web认证”,“认证服务器”选择“web本地配置--web”,“认证登录界面”选择“用户认证系统”,单击“确定”按钮,如图3-30所示。

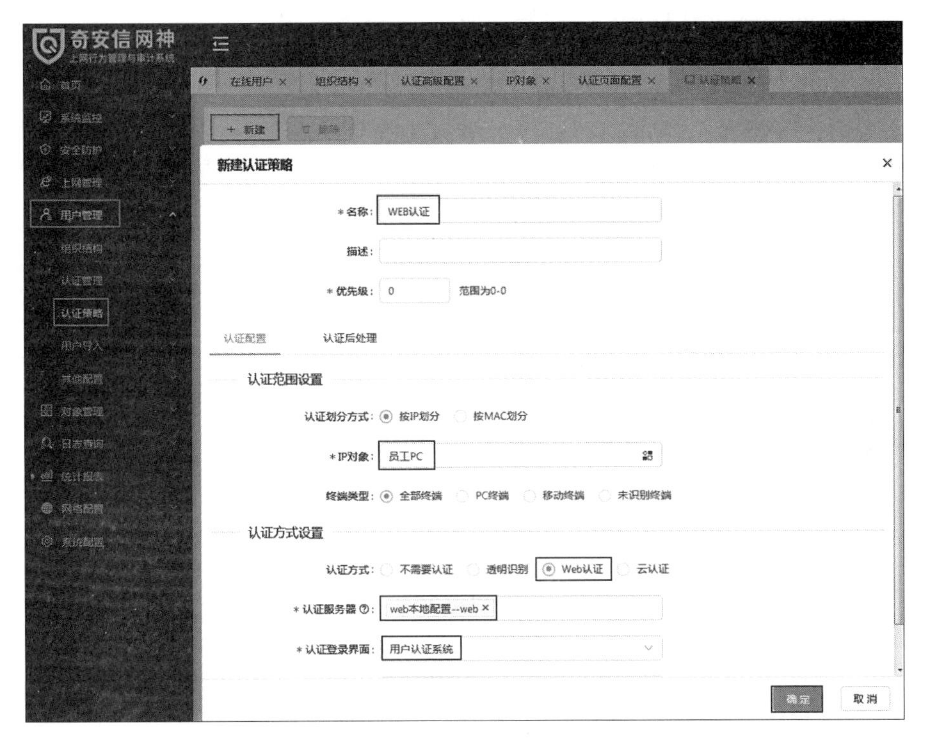


图3-30 新建认证策略

(23) 单击“立即生效”按钮,弹出“确认立即生效”对话框,单击“确定”按钮,如图3-31所示。

图3-31 立即生效

## 【实验预期】

(1) 员工PC通过xiaowang账号可正常上网,认证页面显示登录时间、在线时长、上网次数、上网次数限额信息。

（2）员工 PC 认证成功后，可正常上网。

（3）用户 xiaowang 退出登录后，再次使用该账号通过 Web 认证后可继续上网。

（4）用户 xiaowang 通过 Web 认证后，在线时长超过 10 分钟后被系统强制下线，无法上网。

（5）用户 xiaowang 认证次数超过限额两次后，将无法认证。

## 【实验结果】

（1）双击桌面的火狐浏览器快捷方式，运行火狐浏览器。

（2）浏览器跳转至“请登录网络”页面，单击“打开网络登录页面”按钮，如图 3-32 所示。

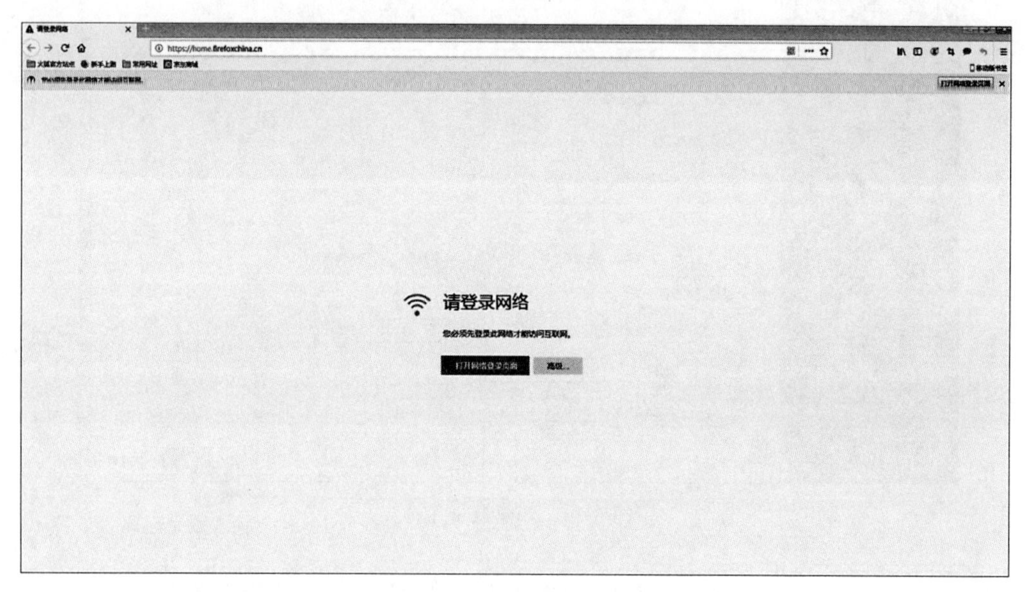


图 3-32　打开网络登录页面

（3）浏览器跳转到用户认证界面，“账号”填写“xiaowang”，“密码”填写“123456”，单击“登录”按钮，如图 3-33 所示。

（4）显示登录成功页面，认证成功界面显示当本次登录时间、本次登录时长、已经上网次数、上网次数限额，满足实验预期 1，如图 3-34 所示。

（5）员工 PC 成功访问百度，PC 可以正常上网，满足实验预期 2，如图 3-35 所示。

（6）员工 PC 进行第二次上网认证，认证成功，如图 3-36 所示。

（7）员工 PC 成功访问百度，PC 可以正常上网，满足实验预期 3，如图 3-37 所示。

（8）当访问时间超出单次上网时长到达设定的认证时间后，单击“点击访问之前的页面”链接，如图 3-38 所示。

（9）刷新之前的上网页面，浏览器跳转至如图 3-39 所示的页面，满足实验预期 4。

图 3-33 认证页面

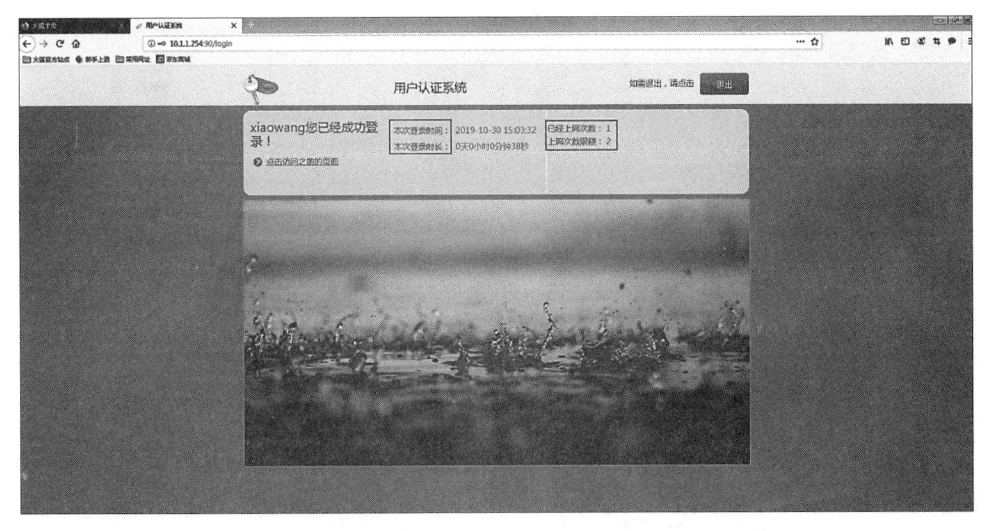


图 3-34 登录成功页面

(10) 员工 PC 第三次进行上网认证，当超过上网次数限制时，系统将会弹出“提示”对话框，提示您今天的上网次数已用完，感谢您的使用，满足实验预期 5，如图 3-40 所示。

## 【实验思考】

用户每日上网次数用完，但因为有急事要处理，请问如何让用户再次上网？

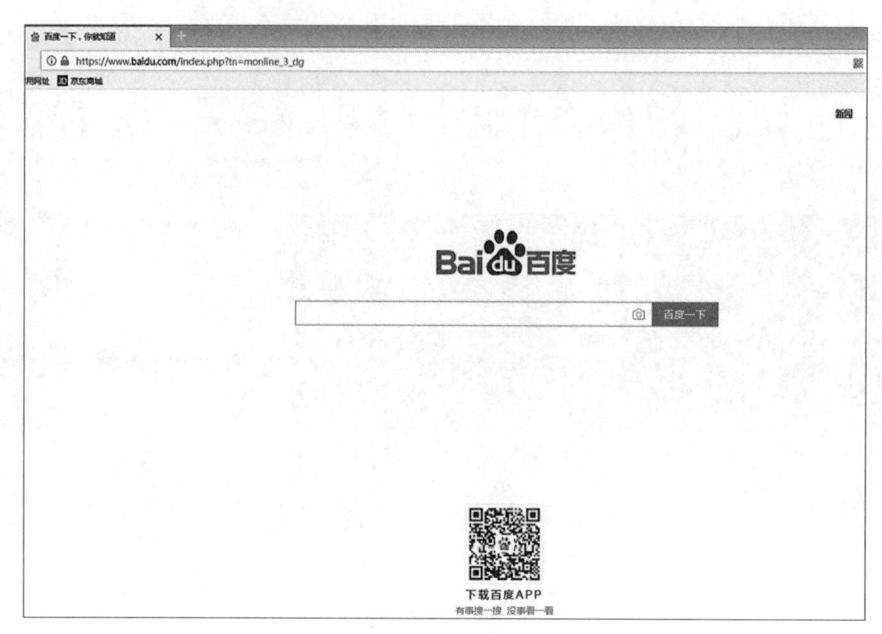


图 3-35　访问百度成功 1

图 3-36　重复认证成功

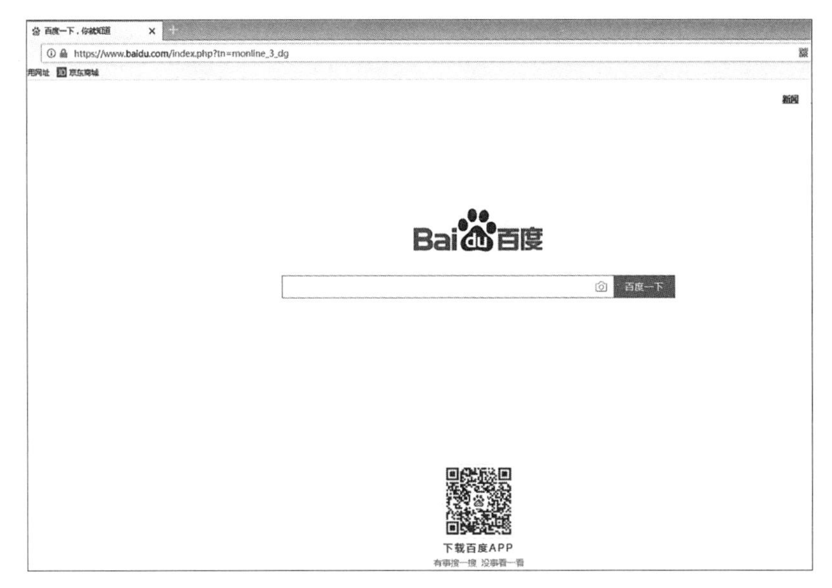


图 3-37　访问百度成功 2

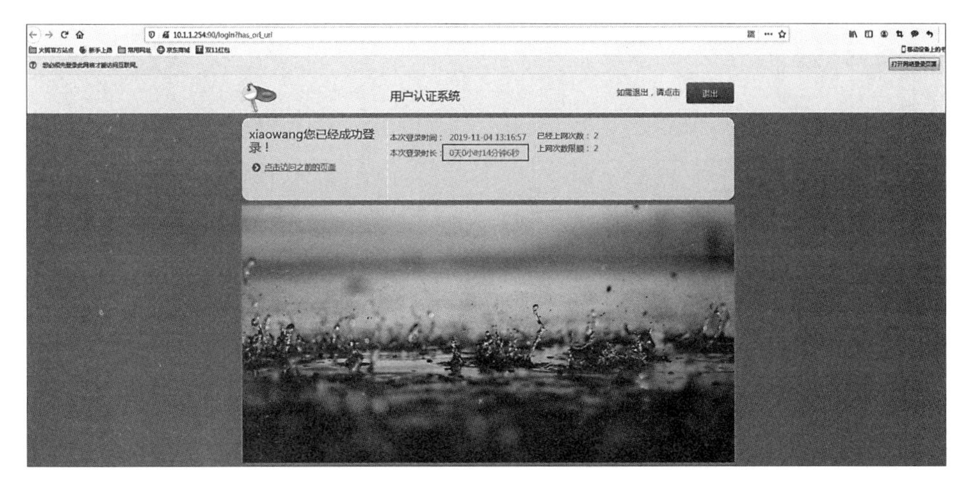


图 3-38　超出上网时间

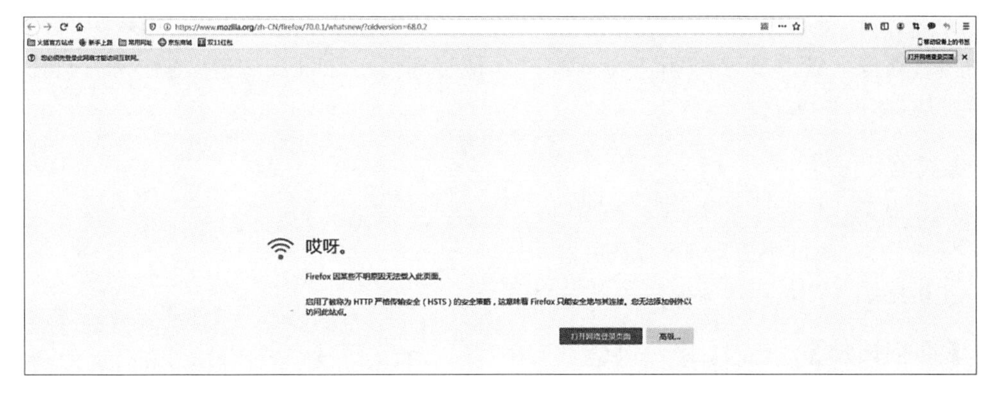


图 3-39　自动下线

图 3-40　上网次数限制

## 3.4　使用第三方服务器用户实现 Web 认证实验

**【实验目的】**

掌握使用上网行为管理的第三方服务器配置 Web 认证的方法。

**【知识点】**

使用上网行为管理系统配置第三方服务器 Web 认证。

**【场景描述】**

A 公司某分部现采购一台上网行为管理巩固网络安全，由于员工名单之前都在公司内的 AD 服务器中，请同学们和网络安全运维工程师小王一起完成第三方服务器的配置并完成 Web 认证的配置。

**【实验原理】**

上网行为管理系统支持引用第三方服务器用户数据进行 Web 认证。Web 本地认证即用户通过 portal 页面输入的用户名、密码与上网行为管理系统内置的用户管理系统中的用户名、密码进行比对，比对一致则认为用户通过了 Web 本地认证，否则认为用户没有通过本地认证。管理员可在“用户管理”→“认证管理”→“认证配置”中进行相关配置，接着在“认证策略”中新建策略。

**【实验设备】**

安全设备：上网行为管理设备 1 台。

网络设备：AD 服务器 1 台，路由器 2 台。

主机终端：Windows 7 SP1 主机 2 台。

**【实验拓扑】**

实验拓扑如图 3-41 所示。

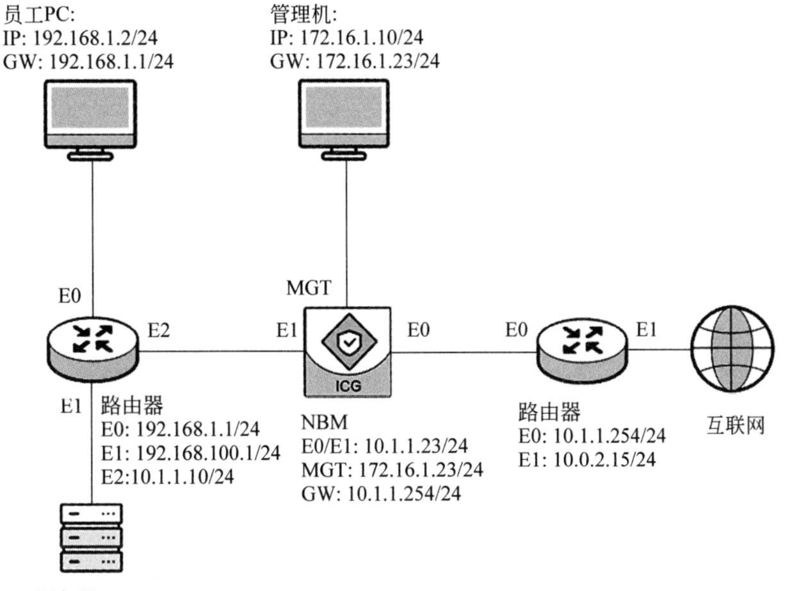


图 3-41 上网行为管理第三方服务器 Web 认证实验拓扑图

**【实验思路】**

(1) 登录上网行为管理设备。

(2) 配置网络和路由。

(3) 配置 Web 认证高级配置。

(4) 创建 IP 对象。

(5) 配置 Web 认证页面。

(6) 配置第三方服务器"LADP 服务器"。

(7) 配置 Web 认证策略。

(8) 使用 LADP 服务器用户账号进行 Web 认证,验证员工 PC 是否可正常上网。

(9) 登录上网行为管理查看在线用户。

【实验步骤】

(1) 登录管理机,设置管理机 IP 与上网行为管理的 MGT 口 IP 为同一网段,登录实验拓扑中的管理机,配置管理机 IP 为 172.16.1.10/24,默认网关为 172.16.1.23,单击"确定"按钮。

(2) 打开管理机的浏览器,在地址栏中输入上网行为管理的访问地址"https://172.16.1.23"(以实际 IP 为准),跳转至上网行为管理登录页面,在登录页面输入用户名"admin"、密码"admin123"(以实际密码为准)、验证码"v5xn"(以实际验证码为准),单击"登录"按钮。

(3) 为提高上网行为管理系统的安全性,系统会在用户使用初始密码登录时弹出"修改密码”对话框，本实验不需要修改默认密码，单击“暂不修改”按钮。

(4) 成功登录设备后，进入上网行为管理首页。

(5) 单击“网络配置”→“模式配置”菜单，单击“配置网络模式”按钮，进入“配置网络模式”页面。

(6) 在“网络模式选择”对话框中，选中“网桥模式”选项，单击“开始配置”按钮，进入“网桥模式配置”对话框。

(7) 在“网桥模式配置”对话框中，单击“新建”按钮，配置网桥接口。

(8) 在弹出的“编辑桥接口”对话框中填写配置信息。“名称”填写 br1，“内网口”选择 eth1，“外网口”选择 eth0，“IP 地址/掩码”填写“10.1.1.23/24”，填写完成后，单击对话框下方的“确定”按钮。(注：在上网行为管理中，外网口一般与互联网连接，本实验拓扑中路由器 E1 口与外网连接，故外网口应与路由器 E0 口处于同一网段；内网口是上网行为管理与公司内部网络连接的接口。)

(9) 桥接口创建成功后，返回“网桥模式配置”页面，单击“下一步”按钮，进入“缺省网关”配置页面。

(10) 配置“缺省网关”为 10.1.1.254，单击“下一步”按钮。

(11) 进入“管理口配置”页面，本实验保持默认配置，单击“下一步”按钮。

(12) 所有的配置完成后，单击“保存并生效”按钮，使配置生效。

(13) 单击“网络配置”→“路由配置”菜单进行路由配置，单击“新建”按钮添加路由。

(14) 在弹出的“新建 IPv4 静态路由”对话框中新建一条静态路由，“目的地址”填写“192.168.0.0”，“IP 掩码”填写“255.255.0.0”，“下一跳”填写“10.1.1.10”，“接口”选择 br1，单击“确定”按钮，路由新建完成。

(15) 单击“用户管理”→“认证管理”→“认证高级配置”菜单，进入认证高级配置页面，在“Web 认证高级配置”选项栏，单击“启用 HTTPS 认证”选项后的按钮，开启 HTTPS 认证功能，“认证下线 IP 地址”填写“10.1.1.254”，“未通过认证行为”选择“封堵网络应用”，单击“保存配置”按钮，如图 3-42 所示。

(16) 单击“对象管理”→“IP 对象”菜单，单击“新建”按钮，弹出“新建 IP 对象”对话框，“名称”填写“员工 PC”，在“IP 信息”选项栏单击“新建”按钮。

(17) 弹出“新建 IP 信息”对话框，“IP 信息”填写“192.168.1.2”，单击“确定”按钮。

(18) 返回“IP 对象”配置页面，单击“确定”按钮。

(19) 单击“用户管理”→“认证管理”→“认证页面配置”菜单，单击“新建”按钮，如图 3-43 所示。

(20) 弹出“新建认证登录页面”对话框，“名称”填写“用户认证系统”，“文本内容”填写“上网须知：A 公司欢迎您，请文明上网，遵守网络安全法”，单击“确定”按钮，如图 3-44 所示。

(21) 单击“对象管理”→“用户”→“第三方服务器”菜单，单击“新建”按钮，在下拉选项栏中单击选择“LDAP 服务器”选项，如图 3-45 所示。

(22) 弹出“新建 LDAP 服务器”对话框，“名称”填写“qianxin”，“类型”填写“自动识别”，“IP/域名”填写“192.168.100.2”，“端口”填写“389”，在“入口(BaseDN)”选项栏单击

图 3-42　认证高级配置

图 3-43　认证页面配置

"获取 BaseDN"按钮获取入口(BaseDN)(注：根据设备帮助手册填写规则，或者单击获取按钮)，"管理员名称"填写"administrator@qianxin.icg"，"管理员密码"填写"1qaz@WSX"，"用户属性"填写"sAMAccountName"(注：根据实际使用的服务器类型填写，如 Sun 服务器填写 uid，详情查看设备帮助手册)，单击左下角"连接测试"按钮进行测试，显示"连接成功"对话框后，单击"确定"按钮保存配置，如图 3-46 所示。

图 3-44　新建认证登录页面

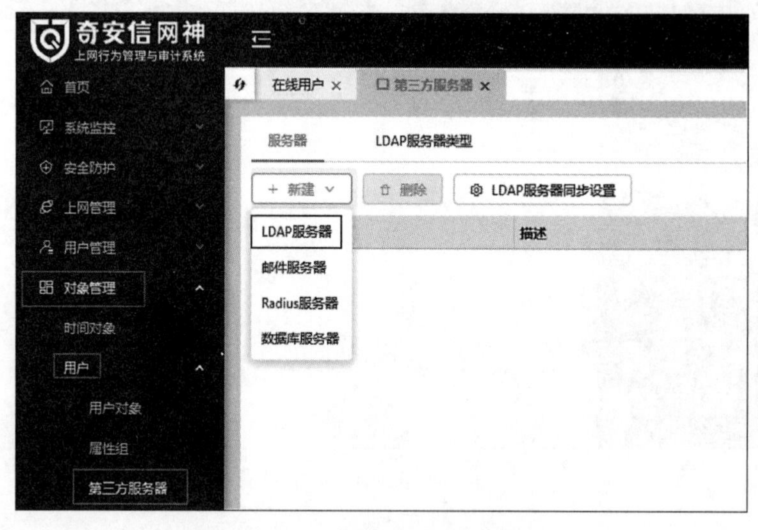


图 3-45　新建 LDAP 服务器

(23) 单击“用户管理”→“认证策略”菜单，单击“新建”按钮，弹出“新建认证策略”对话框，“名称”填写“qianxin 认证”，“认证划分方式”选择“按 IP 划分”，“IP 对象”选择“员工 PC”，“终端类型”选择“全部终端”，“认证方式”选择“Web 认证”，“认证服务器”选择

图 3-46 配置 LDAP 服务器并测试

qianxin-ldap,“认证登录界面”选择“用户认证系统”,单击“确定”按钮,如图 3-47 所示。

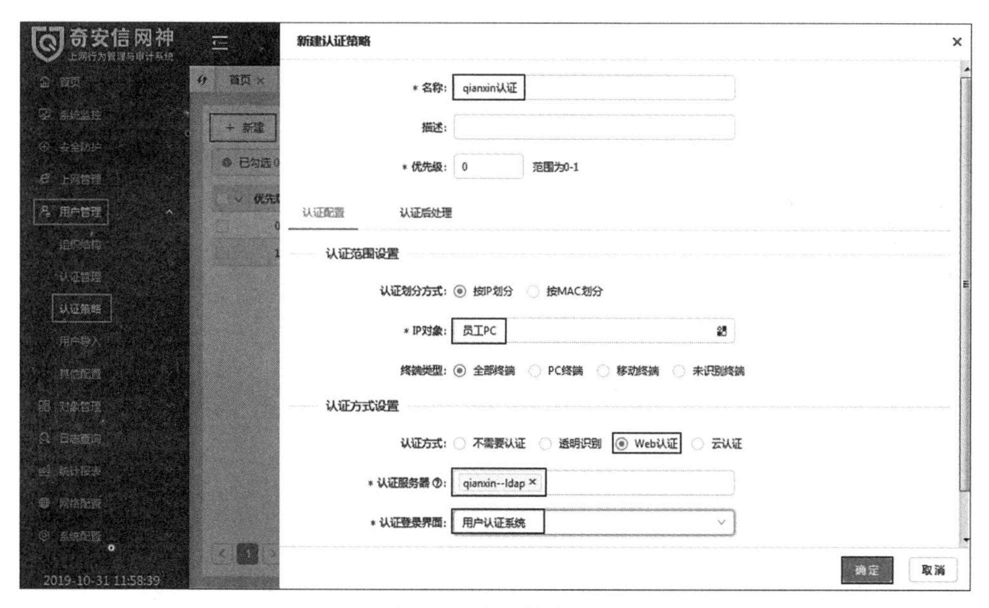


图 3-47 认证策略配置

(24) 单击“立即生效”按钮,弹出“确认立即生效”对话框,单击“确定”按钮,如图 3-48 所示。

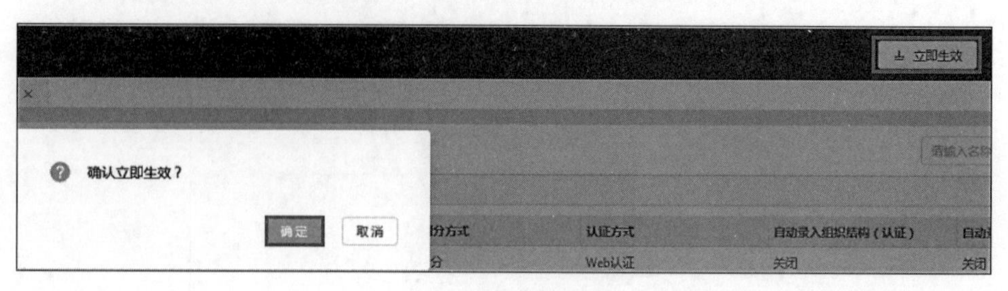


图 3-48　立即生效

【实验预期】

(1) 员工 PC 使用浏览器访问互联网弹出请登录网络页面。

(2) 员工 PC 使用第三方服务器(AD)账号进行 Web 认证,认证成功并可正常上网。

【实验结果】

(1) 双击桌面的火狐浏览器快捷方式,运行火狐浏览器。

(2) 浏览器跳转至“请登录网络”页面,满足实验预期 1,单击“打开网络登录页面”按钮,如图 3-49 所示。

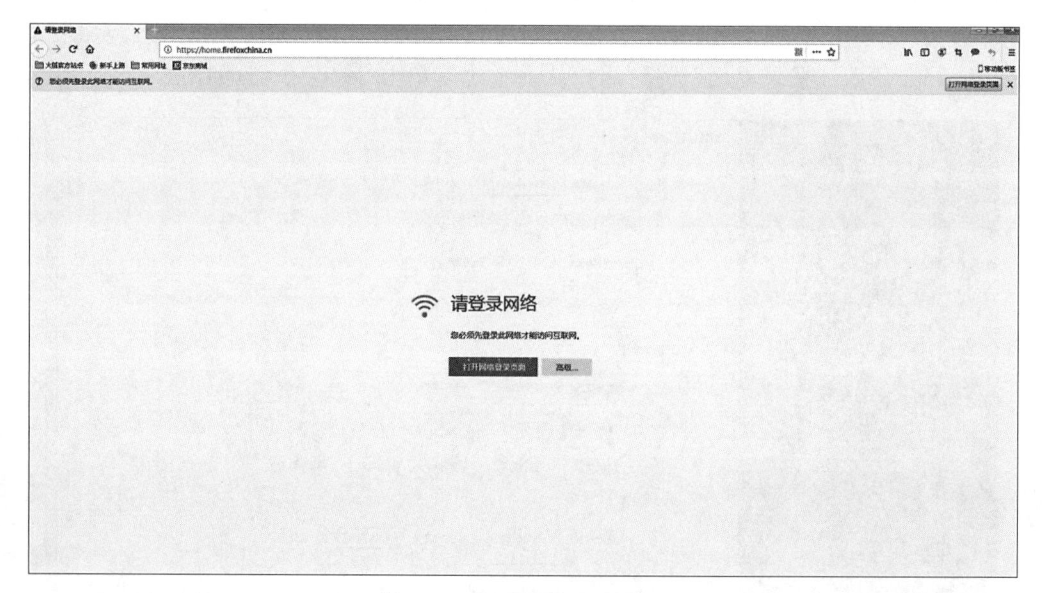


图 3-49　打开网络登录页面

(3) 浏览器跳转到用户认证页面,“账号”填写“xiaowang”,“密码”填写“1qaz@WSX”,单击“登录”按钮,如图 3-50 所示。

(4) 显示认证成功页面,如图 3-51 所示。

(5) 员工 PC 访问百度,PC 可以正常上网,满足实验预期 2,如图 3-52 所示。

(6) 打开管理机,进入上网管理首页,单击“系统监控”→“在线用户”菜单,员工 PC 识别为远端用户,认证类型为“LDAP 认证”,如图 3-53 所示。

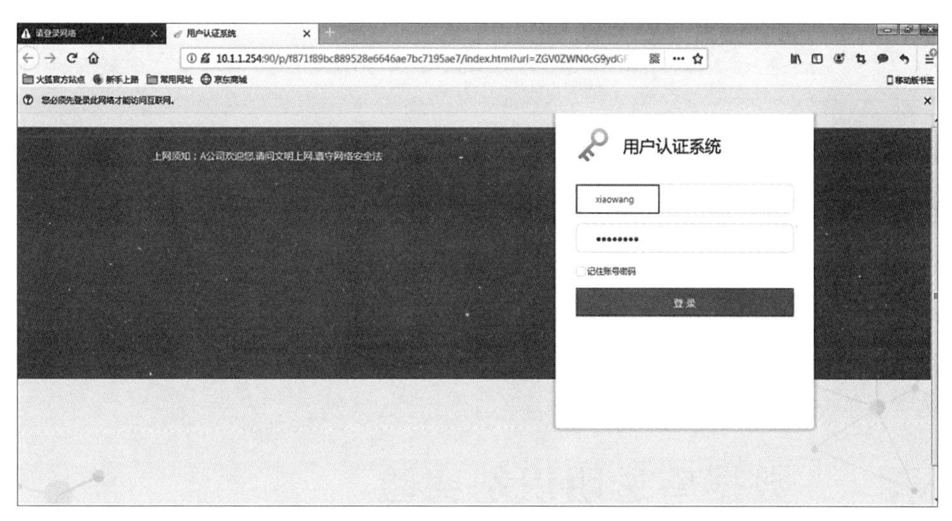


图 3-50　认证页面

图 3-51　认证成功页面

图 3-52　访问百度

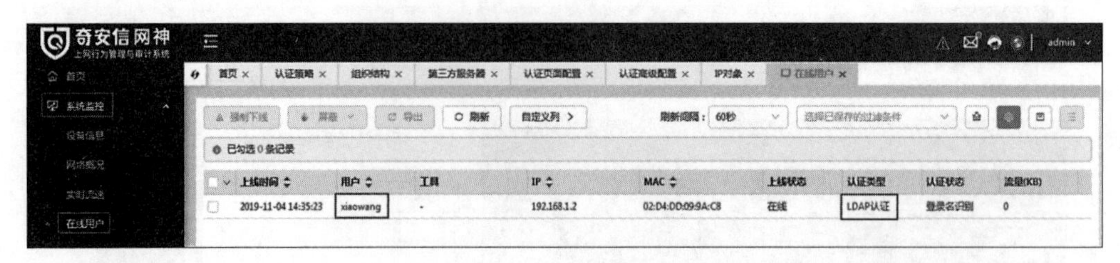

图 3-53　在线用户

【实验思考】

第三方服务器 Web 认证与本地 Web 认证有什么区别?

## 3.5 数据库透明识别实验

【实验目的】

掌握使用上网行为管理进行数据库透明识别的方法。

【知识点】

数据库联动,数据库透明识别。

【场景描述】

A 公司网络中部署了一台上网行为管理产品,该公司的员工信息存储在公司的 MySQL 服务器中。公司要求在员工无感知的情况下获取员工的上网信息。安全运维工程师小王负责该项工作,为了方便管理,小王想使用 MySQL 数据中的用户信息来识别用户。请同学们和小王一起完成相关的配置,实现公司的需求。

【实验原理】

数据库是以一定方式存储在一起、能与多个用户共享、具有尽可能小的冗余度、与应用程序彼此独立的数据集合,可视为电子化的文件柜——存储电子文件的处所,用户可以对文件中的数据进行新增、查询、更新、删除等操作。

数据库识别,即以数据库,如 MySQL 数据库中用户信息为凭证进行身份确认,并完成识别登录。上网行为管理开启数据库透明识别后,并开启对应透明识别策略后,上网行为管理会根据数据库服务器配置中的查询语句,自动查询数据库表中的用户信息,与登录信息进行比对,确认成功后进行本地上线。

【实验设备】

安全设备:上网行为管理设备 1 台。

网络设备:MySQL 服务器 1 台,路由器 2 台。

主机终端:Windows 7 SP1 主机 2 台。

【实验拓扑】

实验拓扑如图 3-54 所示。

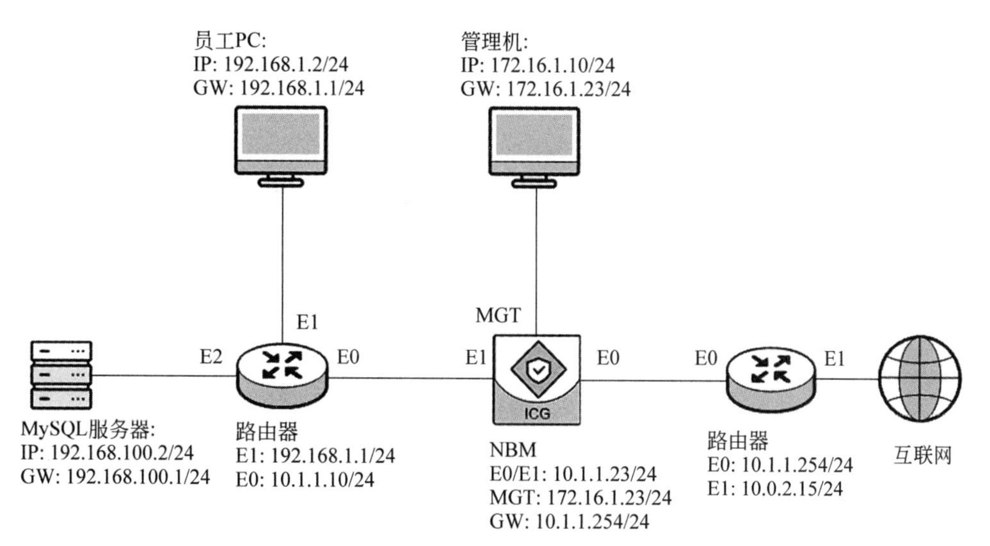


图 3-54　上网行为管理数据库透明识别实验拓扑图

**【实验思路】**

(1) 登录上网行为管理设备。

(2) 配置网络和路由。

(3) 配置第三方服务器“数据库服务器”。

(4) 创建 IP 对象。

(5) 配置认证策略“数据库透明识别策略”。

(6) 登录员工 PC 访问互联网。

(7) 登录上网行为管理查看在线用户,验证策略是否生效。

**【实验步骤】**

(1) 登录管理机,设置管理机 IP 与上网行为管理的 MGT 口 IP 为同一网段,登录实验拓扑中的管理机,配置管理机 IP 为 172.16.1.10/24,默认网关为 172.16.1.23,单击“确定”按钮。

(2) 打开管理机的浏览器,在地址栏中输入上网行为管理的访问地址“https://172.16.1.23”(以实际 IP 为准),跳转至上网行为管理登录页面,在登录页面输入用户名“admin”、密码“admin123”(以实际密码为准)、验证码“v5xn”(以实际验证码为准),单击“登录”按钮。

(3) 为提高上网行为管理系统的安全性,系统会在用户使用初始密码登录时弹出“修改密码”对话框,本实验不需要修改默认密码,单击“暂不修改”按钮。

(4) 成功登录设备后,进入上网行为管理首页。

(5) 单击“网络配置”→“模式配置”菜单,单击“配置网络模式”按钮,进入“配置网络模式”配置页面。

(6) 在“网络模式选择”对话框中,选中“网桥模式”选项,单击“开始配置”按钮,进入

“网桥模式配置”对话框。

(7) 在“网桥模式配置”对话框中，单击“新建”按钮，配置网桥接口。

(8) 在弹出的“编辑桥接口”对话框中填写配置信息。“名称”填写“br1”，“内网口”选择 eth1，“外网口”选择 eth0，“IP 地址/掩码”填写“10.1.1.23/24”，填写完成后，单击对话框下方的“确定”按钮。(注：在上网行为管理中，外网口一般与互联网连接，本实验拓扑中路由器 E1 口与外网连接，故外网口应与路由器 E0 口处于同一网段；内网口是上网行为管理与公司内部网络连接的接口。)

(9) 桥接口创建成功后，返回“网桥模式配置”页面，单击“下一步”按钮，进入“缺省网关”配置页面。

(10) 配置“缺省网关”为 10.1.1.254，单击“下一步”按钮。

(11) 进入“管理口配置”页面，本实验保持默认配置，单击“下一步”按钮。

(12) 所有的配置完成后，单击“保存并生效”按钮，使配置生效。

(13) 单击“网络配置”→“路由配置”菜单进行路由配置，单击“新建”按钮添加路由。

(14) 在弹出的“新建 IPv4 静态路由”对话框中新建一条静态路由，“目的地址”填写“192.168.0.0”，“IP 掩码”填写“255.255.0.0”，“下一跳”填写“10.1.1.10”，“接口”选择 br1，单击“确定”按钮，路由新建完成。

(15) 单击“对象管理”→“用户”→“第三方服务器”菜单，单击“新建”按钮，在下拉选项栏中单击“数据库服务器”选项，如图 3-55 所示。

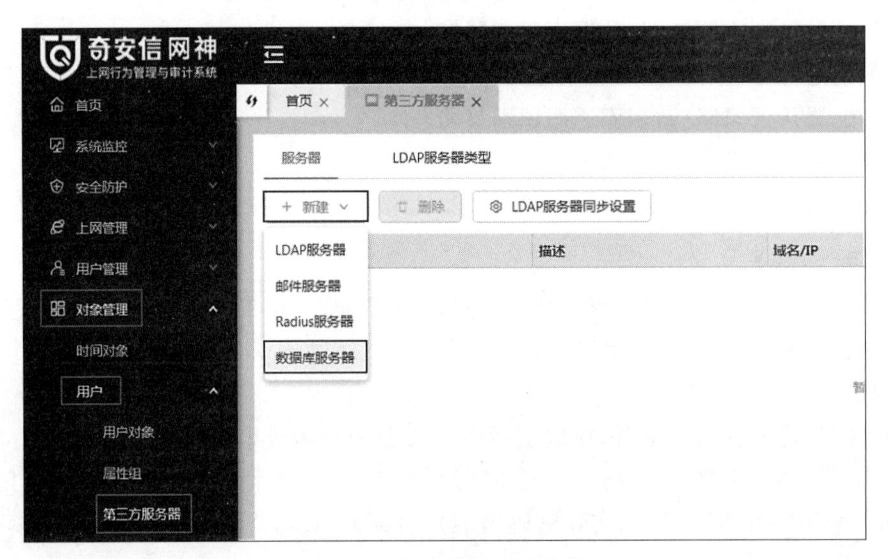


图 3-55　新建数据库服务器

(16) 在弹出的“新建数据库服务器”对话框中，“名称”填写“qianxin_icg”，“类型”选择 MySQL，“基本配置”选项栏中，“IP 地址”填写“192.168.100.2”，“端口”默认为 3306，“登录账号”填写“xiaoli”，“登录密码”填写“123456”，“数据库名”填写“qianxin_icg”，“数据库编码”选择 utf-8，如图 3-56 所示。

(17) 在“服务器能力支持”选项栏，勾选“第三方数据导入”复选框，打开第三方数据

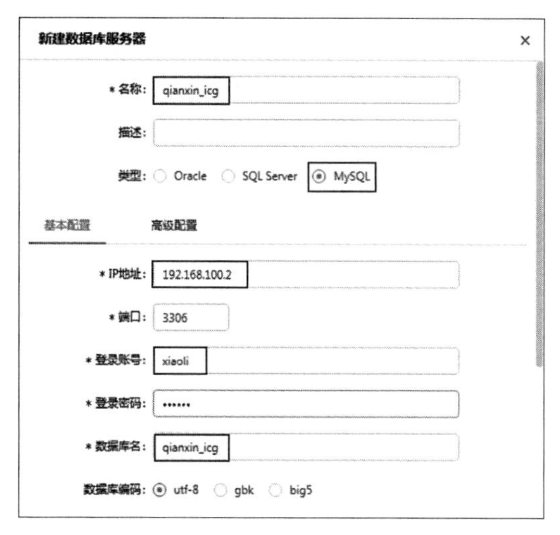


图 3-56 新建数据库服务器

导入功能,“服务器类型”选择“自动识别”,勾选“Web 认证”复选框,打开 Web 认证功能,“查询语句”填写“select username as username,password as passwd from users”(在 qianxin_icg 数据库中的 users 表中查询用户名及其对应的密码),勾选“数据库识别”复选框,打开数据库识别功能,“查询语句”填写“select username as username,ip as ip from users”(在 qianxin_icg 数据库中的 users 表中查询用户名及其对应的 IP 地址),“轮询时间”默认为 60(每 60s 查询一次),如图 3-57 所示。

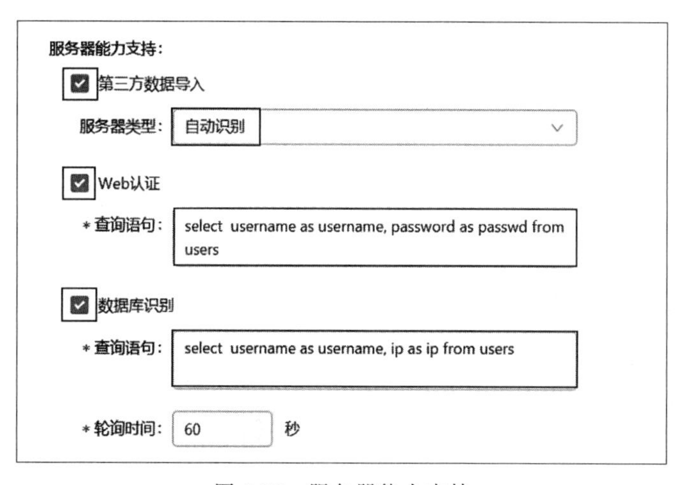


图 3-57 服务器能力支持

(18) 数据库服务器配置完成后,单击左下角的“连接测试”按钮,弹出“数据库连接成功,查询成功”对话框,单击“确定”按钮,如图 3-58 所示。(注:连接数据库失败时,进入数据库服务器,数据库服务器登录密码为 123456,在数据库服务器上检查是否可以访问行为安全设备。)

(19) 单击“对象管理”→“IP 对象”菜单,单击“新建”按钮,弹出“新建 IP 对象”对话

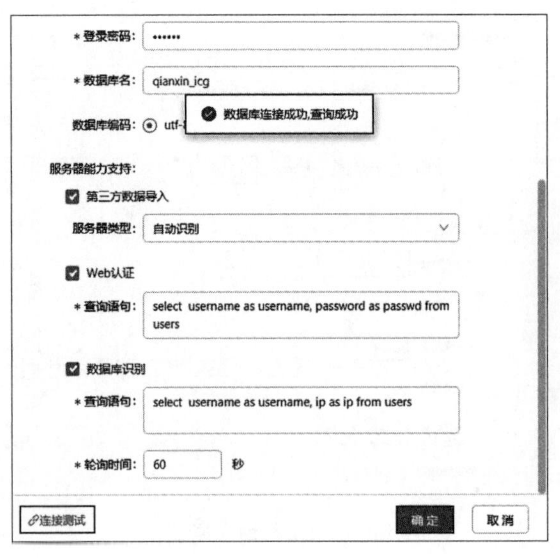


图 3-58 连接测试

框,“名称”填写“员工 PC”,在“IP 信息”选项栏,单击“新建”按钮。

(20) 在弹出的“新建 IP 信息”对话框中,“IP 信息”填写“192.168.1.2”,单击“确定”按钮。

(21) IP 对象新建完成,单击“确定”按钮。

(22) 单击“用户管理”→“认证策略”菜单,单击“新建”按钮,弹出“新建认证策略”对话框,“名称”填写“数据库透明识别”,“IP 对象”选择“员工 PC”,“认证方式”选择“透明识别”,“未识别处理方式”选择“不需要认证”,单击“确定”按钮,如图 3-59 所示。

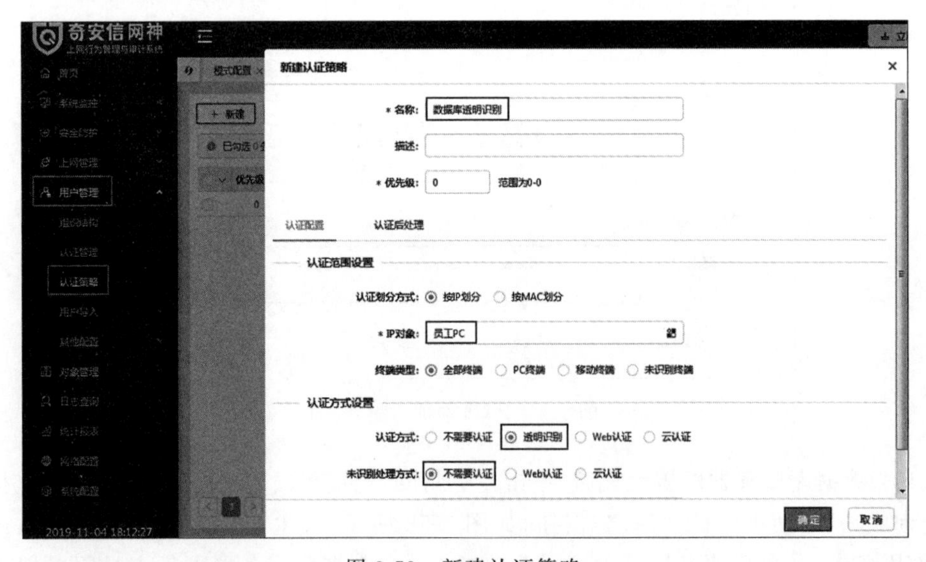


图 3-59 新建认证策略

(23) 单击“用户管理”→“认证管理”→“透明识别配置”菜单,在“数据库识别”选项栏，单击“操作”选项栏的齿轮状按钮，如图 3-60 所示。

图 3-60　透明识别配置

(24) 在弹出的“数据库识别配置”对话框中，选中“qianxin_icg 数据库”选项，单击“确定”按钮，如图 3-61 所示。

图 3-61　数据库识别配置

(25) 返回“透明识别配置”页面，单击“数据库识别”选项后方的按钮，弹出“保存成功”对话框，配置完成，如图 3-62 所示。

(26) 单击页面右上角的“立即生效”按钮，弹出“确认立即生效”对话框，单击“确定”按钮，如图 3-63 所示。

**【实验预期】**

(1) 员工 PC 接入网络并访问 baidu.com 成功跳转至百度首页。

(2) 管理员可在上网行为管理在线用户中查看到成功识别第三方服务器数据库中的

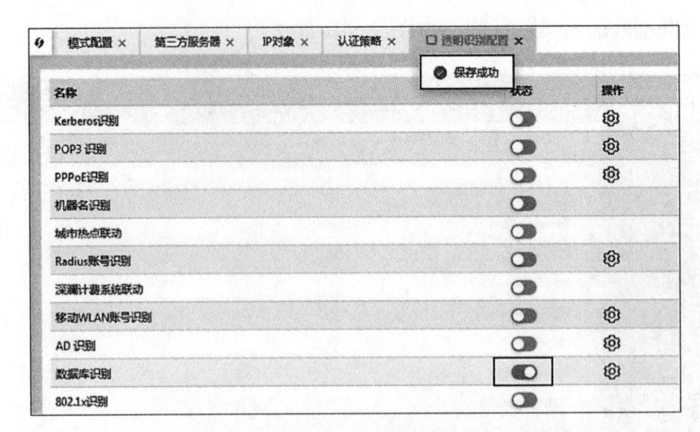


图 3-62　开启数据库识别

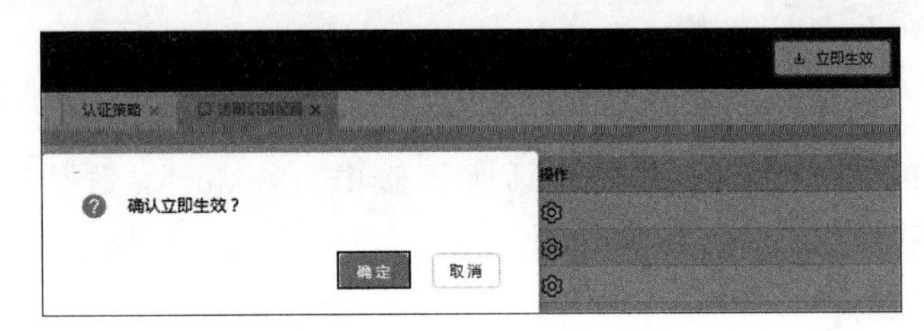


图 3-63　立即生效

用户。

## 【实验结果】

(1) 打开员工 PC,双击桌面的火狐浏览器快捷方式,运行火狐浏览器。

(2) 在地址栏中输入“https://www.baidu.com”,跳转至百度首页,满足实验预期 1,如图 3-64 所示。

图 3-64　员工 PC 访问百度首页

(3) 打开管理机,进入上网管理首页,单击"系统监控"→"在线用户"菜单,员工 PC 识别为"第三方用户",认证类型为"数据库识别",满足实验预期 2,如图 3-65 所示。

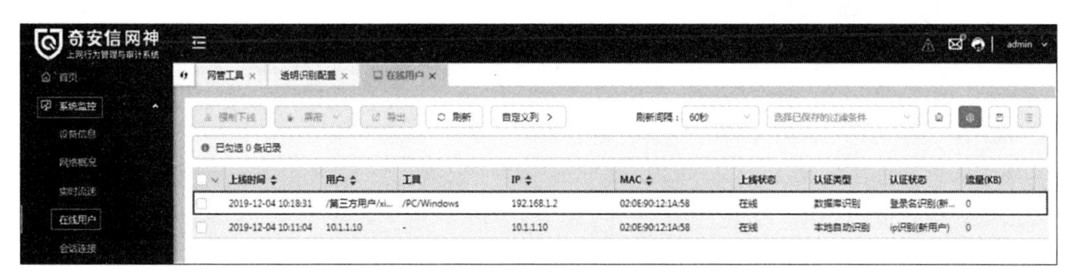


图 3-65　在线用户

## 【实验思考】

数据库认证与 Web 认证一起的混合认证应该如何配置?

# 第4章 行为安全管理

本章主要介绍行为安全管理的关键技术理论，学习行为安全管理设备是如何实现对各种行为的精准识别的，又是通过什么方式实现对行为的管控的。

完成本章学习后，可以初步掌握理解应用识别和内容识别的技术原理，掌握上网行为安全管理设备各种管控策略的配置。

## 4.1 IP 黑名单配置实验

**【实验目的】**

掌握上网行为管理设备利用黑名单功能对访问进行控制的方法。

**【知识点】**

IP 黑名单。

**【场景描述】**

A 公司办公区中，某 IP 为 192.168.1.2 的用户经常进行大文件传输，且屡禁不止，经理决定将其 IP 列入黑名单，请同学们和网络安全运维小王一同完成配置，禁止其上网。

**【实验原理】**

IP 全称为互联网协议地址，是指 IP 地址，意思是分配给用户上网使用的网际协议(Internet Protocol)的设备的数字标签。常见的 IP 地址分为 IPv4 与 IPv6 两大类，但是也有其他不常用的小分类。

接入网络的每一个单元都有自己的 IP 地址，上网行为管理系统可以通过封禁对应 IP 的数据包来实现对员工终端上网行为的管理控制，提升网络安全性。

**【实验设备】**

安全设备：上网行为管理设备 1 台。

网络设备：路由器 2 台。

主机终端：Windows 7 SP1 主机 2 台。

**【实验拓扑】**

实验拓扑如图 4-1 所示。

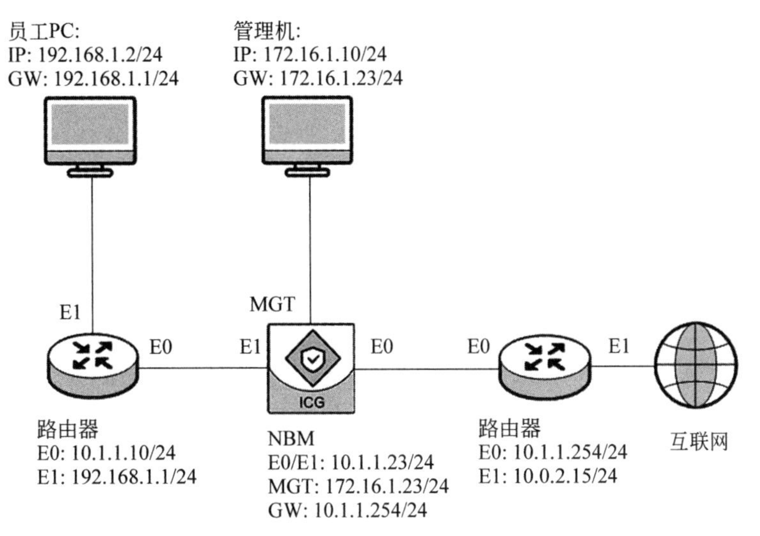


图 4-1　上网行为管理 IP 黑名单配置实验拓扑

**【实验思路】**

(1) 管理机登录上网行为管理。

(2) 上网行为管理将 192.168.1.2 列为黑名单。

(3) 进入员工 PC 以 IP：192.168.1.2 访问百度。

(4) 进入员工 PC 以 IP：192.168.1.3 访问百度。

**【实验步骤】**

(1) 登录管理机，设置管理机 IP 与上网行为管理的 MGT 口 IP 为同一网段，登录实验拓扑中的管理机，配置管理机 IP 为 172.16.1.10/24，默认网关为 172.16.1.23，单击“确定”按钮。

(2) 打开管理机的浏览器，在地址栏中输入上网行为管理的访问地址“https://172.16.1.23”(以实际 IP 为准)，跳转至上网行为管理登录页面，在登录页面输入用户名“admin”、密码“admin123”(以实际密码为准)、验证码“v5xn”(以实际验证码为准)，单击“登录”按钮。

(3) 为提高上网行为管理系统的安全性，系统会在用户使用初始密码登录时弹出“修改密码”对话框，本实验不需要修改默认密码，单击“暂不修改”按钮。

(4) 成功登录设备后，进入上网行为管理首页。

(5) 单击“网络配置”→“模式配置”菜单，单击“配置网络模式”按钮，进入“配置网络模式”页面。

(6) 在“网络模式选择”对话框中，选中“网桥模式”选项，单击“开始配置”按钮，进入“网桥模式配置”对话框。

(7) 在“网桥模式配置”对话框中,单击“新建”按钮,配置网桥接口。

(8) 在弹出的“编辑桥接口”对话框中填写配置信息。“名称”填写“br1”,“内网口”选择 eth1,“外网口”选择 eth0,“IP 地址/掩码”填写“10.1.1.23/24”,填写完成后,单击对话框下方的“确定”按钮。(注:在上网行为管理中,外网口一般与互联网连接,本实验拓扑中路由器 E1 口与外网连接,故外网口应与路由器 E0 口处于同一网段;内网口是上网行为管理与公司内部网络连接的接口。)

(9) 桥接口创建成功后,返回“网桥模式配置”页面,单击“下一步”按钮,进入“缺省网关”配置页面。

(10) 配置“缺省网关”为 10.1.1.254,单击“下一步”按钮。

(11) 进入“管理口配置”页面,本实验保持默认配置,单击“下一步”按钮。

(12) 所有的配置完成后,单击“保存并生效”按钮,使配置生效。

(13) 单击“网络配置”→“路由配置”菜单进行路由配置,单击“新建”按钮添加路由。

(14) 在弹出的“新建 IPv4 静态路由”对话框中新建一条静态路由,“目的地址”填写“192.168.0.0”,“IP 掩码”填写“255.255.0.0”,“下一跳”填写“10.1.1.10”,“接口”选择 br1,单击“确定”按钮,新建路由完成。

(15) 单击“上网管理”→“黑白名单”→“IP 黑白名单”菜单,单击“新建”按钮,如图 4-2 所示。

图 4-2 新建 IP 黑白名单

(16) 在弹出的“编辑 IP 黑名单”对话框中,“IP/IP 段”填写“192.168.1.2”,“描述”填写“黑名单”,单击“确定”按钮,如图 4-3 所示。

(17) 单击右上角的“立即生效”按钮,弹出“确认立即生效”对话框,单击“确定”按钮,如图 4-4 所示。

**【实验预期】**

(1) 开启黑名单策略,IP 为 192.168.1.2 的员工 PC 无法正常访问互联网。

(2) 将员工 PC 的 IP 更换为 192.168.1.3 后,可以正常访问互联网。

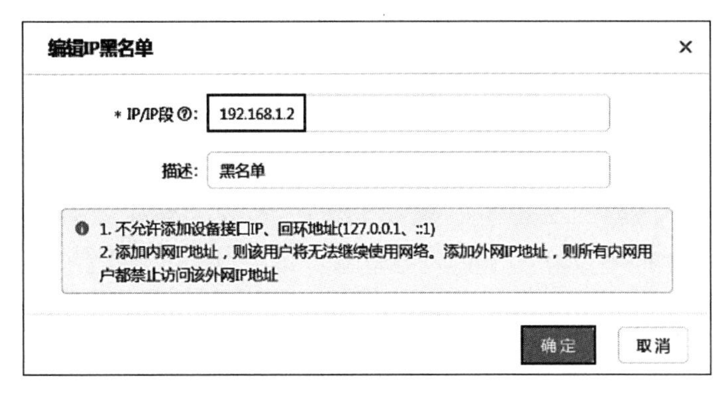


图 4-3　编辑 IP 黑名单

图 4-4　立即生效

## 【实验结果】

(1) 打开员工 PC,配置 IP 为 192.168.1.2。

(2) 双击桌面的火狐浏览器快捷方式,运行火狐浏览器。

(3) 在地址栏中输入“www.baidu.com”访问百度,页面显示找不到此网站,IP 黑名单成功生效,满足实验预期 1,如图 4-5 所示。

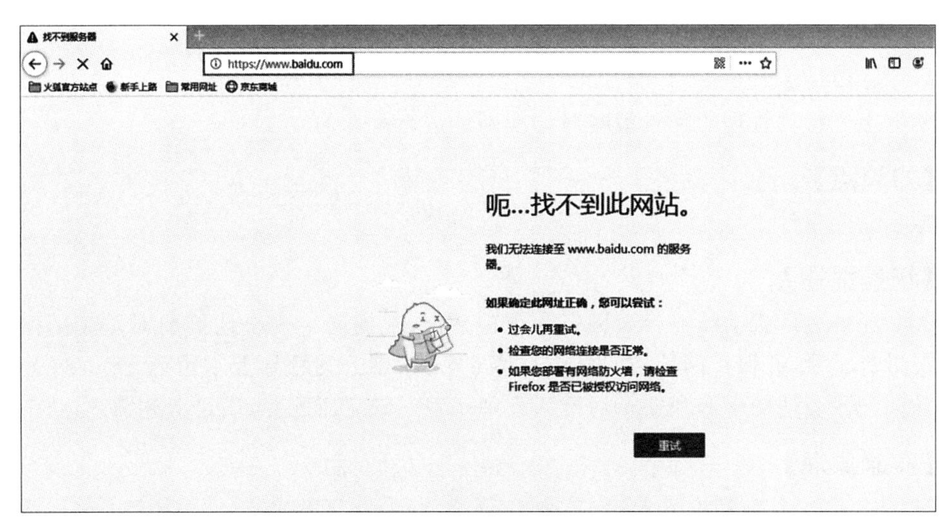


图 4-5　访问百度失败

（4）修改员工 PC 的 IP 为 192.168.1.3，单击“确定”按钮。

（5）双击桌面的火狐浏览器快捷方式，运行火狐浏览器。

（6）在地址栏中输入“www.baidu.com”访问百度，显示百度首页，访问成功，满足实验预期 2，如图 4-6 所示。

图 4-6　再次访问百度

**【实验思考】**

添加黑名单 IP 地址时，添加为内网 IP 地址与添加为外网 IP 地址有什么区别？

# 4.2　域名访问审计实验

**【实验目的】**

掌握上网行为管理的配置策略对访问网址进行审计的方法。

**【知识点】**

域名访问审计。

**【场景描述】**

A 公司办公区现上线一台上网行为管理系统，根据网络安全法需要对员工的网址访问情况进行记录，并保存网址访问日志长达 6 个月，现公司领导要求审计 chinaso.com 网站的访问记录。请同学们和安全运维工程师小王一起完成配置，满足上述需求。

**【实验原理】**

HTTP 是一个简单的请求-响应协议，通常运行在 TCP 之上。它指定了客户端可能发送给服务器什么样的消息以及得到什么样的响应。

在网络安全越加重要的今天，公司网络安全运维工程师不仅需要确保内网不被攻击，还需要保证员工上网行为的安全性，在《网络安全法》中，公司需要为员工的不当上网行为担责且公司需要留存 6 个月的上网行为日志，这致使公司有责任审计与约束员工的上网行为。

网址访问审计即是其中重要的一环：在 HTTPS 技术应用之前，员工普遍访问使用 HTTP 的网站，上网行为管理可以通过配置策略对内网用户访问的目标网站进行审计与管控，记录满足条件的访问记录，并对非法访问进行阻塞，规范员工网址访问行为，保障公司网络安全。

**【实验设备】**

安全设备：上网行为管理设备 1 台。

网络设备：路由器 2 台。

主机终端：Windows 7 SP1 主机 2 台。

**【实验拓扑】**

实验拓扑如图 4-7 所示。

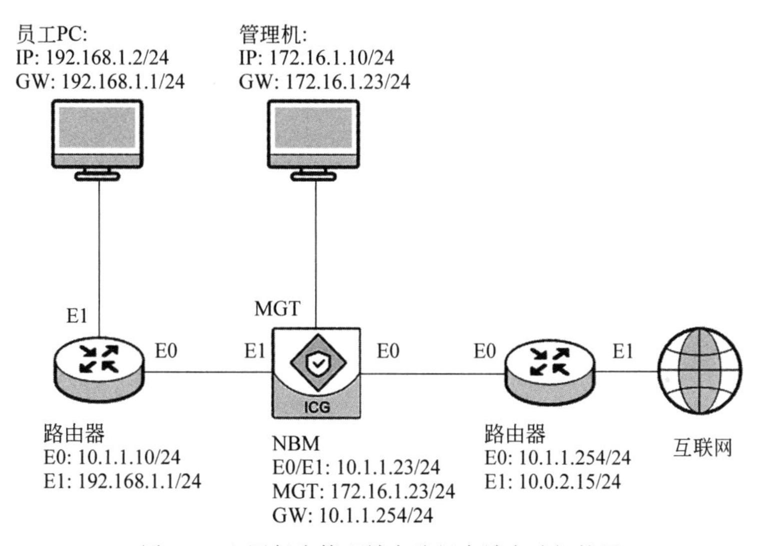


图 4-7　上网行为管理域名访问审计实验拓扑图

**【实验思路】**

(1) 管理机登录上网行为管理。

(2) 配置网络和路由。

(3) 创建用户。

(4) 配置网址访问审计策略。

(5) 配置日志留存设置。

(6) 进入员工 PC 访问 chinaso.com。

(7) 上网行为管理查看网址访问审计结果。

**【实验步骤】**

(1) 登录管理机,设置管理机 IP 与上网行为管理的 MGT 口 IP 为同一网段,登录实验拓扑中的管理机,配置管理机 IP 为 172.16.1.10/24,默认网关为 172.16.1.23,单击“确定”按钮。

(2) 打开管理机的浏览器,在地址栏中输入上网行为管理的访问地址“https://172.16.1.23”(以实际 IP 为准),跳转至上网行为管理登录页面,在登录页面输入用户名“admin”、密码“admin123”(以实际密码为准)、验证码“v5xn”(以实际验证码为准),单击“登录”按钮。

(3) 为提高上网行为管理系统的安全性,系统会在用户使用初始密码登录时弹出“修改密码”对话框,本实验不需要修改默认密码,单击“暂不修改”按钮。

(4) 成功登录设备后,进入上网行为管理首页。

(5) 单击“网络配置”→“模式配置”菜单,单击“配置网络模式”按钮,进入“配置网络模式”配置页面。

(6) 在“网络模式选择”对话框中,选中“网桥模式”选项,单击“开始配置”按钮,进入“网桥模式配置”对话框。

(7) 在“网桥模式配置”对话框中,单击“新建”按钮,配置网桥接口。

(8) 在弹出的“编辑桥接口”对话框中填写配置信息。“名称”填写“br1”,“内网口”选择 eth1,“外网口”选择 eth0,“IP 地址/掩码”填写“10.1.1.23/24”,填写完成后,单击对话框下方的“确定”按钮。(注:在上网行为管理中,外网口一般与互联网连接,本实验拓扑中路由器 E1 口与外网连接,故外网口应与路由器 E0 口处于同一网段;内网口是上网行为管理与公司内部网络连接的接口。)

(9) 桥接口创建成功后,返回“网桥模式配置”页面,单击“下一步”按钮,进入“缺省网关”配置页面。

(10) 配置“缺省网关”为 10.1.1.254,单击“下一步”按钮。

(11) 进入“管理口配置”页面,本实验保持默认配置,单击“下一步”按钮。

(12) 所有的配置完成后,单击“保存并生效”按钮,使配置生效。

(13) 单击“网络配置”→“路由配置”菜单进行路由配置,单击“新建”按钮添加路由。

(14) 在弹出的“新建 IPv4 静态路由”对话框中新建一条静态路由,“目的地址”填写“192.168.0.0”,“IP 掩码”填写“255.255.0.0”,“下一跳”填写“10.1.1.10”,“接口”选择 br1,单击“确定”按钮,新建路由完成。

(15) 单击“用户管理”→“组织结构”菜单,单击“新建用户”按钮,弹出“新建用户”对话框,“名称”填写“xiaoli”,“所属组”选择“/根/”,“IP/IP 段”填写 192.168.1.2,单击“确定”按钮,如图 4-8 所示。

(16) 单击“上网管理”→“上网审计策略”菜单,单击“新建”按钮,在下拉列表框中选择“网页浏览策略”,如图 4-9 所示。

(17) 在弹出的“新建网页浏览策略”对话框中,“名称”填写“域名访问审计”,“用户”选择“/根/xiaoli”,单击“更多条件”按钮,在下拉列表框中勾选“网址”复选框,单击“网址”

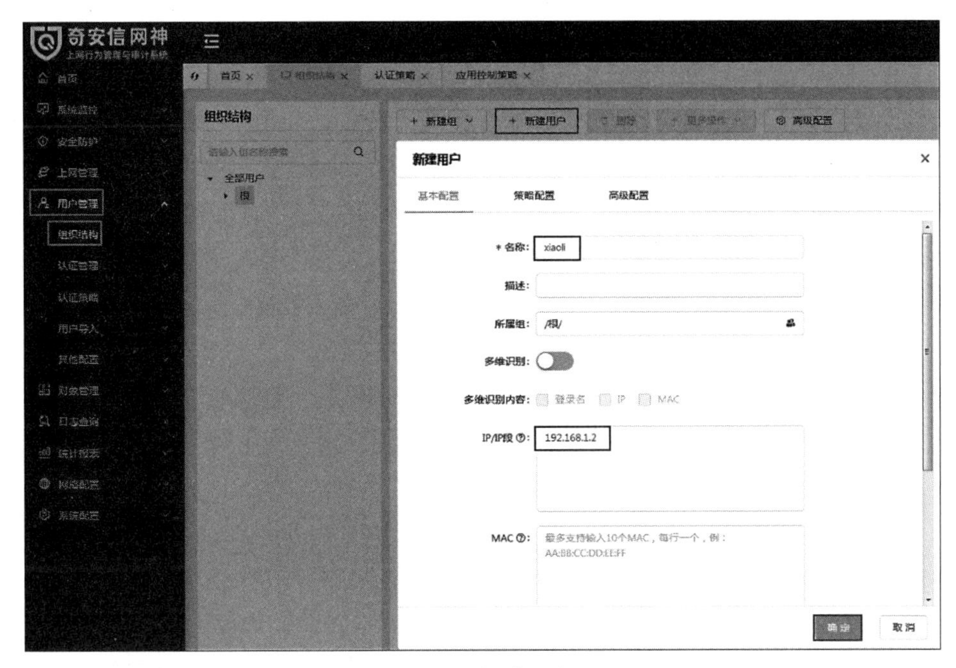


图 4-8　新建用户

图 4-9　新建上网审计策略

选项后的填写栏，如图 4-10 所示。

(18) 在弹出的“选择关键字对象”对话框，单击“新建”按钮，弹出“新建关键字对象”对话框，“名称”填写“中国搜索”，“关键字”填写“chinaso.com”，单击“确定”按钮，如图 4-11 所示。

(19) 返回“选择关键字对象”对话框，选中“中国搜索”关键字，单击“确定”按钮，如图 4-12 所示。

(20)“控制动作”选择“允许”，“记录方式”选择“记录行为”，配置完成后，单击“确定”按钮保存配置，如图 4-13 所示。

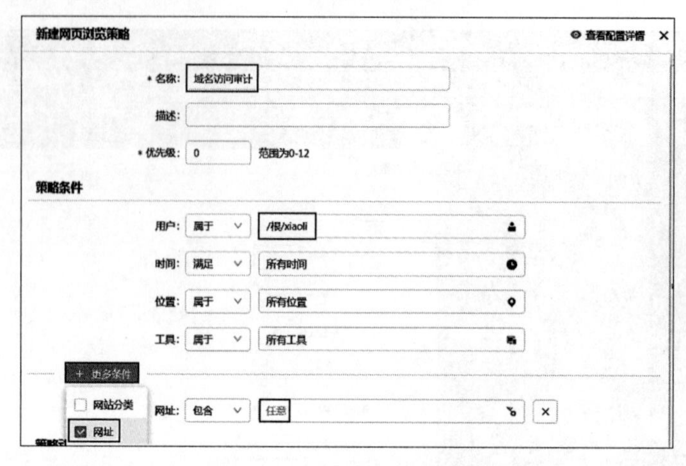


图 4-10　新建网页浏览策略

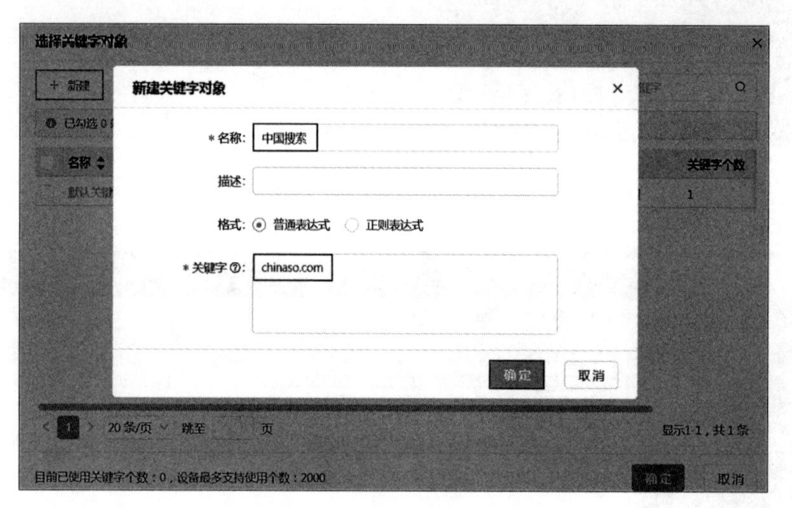


图 4-11　新建关键字对象

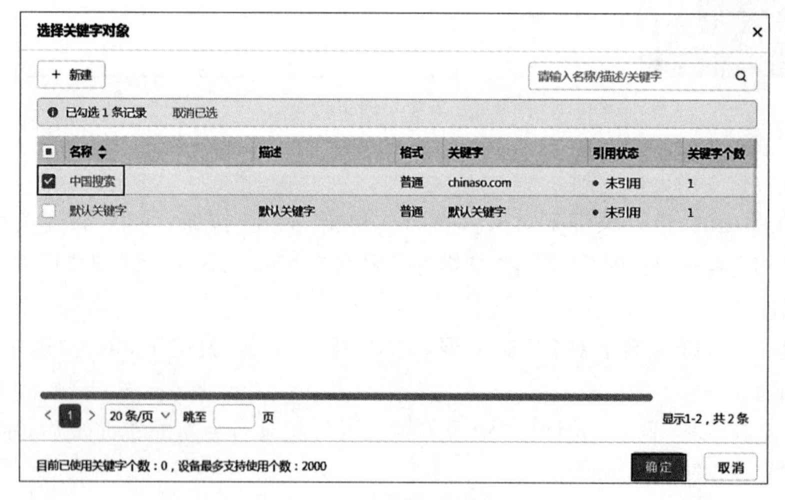


图 4-12　选择关键字

图 4-13 新建策略完成

(21) 单击"日志查询"→"日志存储管理"→"日志归档"菜单,"归档天数"填写"180",单击"保存配置"按钮,如图 4-14 所示。

图 4-14 日志归档配置

(22) 单击右上角的"立即生效"按钮,弹出"本次策略改动列表"对话框,单击"生效"按钮,如图 4-15 所示。

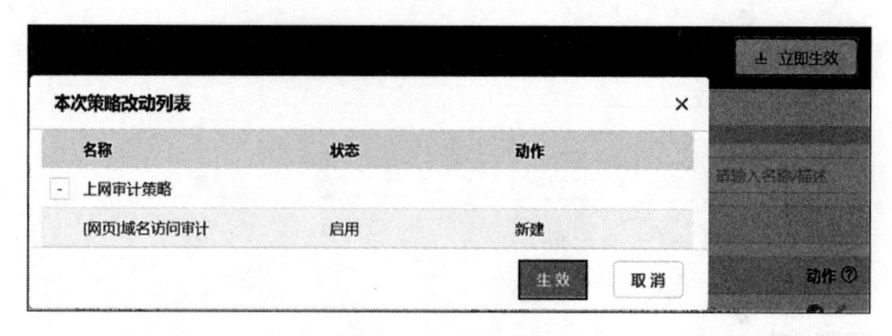


图 4-15　立即生效

## 【实验预期】

（1）域名访问审计策略配置完成并生效后，打开员工 PC，进入浏览器访问 chinaso.com 成功。

（2）上网行为管理日志查询的审计日志网址访问记录中有 chinaso.com 的记录。

## 【实验结果】

（1）打开员工 PC，双击桌面的火狐浏览器快捷方式，运行火狐浏览器。

（2）在访问地址栏中输入“www.chinaso.com”，页面显示中国搜索首页，满足实验预期 1，如图 4-16 所示。

图 4-16　员工 PC 访问中国搜索成功

（3）打开管理机，进入上网行为管理首页，单击“日志查询”→“审计日志”菜单，阻塞记录显示如下，满足实验预期 2，如图 4-17 所示。

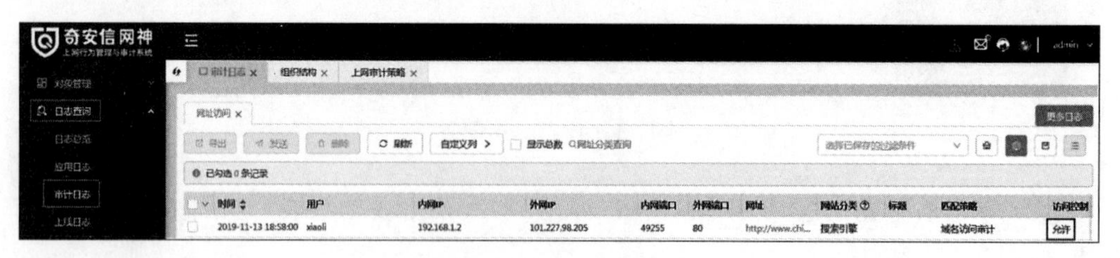


图 4-17　日志查看

**【实验思考】**

请问如何审计员工访问通过 HTTPS 加密的网址?

## 4.3 HTTPS 加密网站的域名访问控制实验

**【实验目的】**

掌握 SSL 解密策略对 HTTPS 加密网站的域名访问控制的作用,使域名访问控制对加密网站生效。

**【知识点】**

SSL 解密、证书推送、域名访问控制。

**【场景描述】**

A 公司为保证员工工作效率,决定禁止员工访问哔哩哔哩这一类型的娱乐型视频网站,现已知目标网站为 bilibili.com,市场部同事 IP 网段为 192.168.1.2～192.168.1.5,安全运维工程师小王配置了基于域名关键字的访问控制策略,发现依旧无法阻断员工访问哔哩哔哩网站。后分析发现哔哩哔哩是一个经过 HTTPS 加密的网站,必须配置 SSL 解密策略后才能让访问控制策略生效,请同学们和安全运维工程师小王一起配置策略,完成封堵哔哩哔哩网站的需求。

**【实验原理】**

为提高办公效率,许多公司都开始对员工的域名访问进行控制,通过限制网速或直接阻断的方法降低员工访问娱乐网站的次数,但是由于当前许多网站都会自动使用高级别加密的 HTTPS 协议,许多安全策略在实际使用中无法生效。

SSL 加密技术是为保护敏感数据在传送过程中的安全而设置的加密技术。HTTPS 实际上就是 HTTP over SSL,它使用默认端口 443,而不是像 HTTP 那样使用 80 端口来和 TCP/IP 进行通信。HTTPS 协议使用 SSL 在发送方把原始数据进行加密,然后在接收方进行解密,加密和解密需要发送方和接收方通过交换共知的密钥来实现,因此,所传送的数据不容易被网络黑客截获和解密。

上网行为管理设备通过证书代理的方式实现对 SSL 流量的“解密”;当用户主机与外部服务器建立 SSL 连接时,上网行为管理设备会代理这个过程,与用户主机和外部服务器建立两段连接;同时为用户签发证书。当用户发出的 SSL 加密流量到达上网行为管理时,由于使用了上网行为管理签发的证书,即可被解密为明文流量,系统会对该流量进行抓包分析,根据分析结果进行管控并记录,从而实现对员工终端访问网站的域名行为的管控。

**【实验设备】**

安全设备:上网行为管理设备 1 台。

网络设备:路由器 2 台。

主机终端：Windows 7 SP1 主机 2 台。

**【实验拓扑】**

实验拓扑如图 4-18 所示。

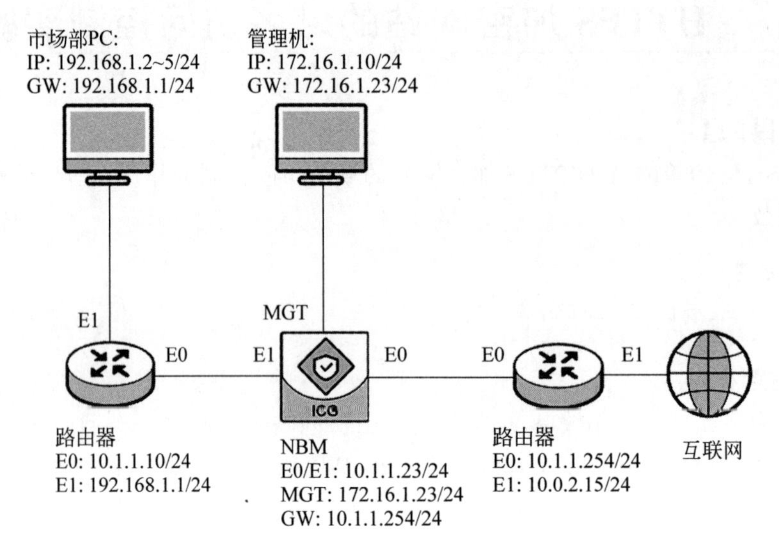


图 4-18　HTTPS 加密网站的域名访问控制实验拓扑图

**【实验思路】**

(1) 管理机登录上网行为管理。

(2) 配置网络和路由。

(3) 创建用户。

(4) 配置基于域名关键字的访问控制策略。

(5) 配置 SSL 全解密策略。

(6) 配置根证书推送。

(7) 在市场部 PC 上访问上网行为管理并下载和安装证书。

(8) 禁用 SSL 全解密策略，进入市场部 PC 访问网站测试封禁效果。

(9) 启用 SSL 全解密策略，进入市场部 PC 访问网站测试封禁效果。

(10) 上网行为管理审计日志中查看阻断结果。

**【实验步骤】**

(1) 登录管理机，设置管理机 IP 与上网行为管理的 MGT 口 IP 为同一网段，登录实验拓扑中的管理机，配置管理机 IP 为 172.16.1.10/24，默认网关为 172.16.1.23，单击“确定”按钮。

(2) 打开管理机的浏览器，在地址栏中输入上网行为管理的访问地址“https://172.16.1.23”(以实际 IP 为准)，跳转至上网行为管理登录页面，在登录页面输入用户名“admin”、密码“admin123”(以实际密码为准)、验证码“v5xn”(以实际验证码为准)，单击

“登录”按钮。

(3) 为提高上网行为管理系统的安全性，系统会在用户使用初始密码登录时弹出“修改密码”对话框，本实验不需要修改默认密码，单击“暂不修改”按钮。

(4) 成功登录设备后，进入上网行为管理首页。

(5) 单击“网络配置”→“模式配置”菜单，单击“配置网络模式”按钮，进入“配置网络模式”配置页面。

(6) 在“网络模式选择”对话框中，选中“网桥模式”选项，单击“开始配置”按钮，进入“网桥模式配置”对话框。

(7) 在“网桥模式配置”对话框中，单击“新建”按钮，配置网桥接口。

(8) 在弹出的“编辑桥接口”对话框中填写配置信息。“名称”填写“br1”，“内网口”选择 eth1，“外网口”选择 eth0，“IP 地址/掩码”填写“10.1.1.23/24”，填写完成后，单击对话框下方的“确定”按钮。(注：在上网行为管理中，外网口一般与互联网连接，本实验拓扑中路由器 E1 口与外网连接，故外网口应与路由器 E0 口处于同一网段；内网口是上网行为管理与公司内部网络连接的接口。)

(9) 桥接口创建成功后，返回“网桥模式配置”页面，单击“下一步”按钮，进入“缺省网关”配置页面。

(10) 配置“缺省网关”为 10.1.1.254，单击“下一步”按钮。

(11) 进入“管理口配置”页面，本实验保持默认配置，单击“下一步”按钮。

(12) 所有的配置完成后，单击“保存并生效”按钮，使配置生效。

(13) 单击“网络配置”→“路由配置”菜单进行路由配置，单击“新建”按钮添加路由。

(14) 在弹出的“新建 IPv4 静态路由”对话框新建一条静态路由，“目的地址”填写“192.168.0.0”，“IP 掩码”填写“255.255.0.0”，“下一跳”填写“10.1.1.10”，“接口”选择 br1，单击“确定”按钮，新建路由完成。

(15) 单击“用户管理”→“组织结构”菜单，单击“新建用户”按钮，弹出“新建用户”对话框，“名称”填写“市场部”，“所属组”选择“/根/”，“IP/IP 段”填写“192.168.1.2-192.168.1.5”，单击“确定”按钮，如图 4-19 所示。

(16) 单击“上网管理”→“上网审计策略”菜单，单击“新建”按钮，在下拉列表框中选择“网页浏览策略”选项。

(17) 在弹出的“新建网页浏览策略”对话框中，“名称”填写“禁止娱乐型视频网站”，“用户”选择“/根/市场部”，单击“更多条件”按钮，在下拉列表框中选择“网址”选项，单击“任意”选项栏，如图 4-20 所示。

(18) 在弹出的“选择关键字对象”对话框中，单击“新建”按钮，弹出“新建关键字对象”对话框，“名称”填写“bilibili”，“格式”选择“普通表达式”，“关键字”填写“bilibili.com”，单击“确定”按钮，如图 4-21 所示。

(19) 返回“选择关键字对象”页面，选中新建的关键字对象 bilibili，单击“确定”按钮，如图 4-22 所示。

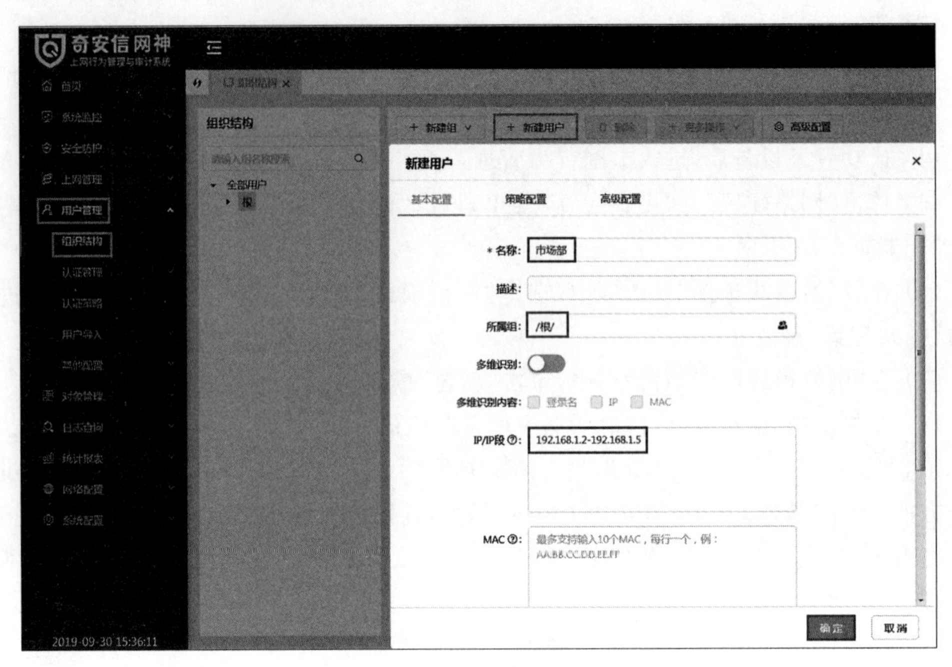


图 4-19　新建用户

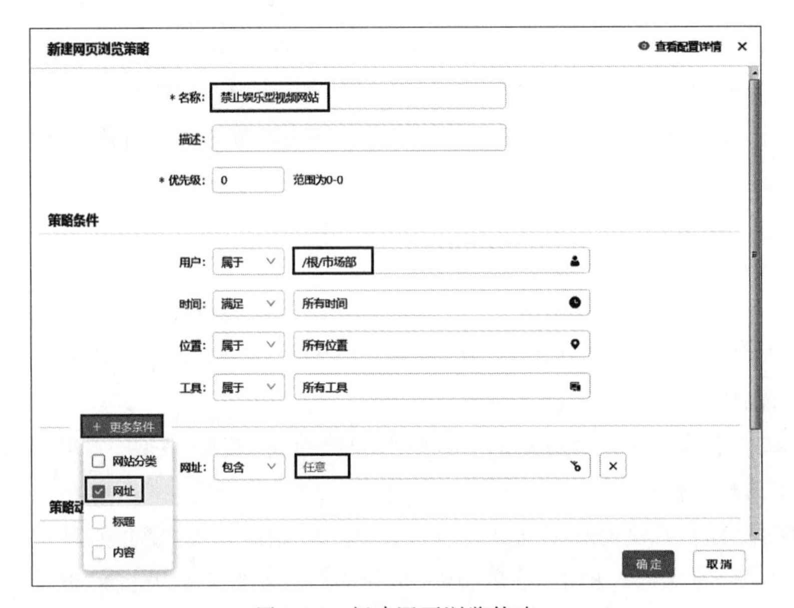


图 4-20　新建网页浏览策略

(20) 返回“新建网页浏览策略”对话框，在“策略动作”选项栏中，“控制动作”选择“阻塞”，“阻塞页面”选择“[默认]阻塞提示页面”，“记录方式”选择“记录行为”，单击“确定”按钮，如图 4-23 所示。

(21) 单击“上网管理”→“SSL 解密”→“解密策略”菜单，单击“新建”按钮，弹出“新建

图 4-21　新建关键字对象 bilibili

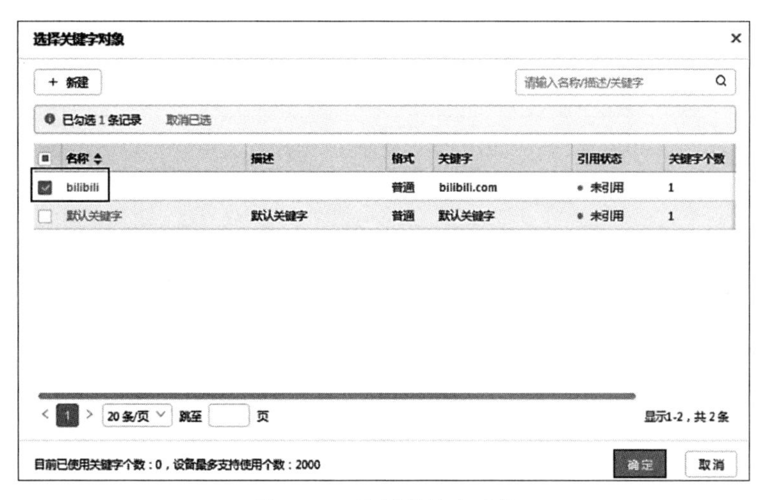


图 4-22　选择关键字对象

SSL 解密策略”对话框，“名称”填写“HTTPS 解密策略”，本实验中其他配置保持默认，单击“目的地址”选项栏后的填写框，如图 4-24 所示。

(22) 在弹出的“选择目的对象”对话框中，单击选择“HTTPS 网站分类对象”选项，在“网站分类列表”栏勾选“所有网站分类”选项，单击“确定”按钮，如图 4-25 所示。

(23) 所有配置完成后，返回“新建 SSL 解密策略”对话框，单击“确定”按钮，如图 4-26 所示。

(24) 单击“上网管理”→“SSL 解密”→“根证书推送”菜单，单击“开启 HTTPS 推送”选项后的按钮，“IP 范围”填写“192.168.1.2”，本实验中其他配置保持默认，单击“保存配置”按钮，如图 4-27 所示。

(25) 单击“立即生效”按钮，弹出“确认立即生效”对话框，单击“确定”按钮。

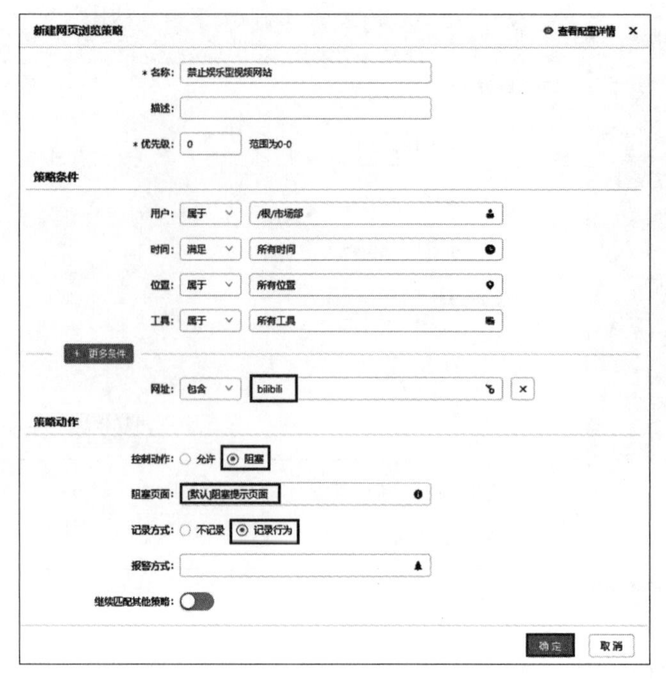


图 4-23　配置策略动作

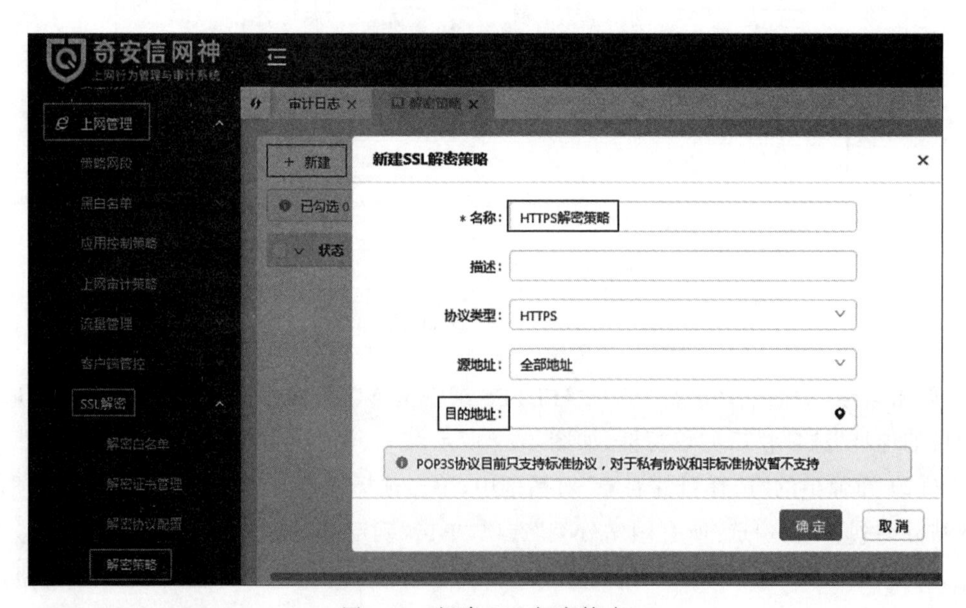


图 4-24　新建 SSL 解密策略

(26) 打开市场部 PC,双击桌面的谷歌浏览器快捷方式,运行谷歌浏览器。

(27) 在地址栏中输入“www.baidu.com”,单击“继续前往”链接,如图 4-28 所示。

(28) 页面跳转至证书下载页面,单击 Windows 下的“立即下载”按钮(根据需求下载版本),左下角弹出提示框,单击“保留”按钮,如图 4-29 所示。

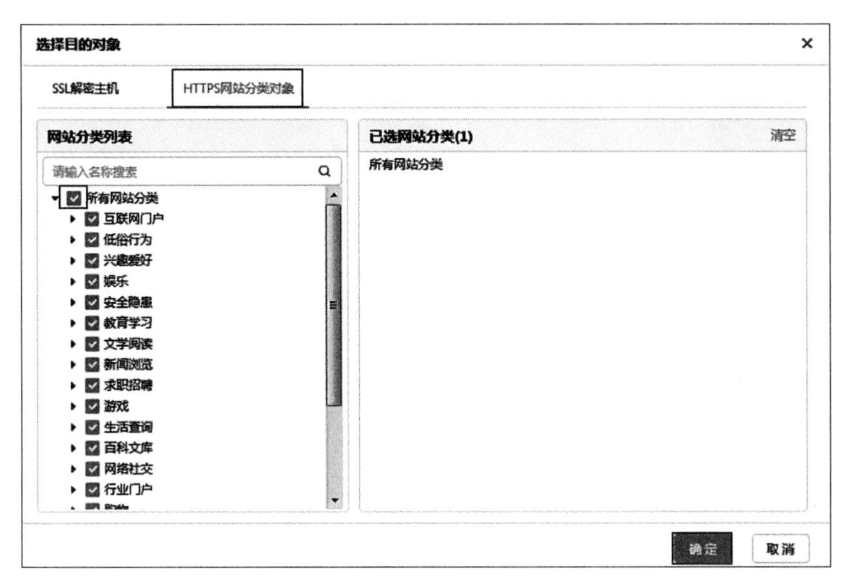


图 4-25　选择目的对象

图 4-26　新建 SSL 解密策略成功

(29) 单击“打开”按钮，打开下载的 install_windows.exe，如图 4-30 所示。

(30) 弹出“打开文件”对话框，单击“运行”按钮，如图 4-31 所示。

(31) 弹出“根证书安装”对话框，单击“确定”按钮，如图 4-32 所示。(谷歌浏览器与IE 浏览器同用一个证书，显示 IE 证书安装成功即谷歌证书安装成功，火狐浏览器有自己的证书体系，需要手动下载。)

**【实验预期】**

(1) 启用“禁止娱乐型视频网站”策略，禁用“HTTPS 解密策略”策略后，进入市场部 PC 访问哔哩哔哩网站成功。

(2) 启用“禁止娱乐型视频网站”策略，启用“HTTPS 解密策略”策略后，进入市场部

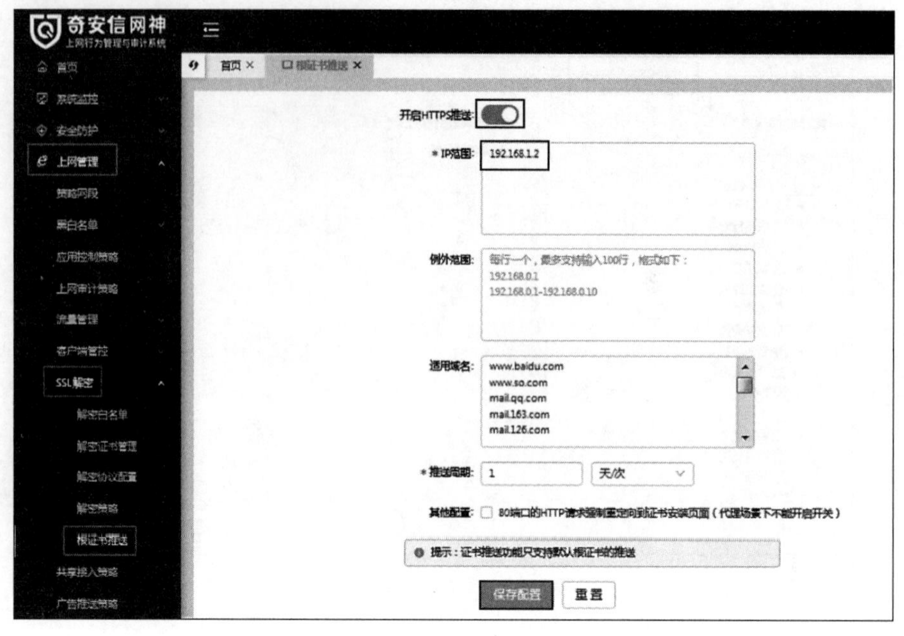


图 4-27　证书推送

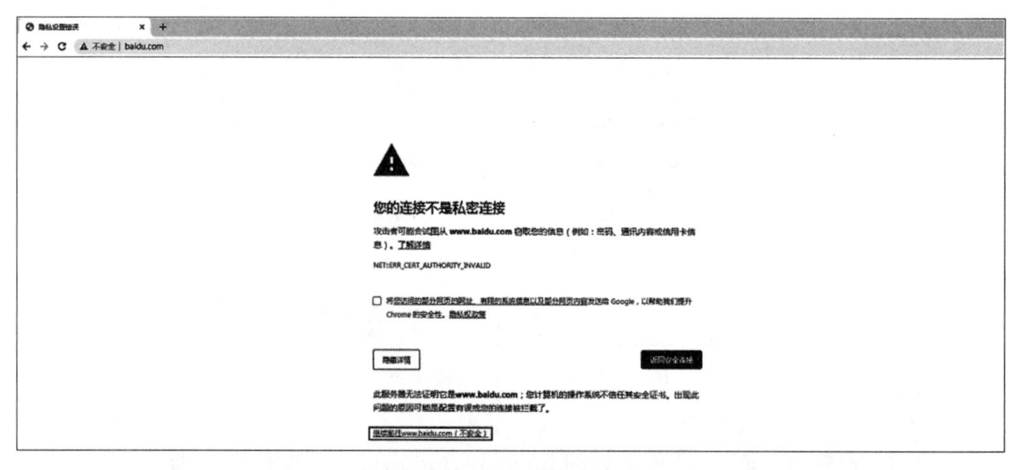


图 4-28　高级设置

PC 访问哔哩哔哩网站失败。

（3）上网行为管理审计日志中查看阻断结果。

## 【实验结果】

### 1. 禁用 SSL 全解密策略，进入市场部 PC 访问哔哩哔哩网站成功

（1）禁用“SSL 解密”策略，单击右上角的“立即生效”按钮，弹出“本次策略改动列表”对话框，单击“生效”按钮，如图 4-33 所示。

（2）打开市场部 PC，双击桌面的谷歌浏览器快捷方式，运行谷歌浏览器。

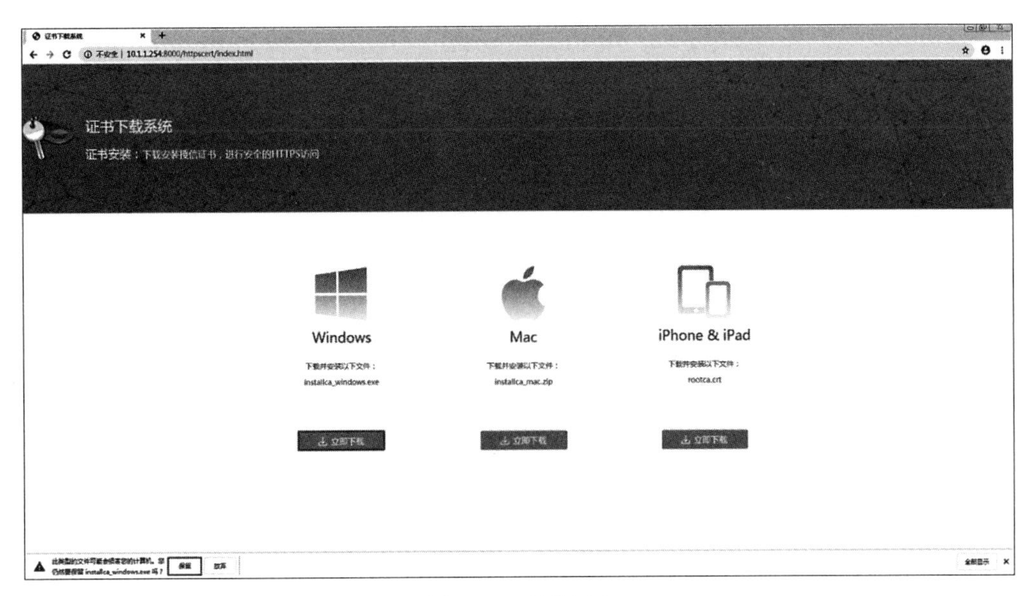


图 4-29　下载证书

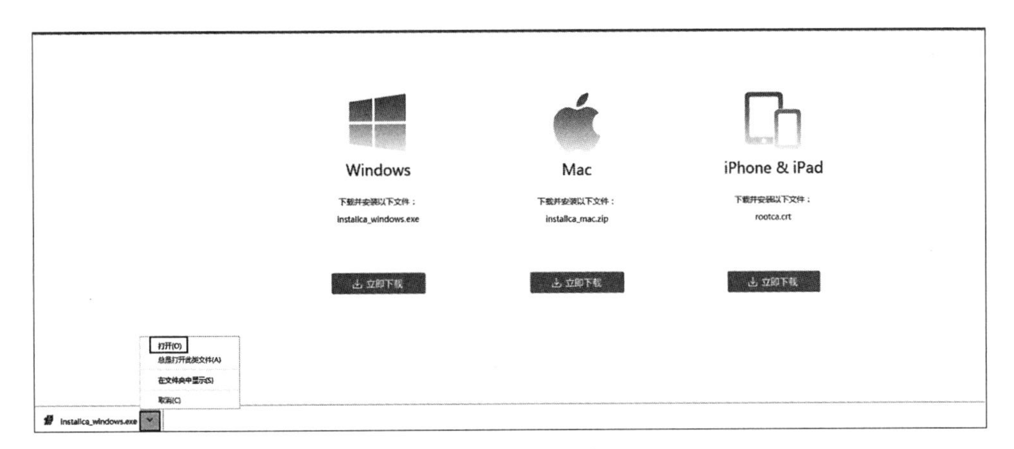


图 4-30　打开证书

图 4-31　运行证书

图 4-32 证书安装成功

图 4-33 禁用 SSL 解密策略

(3) 在访问地址栏中输入“www.bilibili.com”，页面显示 bilibili 首页，满足实验预期 1，如图 4-34 所示。

图 4-34 市场部 PC 访问哔哩哔哩成功

**2. 启用 SSL 全解密策略，进入市场部 PC 访问哔哩哔哩网站失败**

(1) 启用“SSL 解密”策略，单击右上角的“立即生效”按钮，弹出“本次策略改动列表”对话框，单击“生效”按钮，如图 4-35 所示。

(2) 打开市场部 PC，双击桌面的谷歌浏览器快捷方式，运行谷歌浏览器。

图 4-35　启用 SSL 解密策略

(3) 在访问地址栏中输入“www.bilibili.com”，页面显示访问被禁止，满足实验预期 2，如图 4-36 所示。

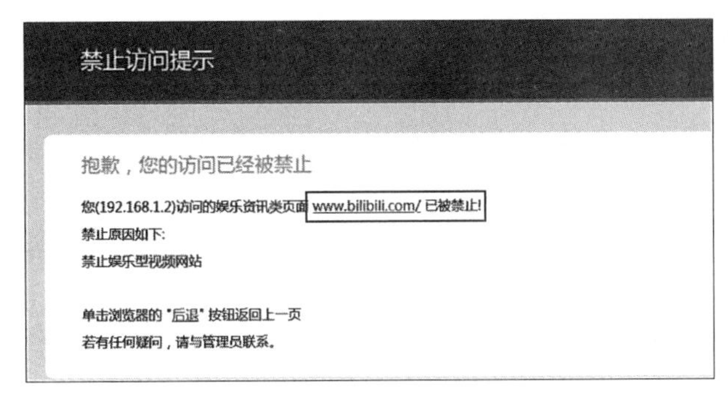

图 4-36　市场部 PC 访问哔哩哔哩被禁止

### 3. 上网行为管理审计日志中查看阻断结果

打开管理机，进入上网行为管理首页，单击“日志查询”→“审计日志”菜单，阻塞记录显示如下，满足实验预期 3，如图 4-37 所示。

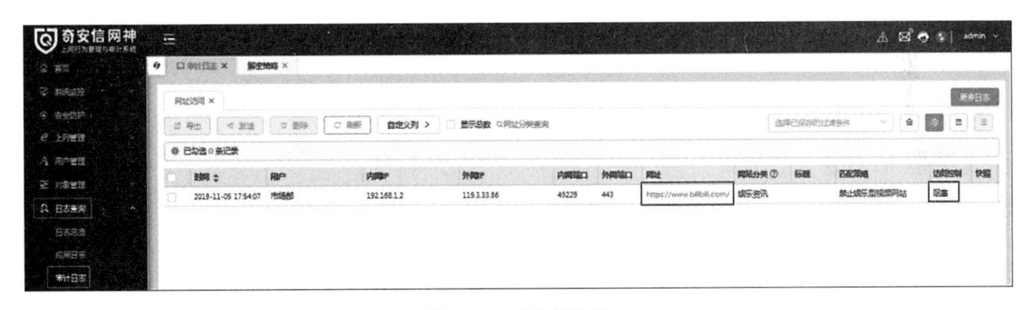

图 4-37　阻塞记录

## 【实验思考】

阻塞基于 HTTP 的网站与基于 HTTPS 的网站在策略上有哪些不同?

# 4.4 论坛发帖审计策略配置实验

**【实验目的】**

掌握上网行为管理设备配置论坛发帖审计的方法，掌握使用 SSL 解密协助进行论坛发帖审计的方法。

**【知识点】**

SSL 解密策略、发帖审计。

**【场景描述】**

A 公司为了防止员工发表一些敏感言论，公司经理决定对所有网站论坛发帖中的敏感词汇“首都”进行管控和审计，请同学们与安全运维工程师小王一起完成相关配置。

**【实验原理】**

网络论坛是一个和网络技术有关的网上交流场所，一般就是大家口中常提的 BBS。BBS 的英文全称是 Bulletin Board System，翻译为中文就是“电子公告板”，如今，很多人都会在论坛中发表言论。为防止用户发布不合规言论追责至公司，公司需要对用户的发帖行为进行管控。

上网行为管理可以对论坛发帖中的内容进行审计（表单会进行 SSL 加密），也可以阻止符合描述的帖子发出。用户在论坛中发帖时会向 BBS 服务器提交表单，经过配置的上网行为管理系统对该类数据解包分析，从而实现对发帖内容的审计与管控。

**【实验设备】**

安全设备：上网行为管理设备 1 台。

网络设备：路由器 2 台。

主机终端：Windows 7 SP1 主机 2 台。

**【实验拓扑】**

实验拓扑如图 4-38 所示。

**【实验思路】**

（1）管理机登录上网行为管理设备。

（2）配置网络和路由。

（3）创建用户。

（4）配置 SSL 全解密策略。

（5）配置根证书推送。

（6）用户 PC 访问上网行为管理下载并安装证书。

（7）配置发帖审计策略。

（8）在上网行为管理上禁用“禁止发表敏感言论”策略，进入用户 PC 虚拟机，验证是否可以发表含有敏感言论的帖子。

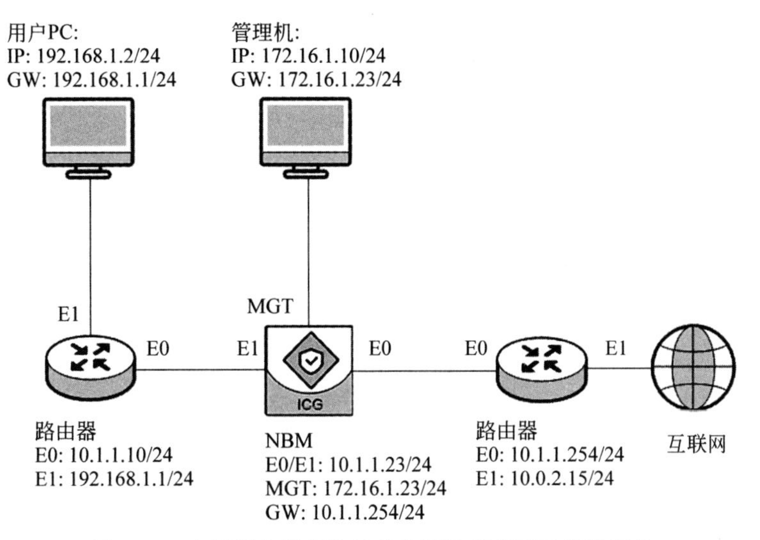


图4-38 上网行为管理论坛发帖审计策略配置实验拓扑

(9) 在上网行为管理上启用"禁止发表敏感言论"策略，进入用户PC虚拟机，验证是否可以发表含有敏感言论的帖子。

(10) 登录上网行为管理查看论坛发帖审计日志。

## 【实验步骤】

(1) 登录管理机，设置管理机IP与上网行为管理的MGT口IP为同一网段，登录实验拓扑中的管理机，配置管理机IP为172.16.1.10/24，默认网关为172.16.1.23，单击"确定"按钮。

(2) 打开管理机的浏览器，在地址栏中输入上网行为管理的访问地址"https://172.16.1.23"(以实际IP为准)，跳转至上网行为管理登录页面，在登录页面输入用户名"admin"、密码"admin123"(以实际密码为准)、验证码"v5xn"(以实际验证码为准)，单击"登录"按钮。

(3) 为提高上网行为管理系统的安全性，系统会在用户使用初始密码登录时弹出"修改密码"对话框，本实验不需要修改默认密码，单击"暂不修改"按钮。

(4) 成功登录设备后，进入上网行为管理首页。

(5) 单击"网络配置"→"模式配置"菜单，单击"配置网络模式"按钮，进入"配置网络模式"配置页面。

(6) 在"网络模式选择"对话框中，选中"网桥模式"选项，单击"开始配置"按钮，进入"网桥模式配置"对话框。

(7) 在"网桥模式配置"对话框中，单击"新建"按钮，配置网桥接口。

(8) 在弹出的"编辑桥接口"对话框中填写配置信息。"名称"填写"br1"，"内网口"选择eth1，"外网口"选择eth0，"IP地址/掩码"填写"10.1.1.23/24"，填写完成后，单击对话框下方的"确定"按钮。(注：在上网行为管理中，外网口一般与互联网连接，本实验拓扑中路由器E1口与外网连接，故外网口应与路由器E0口处于同一网段；内网口是上网行为管理与公司内部网络连接的接口。)

(9) 桥接口创建成功后,返回“网桥模式配置”页面,单击“下一步”按钮,进入“缺省网关”配置页面。

(10) 配置“缺省网关”为 10.1.1.254,单击“下一步”按钮。

(11) 进入“管理口配置”页面,本实验保持默认配置,单击“下一步”按钮。

(12) 所有的配置完成后,单击“保存并生效”按钮,使配置生效。

(13) 单击“网络配置”→“路由配置”菜单进行路由配置,单击“新建”按钮添加路由。

(14) 在弹出的“新建 IPv4 静态路由”对话框中新建一条静态路由,“目的地址”填写“192.168.0.0”,“IP 掩码”填写“255.255.0.0”,“下一跳”填写“10.1.1.10”,“接口”选择 br1,单击“确定”按钮。

(15) 单击“用户管理”→“组织结构”菜单,进入组织结构编辑页面,单击“新建用户”按钮,弹出“新建用户”对话框,“名称”填写“小王”,“所属组”选择“/根/”,“IP/IP 段”填写“192.168.1.2”,单击“确定”按钮,如图 4-39 所示。

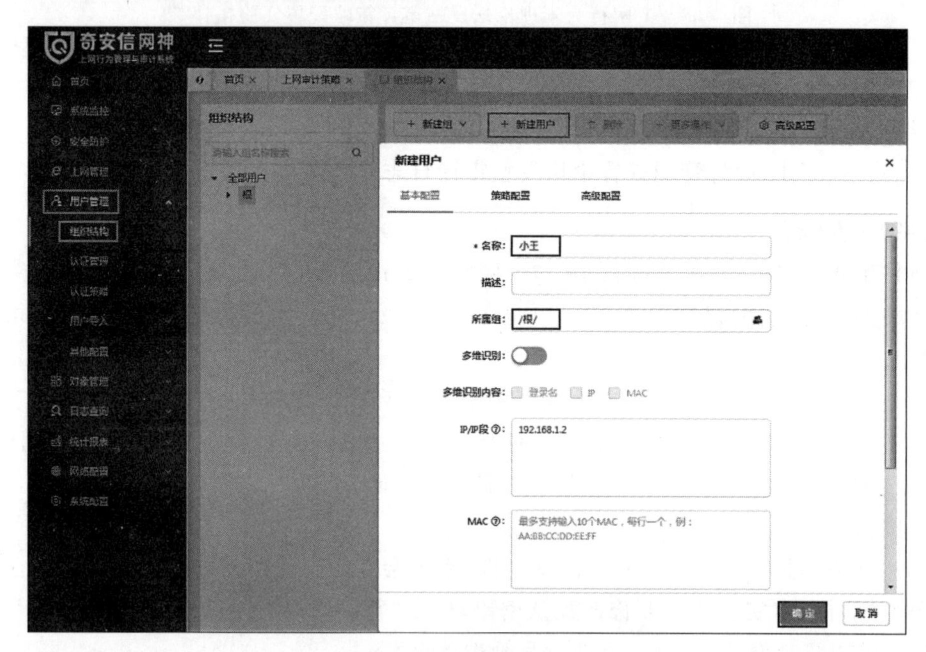


图 4-39 新建用户

(16) 单击“上网管理”→“SSL 解密”→“解密策略”菜单,单击“新建”按钮,弹出“新建 SSL 解密策略”对话框,“名称”填写“HTTPS 解密策略”,本实验中其他配置保持默认,单击“目的地址”选项栏后的填写框。

(17) 在弹出的“选择目的对象”对话框中,单击选择“HTTPS 网站分类对象”选项,在“网站分类”列表栏,勾选“所有网站分类”选项,单击“确定”按钮。

(18) 所有配置完成后,返回“新建 SSL 解密策略”对话框,单击“确定”按钮。

(19) 单击“上网管理”→“SSL 解密”→“根证书推送”菜单,单击“开启 HTTPS 推送”选项后的按钮,“IP 范围”填写“192.168.1.2”,本实验中其他配置保持默认,单击“保存配置”按钮，如图 4-40 所示。

图 4-40　根证书推送

(20) 单击“立即生效”按钮，弹出“确认立即生效”对话框，单击“确定”按钮。

(21) 打开用户 PC，双击桌面的谷歌浏览器快捷方式，运行谷歌浏览器。

(22) 在地址栏中输入“www.baidu.com”，单击“继续前往”链接，如图 4-41 所示。

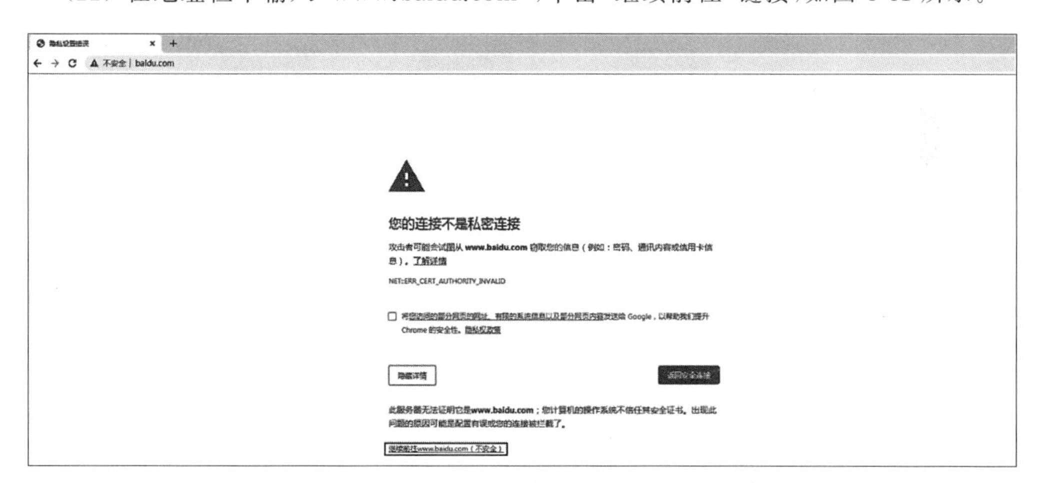


图 4-41　高级设置

(23) 页面跳转至证书下载页面，单击 Windows 下的“立即下载”按钮(根据需求下载版本)，左下角弹出提示框，单击“保留”按钮，如图 4-42 所示。

(24) 单击“打开”按钮，打开下载的 install_windows.exe，如图 4-43 所示。

(25) 弹出“打开文件”对话框，单击“运行”按钮，如图 4-44 所示。

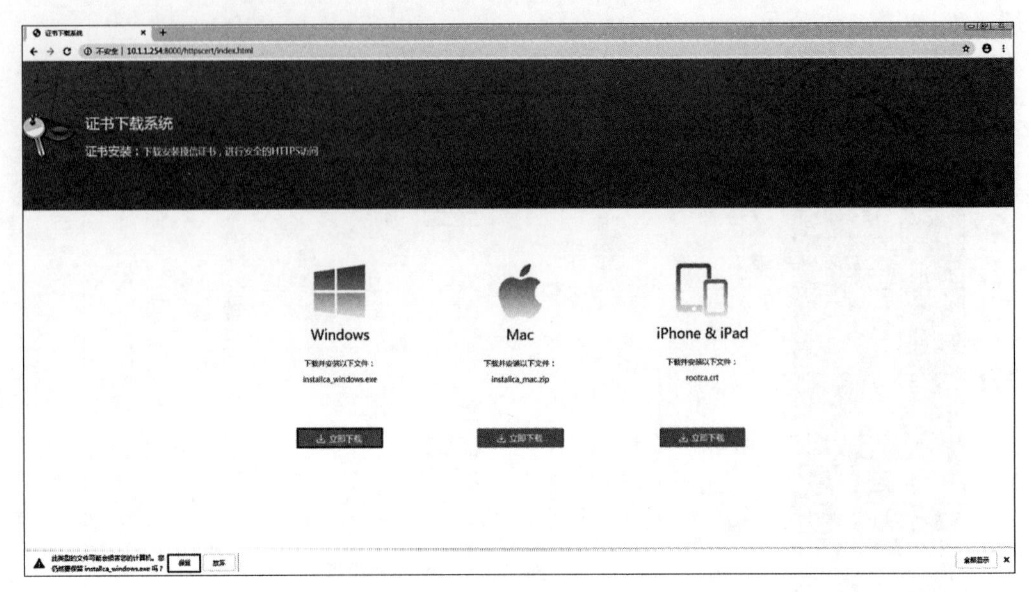


图 4-42　下载证书

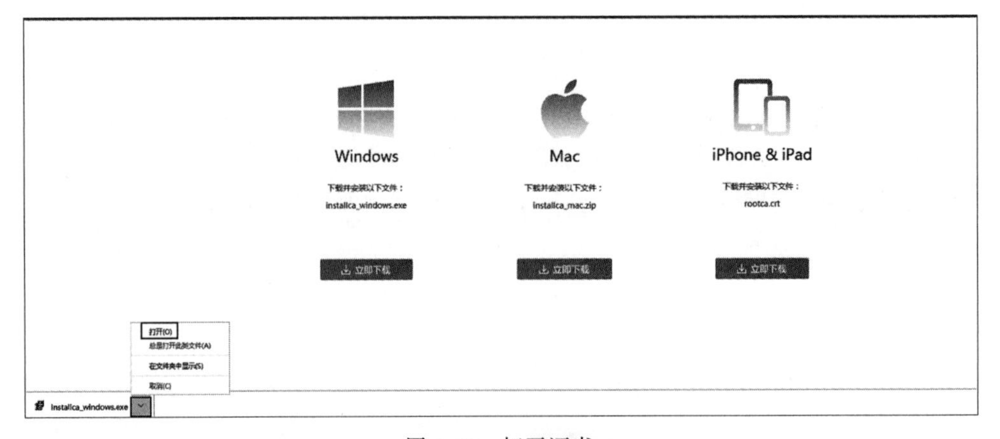


图 4-43　打开证书

图 4-44　运行证书

(26) 弹出“根证书安装”对话框,单击“确定”按钮,如图 4-45 所示。(谷歌浏览器与 IE 浏览器同用一个证书,显示 IE 证书安装成功即谷歌证书安装成功,由于火狐浏览器有自己的证书体系,需要手动下载。)

图 4-45　证书安装成功

(27) 打开管理机,进入上网行为管理首页,单击“上网管理”→“上网审计策略”菜单,单击“新建”按钮,在下拉列表框中单击“发帖审计策略”选项,新建发帖审计策略,如图 4-46 所示。

图 4-46　上网审计策略

(28) 在弹出的“新建发帖审计策略”对话框中,“名称”填写“禁止发表敏感言论”,“用户”选择“/根/小王”, 单击“内容”选项框后的填写框,如图 4-47 所示。

(29) 在弹出的“选择关键字对象”对话框中,单击“新建”按钮,在弹出的“新建关键字对象”对话框中,“名称”填写“敏感言论”,“关键字”填写“首都”,其他配置保持默认,单击“确定”按钮,如图 4-48 所示。

(30) 返回“选择关键字对象”对话框,勾选新建的关键字对象“敏感言论”,单击“确定”按钮,如图 4-49 所示。

(31) 返回“新建发帖审计策略”对话框,“控制动作”选择“阻塞”,“记录方式”选择“记录内容”,单击“确定”按钮,保存配置,如图 4-50 所示。

(32) 单击页面右上角的“立即生效”按钮,弹出“本次策略改动列表”对话框,单击“生效”按钮,如图 4-51 所示。

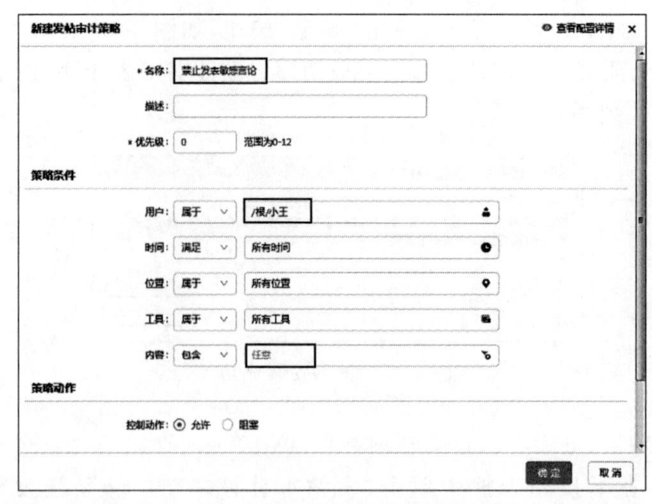


图 4-47　新建发帖审计策略

图 4-48　新建关键字对象

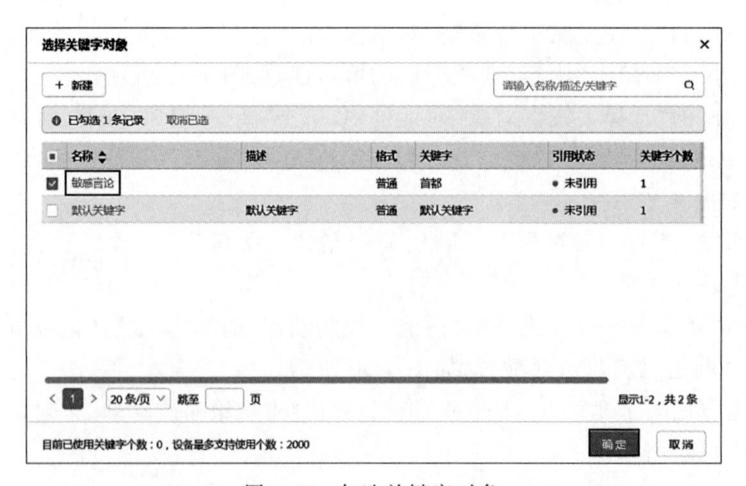


图 4-49　勾选关键字对象

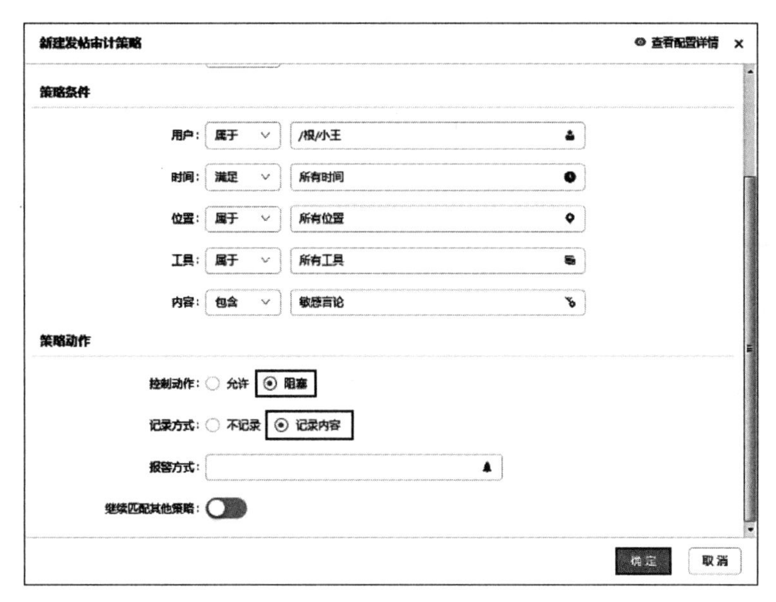


图 4-50　策略动作

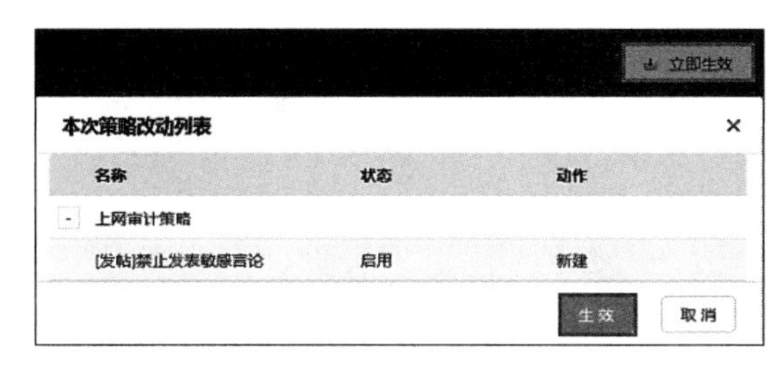


图 4-51　立即生效

## 【实验预期】

(1) 在上网行为管理上禁用“禁止发表敏感言论”策略，进入用户 PC 虚拟机，可以发表含有敏感言论的帖子。

(2) 在上网行为管理上启用“禁止发表敏感言论”策略，进入用户 PC 虚拟机，无法发表含有敏感言论的帖子。

(3) 在上网行为管理审计日志中可查看阻塞结果。

## 【实验结果】

(1) 在上网行为管理上禁用“禁止发表敏感言论”策略，进入用户 PC 虚拟机，可以发表含有敏感言论的帖子。

① 打开管理机，在浏览器地址栏中输入上网行为管理的访问地址“https://172.16.1.23”(以实际 IP 为准)，跳转至上网行为管理登录页面，在登录页面输入用户名“admin”、密码“admin123”(以实际密码为准)、验证码“v5xn”(以实际验证码为准)，单击“登录”按钮。

② 成功登录后，单击“上网管理”→“上网审计策略”菜单，进入“上网审计策略”页面，

选择“名称”为“禁止发表敏感言论”的策略，单击“状态”下的“启用”按钮，将“禁止发表敏感言论”策略禁用，如图 4-52 所示。

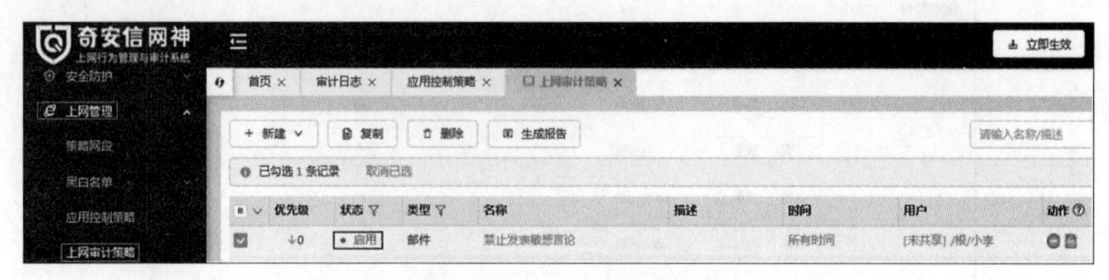


图 4-52　上网审计策略

③ 成功禁用“禁止发表敏感言论”策略，如图 4-53 所示。

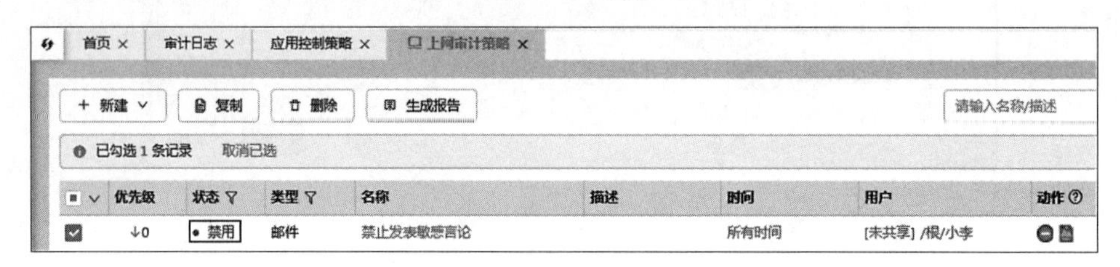


图 4-53　禁用策略

④ 单击页面右上角的“立即生效”按钮，弹出“本次策略改动列表”对话框，单击“生效”按钮，如图 4-54 所示。

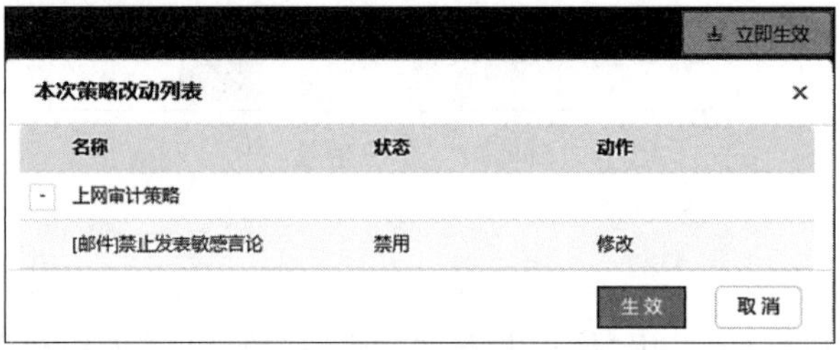

图 4-54　立即生效

⑤ 打开用户 PC，将用户 PC 的 IP 设置为 192.168.1.2，默认网关为 192.168.1.1。

⑥ 双击桌面的谷歌浏览器快捷方式，运行谷歌浏览器。

⑦ 在浏览器地址栏中输入“tieba.baidu.com”进入百度贴吧首页，如图 4-55 所示，单击“马上登录贴吧”按钮，登录贴吧。

⑧ 在“发表新帖”对话框中，“话题”填写“test”，“内容”填写“首都”，单击“发表”按钮，如图 4-56 所示。

⑨ 含敏感言论“首都”的帖子发表成功，满足实验预期 1，如图 4-57 所示。

(2) 在上网行为管理上启用“禁止发表敏感言论”策略，进入用户 PC 虚拟机，无法发表含有敏感言论的帖子。

① 打开管理机，在浏览器地址栏中输入上网行为管理的访问地址“https://172.16.1.

图 4-55　登录帖吧

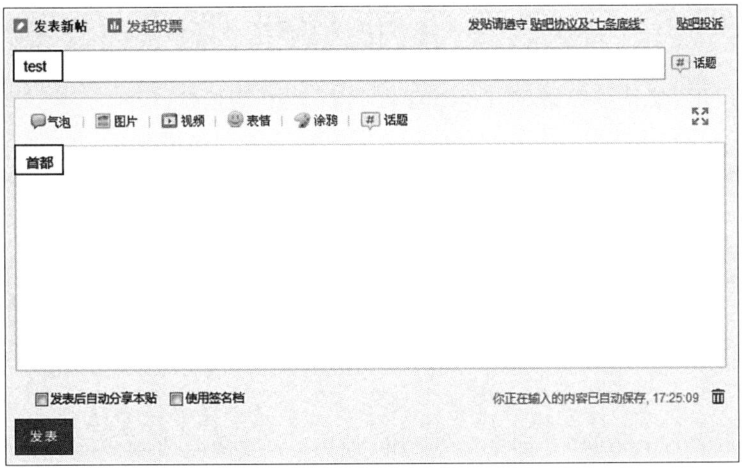

图 4-56　发布内容“首都”

图 4-57　敏感言论帖发表成功

23”(以实际 IP 为准),跳转至上网行为管理登录页面,在登录页面输入用户名“admin”、密码“admin123”(以实际密码为准)、验证码“v5xn”(以实际验证码为准),单击“登录”

按钮。

② 成功登录后，单击“上网管理”→“上网审计策略”菜单，进入“上网审计策略”页面，选择“名称”为“禁止发表敏感言论”的策略，单击“状态”下的“禁用”按钮，将“禁止发表敏感言论”策略启用，如图 4-58 所示。

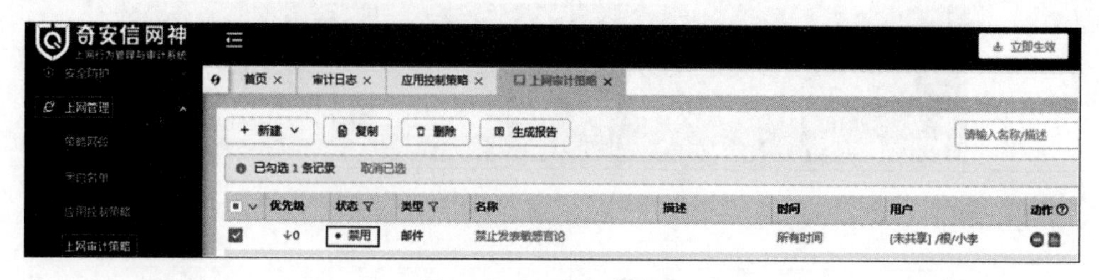


图 4-58 上网审计策略

③ 成功启用“禁止发表敏感言论”策略，如图 4-59 所示。

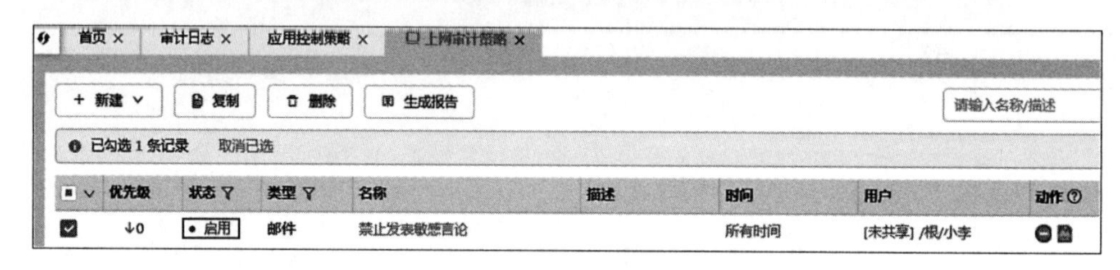


图 4-59 启用策略

④ 单击页面右上角的“立即生效”按钮，弹出“本次策略改动列表”对话框，单击“生效”按钮，如图 4-60 所示。

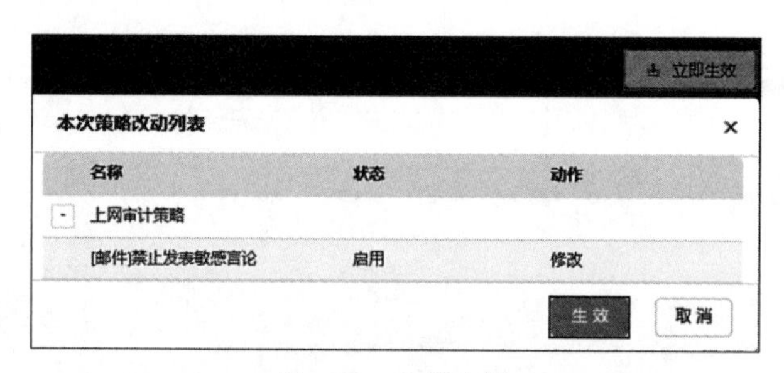


图 4-60 立即生效

⑤ 打开用户 PC，双击桌面的谷歌浏览器快捷方式，运行谷歌浏览器。

⑥ 在浏览器地址栏中输入“tieba.baidu.com”进入百度贴吧首页，单击“马上登录贴吧”按钮，登录贴吧，如图 4-61 所示。

⑦ 在“发表新帖”对话框中，“话题”填写“test”，“内容”填写“首都”，单击“发表”按钮，如图 4-62 所示。

⑧ 弹出“发帖失败”对话框，含敏感言论“首都”的帖子发表失败，“禁止发表敏感言论”策略成功阻塞敏感言论发帖行为，满足实验预期 2，如图 4-63 所示。

(3) 在上网行为管理审计日志中可查看阻塞结果。

图 4-61　登录贴吧

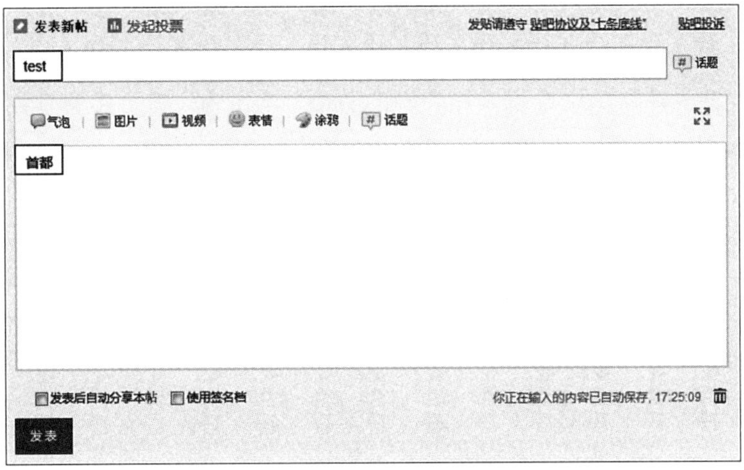

图 4-62　发布内容“首都”

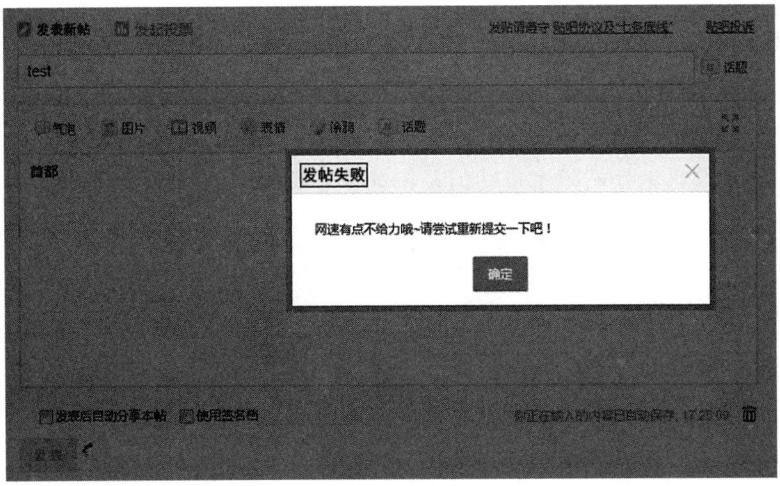

图 4-63　发表失败

① 打开管理机，进入上网行为管理首页，单击“日志查询”→“审计日志”菜单，进入

“审计日志”页面，如图 4-64 所示。

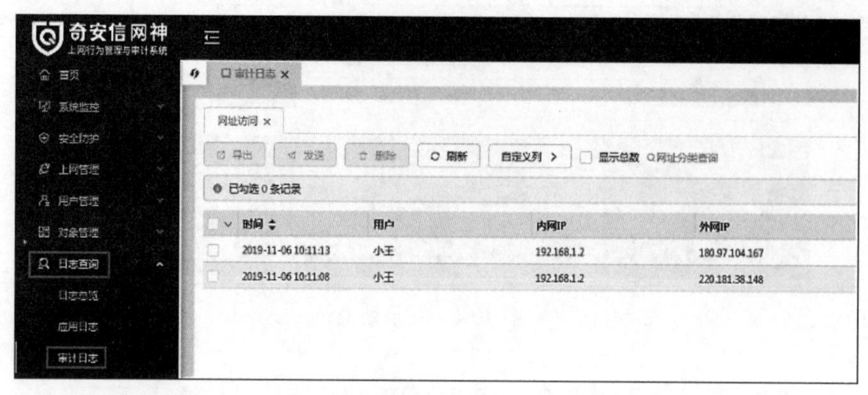


图 4-64　审计日志

② 单击“更多日志”→“论坛发帖”按钮，查看审计记录，满足实验预期 3，如图 4-65 所示。

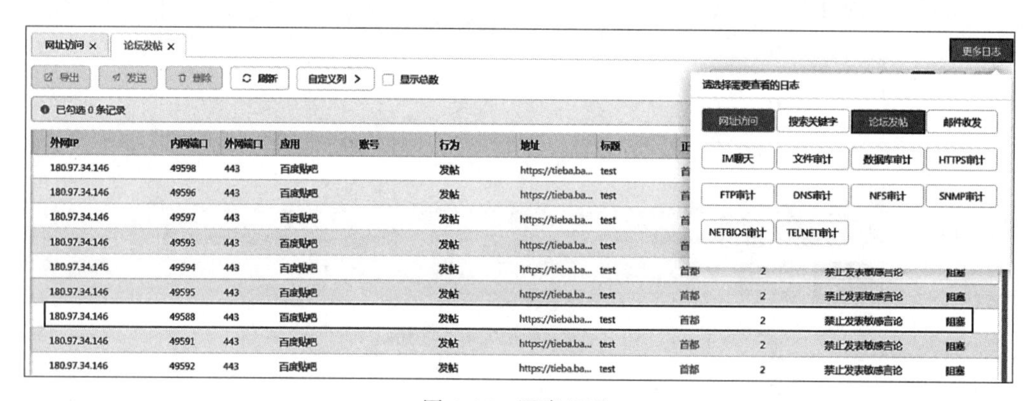


图 4-65　阻塞记录

## 【实验思考】

(1) 对某用户实现发帖免审计有哪两种方式？

(2) 如果敏感言论发帖阻塞成功但是审计日志没有记录，可能的原因是什么？

# 4.5　网页搜索阻断控制实验

## 【实验目的】

掌握上网行为管理对搜索关键字的审计，了解 SSL 解密对关键字搜索审计的效果。

## 【知识点】

SSL 解密策略、证书推送、搜索关键字审计。

**【场景描述】**

A 公司发现部分员工经常通过必应、百度等搜索网站搜索一些敏感词汇，如“博彩”“Bet”等，现公司需要对员工上网行为进行审计，并要求对员工搜索敏感词汇的行为有日志留存，将“谁搜索”“搜什么”“搜索时间”信息记录下来，并阻止该行为。请同学们和安全运维工程师小王一起完成网页搜索审计控制。

**【实验原理】**

搜索引擎知道网站上每一页的开始，随后搜索互联网上的所有超级链接，把代表超级链接的所有词汇放入一个数据库，这就是现在搜索引擎的原型。搜索引擎是一个为大家提供信息“检索”服务的网站，它使用某些程序把互联网上的所有信息归类以帮助人们在茫茫网海中搜寻到所需要的信息，包括信息搜集、信息整理和用户查询三部分。

为防止员工使用搜索引擎的索引访问非法网站或进行非法网络活动，公司普遍要求对员工的搜索进行审计，但是在 HTTPS 协议普遍使用的今天，如进行百度搜索时，搜索内容都会被使用 SSL 加密技术进行加密，故还需要进行 SSL 解密才可以优化审计管控效果。

**【实验设备】**

安全设备：上网行为管理设备 1 台。

网络设备：路由器 2 台。

主机终端：Windows 7 SP1 主机 2 台。

**【实验拓扑】**

实验拓扑如图 4-66 所示。

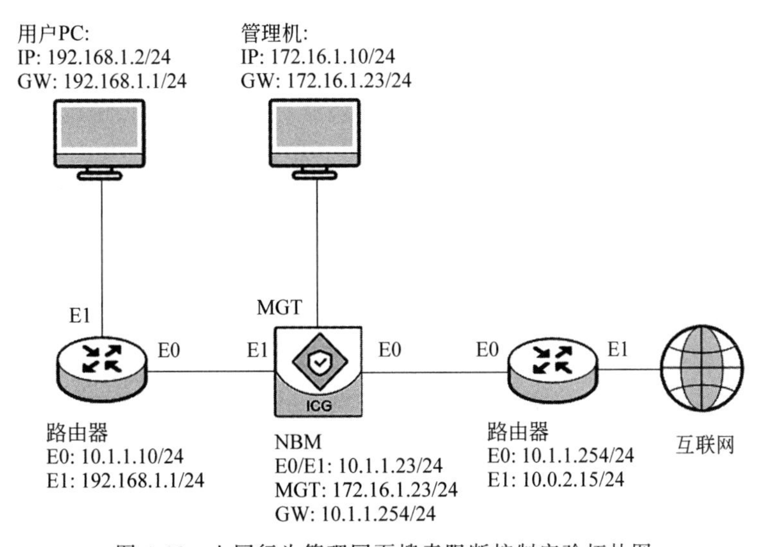


图 4-66 上网行为管理网页搜索阻断控制实验拓扑图

**【实验思路】**

（1）使用管理机登录上网行为管理。

（2）配置网络和路由。

（3）创建用户。

（4）配置 SSL 全解密策略。

（5）配置根证书推送。

（6）进入用户 PC 虚拟机，访问上网行为管理下载并安装证书。

（7）配置网页搜索关键字审计策略“禁止搜索敏感词汇”，关键字为“百度博彩”“必应 Bet”“中国搜博彩”。

（8）在上网行为管理上禁用“禁止搜索敏感词汇”策略，进入用户 PC 虚拟机，使用 baidu.com、bing.com 以及 chinaso.com 进行敏感词汇搜索“百度博彩”“必应 Bet”“中国搜博彩”。

（9）在上网行为管理上启用“禁止搜索敏感词汇”策略，进入用户 PC 虚拟机，使用 baidu.com、bing.com 以及 chinaso.com 进行敏感词汇搜索“百度博彩”“必应 Bet”“中国搜博彩”。

（10）登录上网行为管理查看“搜索关键字”的审计日志，验证策略中的“关键字”搜索行为是否成功被审计。

**【实验步骤】**

（1）登录管理机，设置管理机 IP 与上网行为管理的 MGT 口 IP 为同一网段，登录实验拓扑中的管理机，配置管理机 IP 为 172.16.1.10/24，默认网关为 172.16.1.23，单击“确定”按钮。

（2）打开管理机的浏览器，在地址栏中输入上网行为管理的访问地址“https://172.16.1.23”（以实际 IP 为准），跳转至上网行为管理登录页面，在登录页面输入用户名“admin”、密码“admin123”（以实际密码为准）、验证码“v5xn”（以实际验证码为准），单击“登录”按钮。

（3）为提高上网行为管理系统的安全性，系统会在用户使用初始密码登录时弹出“修改密码”对话框，本实验不需要修改默认密码，单击“暂不修改”按钮。

（4）成功登录设备后，进入上网行为管理首页。

（5）单击“网络配置”→“模式配置”菜单，单击“配置网络模式”按钮，进入“配置网络模式”配置页面。

（6）在“网络模式选择”对话框中，选中“网桥模式”选项，单击“开始配置”按钮，进入“网桥模式配置”对话框。

（7）在“网桥模式配置”对话框中，单击“新建”按钮，配置网桥接口。

（8）在弹出的“编辑桥接口”对话框中填写配置信息。“名称”填写“br1”，“内网口”选择 eth1，“外网口”选择 eth0，“IP 地址/掩码”填写“10.1.1.23/24”，填写完成后，单击对话框下方的“确定”按钮。（注：在上网行为管理中，外网口一般与互联网连接，本实验拓扑中路由器 E1 口与外网连接，故外网口应与路由器 E0 口处于同一网段；内网口是上网行为管理与公司内部网络连接的接口。）

（9）桥接口创建成功后，返回“网桥模式配置”页面，单击“下一步”按钮，进入“缺省网关”配置页面。

（10）配置“默认网关”为 10.1.1.254，单击“下一步”按钮。

（11）进入“管理口配置”页面，本实验保持默认配置，单击“下一步”按钮。

（12）所有的配置完成后，单击“保存并生效”按钮，使配置生效。

（13）单击“网络配置”→“路由配置”菜单进行路由配置，单击“新建”按钮添加路由。

（14）在弹出的“新建 IPv4 静态路由”对话框中新建一条静态路由，使得用户 PC 在请求连接外网时，外网能够返回网络给用户 PC，“目的地址”填写“192.168.0.0”，“IP 掩码”填写“255.255.0.0”，“下一跳”填写“10.1.1.10”，“接口”选择 br1，单击“确定”按钮，新建路由完成。

（15）单击“用户管理”→“组织结构”菜单，单击“新建用户”按钮，弹出“新建用户”对话框，“名称”填写“xiaoli”，“所属组”选择“/根/”，“IP/IP 段”填写“192.168.1.2”，单击“确定”按钮。

（16）单击“上网管理”→“SSL 解密”→“解密策略”菜单，单击“新建”按钮，弹出“新建 SSL 解密策略”对话框，“名称”填写“HTTPS 解密策略”，本实验中其他配置保持默认，单击“目的地址”选项栏后的填写框。

（17）在弹出的“选择目的对象”对话框中，单击选择“HTTPS 网站分类对象”选项，在“网站分类”列表栏，勾选“所有网站分类”选项，单击“确定”按钮。

（18）所有配置完成后，返回“新建 SSL 解密策略”对话框，单击“确定”按钮。

（19）单击“上网管理”→“SSL 解密”→“根证书推送”菜单，单击“开启 HTTPS 推送”选项后的按钮，“IP 范围”填写“192.168.1.2”，本实验中其他配置保持默认，单击“保存配置”按钮，如图 4-67 所示。

图 4-67　根证书推送

(20) 单击“立即生效”按钮，弹出“确认立即生效”对话框，单击“确定”按钮。

(21) 打开用户PC，双击桌面的谷歌浏览器快捷方式，运行谷歌浏览器。

(22) 在地址栏中输入“www.baidu.com”，单击“继续前往”链接，如图4-68所示。

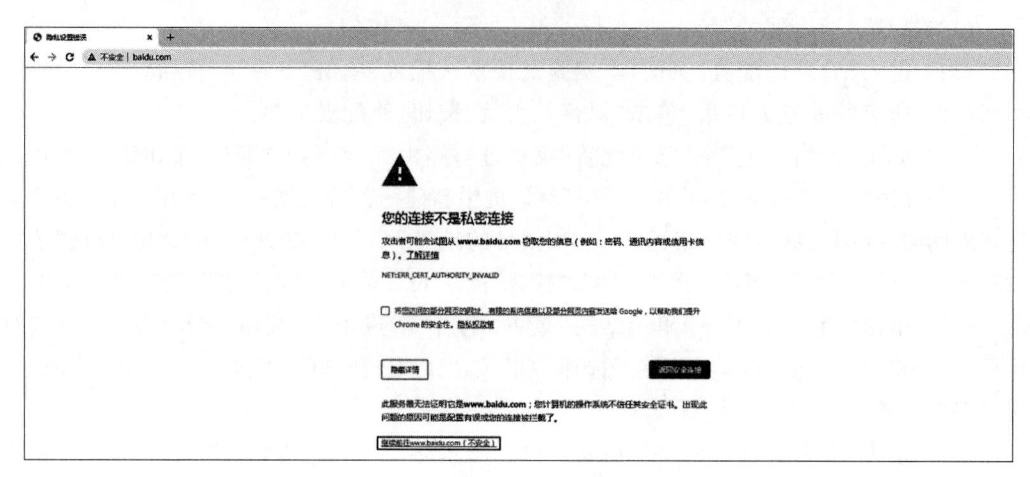


图4-68 高级设置

(23) 页面跳转至证书下载页面，单击Windows下的“立即下载”按钮（根据需求先下载版本），左下角弹出提示框，单击“保留”按钮，如图4-69所示。

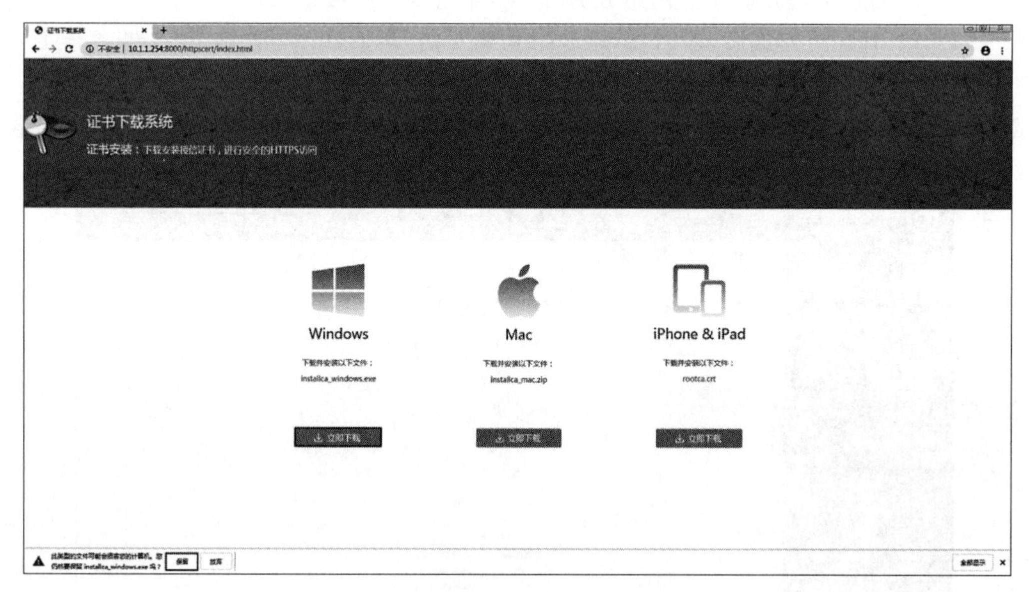


图4-69 下载证书

(24) 单击“打开”按钮，打开下载的installca_windows.exe，如图4-70所示。

(25) 弹出“打开文件”对话框，单击“运行”按钮，如图4-71所示。

(26) 弹出“根证书安装”对话框，单击“确定”按钮，如图4-72所示。（谷歌浏览器与IE浏览器同用一个证书，显示IE证书安装成功即谷歌证书安装成功，由于火狐浏览器有

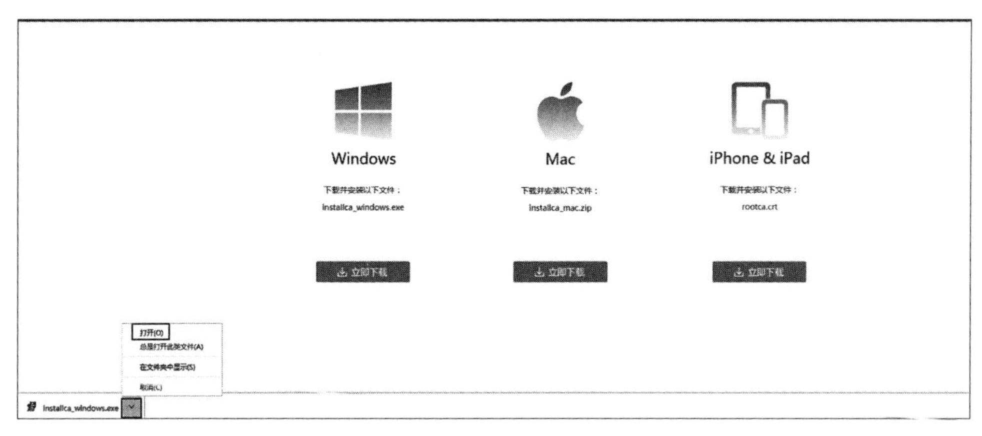


图 4-70　打开证书

自己的证书体系，需要手动下载。）

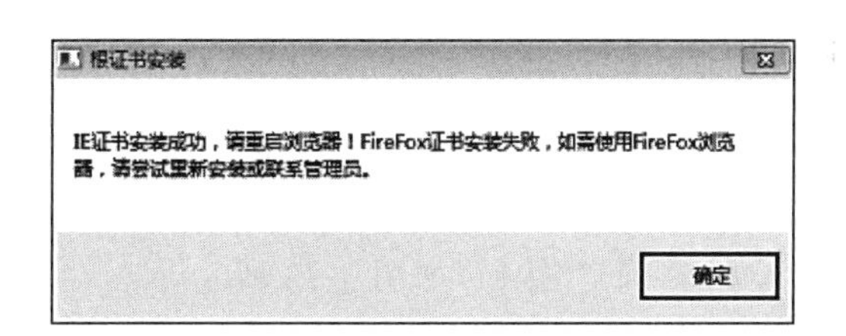


图 4-71　运行证书　　　　图 4-72　根证书安装成功

（27）打开管理机，进入上网行为管理首页，单击“上网管理”→“上网审计策略”菜单，单击“新建”按钮，在下拉列表框中单击“网页搜索策略”选项，新建网页搜索策略，如图 4-73 所示。

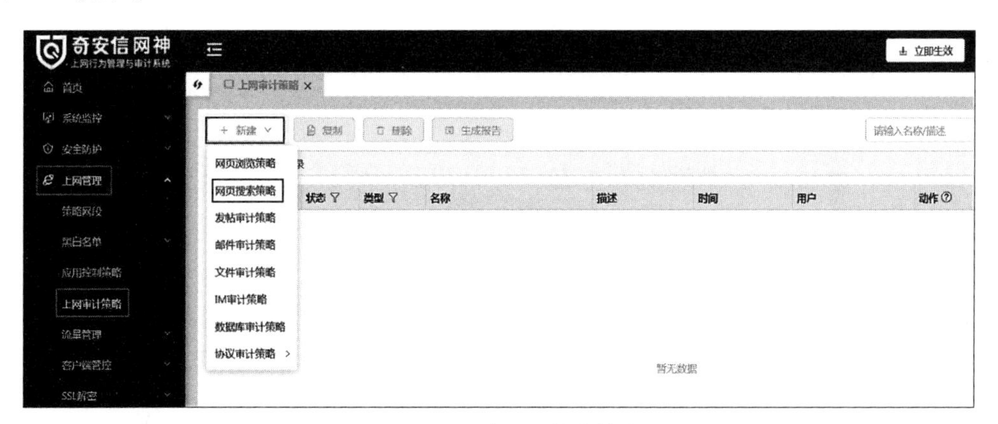


图 4-73　新建网页搜索策略

（28）在弹出的“新建网页搜索策略”对话框中，“名称”填写“禁止搜索敏感词汇”，“用户”选择“/根/xiaoli”，单击“更多条件”按钮，在下拉列表框中选中“搜索关键字”选项，单击“关键字”选项栏后的填写框，如图 4-74 所示。

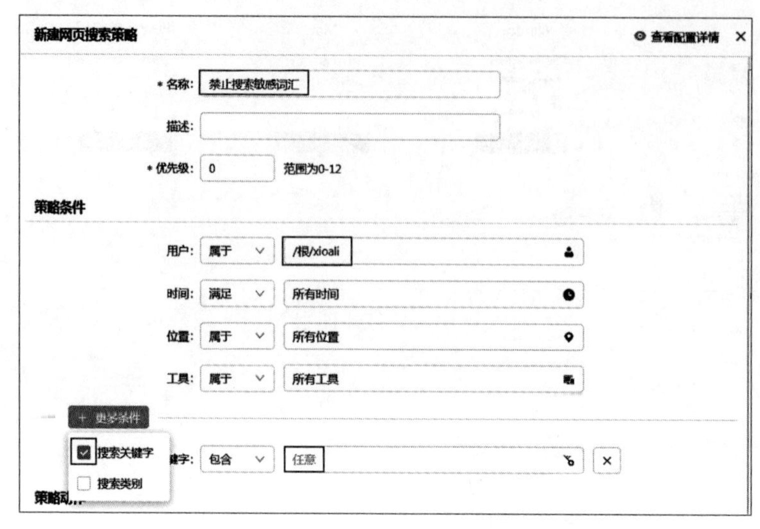


图 4-74　新建网页搜索策略

（29）在弹出的“选择关键字对象”对话框中，单击“新建”按钮，弹出“新建关键字对象”对话框，“名称”填写“敏感词汇”，“格式”选择“普通表达式”，“关键字”填写“博彩，Bet”，单击“确定”按钮，如图 4-75 所示。

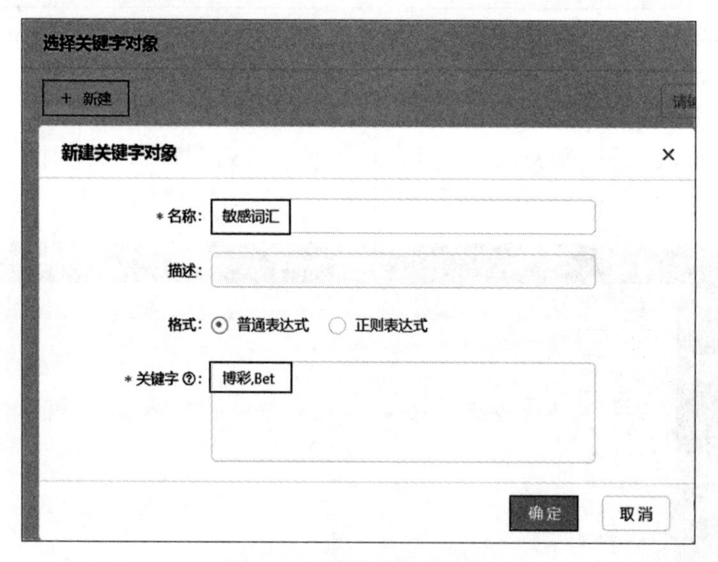


图 4-75　新建关键字对象

（30）返回“选择关键字对象”对话框，选中“敏感词汇”选项，单击“确定”按钮，如图 4-76 所示。

图 4-76 选择关键字对象

(31)“控制动作”选择“阻塞”,“记录方式”选择“记录行为”,配置完成后,单击“确定”按钮保存配置,如图 4-77 所示。

图 4-77 保存配置

## 【实验预期】

(1) 在上网行为管理上禁用“禁止搜索敏感词汇”策略,进入用户 PC 虚拟机,使用

baidu.com、bing.com、chinaso.com 搜索敏感词汇“百度博彩”“必应 Bet”“中国搜博彩”，能够搜索出此类词条。

(2) 在上网行为管理上启用“禁止搜索敏感词汇”策略，进入用户 PC 虚拟机，使用 baidu.com、bing.com、chinaso.com 搜索敏感词汇“百度博彩”“必应 Bet”“中国搜博彩”，均无法显示网页。

(3) 在上网行为管理日志查询审计日志中搜索关键字日志中可以查看到 baidu.com、bing.com 以及 chinaso.com 的审计记录。

**【实验结果】**

(1) 在上网行为管理上禁用“禁止搜索敏感词汇”策略，进入用户 PC 虚拟机，使用 baidu.com、bing.com、chinaso.com 搜索敏感词汇均能搜索成功。

① 禁用“禁止搜索敏感词汇”策略，单击右上角的“立即生效”按钮，弹出“本次策略改动列表”对话框，单击“生效”按钮，如图 4-78 所示。

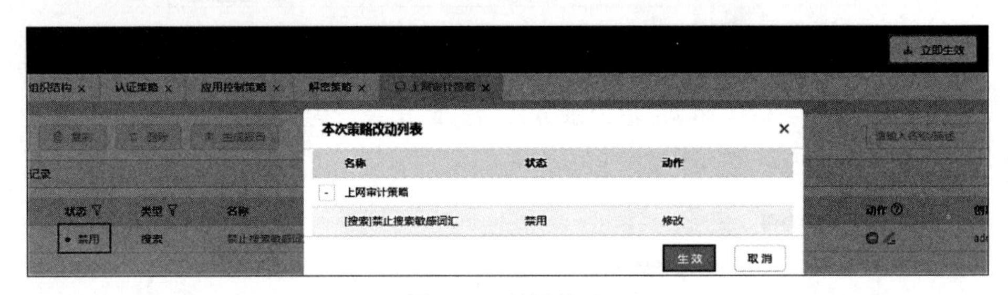


图 4-78　禁用策略

② 进入用户 PC，双击桌面的谷歌浏览器快捷方式，运行谷歌浏览器。

③ 在地址栏中输入“www.baidu.com”进入百度首页，在搜索框中输入“百度博彩”，搜索成功，图 4-79 所示。

图 4-79　百度搜索

④ 在地址栏中输入“cn.bing.com”进入必应首页，在搜索框中输入“必应 Bet”，搜索成功，如图 4-80 所示。

图 4-80　必应搜索

⑤ 在地址栏中输入“www.chinaso.com”进入中国搜索首页，在搜索框中输入“中国搜博彩”，搜索成功，满足实验预期 1，如图 4-81 所示。

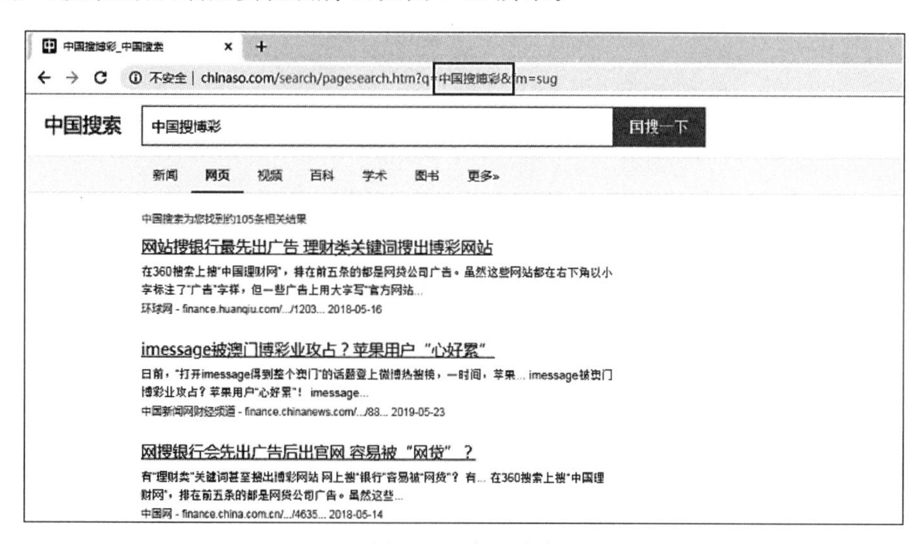


图 4-81　中国搜索

(2) 在上网行为管理上启用“禁止搜索敏感词汇”策略，进入用户 PC，打开浏览器，使用 baidu.com、bing.com、chinaso.com 搜索均无法显示网页。

① 返回管理机，启用“禁止搜索敏感词汇”策略，单击右上角的“立即生效”按钮，弹出“本次策略改动列表”对话框，单击“生效”按钮，如图 4-82 所示。

② 进入用户 PC，双击桌面的谷歌浏览器快捷方式，运行谷歌浏览器。

③ 在地址栏中输入“www.baidu.com”进入百度首页，在搜索框中输入“百度博彩”，搜索结果如下，无法显示此网页，如图 4-83 所示。

④ 在地址栏中输入“cn.bing.com”进入必应首页，在搜索框中输入“必应 bet”，搜索

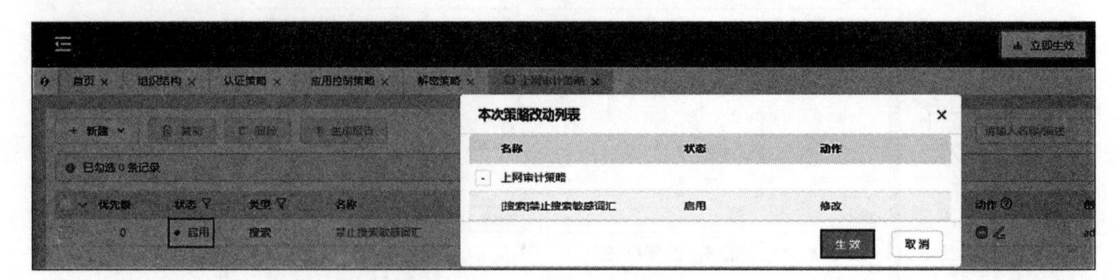


图 4-82　启用策略

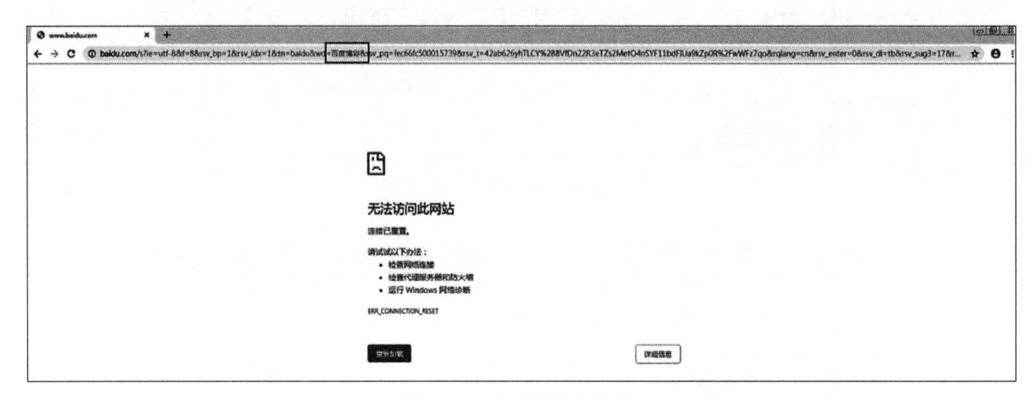


图 4-83　百度搜索失败

结果如下，无法显示此网页，如图 4-84 所示。

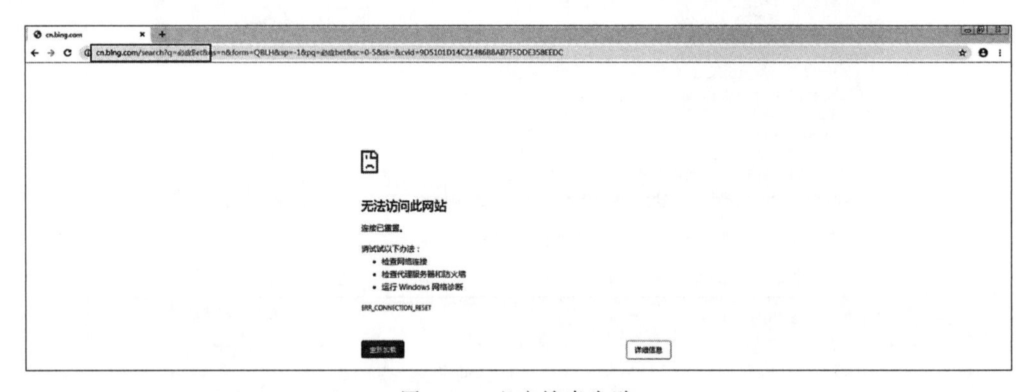


图 4-84　必应搜索失败

⑤ 在地址栏中输入“www.chinaso.com”进入中国搜索首页，在搜索框中输入“中国搜博彩”，搜索结果如下，无法显示此网页，满足实验预期 2，如图 4-85 所示。

(3) 在上网行为管理日志查询审计日志中搜索关键字日志审计记录。

① 打开管理机，进入上网行为管理首页，单击“日志查询”→“审计日志”菜单，单击“更多日志”按钮，在选项栏中单击“搜索关键字”按钮，查看日志，如图 4-86 所示。

② 阻塞记录如下，满足实验预期 3，如图 4-87 所示。

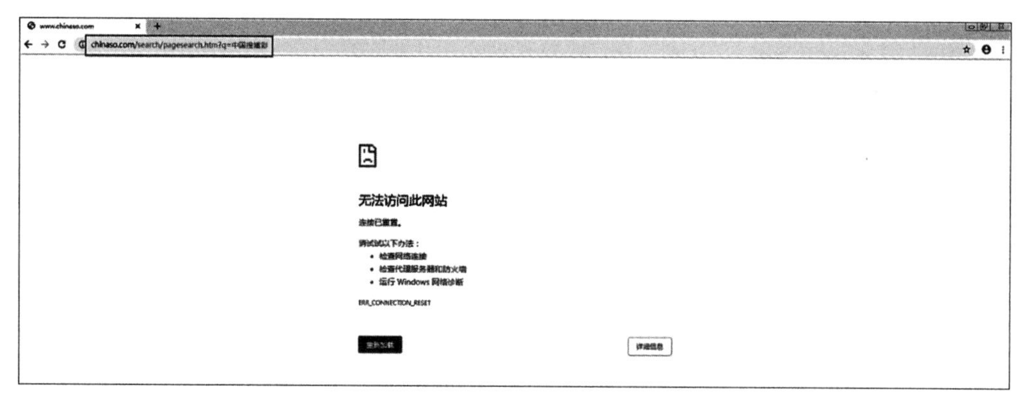


图 4-85　搜索失败

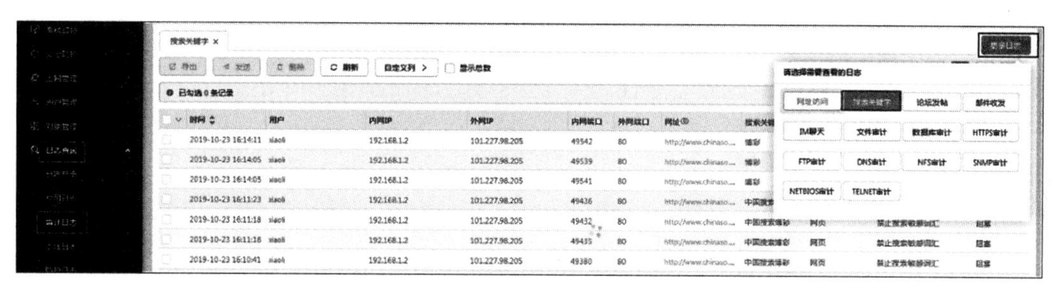

图 4-86　查看日志

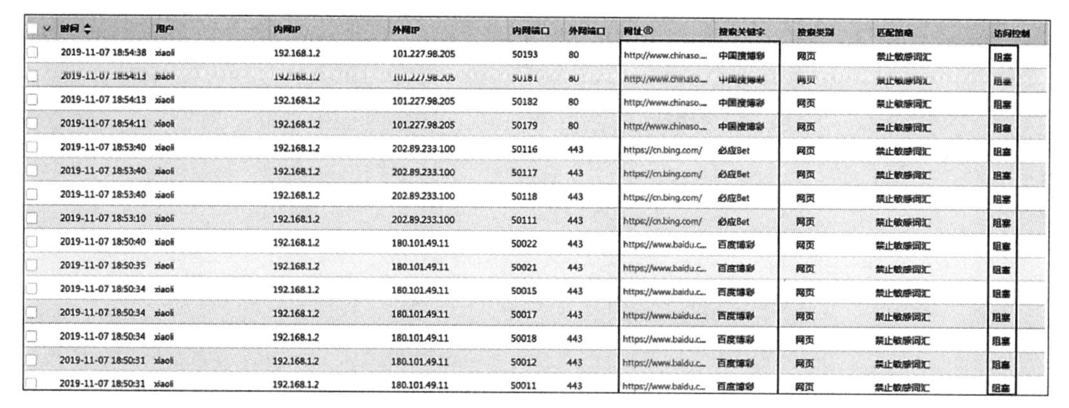

| 时间 | 用户 | 内网IP | 外网IP | 内网端口 | 外网端口 | 网址 | 搜索关键字 | 搜索类别 | 匹配策略 | 访问控制 |
|---|---|---|---|---|---|---|---|---|---|---|
| 2019-11-07 18:54:38 | xiaoli | 192.168.1.2 | 101.227.98.205 | 50193 | 80 | http://www.chinaso.... | 中国搜博彩 | 网页 | 禁止敏感词汇 | 阻塞 |
| 2019-11-07 18:54:13 | xiaoli | 192.168.1.2 | 101.227.98.205 | 50181 | 80 | http://www.chinaso.... | 中国搜博彩 | 网页 | 禁止敏感词汇 | 阻塞 |
| 2019-11-07 18:54:13 | xiaoli | 192.168.1.2 | 101.227.98.205 | 50182 | 80 | http://www.chinaso.... | 中国搜博彩 | 网页 | 禁止敏感词汇 | 阻塞 |
| 2019-11-07 18:54:11 | xiaoli | 192.168.1.2 | 101.227.98.205 | 50179 | 80 | http://www.chinaso.... | 中国搜博彩 | 网页 | 禁止敏感词汇 | 阻塞 |
| 2019-11-07 18:53:40 | xiaoli | 192.168.1.2 | 202.89.233.100 | 50116 | 443 | https://cn.bing.com/ | 必应Bet | 网页 | 禁止敏感词汇 | 阻塞 |
| 2019-11-07 18:53:40 | xiaoli | 192.168.1.2 | 202.89.233.100 | 50117 | 443 | https://cn.bing.com/ | 必应Bet | 网页 | 禁止敏感词汇 | 阻塞 |
| 2019-11-07 18:53:40 | xiaoli | 192.168.1.2 | 202.89.233.100 | 50118 | 443 | https://cn.bing.com/ | 必应Bet | 网页 | 禁止敏感词汇 | 阻塞 |
| 2019-11-07 18:53:10 | xiaoli | 192.168.1.2 | 202.89.233.100 | 50111 | 443 | https://cn.bing.com/ | 必应Bet | 网页 | 禁止敏感词汇 | 阻塞 |
| 2019-11-07 18:50:40 | xiaoli | 192.168.1.2 | 180.101.49.11 | 50022 | 443 | https://www.baidu.c... | 百度博彩 | 网页 | 禁止敏感词汇 | 阻塞 |
| 2019-11-07 18:50:35 | xiaoli | 192.168.1.2 | 180.101.49.11 | 50021 | 443 | https://www.baidu.c... | 百度博彩 | 网页 | 禁止敏感词汇 | 阻塞 |
| 2019-11-07 18:50:34 | xiaoli | 192.168.1.2 | 180.101.49.11 | 50015 | 443 | https://www.baidu.c... | 百度博彩 | 网页 | 禁止敏感词汇 | 阻塞 |
| 2019-11-07 18:50:34 | xiaoli | 192.168.1.2 | 180.101.49.11 | 50017 | 443 | https://www.baidu.c... | 百度博彩 | 网页 | 禁止敏感词汇 | 阻塞 |
| 2019-11-07 18:50:34 | xiaoli | 192.168.1.2 | 180.101.49.11 | 50018 | 443 | https://www.baidu.c... | 百度博彩 | 网页 | 禁止敏感词汇 | 阻塞 |
| 2019-11-07 18:50:31 | xiaoli | 192.168.1.2 | 180.101.49.11 | 50012 | 443 | https://www.baidu.c... | 百度博彩 | 网页 | 禁止敏感词汇 | 阻塞 |
| 2019-11-07 18:50:31 | xiaoli | 192.168.1.2 | 180.101.49.11 | 50011 | 443 | https://www.baidu.c... | 百度博彩 | 网页 | 禁止敏感词汇 | 阻塞 |

图 4-87　阻塞记录

**【实验思考】**

网页搜索阻断实验本质上是关键字搜索阻断，此说法正确吗？

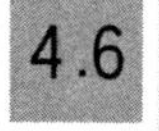

## 4.6 Webmail 审计策略配置实验

**【实验目的】**

掌握使用上网行为管理中的 SSL 解密功能对 Webmail 进行审计的方法。

【知识点】

SSL 解密策略、Webmail 审计。

【场景描述】

A 公司为了防止用户泄密，公司经理要求对含有“机密”“内部”等关键字的外发邮件进行管控和审计，请同学们和网络安全运维工程师小李一起完成邮件审计的配置。

【实验原理】

Webmail（基于万维网的电子邮件服务）是互联网上一种主要使用网页浏览器来阅读或发送电子邮件的服务，与使用 Microsoft Outlook、Mozilla Thunderbird 等电子邮件客户端软件的电子邮件服务相对。在不安全的 Wi-Fi 连接中，原通过 HTTP 传输的邮件可能被第三方读取，为提高安全性，如今邮件均使用保密性更好的 HTTPS 传输，这也一定程度上提高了企业收发邮件的安全管理难度。

上网行为管理在配置 SSL 解密策略之后可以对使用 HTTPS 传输的 Webmail 的内容进行审计，提升公司对用户邮件收发的管控有效性，提高公司系统安全性。

【实验设备】

安全设备：上网行为管理设备 1 台。

网络设备：路由器 2 台。

主机终端：Windows 7 SP1 主机 2 台。

【实验拓扑】

实验拓扑如图 4-88 所示。

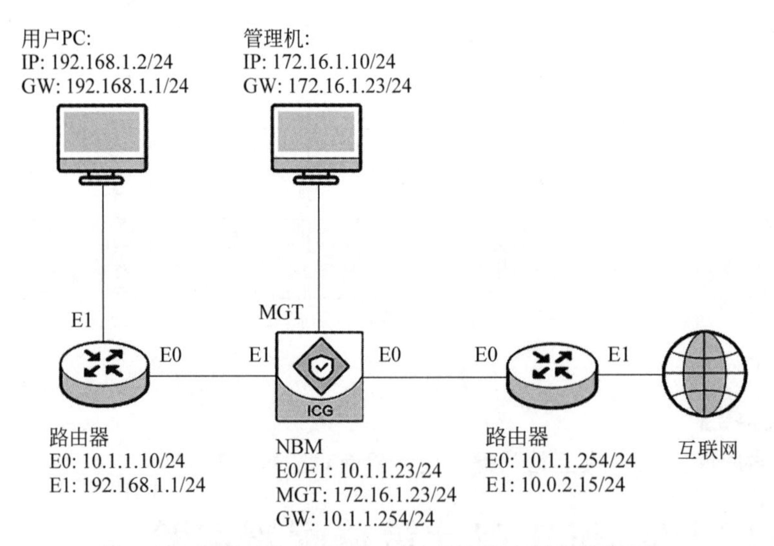


图 4-88　上网行为管理 Webmail 审计策略配置实验拓扑

【实验思路】

（1）管理机登录上网行为管理设备。

（2）配置网络和路由。

（3）创建用户。

（4）配置 SSL 全解密策略。

（5）配置根证书推送。

（6）用户 PC 访问上网行为管理下载并安装证书。

（7）配置邮件审计策略。

（8）在上网行为管理上禁用“禁止发送敏感邮件”策略，进入用户 PC 虚拟机，使用网易邮箱发送邮件，验证是否可以发送含有“机密”“内部”等关键字的邮件。

（9）在上网行为管理上启用“禁止发送敏感邮件”策略，进入用户 PC 虚拟机，使用网易邮箱发送邮件，验证是否可以发送含有“机密”“内部”等关键字的邮件。

（10）登录上网行为管理查看邮件审计的结果。

**【实验步骤】**

（1）登录管理机，设置管理机 IP 与上网行为管理的 MGT 口 IP 为同一网段，登录实验拓扑中的管理机，配置管理机 IP 为 172.16.1.10/24，默认网关为 172.16.1.23，单击“确定”按钮。

（2）打开管理机的浏览器，在地址栏中输入上网行为管理的访问地址“https://172.16.1.23”（以实际 IP 为准），跳转至上网行为管理登录页面，在登录页面输入用户名“admin”、密码“admin123”（以实际密码为准）、验证码“v5xn”（以实际验证码为准），单击“登录”按钮。

（3）为提高上网行为管理系统的安全性，系统会在用户使用初始密码登录时弹出“修改密码”对话框，本实验不需要修改默认密码，单击“暂不修改”按钮。

（4）成功登录设备后，进入上网行为管理首页。

（5）单击“网络配置”→“模式配置”菜单，单击“配置网络模式”按钮，进入“配置网络模式”配置页面。

（6）在“网络模式选择”对话框中，选中“网桥模式”选项，单击“开始配置”按钮，进入“网桥模式配置”对话框。

（7）在“网桥模式配置”对话框中，单击“新建”按钮，配置网桥接口。

（8）在弹出的“编辑桥接口”对话框中填写配置信息。“名称”填写“br1”，“内网口”选择 eth1，“外网口”选择 eth0，“IP 地址/掩码”填写“10.1.1.23/24”，填写完成后，单击对话框下方的“确定”按钮。（注：在上网行为管理中，外网口一般与互联网连接，本实验拓扑中路由器 E1 口与外网连接，故外网口应与路由器 E0 口处于同一网段；内网口是上网行为管理与公司内部网络连接的接口。）

（9）桥接口创建成功后，返回“网桥模式配置”页面，单击“下一步”按钮，进入“缺省网关”配置页面。

（10）配置“缺省网关”为 10.1.1.254，单击“下一步”按钮。

（11）进入“管理口配置”页面，本实验保持默认配置，单击“下一步”按钮。

（12）所有的配置完成后，单击“保存并生效”按钮，使配置生效。

(13) 单击“网络配置”→“路由配置”菜单进行路由配置，单击“新建”按钮添加路由。

(14) 在弹出的“新建 IPv4 静态路由”对话框中新建一条静态路由，“目的地址”填写“192.168.0.0”，“IP 掩码”填写“255.255.0.0”，“下一跳”填写“10.1.1.10”，“接口”选择 br1，单击“确定”按钮，新建路由完成。

(15) 单击“用户管理”→“组织结构”菜单，进入组织结构编辑页面，单击“新建用户”按钮，弹出“新建用户”对话框，“名称”填写“小李”，“所属组”选择“/根/”，“IP/IP 段”填写“192.168.1.2”，单击“确定”按钮，如图 4-89 所示。

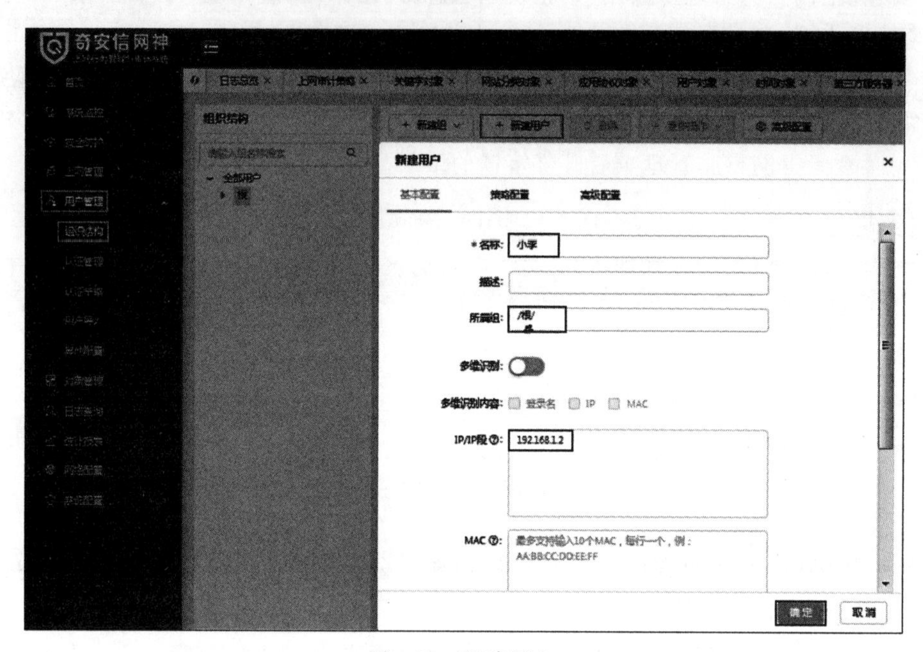


图 4-89　新建用户

(16) 单击“上网管理”→“SSL 解密”→“解密策略”菜单，单击“新建”按钮，弹出“新建 SSL 解密策略”对话框，“名称”填写“HTTPS 解密策略”，本实验中其他配置保持默认，单击“目的地址”选项栏后的填写框。

(17) 在弹出的“选择目的对象”对话框中，单击选择“HTTPS 网站分类对象”选项，在“网站分类”列表栏，勾选“所有网站分类”选项，单击“确定”按钮。

(18) 所有配置完成后，返回“新建 SSL 解密策略”对话框，单击“确定”按钮。

(19) 单击“上网管理”→“SSL 解密”→“根证书推送”菜单，单击“开启 HTTPS 推送”选项后的按钮，“IP 范围”填写“192.168.1.2”，本实验中其他配置保持默认，单击“保存配置”按钮，如图 4-90 所示。

(20) 单击“立即生效”按钮，弹出“确认立即生效”对话框，单击“确定”按钮。

(21) 打开用户 PC，双击桌面的谷歌浏览器快捷方式，运行谷歌浏览器。

(22) 在地址栏中输入“www.baidu.com”，单击“继续前往”按钮，如图 4-91 所示。

(23) 页面跳转至证书下载页面，单击 Windows 下的“立即下载”按钮(根据需求先下载版本)，左下角弹出提示框，单击“保留”按钮，如图 4-92 所示。

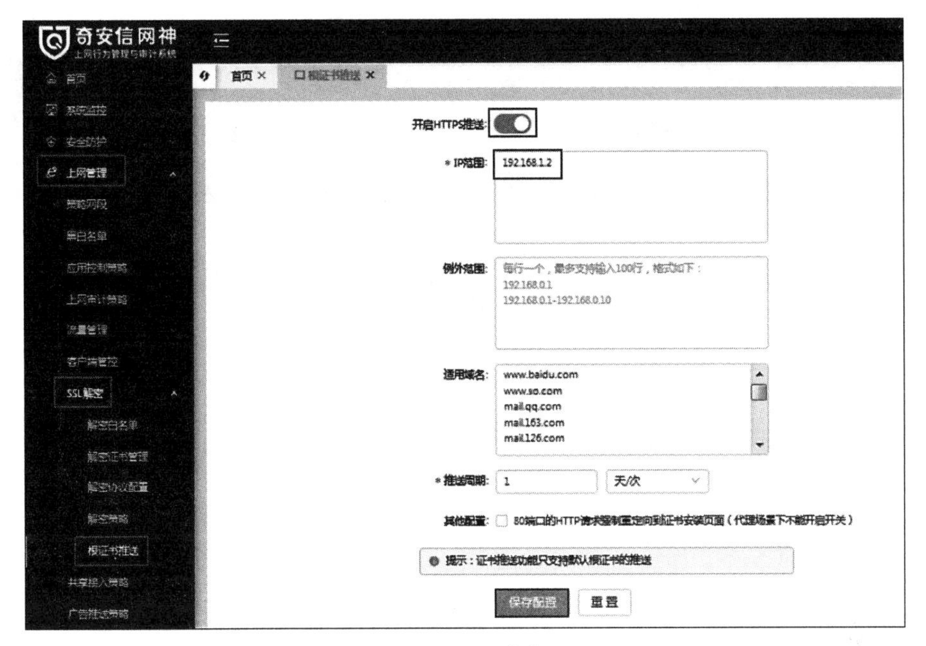


图 4-90　根证书推送

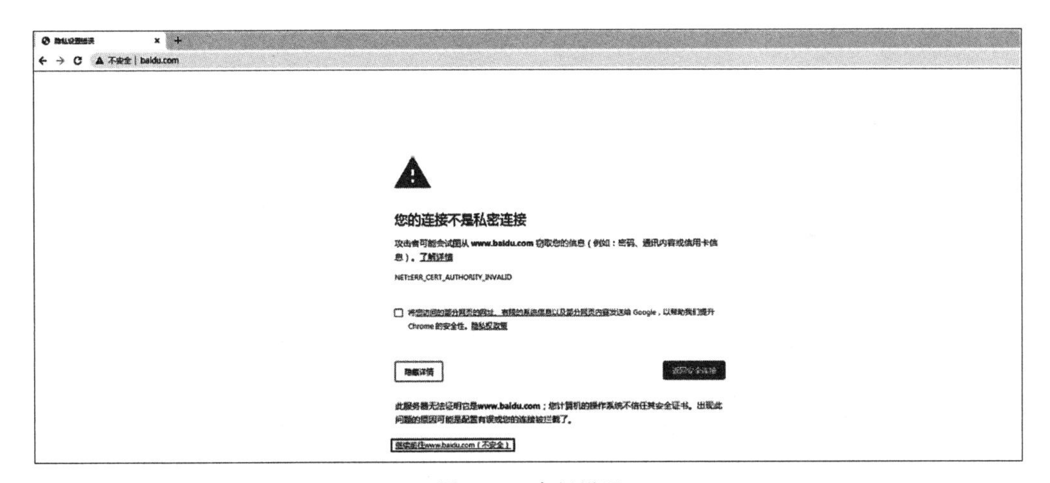


图 4-91　高级设置

(24) 单击“打开”按钮，打开下载的 installca_windows.exe，如图 4-93 所示。

(25) 弹出“打开文件”对话框，单击“运行”按钮，如图 4-94 所示。

(26) 弹出“根证书安装”对话框，单击“确定”按钮，如图 4-95 所示。(谷歌浏览器与 IE 浏览器同用一个证书，显示 IE 证书安装成功即谷歌证书安装成功，由于火狐浏览器有自己的证书体系，需要手动下载。)

(27) 打开管理机，在浏览器地址栏中输入上网行为管理的访问地址“https://172.16.1.23”(以实际 IP 为准)，跳转至上网行为管理登录页面，在登录页面输入用户名“admin”、密码“admin123”(以实际密码为准)、验证码“v5xn”(以实际验证码为准)，单击

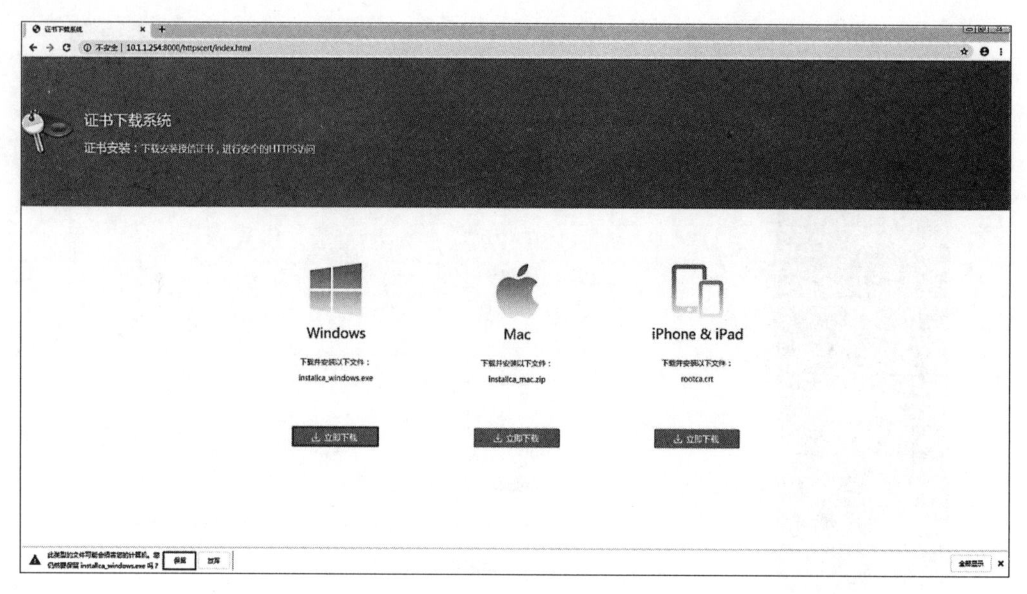


图 4-92　下载证书

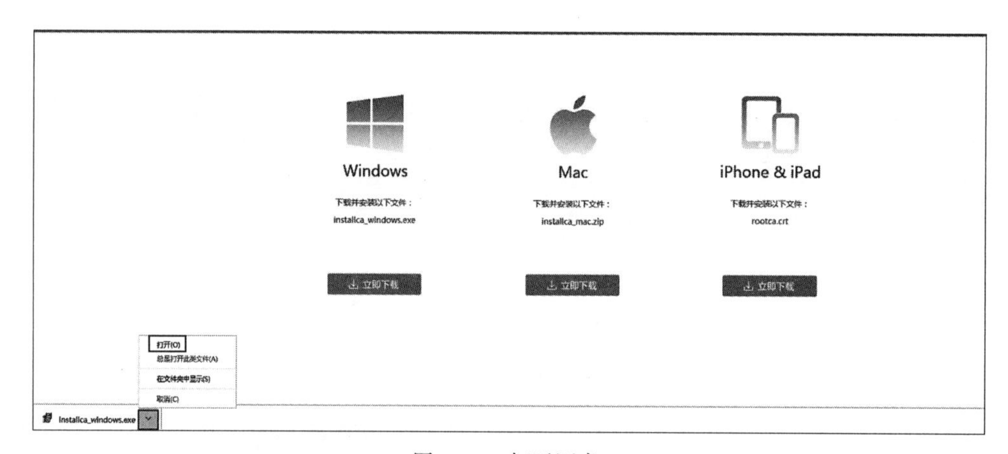


图 4-93　打开证书

图 4-94　运行证书

图 4-95　证书安装成功

“登录”按钮。

(28) 成功登录后,单击“上网管理”→“上网审计策略”菜单,进入“上网审计策略”页面,单击“新建”→“邮件审计策略”按钮,如图 4-96 所示。

图 4-96　上网审计策略

(29) 在弹出的“新建邮件审计策略”对话框中,“名称”填写“禁止发送敏感邮件”,“用户”属于“/根/小李”,单击“邮件类型”右侧的策略条件,如图 4-97 所示。

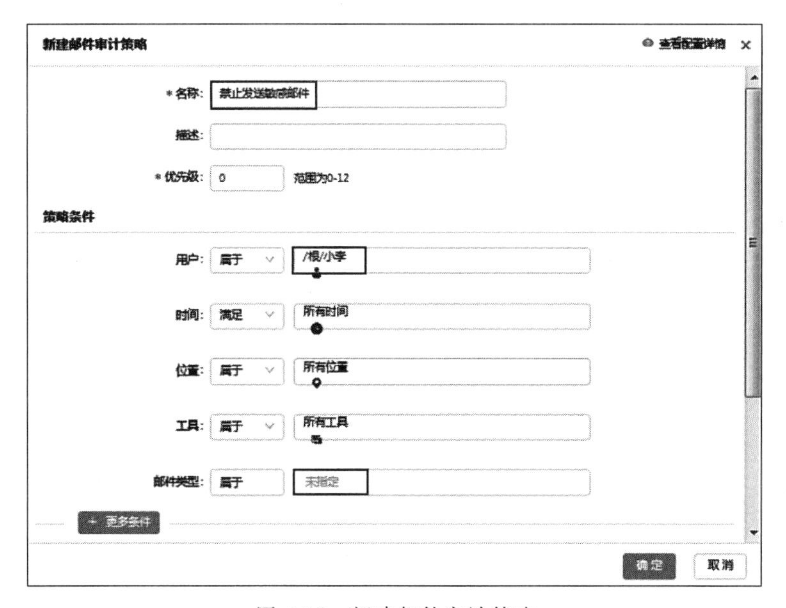


图 4-97　新建邮件审计策略

(30) 在弹出的“邮件类型”列表选项中勾选 Webmail、SMTP、POP3、IMAP、网易邮件协议选项,如图 4-98 所示。

(31) 下拉滚动轴,单击“更多条件”按钮,在弹出的选项框中勾选“主题”“内容”“附件

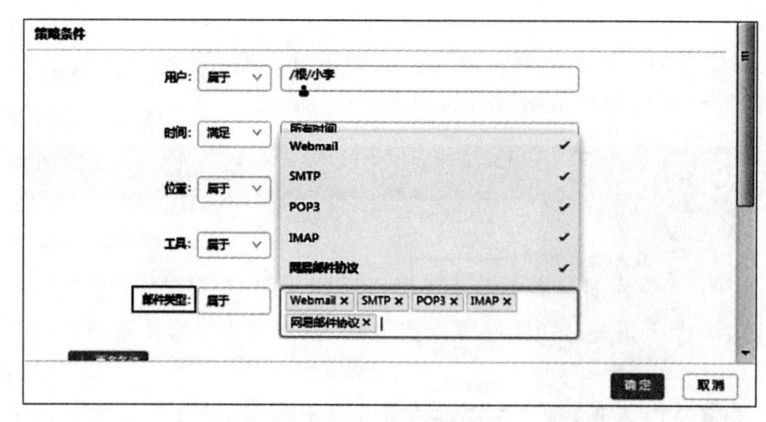


图 4-98　邮件类型

名”“附件内容”,如图 4-99 所示。

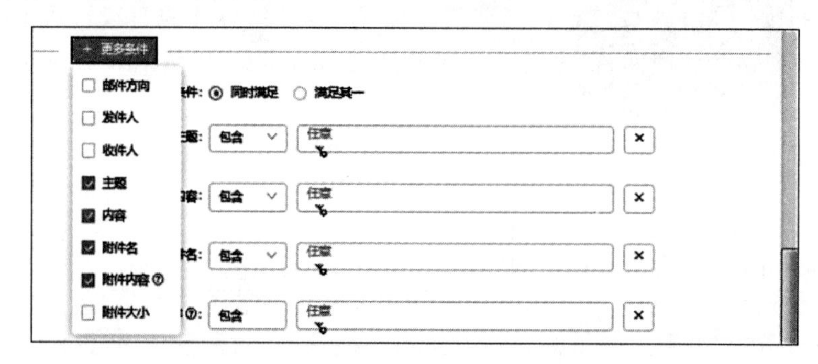


图 4-99　更多条件

(32) 单击“以下已配置条件”右侧的“满足其一”单选按钮,单击“主题”右侧的策略条件,如图 4-100 所示。

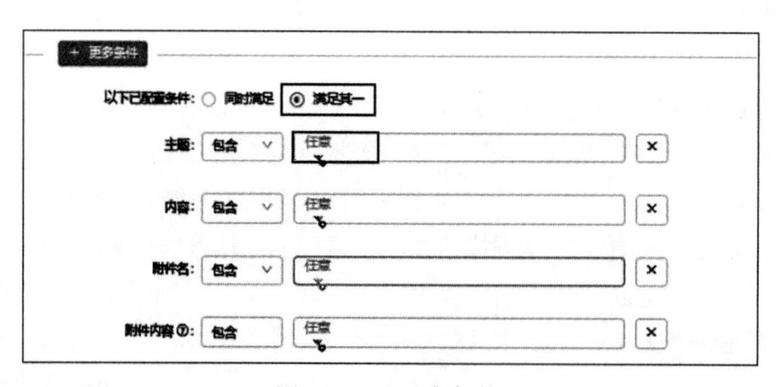


图 4-100　更多条件

(33) 在弹出的“选择关键字对象”对话框中,单击“新建”按钮,在弹出的“新建关键字对象”对话框中,“名称”填写“关键字”,“关键字”填写“机密”,其他保持默认设置,不做更改,单击“确定”按钮,如图 4-101 所示。

(34) 再次单击“新建”按钮,在弹出的“新建关键字对象”对话框中,“名称”填写“关键

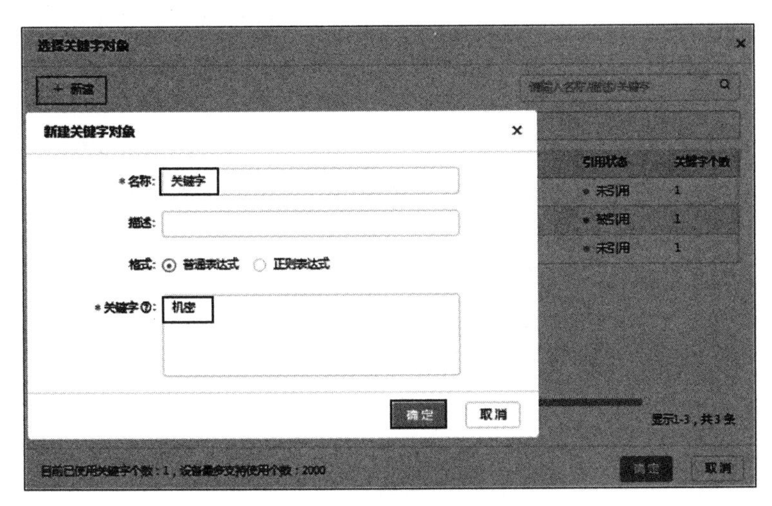


图 4-101 新建关键字对象

字1”，“关键字”填写“内部”，其他保持默认设置，不做更改，单击“确定”按钮，如图4-102所示。

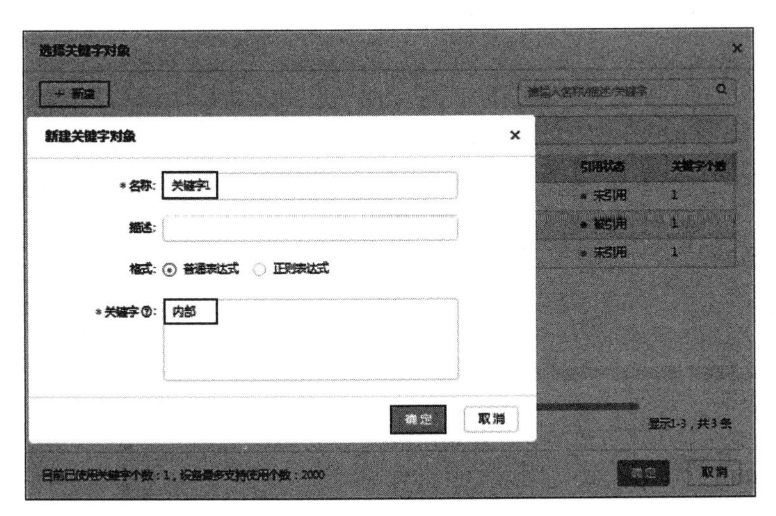


图 4-102 新建关键字对象

(35) 返回“选择关键字对象”对话框，勾选新建的关键字对象“关键字”“关键字1”，单击“确定”按钮，如图4-103所示。

(36) 返回至“新建邮件审计策略”对话框，单击“内容”右侧的策略条件，弹出“选择关键字对象”对话框，勾选新建的关键字对象“关键字”“关键字1”，单击“确定”按钮，如图4-104所示。

(37) 使用以上同样方法，为“附件名”“附件内容”配置条件，勾选关键字对象“关键字”“关键字1”，如图4-105所示。

(38) 返回“新建邮件审计策略”对话框，“控制动作”选择“阻塞”，“记录方式”选择“记录内容”，单击“确定”按钮，保存配置，如图4-106所示。

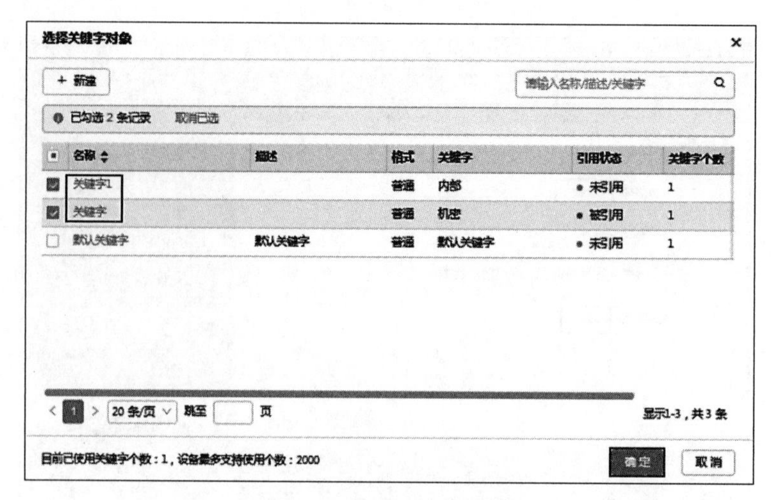


图 4-103　勾选关键字对象

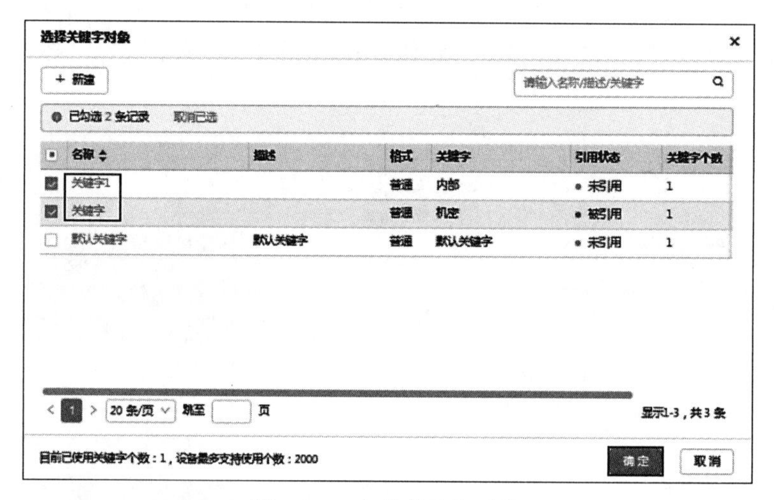


图 4-104　勾选关键字对象

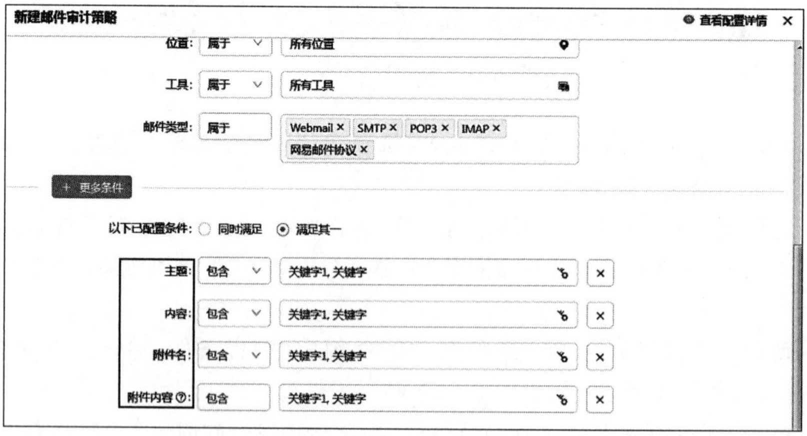

图 4-105　勾选关键字对象

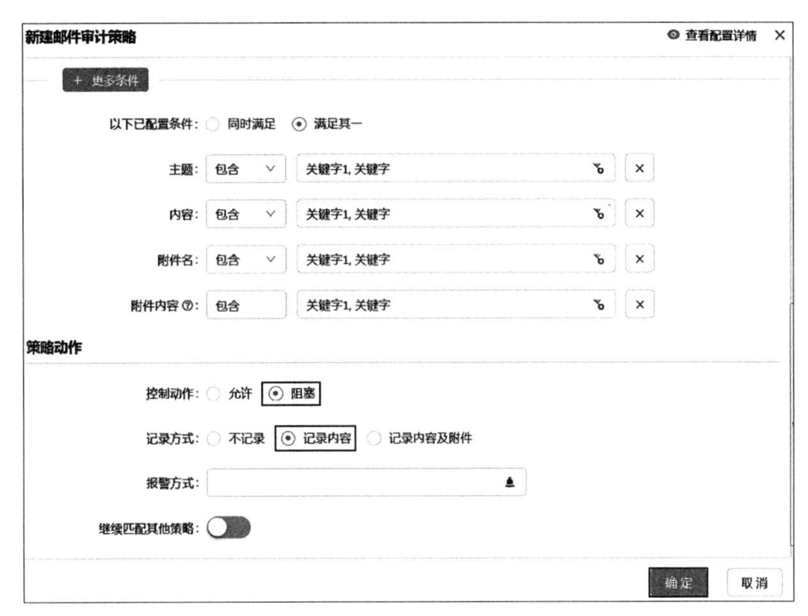


图 4-106　策略动作

(39) 单击页面右上角的“立即生效”按钮,弹出“本次策略改动列表”对话框,单击“生效”按钮,如图 4-107 所示。

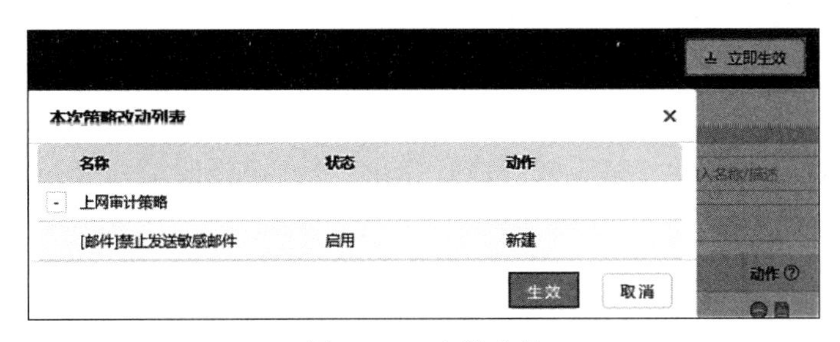


图 4-107　立即生效

## 【实验预期】

(1) 在上网行为管理上禁用“禁止发送敏感邮件”策略,进入用户 PC 虚拟机,使用网易邮箱发送邮件,可以发送含有“机密”“内部”等关键字的邮件。

(2) 在上网行为管理上启用“禁止发送敏感邮件”策略,进入用户 PC 虚拟机,使用网易邮箱发送邮件,无法发送含有“机密”“内部”等关键字的邮件。

(3) 在上网行为管理审计日志中可查看邮件审计日志。

## 【实验结果】

(1) 在上网行为管理上禁用“禁止发送敏感邮件”策略,进入用户 PC 虚拟机,使用网易邮箱发送邮件,可以发送含有“机密”“内部”等关键字的邮件。

① 打开管理机,在浏览器地址栏中输入上网行为管理的访问地址“https://172.16.1.

23”(以实际 IP 为准),跳转至上网行为管理登录页面,在登录页面输入用户名“admin”、密码“admin123”(以实际密码为准)、验证码“v5xn”(以实际验证码为准),单击“登录”按钮。

② 成功登录后,单击“上网管理”→“上网审计策略”菜单,进入“上网审计策略”页面,选择“名称”为“禁止发送敏感邮件”的策略,单击“状态”下的“启用”按钮,将“禁止发送敏感邮件”策略禁用,如图 4-108 所示。

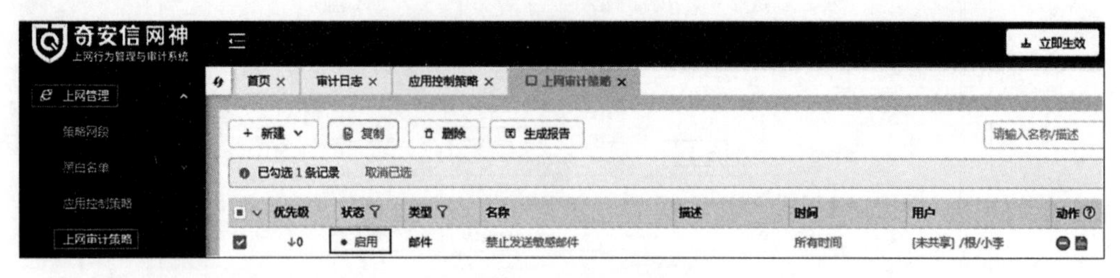


图 4-108　上网审计策略

③ 成功禁用“禁止发送敏感邮件”策略,如图 4-109 所示。

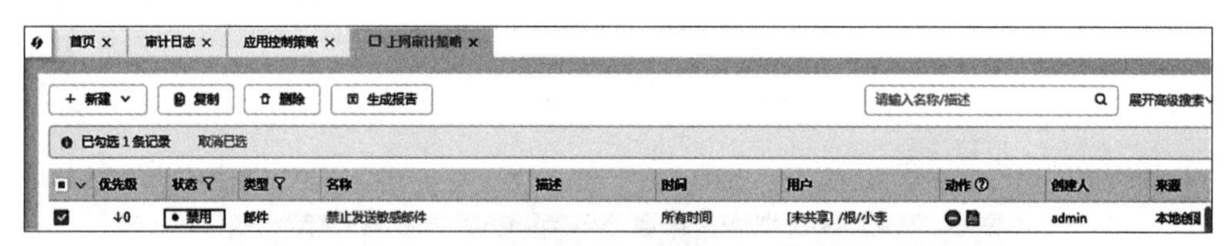


图 4-109　禁用策略

④ 单击页面右上角的“立即生效”按钮,弹出“本次策略改动列表”对话框,单击“生效”按钮,如图 4-110 所示。

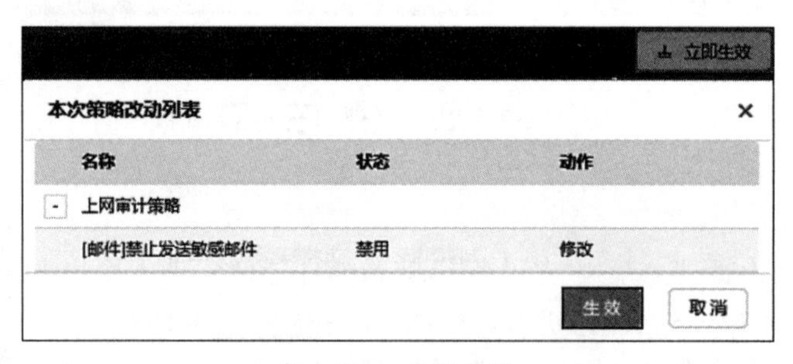


图 4-110　立即生效

⑤ 打开用户 PC,在用户 PC 桌面上新建一个 txt 文档,名称为“附件”,内容为“机密,内部”,如图 4-111 所示。

⑥ 将用户 PC 的 IP 设置为 192.168.1.2。

⑦ 双击桌面的谷歌浏览器快捷方式,运行谷歌浏览器。

⑧ 在浏览器地址栏中输入“mail.163.com”进入网易邮箱登录首页,单击“密码登录”按钮,登录网易邮箱,如图 4-112 所示。

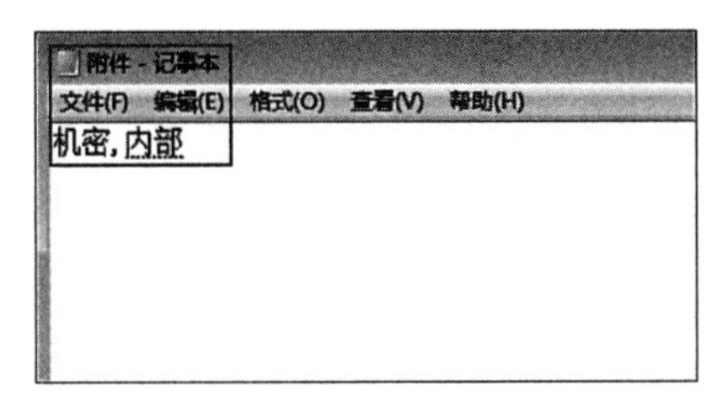


图 4-111　新建“附件”文档

图 4-112　登录网易邮箱

⑨ 在“写信”选项卡页面中,“收件人”填写“qianxin123@163.com”(此邮箱仅用于实验演示,以实际邮箱地址为准),“主题”填写“机密”,单击“添加附件”按钮,添加用户 PC 桌面上名为“附件”的 txt 文档,显示“上传完成”,“正文”填写“机密,内部”,单击“发送”按钮,如图 4-113 所示。

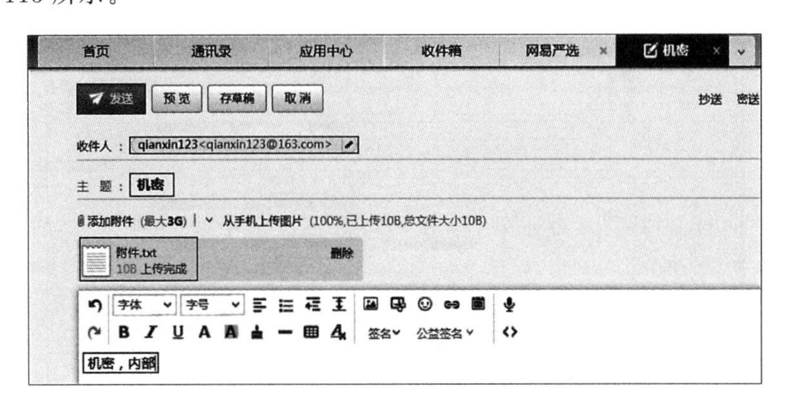


图 4-113　发送主题“机密”

⑩ 未开启策略,含关键字的邮件发送成功,满足实验预期 1,如图 4-114 所示。

(2) 在上网行为管理上启用“禁止发送敏感邮件”策略,进入用户 PC 虚拟机,使用网易邮箱发送邮件,无法发送含有“机密”“内部”等关键字的邮件。

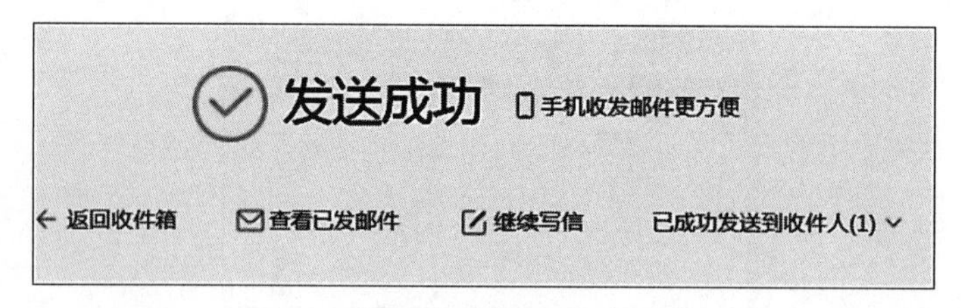


图 4-114　发送成功

① 打开管理机，在浏览器地址栏中输入上网行为管理的访问地址“https://172.16.1.23”(以实际 IP 为准)，跳转至上网行为管理登录页面，在登录页面输入用户名“admin”、密码“admin123”(以实际密码为准)、验证码“v5xn”(以实际验证码为准)，单击“登录”按钮。

② 成功登录后，单击“上网管理”→“上网审计策略”菜单，进入“上网审计策略”页面，选择“名称”为“禁止发送敏感邮件”的策略，单击“状态”下的“禁用”按钮，将“禁止发送敏感邮件”启用，如图 4-115 所示。

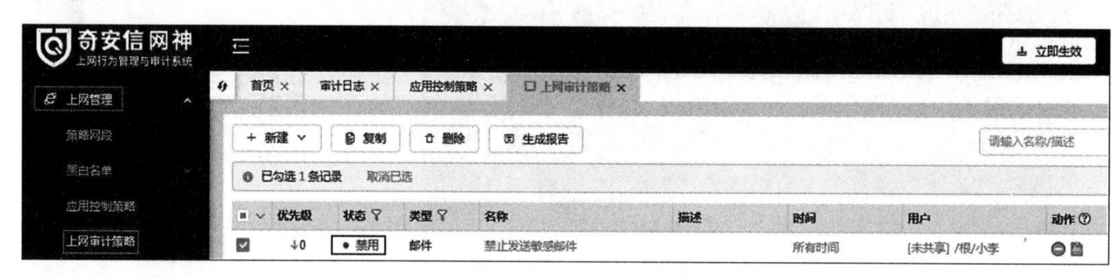


图 4-115　上网审计策略

③ 成功启用“禁止发送敏感邮件”策略，如图 4-116 所示。

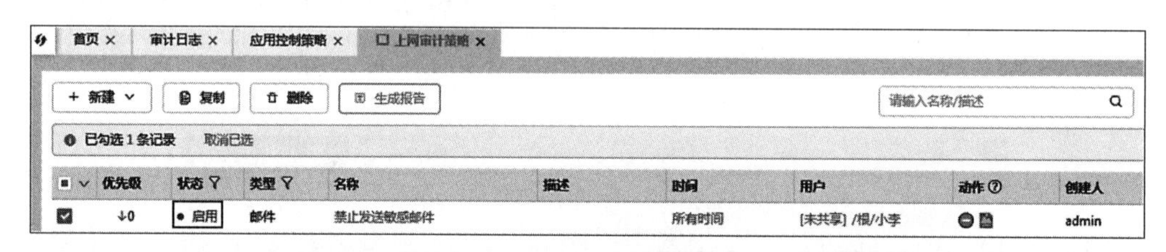


图 4-116　启用策略

④ 单击页面右上角的“立即生效”按钮，弹出“本次策略改动列表”对话框，单击“生效”按钮，如图 4-117 所示。

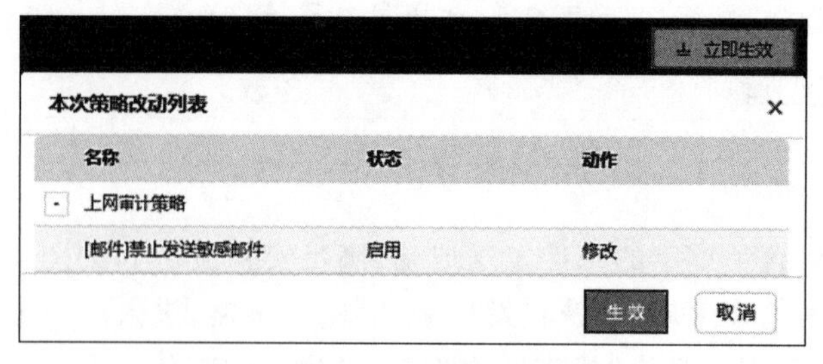


图 4-117　立即生效

⑤ 打开用户 PC，双击桌面的谷歌浏览器快捷方式，运行谷歌浏览器。

⑥ 在浏览器地址栏中输入“mail.163.com”进入网易邮箱登录首页，单击“密码登录”按钮，登录网易邮箱，如图 4-118 所示。

图 4-118　登录网易邮箱

⑦ 在“写信”选项卡页面中，“收件人”填写“qianxin123@163.com”（此邮箱仅用于实验演示，以实际邮箱地址为准），“主题”填写“机密”，单击“添加附件”按钮，添加用户 PC 桌面上名为“附件”的 txt 文档，显示“附件上传失败”，单击“续传”按钮，显示“附件上传失败”，“正文”填写“机密，内部”，单击“发送”按钮，如图 4-119 所示。

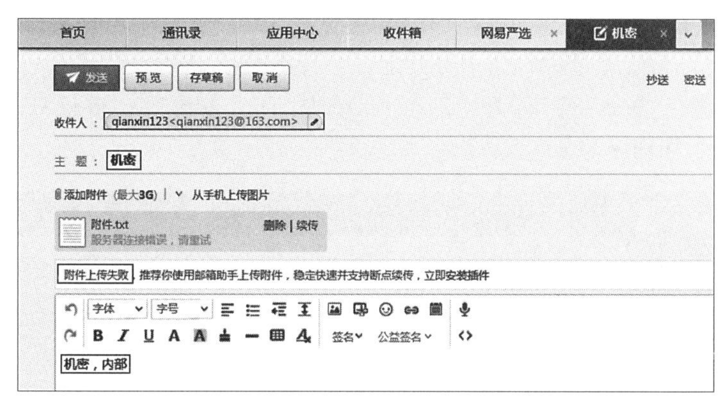


图 4-119　发送主题“机密”

⑧ 弹出“附件尚未上传完成”对话框，单击“确定”按钮，如图 4-120 所示。

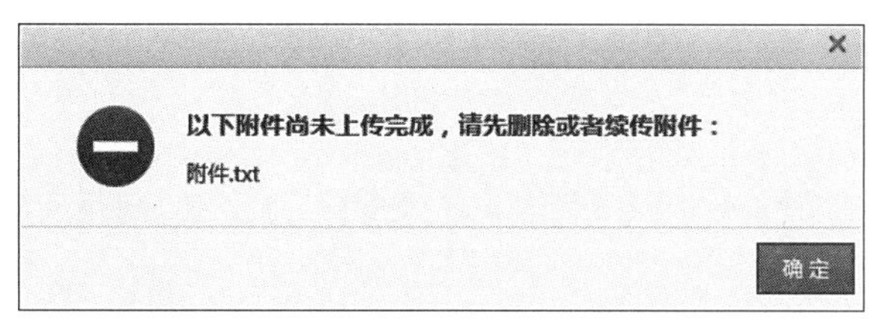


图 4-120　附件尚未上传完成

⑨ 单击“删除”按钮，删除附件，如图 4-121 所示。

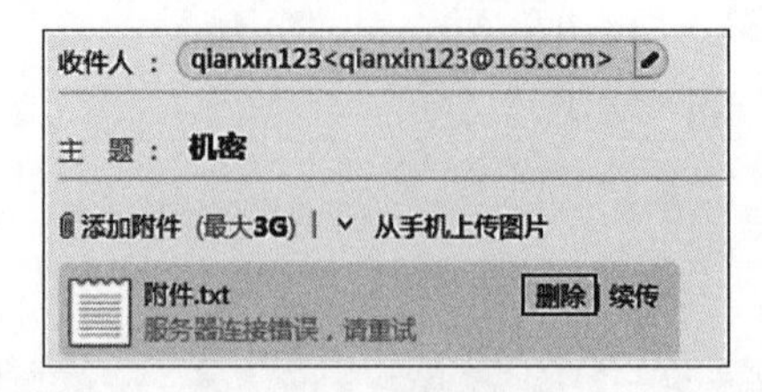


图 4-121 删除附件

⑩ 单击“发送”按钮，含关键字“机密”“内部”的邮件无法发送，满足实验预期 2，如图 4-122 所示。

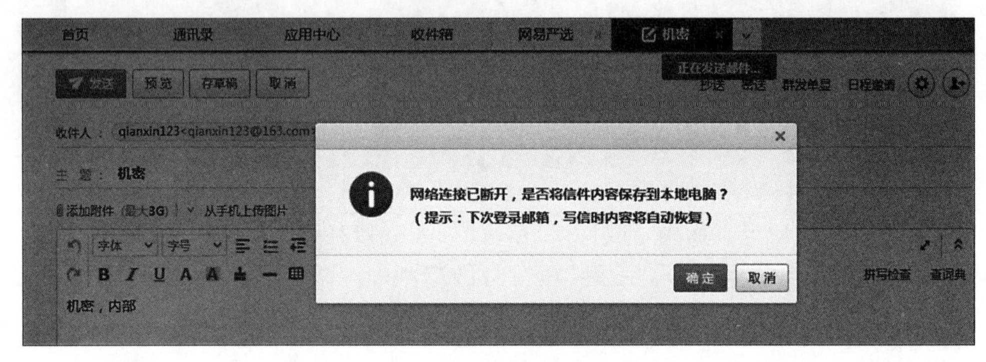


图 4-122 邮件无法发送

(3) 在上网行为管理审计日志中查看邮件审计结果。

① 打开管理机，进入上网行为管理首页，单击“日志查询”→“审计日志”菜单，进入“审计日志”页面，如图 4-123 所示。

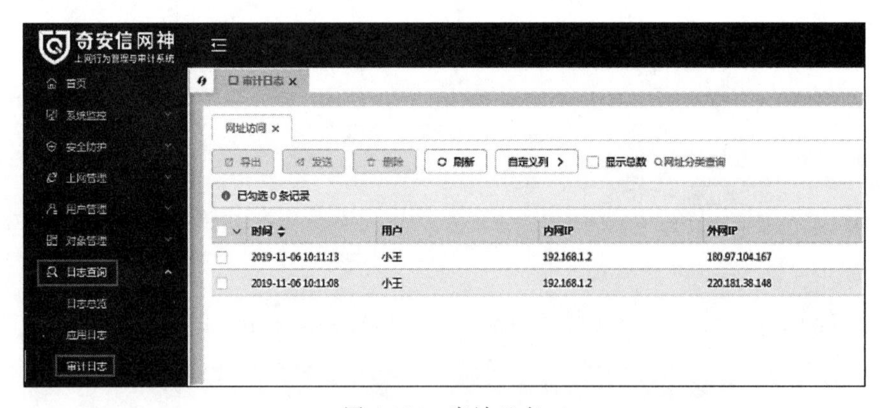


图 4-123 审计日志

② 单击“更多日志”→“邮件收发”按钮，查看到审计记录，满足实验预期 3，如图 4-124 所示。

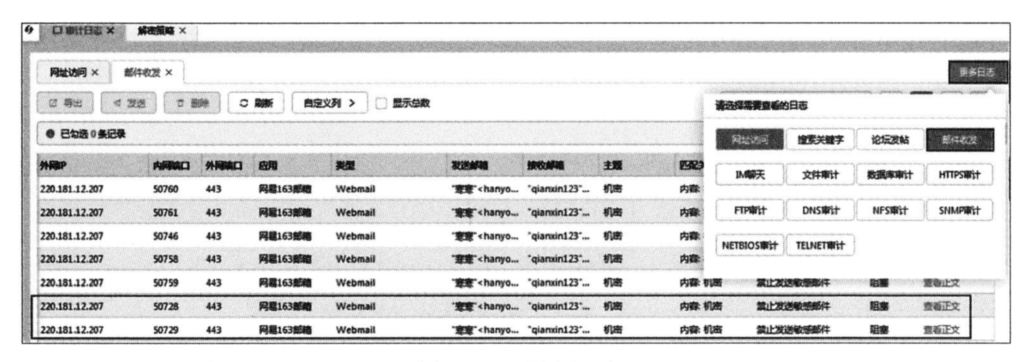


图 4-124　阻塞记录

**【实验思考】**

（1）附件内容在不影响设备审计功能的情况下限制大小为多少？支持哪些格式？

（2）Webmail 审计策略是否可对 QQ 邮箱进行审计？

## 4.7　网站分类访问控制实验

**【实验目的】**

掌握使用上网行为管理系统对某一分类网站进行访问控制。

**【知识点】**

SSL 解密策略、证书推送、基于网站分类的管控。

**【场景描述】**

A 公司为提高员工工作效率，要求禁止员工访问购物类网站，同时要求审计员工对 zhipin.com 招聘网站的访问行为，以便及时了解员工的求职动向，请同学们和网络安全运维工程师小王一起完成基于分类的网站访问控制配置，实现对购物网站的封堵和对招聘网站 zhipin.com 的访问审计需求。

**【实验原理】**

公司日常网络安全维护过程中，不仅需要对特定的网站进行阻塞，还需要对某一类网站进行阻塞，方便配置。上网行为管理系统默认包含许多网站分类，如娱乐视频类、购物类等，其中包含奇安信收集的所有该类型网站，并且会定期更新网站分类库，保证预分类管控的实效性与完备性。同时，用户也可自定义分类，对公司业务需求的管控网站进行分类管理，方便网络安全运维工程师进行网络安全策略的配置。

**【实验设备】**

安全设备：上网行为管理设备 1 台。

网络设备：路由器 2 台。

主机终端：Windows 7 SP1 主机 2 台。

**【实验拓扑】**

实验拓扑如图 4-125 所示。

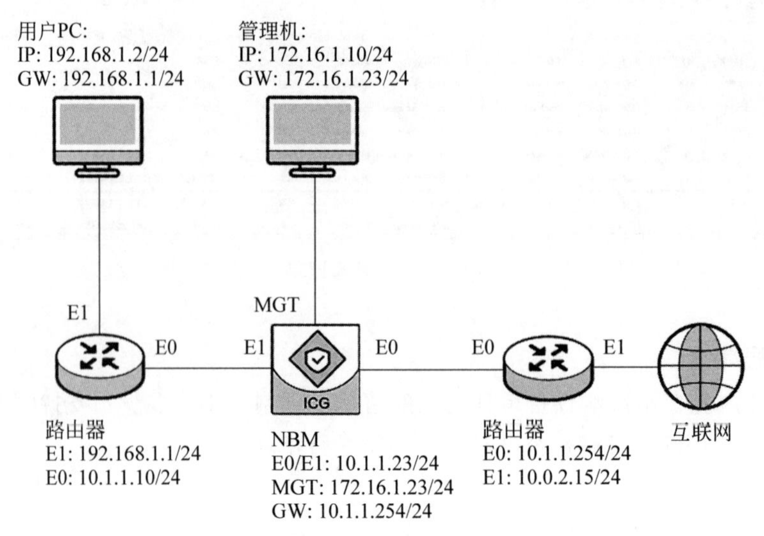


图 4-125　上网行为管理基于网站分类的访问控制实验拓扑图

**【实验思路】**

(1) 使用管理机登录上网行为管理。

(2) 配置网络和路由。

(3) 创建用户。

(4) 配置 SSL 全解密策略。

(5) 配置根证书推送。

(6) 进入用户 PC 虚拟机,访问上网行为管理下载并安装证书。

(7) “自定义网站分类”策略对象“大型招聘网站”和“购物网站”。

(8) 创建“禁止访问购物网站”上网审计策略。

(9) 创建“大型招聘网站审计”上网审计策略。

(10) 禁用“禁止访问购物网站”上网审计策略,进入用户 PC,验证用户 PC 访问淘宝网站是否成功。

(11) 启用“禁止访问购物网站”上网审计策略,进入用户 PC,验证用户 PC 访问淘宝网站是否成功。

(12) 在上网行为管理上查看是否有阻塞淘宝网站的日志。

(13) 禁用“大型招聘网站审计”策略,进入用户 PC,访问 zhipin.com,在上网行为管理上查看是否有 zhipin.com 网站的访问审计日志。

(14) 启用“大型招聘网站审计”策略,进入用户 PC,访问 zhipin.com,在上网行为管理上查看是否有 zhipin.com 网站的访问审计日志。

**【实验步骤】**

(1) 登录管理机，设置管理机 IP 与上网行为管理的 MGT 口 IP 为同一网段，登录实验拓扑中的管理机，配置管理机 IP 为 172.16.1.10/24，默认网关为 172.16.1.23，单击“确定”按钮。

(2) 打开管理机的浏览器，在地址栏中输入上网行为管理的访问地址“https://172.16.1.23”(以实际 IP 为准)，跳转至上网行为管理登录页面，在登录页面输入用户名“admin”、密码“admin123”(以实际密码为准)、验证码“v5xn”(以实际验证码为准)，单击“登录”按钮。

(3) 为提高上网行为管理系统的安全性，系统会在用户使用初始密码登录时弹出“修改密码”对话框，本实验不需要修改默认密码，单击“暂不修改”按钮。

(4) 成功登录设备后，进入上网行为管理首页。

(5) 单击“网络配置”→“模式配置”菜单，单击“配置网络模式”按钮，进入“配置网络模式”配置页面。

(6) 在“网络模式选择”对话框中，选中“网桥模式”选项，单击“开始配置”按钮，进入“网桥模式配置”对话框。

(7) 在“网桥模式配置”对话框中，单击“新建”按钮，配置网桥接口。

(8) 在弹出的“编辑桥接口”对话框中填写配置信息。“名称”填写“br1”，“内网口”选择 eth1，“外网口”选择 eth0，“IP 地址/掩码”填写“10.1.1.23/24”，填写完成后，单击对话框下方的“确定”按钮。(注：在上网行为管理中，外网口一般与互联网连接，本实验拓扑中路由器 E1 口与外网连接，故外网口应与路由器 E0 口处于同一网段；内网口是上网行为管理与公司内部网络连接的接口。)

(9) 桥接口创建成功后，返回“网桥模式配置”页面，单击“下一步”按钮，进入“缺省网关”配置页面。

(10) 配置“缺省网关”为 10.1.1.254，单击“下一步”按钮。

(11) 进入“管理口配置”页面，本实验保持默认配置，单击“下一步”按钮。

(12) 所有的配置完成后，单击“保存并生效”按钮，使配置生效。

(13) 单击“网络配置”→“路由配置”菜单进行路由配置，单击“新建”按钮添加路由。

(14) 在弹出的“新建 IPv4 静态路由”对话框中新建一条静态路由，“目的地址”填写“192.168.0.0”，“IP 掩码”填写“255.255.0.0”，“下一跳”填写“10.1.1.10”，“接口”选择 br1，单击“确定”按钮，新建路由成功。

(15) 单击“用户管理”→“组织结构”菜单，单击“新建用户”按钮，弹出“新建用户”对话框，“名称”填写“xiaoli”，“所属组”选择“/根/”，“IP/IP 段”填写“192.168.1.2”，单击“确定”按钮。

(16) 单击“上网管理”→“SSL 解密”→“解密策略”菜单，单击“新建”按钮，弹出“新建 SSL 解密策略”对话框，“名称”填写“HTTPS 解密策略”，本实验中其他配置保持默认，单击“目的地址”选项栏后的填写框。

(17) 在弹出的“选择目的对象”的对话框中，单击选择“HTTPS 网站分类对象”选项，在“网站分类”列表栏,勾选“所有网站分类”选项,单击“确定”按钮。

(18) 所有配置完成后,返回“新建 SSL 解密策略”对话框,单击“确定”按钮。

(19) 单击“上网管理”→“SSL 解密”→“根证书推送”菜单,单击“开启 HTTPS 推送”选项后的按钮,“IP 范围”填写“192.168.1.2”,本实验中其他配置保持默认,单击“保存配置”按钮,如图 4-126 所示。

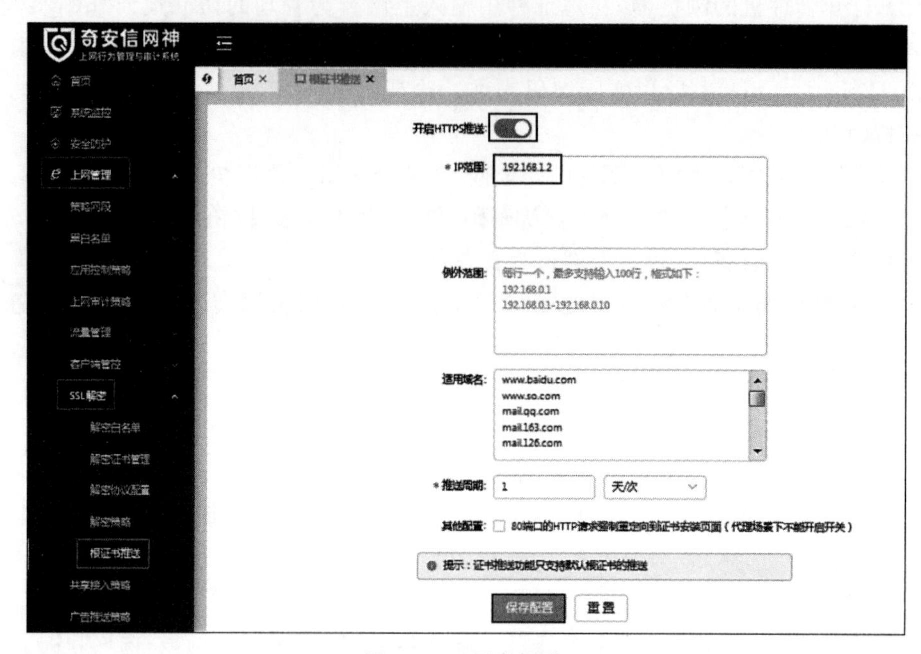


图 4-126　证书推送

(20) 单击“立即生效”按钮,弹出“确认立即生效”对话框,单击“确定”按钮。

(21) 打开用户 PC,双击桌面的谷歌浏览器快捷方式,运行谷歌浏览器。

(22) 在地址栏中输入“www.baidu.com”,单击“继续前往”链接,如图 4-127 所示。

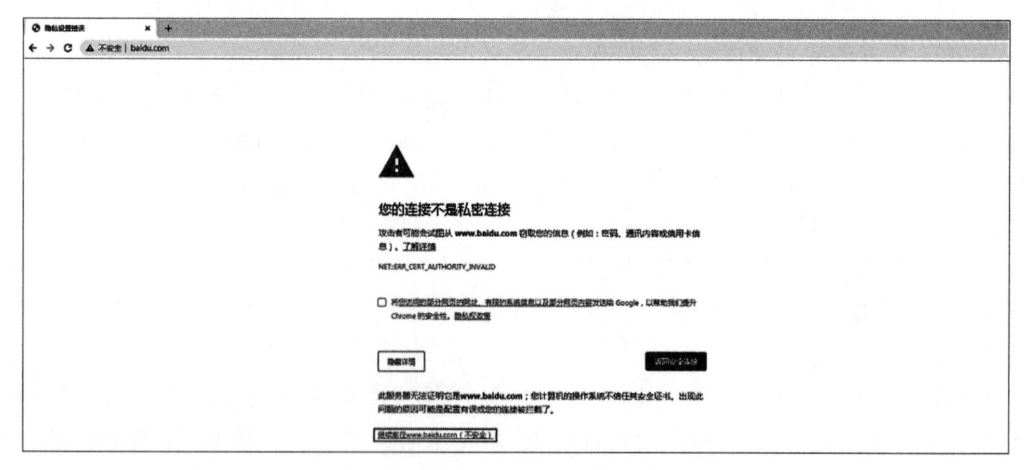


图 4-127　高级设置

（23）页面跳转至证书下载页面，单击 Windows 下的“立即下载”按钮（根据需求先下载版本），左下角弹出提示框，单击“保留”按钮，如图 4-128 所示。

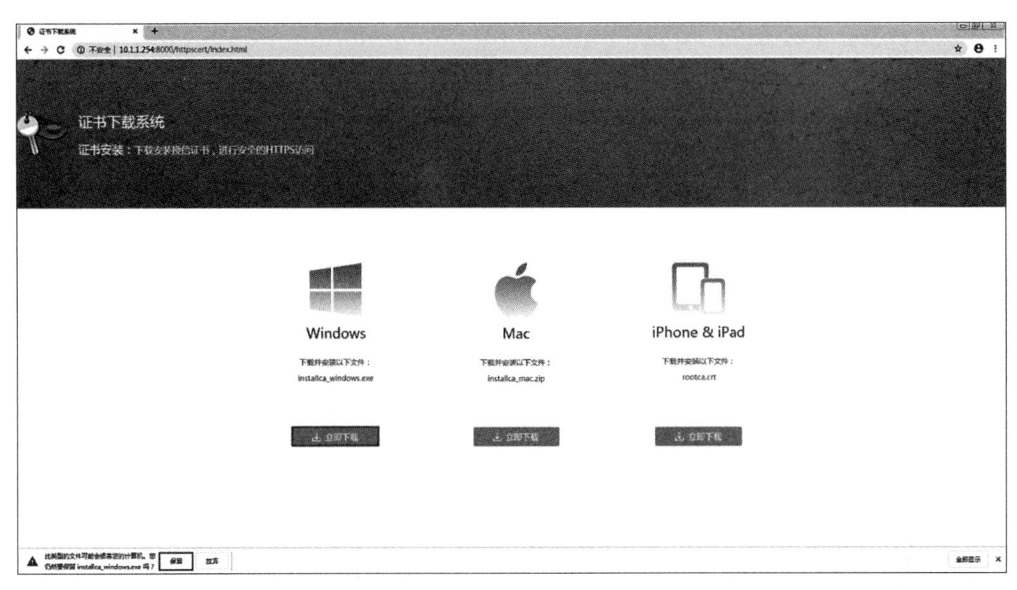


图 4-128　下载证书

（24）单击“打开”按钮，打开下载的 installca_windows.exe，如图 4-129 所示。

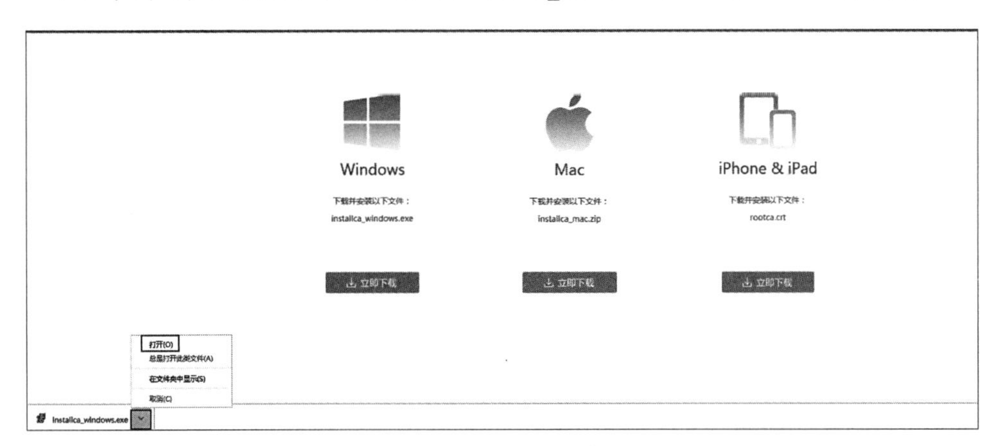


图 4-129　打开证书

（25）弹出“打开文件”对话框，单击“运行”按钮，如图 4-130 所示。

（26）弹出“根证书安装”对话框，单击“确定”按钮，如图 4-131 所示。（谷歌浏览器与 IE 浏览器同用一个证书，显示 IE 证书安装成功即谷歌证书安装成功，由于火狐浏览器有自己的证书体系，需要手动下载。）

（27）单击“对象管理”→“策略”→“网站分类对象”菜单，单击“自定义网站分类”按钮，单击“新建”按钮，弹出“新建自定义网站分类”对话框，“名称”填写“大型招聘网站”，在“URL/IP”选项栏中单击“新建”按钮，如图 4-132 所示。

图 4-130 运行证书

图 4-131 证书安装成功

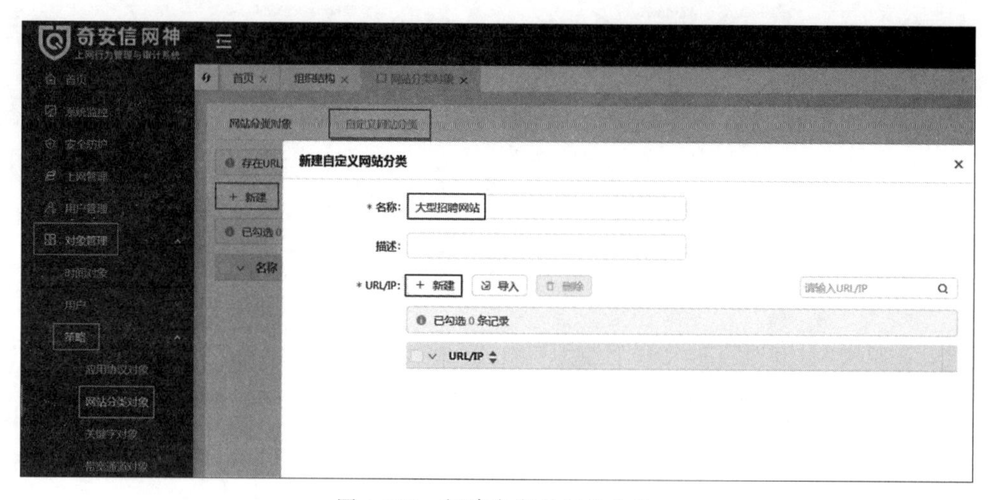


图 4-132 新建自定义网站分类

(28) 在弹出的“新建 URL/IP”对话框，“URL/IP”填写“zhipin.com”，单击“确定”按钮，如图 4-133 所示。

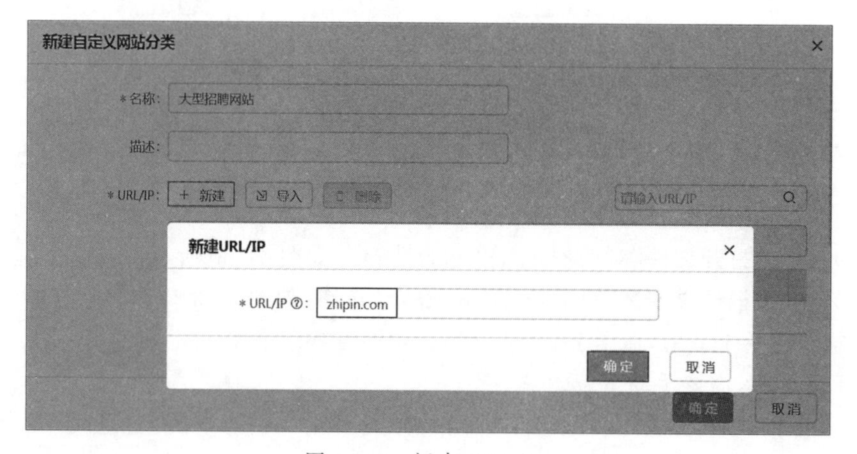


图 4-133 新建 URL/IP

(29) 返回“新建自定义网站分类”对话框,单击“确定”按钮,如图 4-134 所示。

新建自定义网站分类
*名称: 大型招聘网站
描述:
*URL/IP: + 新建 导入 删除 请输入URL/IP
已勾选 0 条记录
URL/IP
zhipin.com
20 条/页 跳至 页
显示1-1，共1条
确定 取消

图 4-134 新建分类成功

(30) 单击“对象管理”→“策略”→“网站分类对象”菜单,进入“网站分类对象”页面,单击“新建”按钮,弹出“新建网站分类对象”对话框,“名称”填写“购物网站”,在“网站分类列表”列表框选择“购物”选项,单击“确定”按钮,如图 4-135 所示。

图 4-135 新建网站分类对象

(31) 返回“网站分类对象”页面,单击“新建”按钮,弹出“新建网站分类对象”对话框,

“名称”填写“大型招聘网站”,“网站分类列表”选择“大型招聘网站”,单击“确定”按钮,如图 4-136 所示。

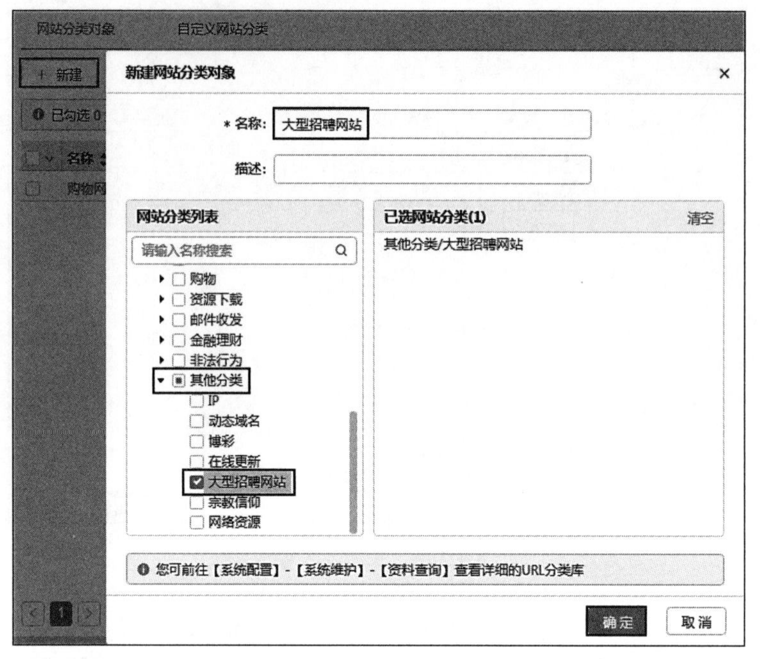


图 4-136　新建大型招聘网站对象

(32) 单击“上网管理”→“上网审计策略”菜单,单击“新建”按钮,在下拉列表框中选择“网页浏览策略”选项。

(33) 在弹出的“新建网页浏览策略”对话框中,“名称”填写“禁止访问购物网站”,“用户”选择“/根/xiaoli”,“网站分类”选择“购物网站”,如图 4-137 所示。

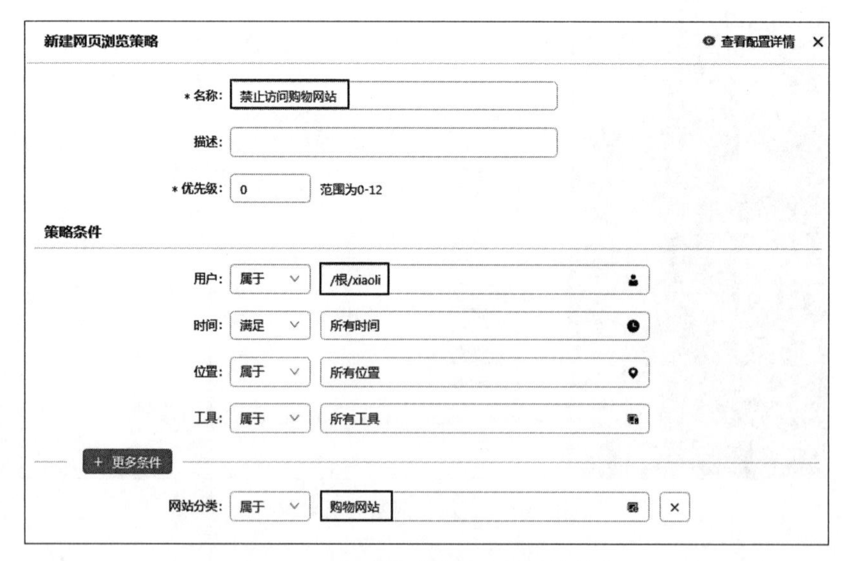


图 4-137　新建禁止访问购物网站策略

（34）在“策略动作”选项框中，“控制动作”选择“阻塞”，“阻塞页面”选择“[默认]阻塞提示页面”，“记录方式”选择“记录行为”，配置完成后，单击“确定”按钮保存配置，如图 4-138 所示。

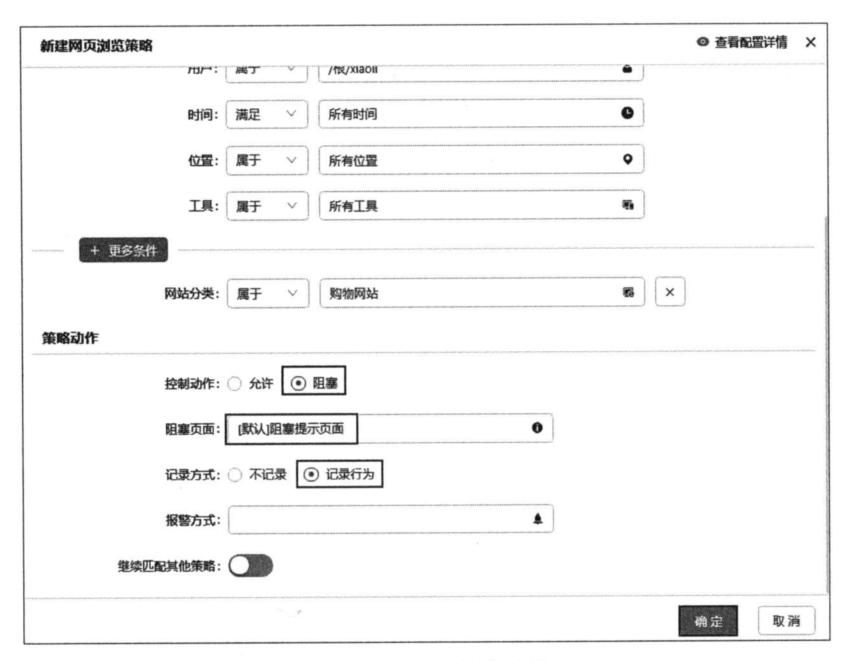


图 4-138　配置策略动作

（35）继续新建网页浏览策略，在弹出的“新建网页浏览策略”对话框中，“名称”填写“大型招聘网站审计”，“用户”选择“/根/xiaoli”，“网站分类”选择“大型招聘网站”，“控制动作”选择“允许”，“记录方式”选择“记录行为”，配置完成后，单击“确定”按钮，保存配置，如图 4-139 所示。

## 【实验预期】

（1）禁用“禁止访问购物网站”上网审计策略，进入用户 PC，访问淘宝网站成功。

（2）启用“禁止访问购物网站”上网审计策略，进入用户 PC，访问淘宝网站失败。

（3）在上网行为管理上可以查看阻塞淘宝网站的日志。

（4）禁用“大型招聘网站审计”上网审计策略，进入用户 PC，访问 zhipin.com，在上网行为管理上没有 zhipin.com 网站的访问审计日志。

（5）启用“大型招聘网站审计”上网审计策略，进入用户 PC，访问 zhipin.com，在上网行为管理上可以查看 zhipin.com 网站的访问审计日志。

## 【实验结果】

（1）禁用“禁止访问购物网站”上网审计策略，进入用户 PC，访问淘宝网站成功。

① 禁用“禁止访问购物网站”策略，单击右上角的“立即生效”按钮，弹出“本次策略改动列表”对话框，单击“生效”按钮，如图 4-140 所示。

② 进入用户 PC，双击桌面的谷歌浏览器快捷方式，运行谷歌浏览器。

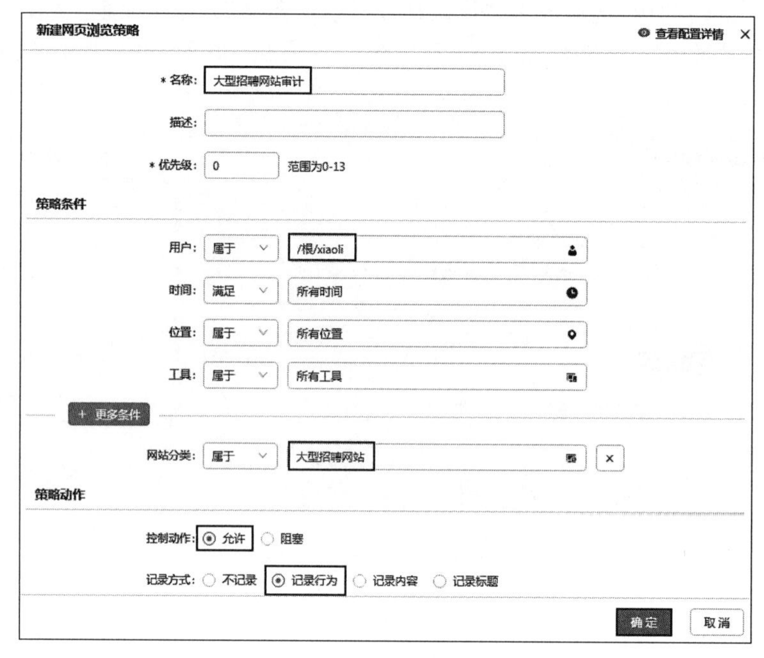


图 4-139　新建大型招聘网站审计策略

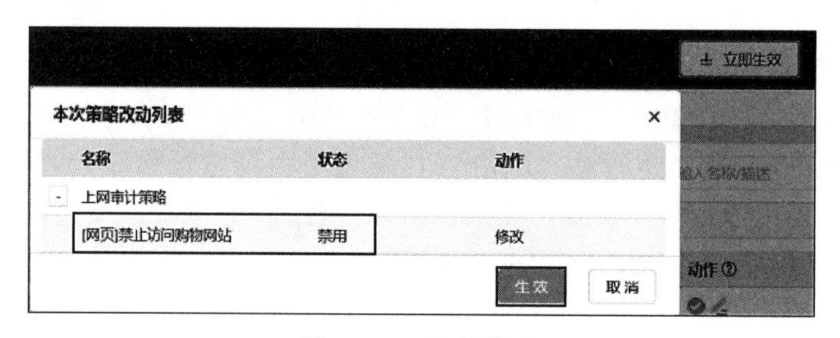


图 4-140　禁用策略

③ 在地址栏中输入“www.taobao.com”，页面跳转至淘宝首页，满足实验预期 1，如图 4-141 所示。

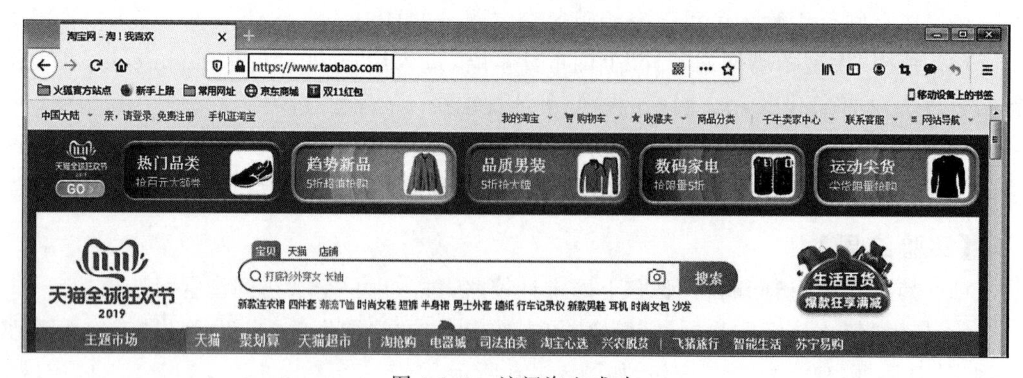


图 4-141　访问淘宝成功

(2) 启用“禁止访问购物网站”上网审计策略，进入用户 PC，访问淘宝网站失败。

① 返回“上网审计策略”配置页面，启用“禁止访问购物网站”策略，单击右上角的“立即生效”按钮，弹出“本次策略改动列表”对话框，单击“生效”按钮，如图 4-142 所示。

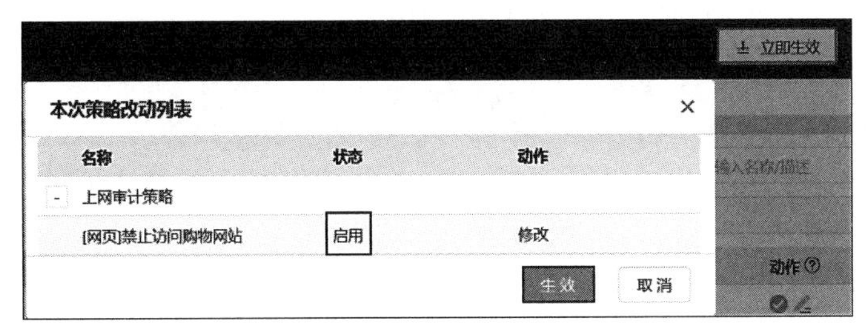


图 4-142　启用策略

② 进入用户 PC，双击桌面的谷歌浏览器快捷方式，运行谷歌浏览器。

③ 在地址栏中输入“www.taobao.com”，访问淘宝被禁止，满足实验预期 2，如图 4-143 所示。

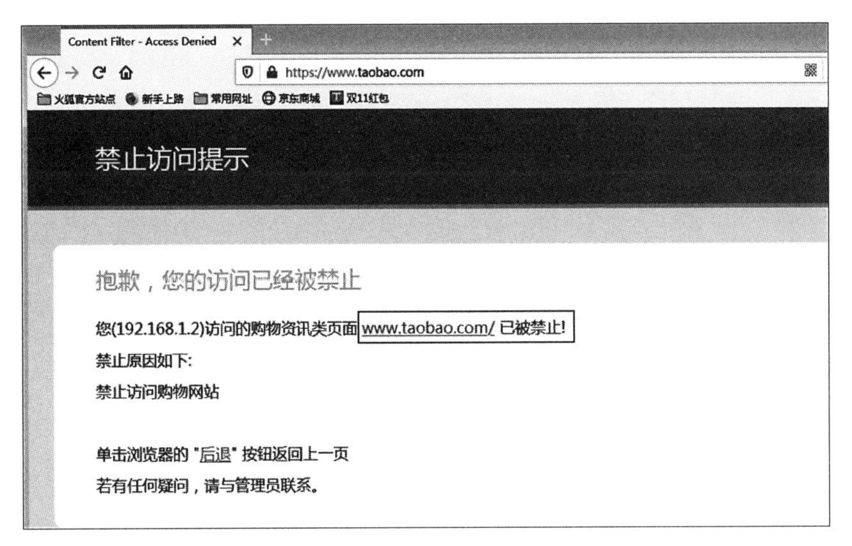


图 4-143　访问淘宝被禁止

④ 打开管理机，进入上网行为管理首页，单击“日志查询”→“审计日志”菜单，查看日志，满足实验预期 3，如图 4-144 所示。

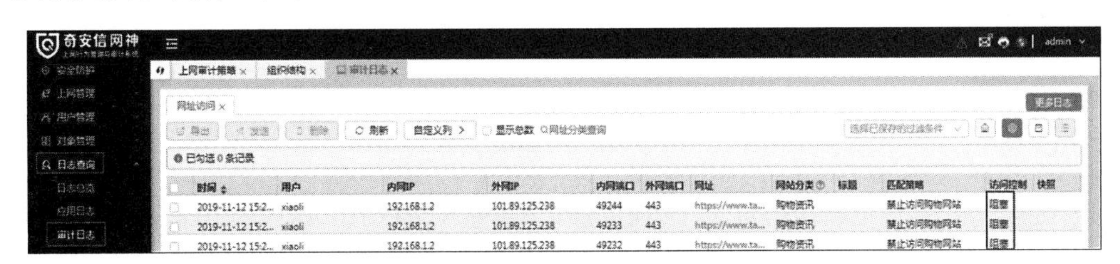


图 4-144　日志查看

(3) 禁用“大型招聘网站审计”上网审计策略，进入用户 PC，访问 zhipin.com，在上网行为管理上没有 zhipin.com 网站的访问审计日志。

① 禁用“大型招聘网站审计”策略，单击右上角的“立即生效”按钮，弹出“本次策略改动列表”对话框，单击“生效”按钮，如图 4-145 所示。

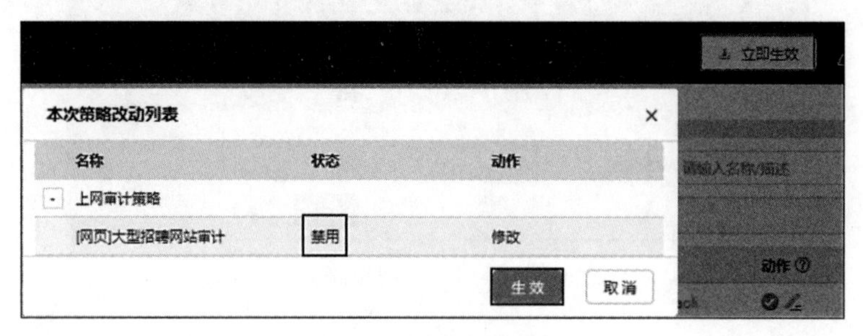


图 4-145　禁用策略

② 进入用户 PC，双击桌面的谷歌浏览器快捷方式，运行谷歌浏览器。

③ 在地址栏中输入“www.zhipin.com”，进入 BOSS 直聘首页，访问成功，如图 4-146 所示。

图 4-146　访问 BOSS 直聘成功

④ 打开管理机，进入上网行为管理首页，单击“日志查询”→“审计日志”菜单，查看日志，没有任何日志显示，满足实验预期 4，如图 4-147 所示。

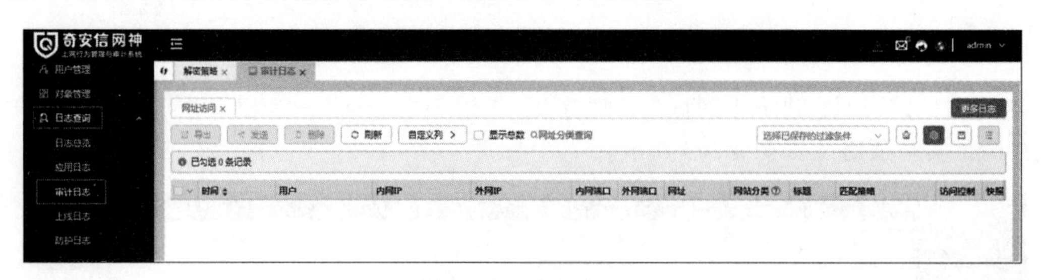


图 4-147　日志查看

(4) 启用“大型招聘网站审计”上网审计策略，进入用户 PC，访问 zhipin.com，在上网行为管理上可以查看 zhipin.com 网站的访问审计日志。

① 启用“大型招聘网站审计”策略，单击右上角的“立即生效”按钮，弹出“本次策略改动

动列表”对话框，单击“生效”按钮，如图 4-148 所示。

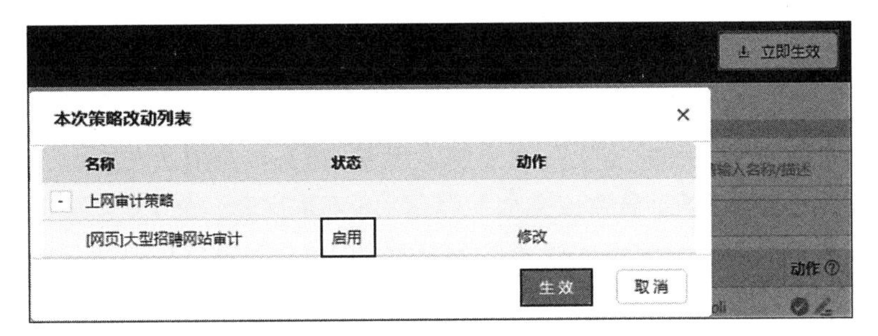

图 4-148　启用策略

② 进入用户 PC，双击桌面的谷歌浏览器快捷方式，运行谷歌浏览器。

③ 在地址栏中输入“www.zhipin.com”，进入 BOSS 直聘首页，访问成功，如图 4-149 所示。

图 4-149　访问 BOSS 直聘成功

④ 打开管理机，进入上网行为管理首页，单击“日志查询”→“审计日志”菜单，查看日志，满足实验预期 5，如图 4-150 所示。

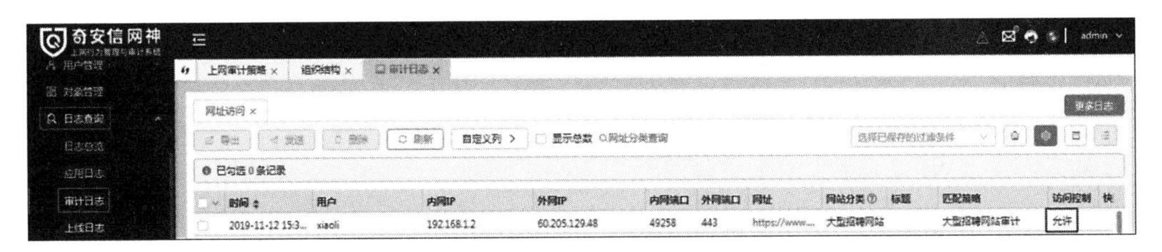

图 4-150　查看日志

【实验思考】

如果要禁止访问招聘网站还要做什么配置？

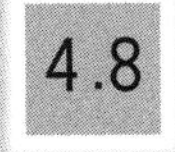

## 4.8　文件传输审计实验

【实验目的】

掌握使用上网行为管理对 HTTP 文件传输以及 FTP 文件传输的审计。

【知识点】

FTP 文件传输审计、HTTP 文件传输审计、SSL 解密策略。

【场景描述】

A 公司最近发现公司的机密文档在公网上泄漏，经查找是有人将公司的机密文件上传至百度云盘和公网 FTP 而导致该文档泄漏，公司领导要求安全工程师小王通过公司的上网行为管理查找是哪位员工将文档传输到公网的 FTP 和百度网盘里。请同学们和网络安全运维工程师小王一起配置上网行为管理，协助公司查找到泄漏公司机密文档的员工。

【实验原理】

FTP(File Transfer Protocol，文件传输协议)是 TCP/IP 协议组中的协议之一。FTP 包括两个组成部分，其一为 FTP 服务器，其二为 FTP 客户端。其中，FTP 服务器用来存储文件，用户可以使用 FTP 客户端通过 FTP 访问位于 FTP 服务器上的资源。在开发网站的时候，通常利用 FTP 把网页或程序传到 Web 服务器上。此外，由于 FTP 传输效率非常高，在网络上传输大的文件时，一般也采用该协议。默认情况下，FTP 使用 TCP 端口中的 20 和 21 这两个端口，其中，20 用于传输数据，21 用于传输控制信息。相对来说，HTTP 文件传输则使用更为广泛，通常通过网页进行文件下载上传均使用该协议，如今为了安全性，普遍会对使用 HTTP 传输的数据进行 SSL 加密。

公司员工传输文件时用户一般使用 FTP、HTTP、HTTPS 等协议进行传输，为提高网络安全性，防止公司机密泄漏，公司普遍要求对文件传输进行审计或管控，上网行为管理支持对使用指定协议的文件传输行为进行审计，可以基于文件名、文件内容、文件格式等对传输的文件进行审计。

【实验设备】

安全设备：上网行为管理设备 1 台。

网络设备：二层交换机 1 台，路由器 3 台，FTP 服务器 1 台。

主机终端：Windows 7 SP1 主机 2 台。

【实验拓扑】

实验拓扑如图 4-151 所示。

【实验思路】

(1) 管理机登录上网行为管理设备。

(2) 配置网桥模式。

(3) 创建用户。

(4) 配置 SSL 全解密策略。

(5) 配置根证书推送。

(6) 普通 client PC 访问上网行为管理下载并安装证书。

(7) 配置文件审计策略。

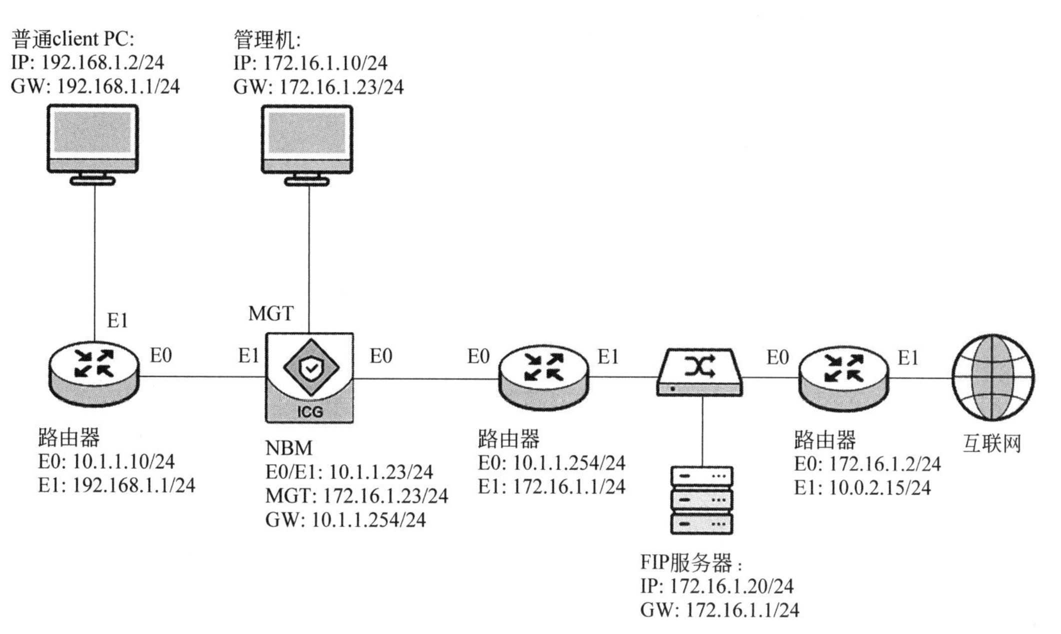


图 4-151 上网行为管理文件传输审计实验拓扑

(8) 打开普通 client PC,将本地文件"test"上传至外部 FTP 服务器。

(9) 打开普通 client PC,将本地文件"test"上传至百度网盘。

(10) 登录上网行为管理,查看文件审计日志,验证 FTP 文件上传和百度网盘文件上传行为是否被审计到。

**【实验步骤】**

(1) 登录管理机,设置管理机 IP 与上网行为管理的 MGT 口 IP 为同一网段,登录实验拓扑中的管理机,配置管理机 IP 为 172.16.1.10/24,默认网关为 172.16.1.23,单击"确定"按钮。

(2) 打开管理机的浏览器,在地址栏中输入上网行为管理的访问地址"https://172.16.1.23"(以实际 IP 为准),跳转至上网行为管理登录页面,在登录页面输入用户名"admin"、密码"admin123"(以实际密码为准)、验证码"v5xn"(以实际验证码为准),单击"登录"按钮。

(3) 为提高上网行为管理系统的安全性,系统会在用户使用初始密码登录时弹出"修改密码"对话框,本实验不需要修改默认密码,单击"暂不修改"按钮。

(4) 成功登录设备后,进入上网行为管理首页。

(5) 单击"网络配置"→"模式配置"菜单,单击"配置网络模式"按钮,进入"配置网络模式"页面。

(6) 在"网络模式选择"对话框中,选中"网桥模式"选项,单击"开始配置"按钮,弹出"网桥模式配置"对话框。

(7) 在"网桥模式配置"对话框中,单击"新建"按钮,配置网桥接口。

(8) 在弹出的"编辑桥接口"对话框中填写配置信息。"名称"填写"br1","内网口"选择 eth1,“外网口”选择 eth0,“IP 地址/掩码”填写“10.1.1.23/24”,填写完成后,单击对话框下方的“确定”按钮。(注：在上网行为管理中,外网口一般与互联网连接,本实验拓扑中路由器 E1 口与外网连接,故外网口应与路由器 E0 口处于同一网段;内网口是上网行为管理与公司内部网络连接的接口。)

(9) 桥接口创建成功后,返回“网桥模式配置”页面,单击“下一步”按钮,进入“缺省网关”配置页面。

(10) 配置“缺省网关”为 10.1.1.254,单击“下一步”按钮。

(11) 进入“管理口配置”页面,本实验保持默认配置,单击“下一步”按钮。

(12) 所有的配置完成后,单击“保存并生效”按钮,使配置生效。

(13) 单击“网络配置”→“路由配置”菜单进行路由配置,单击“新建”按钮添加路由。

(14) 在弹出的“新建 IPv4 静态路由”对话框中新建一条静态路由,“目的地址”填写“192.168.0.0”,“IP 掩码”填写“255.255.0.0”, “下一跳”填写“10.1.1.10”,“接口”选择 br1,单击“确定”按钮,路由新建完成。

(15) 单击“用户管理”→“组织结构”菜单,进入组织结构编辑页面,单击“新建用户”按钮,弹出“新建用户”对话框,“名称”填写“小李”,“所属组”选择“/根/”,“IP/IP 段”填写“192.168.1.2”,单击“确定”按钮,如图 4-152 所示。

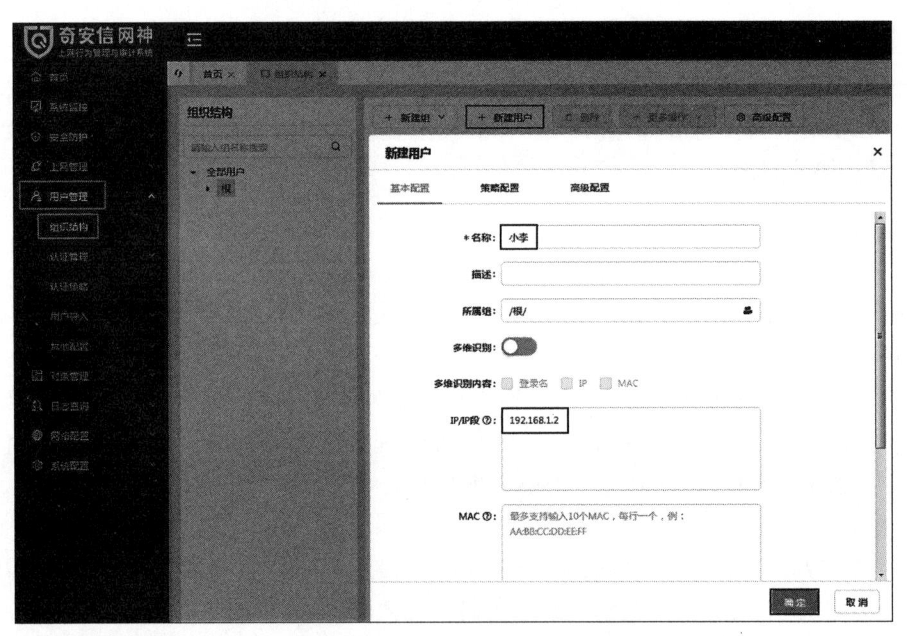


图 4-152　新建用户

(16) 单击“上网管理”→“SSL 解密”→“解密策略”菜单,单击“新建”按钮,弹出“新建 SSL 解密策略”对话框,“名称”填写“HTTPS 解密策略”,本实验中其他配置保持默认,单击“目的地址”选项栏后的填写框。

(17) 在弹出的“选择目的对象”对话框中,单击选择“HTTPS 网站分类对象”选项,在“网站分类”列表栏,勾选“所有网站分类”选项,单击“确定”按钮。

(18) 所有配置完成后，返回“新建 SSL 解密策略”对话框，单击“确定”按钮。

(19) 单击“上网管理”→“SSL 解密”→“根证书推送”菜单，单击“开启 HTTPS 推送”选项后的按钮，“IP 范围”填写“192.168.1.2”，本实验中其他配置保持默认，单击“保存配置”按钮，如图 4-153 所示。

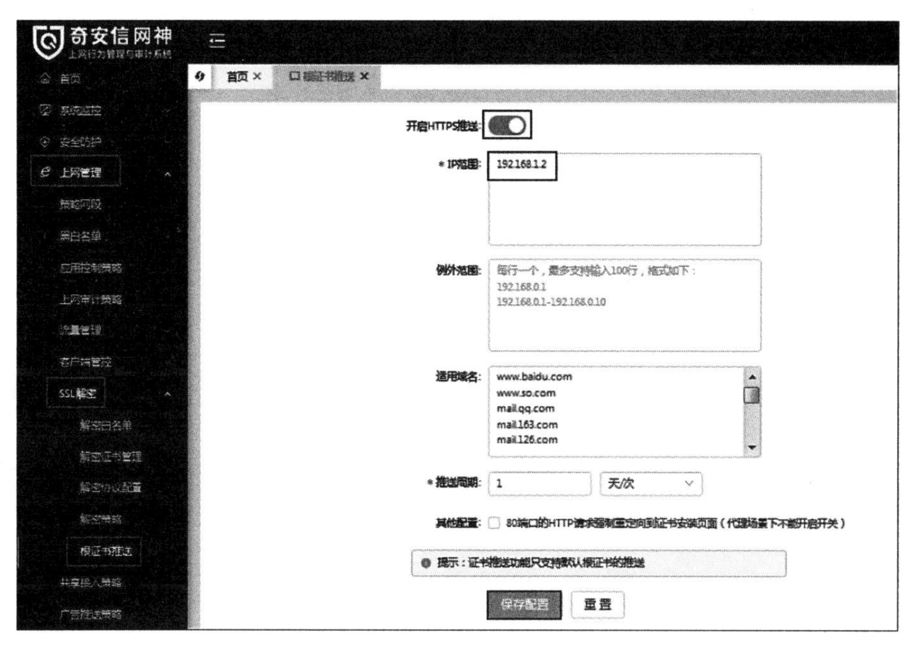


图 4-153　证书推送

(20) 单击“立即生效”按钮，弹出“确认立即生效”对话框，单击“确定”按钮，如图 4-154 所示。

图 4-154　立即生效

(21) 打开普通 client PC，双击桌面的谷歌浏览器快捷方式，运行谷歌浏览器。

(22) 在地址栏中输入“www.baidu.com”，单击“继续前往”链接，如图 4-155 所示。

(23) 页面跳转至证书下载页面，单击 Windows 下的“立即下载”按钮(根据需求先下载版本)，左下角弹出提示框，单击“保留”按钮，如图 4-156 所示。

(24) 单击“打开”按钮，打开下载的 installca_windows.exe，如图 4-157 所示。

(25) 弹出“打开文件”对话框，单击“运行”按钮，如图 4-158 所示。

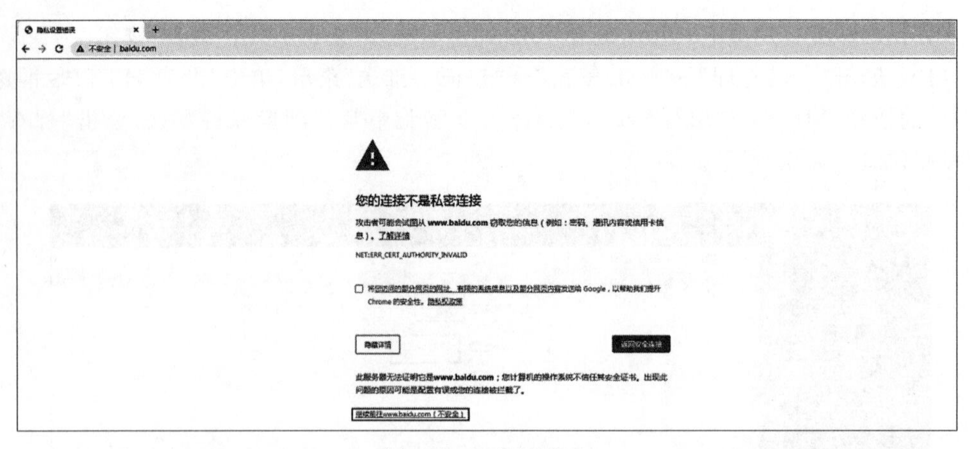


图 4-155　高级设置

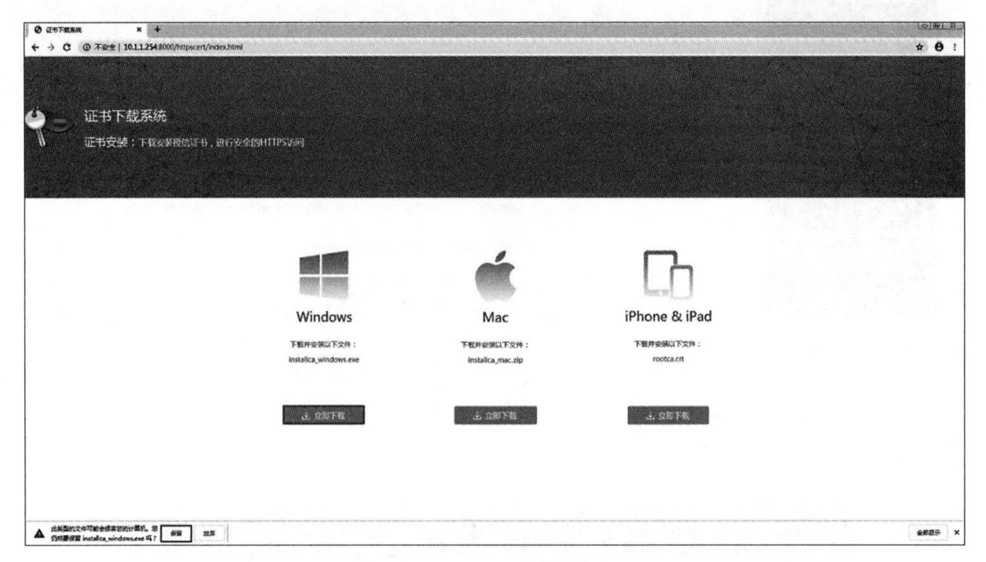


图 4-156　下载证书

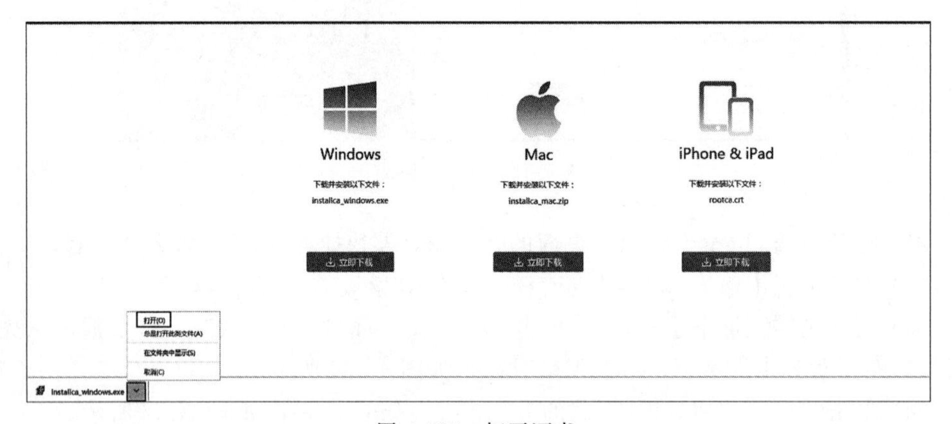


图 4-157　打开证书

（26）弹出“根证书安装”对话框，单击“确定”按钮，如图 4-159 所示。（谷歌浏览器与 IE 浏览器同用一个证书，显示 IE 证书安装成功即谷歌证书安装成功，由于火狐浏览器有自己的证书体系，需要手动下载。）

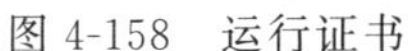
图 4-158　运行证书

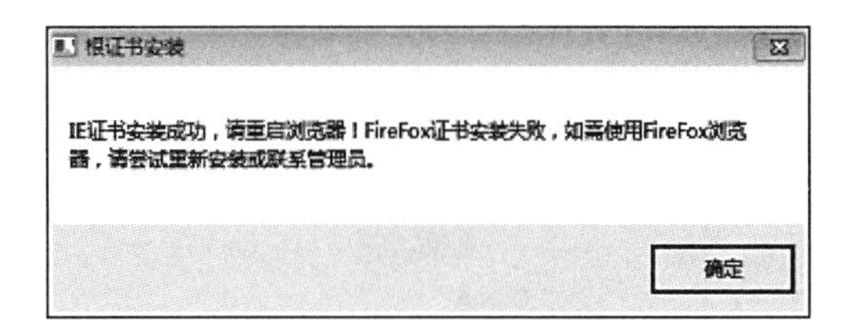


图 4-159　证书安装成功

（27）打开管理机，在浏览器地址栏中输入上网行为管理的访问地址“https://172.16.1.23”（以实际 IP 为准），跳转至上网行为管理登录页面，在登录页面输入用户名“admin”、密码“admin123”（以实际密码为准）、验证码“v5xn”（以实际验证码为准），单击“登录”按钮。

（28）成功登录后，单击“上网管理”→“上网审计策略”菜单，进入“上网审计策略”页面，单击“新建”→“文件审计策略”选项，如图 4-160 所示。

图 4-160　上网审计策略

（29）在弹出的“新建文件审计策略”对话框中，“名称”填写“文件审计”，“用户”属于“/根/小李”，如图 4-161 所示。

（30）单击“传输类型”右侧的策略条件，在弹出的“传输类型”列表选项勾选“HTTP 文件”“FTP 文件”选项，如图 4-162 所示。

（31）返回“新建文件审计策略”对话框，“控制动作”选择“允许”，“记录方式”选择“记录行为”，单击“确定”按钮，保存配置，如图 4-163 所示。

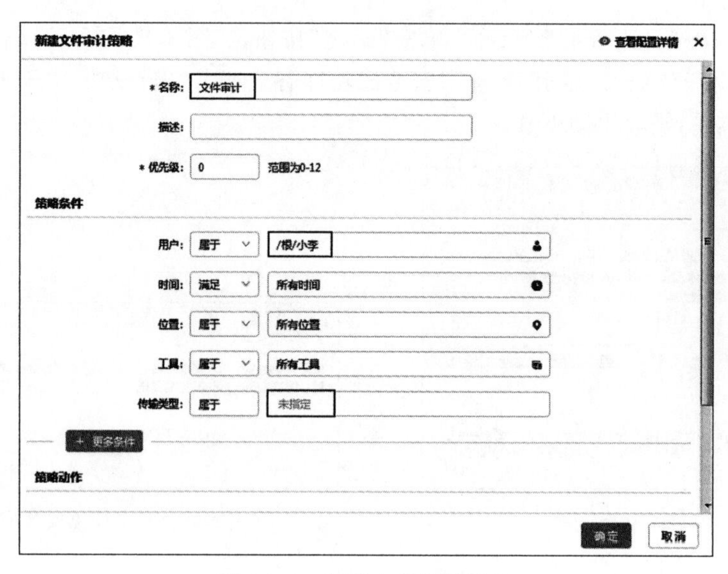


图 4-161 新建文件审计策略

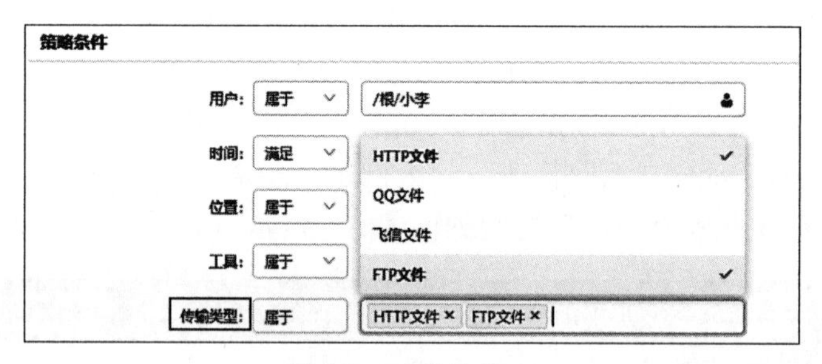


图 4-162 传输类型

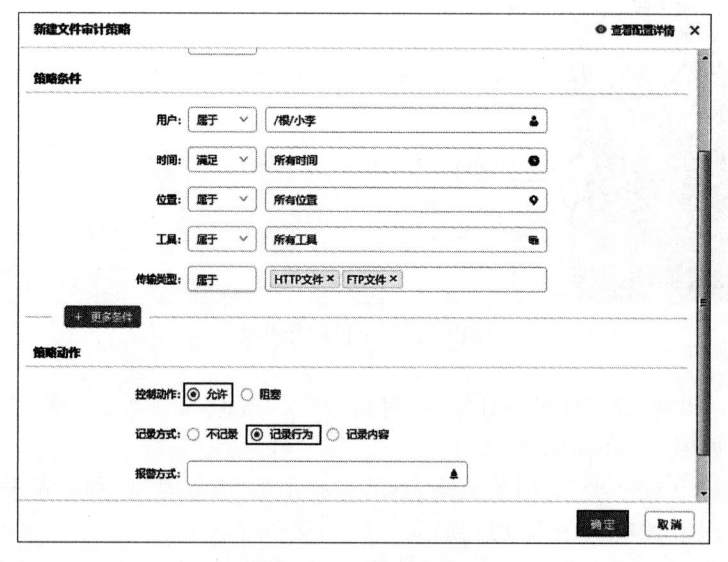


图 4-163 策略动作

(32) 单击页面右上角的“立即生效”按钮,弹出“本次策略改动列表”对话框,单击“生效”按钮,如图 4-164 所示。

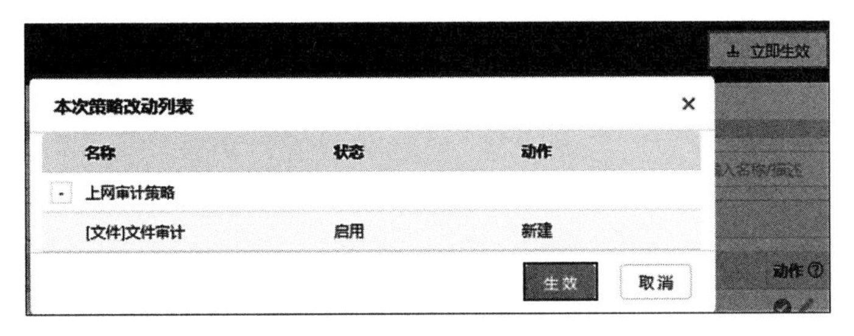


图 4-164 立即生效

## 【实验预期】

(1) 上网行为管理可审计到用户“小李”将文件从本地普通 client PC 上传至外部 FTP 服务器的行为。

(2) 上网行为管理可审计到用户“小李”将文件从本地普通 client PC 上传至百度网盘的行为。

## 【实验结果】

(1) 上网行为管理可审计到用户“小李”将文件从本地“普通 client PC”上传至外部 FTP 服务器的行为。

① 打开普通 client PC,在普通 client PC 桌面上新建一个 txt 文档,名称为“test”,内容为“文件审计”,如图 4 165 所示。

② 双击桌面的计算机快捷方式,打开计算机。

③ 在地址栏中输入“ftp://172.16.1.20”(以 FTP 服务器实际 IP 为准),对 FTP 服务器进行访问,如图 4-166 所示。

④ 将普通 client PC 桌面上新建的名称为“test”的 txt 文档复制到当前页面,完成对 FTP 服务器上传文档操作,如图 4-167 所示。

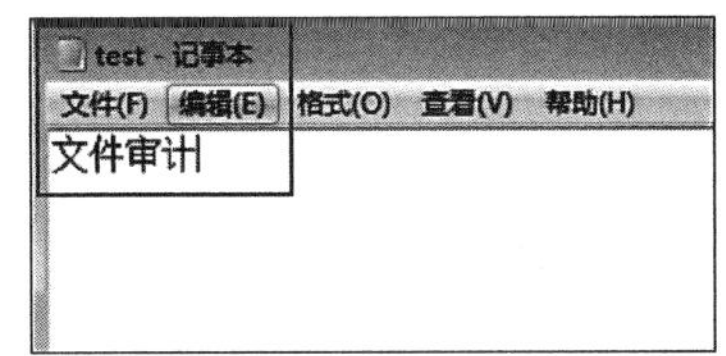


图 4-165 新建 test 文档

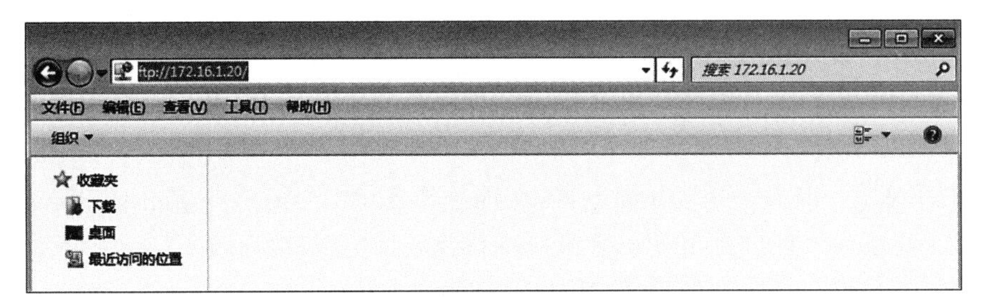


图 4-166 访问 FTP 服务器

⑤ 打开管理机,进入上网行为管理首页,单击“日志查询”→“审计日志”菜单,进入

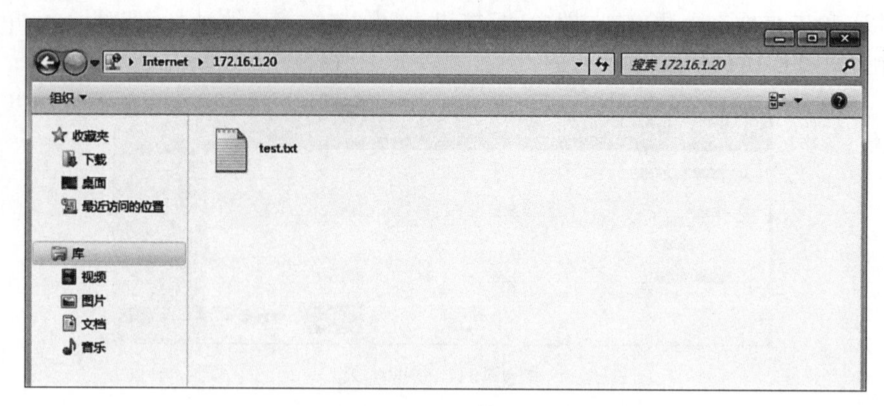


图 4-167　上传文档

"审计日志"页面,单击"更多日志"→"文件审计"按钮,如图 4-168 所示。

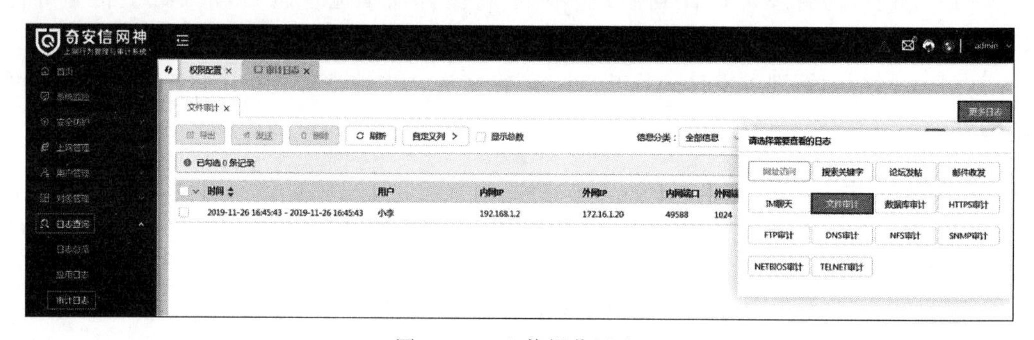


图 4-168　上传操作日志

⑥ 查看到"小李"用户将"test"文件上传至外部 FTP 服务器的审计记录,满足实验预期 1,如图 4-169 所示。

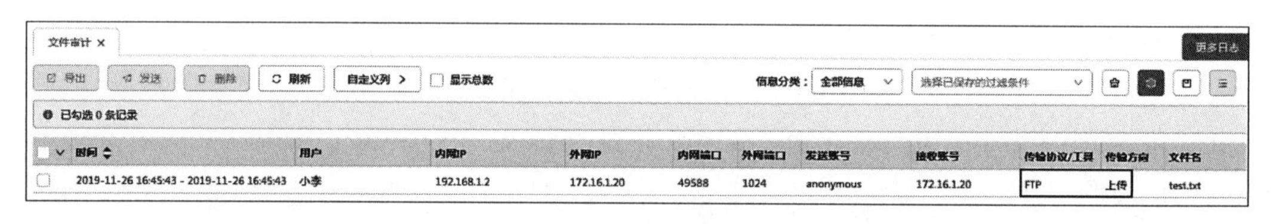

| 时间 | 用户 | 内网IP | 外网IP | 内网端口 | 外网端口 | 发送账号 | 接收账号 | 传输协议/工具 | 传输方向 | 文件名 |
|---|---|---|---|---|---|---|---|---|---|---|
| 2019-11-26 16:45:43 - 2019-11-26 16:45:43 | 小李 | 192.168.1.2 | 172.16.1.20 | 49588 | 1024 | anonymous | 172.16.1.20 | FTP | 上传 | test.txt |

图 4-169　审计记录

(2) 上网行为管理可审计到用户"小李"将文件从本地普通 client PC 上传至百度网盘的行为。

① 打开普通 client PC,打开浏览器,在地址栏中输入"https://pan.baidu.com"进入百度网盘登录页面,单击"账号密码登录"按钮,登录百度网盘,如图 4-170 所示。

② 登录网盘成功后,单击"上传"按钮,如图 4-171 所示。

③ 弹出"打开"对话框,选择并打开普通 client PC 桌面上名称为 test 的 txt 文档,如图 4-172 所示。

④ 弹出"上传完成"对话框,如图 4-173 所示。

图 4-170　登录百度网盘首页

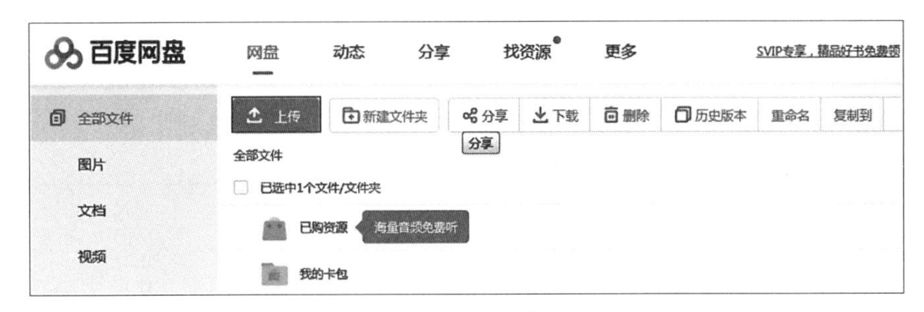


图 4-171　上传

图 4-172　文件上传

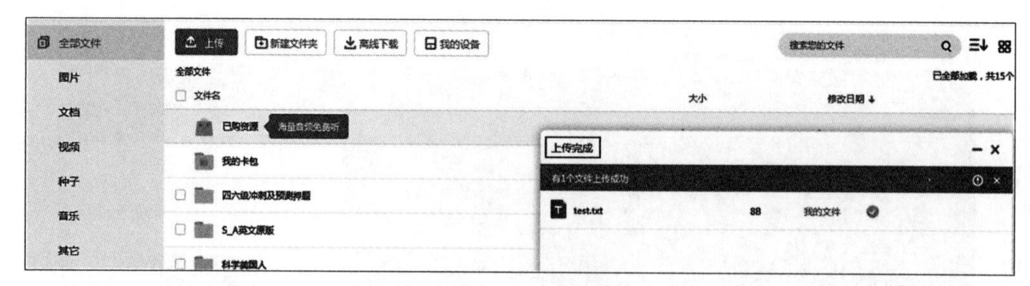

图 4-173　上传完成

⑤ 打开管理机，进入上网行为管理首页，单击“日志查询”→“审计日志”菜单，进入“审计日志”页面，单击“更多日志”→“文件审计”按钮，如图 4-174 所示。

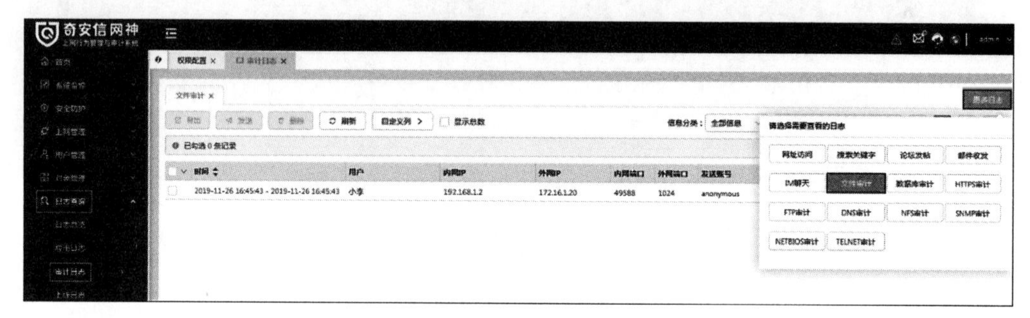

图 4-174　上传操作日志

⑥ 查看到用户“小李”将“test”文件上传至百度网盘的审计记录，满足实验预期 2，如图 4-175 所示。

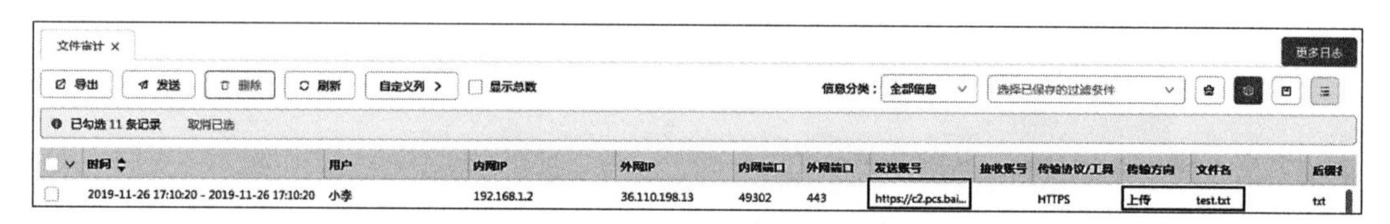

图 4-175　审计记录

**【实验思考】**

（1）如果要审计文件的内容、文件后缀名需要做什么策略配置？

（2）如果要对上传含有敏感关键字的文件做阻塞处理需要做什么策略配置？

## 4.9 常见应用识别与管控配置实验

**【实验目的】**

掌握上网行为管理对常见应用识别与管控的配置方法。

**【知识点】**

基于标签进行应用封堵、对常用应用进行封堵。

**【场景描述】**

A 公司研发部门正在封闭开发，为了防止研发成果泄漏，公司禁止在封闭开发期间使用 QQ 等通信软件；同时，为了提高开发效率，禁止员工使用腾讯视频软件。已知进行封闭开发的研发人员网段为 192.168.1.10～192.168.1.25，请同学们和小王一起完成配置，实现上述需求。

**【实验原理】**

网络应用是网络行为的主要客体之一，对于应用的识别与管控也自然是行为安全管理的重要环节。为提升员工办公效率，进行上网行为管理的公司都会对应用的使用进行较为明确的审计或管控。

上网行为管理系统通过深度包检测、深度流检测技术，根据网络中数据包的特征对应用流量进行判定，使用旁路干扰等控制技术对应用的流量进行限制，以协助公司规范员工上网行为，降低非工作应用的使用频率，提升整体工作效率。

**【实验设备】**

安全设备：上网行为管理设备 1 台。

网络设备：路由器 2 台。

主机终端：Windows 7 SP1 主机 2 台。

**【实验拓扑】**

实验拓扑如图 4-176 所示。

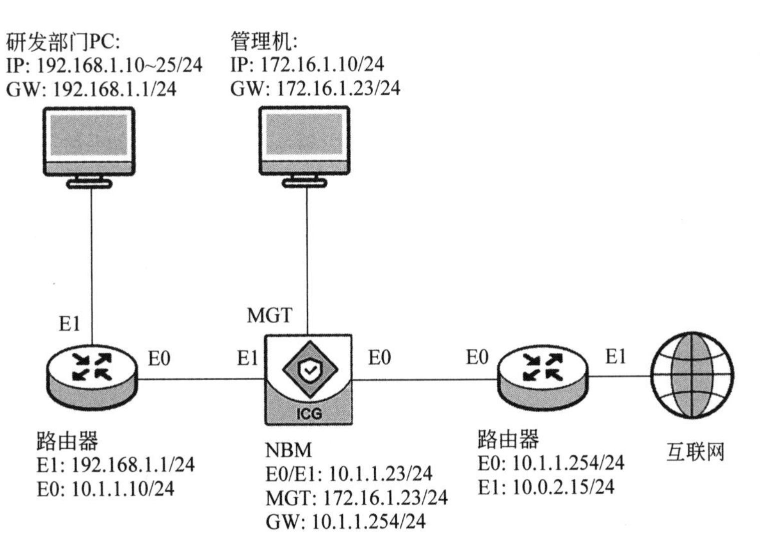


图 4-176　上网行为管理常见应用识别与管控配置实验拓扑图

**【实验思路】**

(1) 管理机登录上网行为管理。

(2) 配置网桥模式。

(3) 创建用户。

(4) 配置应用控制策略“禁止通信软件及影响工作效率的应用”。

(5) 进入研发部门PC进行QQ使用测试。

(6) 进入研发部门PC进行腾讯视频使用测试。

(7) 上网行为管理审计日志中查看策略封堵效果。

**【实验步骤】**

(1) 登录管理机,设置管理机IP与上网行为管理的MGT口IP为同一网段,登录实验拓扑中的管理机,配置管理机IP为172.16.1.10/24,默认网关为172.16.1.23,单击“确定”按钮。

(2) 打开管理机的浏览器,在地址栏中输入上网行为管理的访问地址“https://172.16.1.23”(以实际IP为准),跳转至上网行为管理登录页面,在登录页面输入用户名“admin”、密码“admin123”(以实际密码为准)、验证码“v5xn”(以实际验证码为准),单击“登录”按钮。

(3) 为提高上网行为管理系统的安全性,系统会在用户使用初始密码登录时弹出“修改密码”对话框,本实验不需要修改默认密码,单击“暂不修改”按钮。

(4) 成功登录设备后,进入上网行为管理首页。

(5) 单击“网络配置”→“模式配置”菜单,单击“配置网络模式”按钮,进入“配置网络模式”配置页面。

(6) 在“网络模式选择”对话框中,选中“网桥模式”选项,单击“开始配置”按钮,进入“网桥模式配置”对话框。

(7) 在“网桥模式配置”对话框中,单击“新建”按钮,配置网桥接口。

(8) 在弹出的“编辑桥接口”对话框中填写配置信息。“名称”填写“br1”,“内网口”选择eth1,“外网口”选择eth0,“IP地址/掩码”填写“10.1.1.23/24”,填写完成后,单击对话框下方的“确定”按钮。(注:在上网行为管理中,外网口一般与互联网连接,本实验拓扑中路由器E1口与外网连接,故外网口应与路由器E0口处于同一网段;内网口是上网行为管理与公司内部网络连接的接口。)

(9) 桥接口创建成功后,返回“网桥模式配置”页面,单击“下一步”按钮,进入“缺省网关”配置页面。

(10) 配置“缺省网关”为10.1.1.254,单击“下一步”按钮。

(11) 进入“管理口配置”页面,本实验保持默认配置,单击“下一步”按钮。

(12) 所有的配置完成后,单击“保存并生效”按钮,使配置生效。

(13) 单击“网络配置”→“路由配置”菜单进行路由配置,单击“新建”按钮添加路由。

(14) 在弹出的“新建IPv4静态路由”对话框中新建一条静态路由,“目的地址”填写“192.168.0.0”,“IP掩码”填写“255.255.0.0”,“下一跳”填写“10.1.1.10”,“接口”选择br1,

单击“确定”按钮，路由新建完成。

(15) 单击“用户管理”→“组织结构”菜单，单击“新建用户”按钮，弹出“新建用户”对话框，“名称”填写“研发部门”，“所属组”选择“/根/”，“IP/IP 段”填写“192.168.1.10-192.168.1.25”，单击“确定”按钮，如图 4-177 所示。

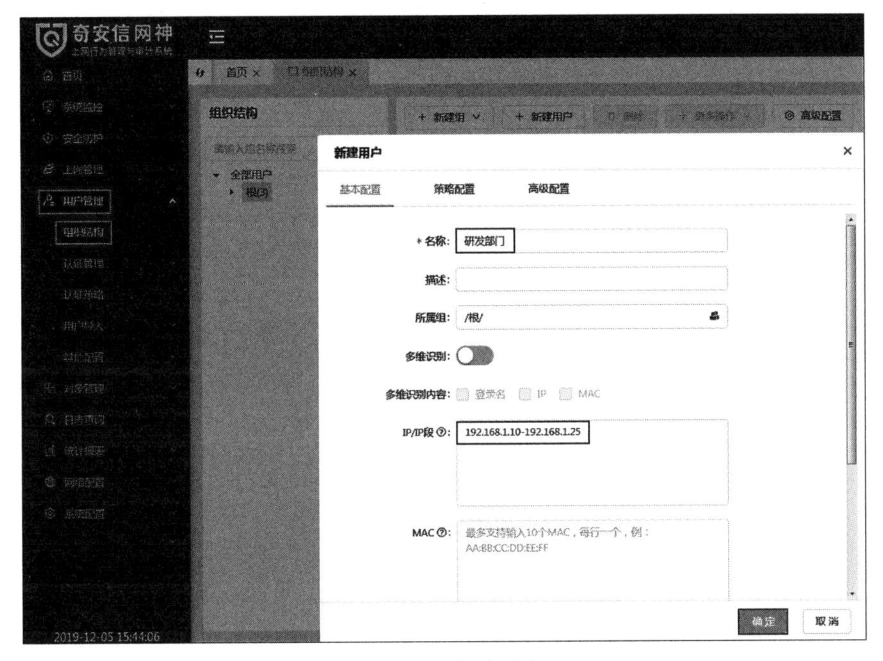


图 4-177　新建用户

(16) 单击“上网管理”→“应用控制策略”菜单，单击“新建”按钮，新建应用控制策略，如图 4-178 所示。

图 4-178　应用控制策略

(17) 在弹出的“新建应用控制策略”对话框中，“名称”填写“禁止通信软件及影响工作效率的应用”，“用户”选择“/根/研发部门”，单击“应用”选项栏后的填写框选择应用，如图 4-179 所示。

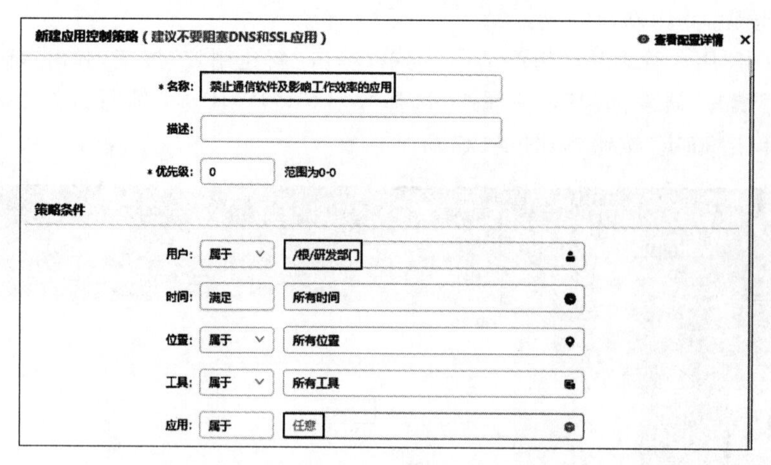


图 4-179　新建应用控制策略

(18) 在弹出的“选择应用”对话框中，在“应用列表”栏单击“即时消息”选项，勾选QQ选项，如图4-180所示。

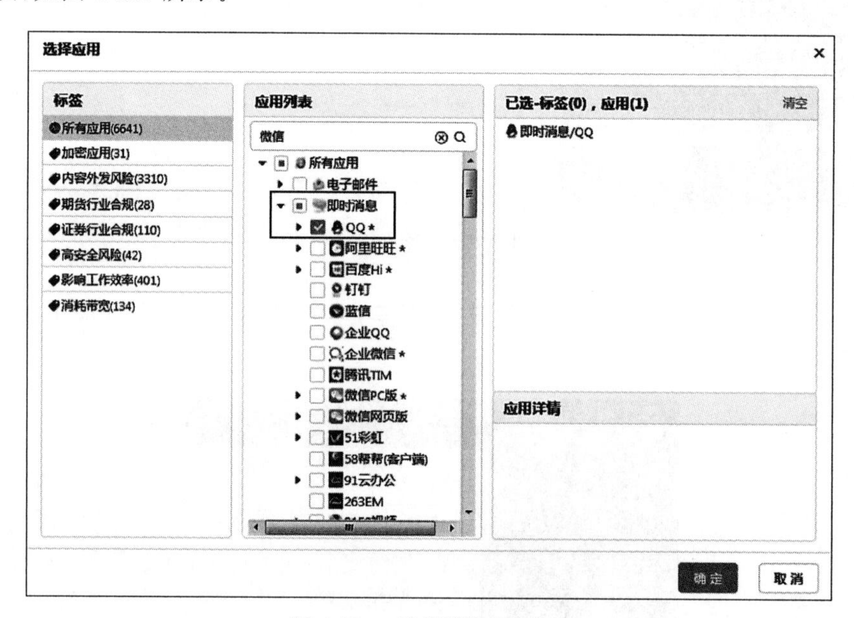


图 4-180　选择“即时消息”

(19) 在“标签”列表栏单击“影响工作效率”标签后的“+”按钮选中整个标签，单击“确定”按钮，如图4-181所示。

(20) 返回“新建应用控制策略”对话框，“控制动作”选择“阻塞”，配置完成后，单击“确定”按钮，如图4-182所示。

(21) 单击右上角的“立即生效”按钮，弹出“本次策略改动列表”对话框，单击“生效”按钮，如图4-183所示。

图 4-181　选择标签

图 4-182　新建策略完成

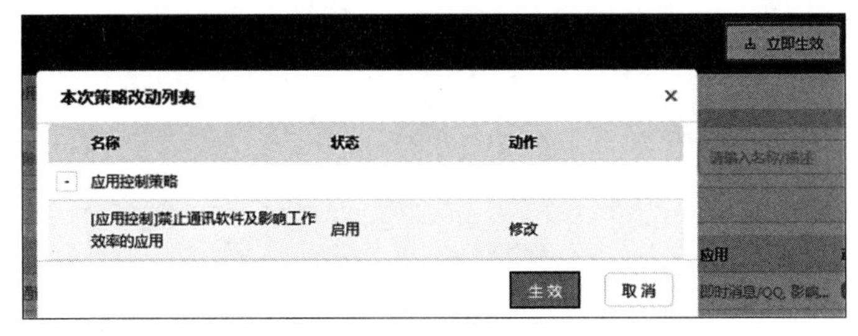


图 4-183　生效策略

【实验预期】

(1) 打开研发部门 PC,登录 QQ 软件,显示登录超时。

(2) 打开研发部门 PC,打开腾讯视频软件,显示网络不佳。

(3) 上网行为管理应用日志中查看阻塞记录。

【实验结果】

(1) 进入研发部门 PC,双击桌面的腾讯 QQ 客户端快捷方式,运行 QQ。

(2) 在弹出的 QQ 登录框中,填写账号密码(注:学员在实验过程中用自己的 QQ 账号进行测试),单击“登录”按钮,登录框中会弹出“登录超时”的提示,满足实验预期 1,如图 4-184 所示。

图 4-184 登录 QQ 超时

(3) 进入研发部门 PC,双击桌面的腾讯视频客户端快捷方式,运行腾讯视频,进入首页后,随机选择视频进行播放,弹出“网络不佳,请重试”提示框,满足实验预期 2,如图 4-185 所示。

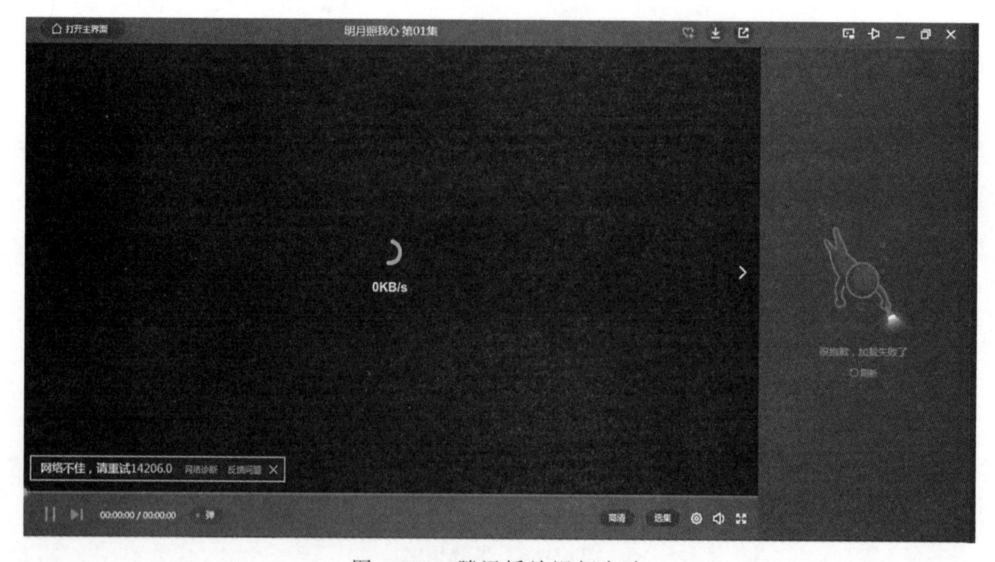


图 4-185 腾讯播放视频失败

(4) 打开管理机，进入上网行为管理首页，单击“日志查询”→“应用日志”菜单，阻塞日志如下，满足实验预期 3，如图 4-186 所示。

图 4-186　日志查看

## 【实验思考】

如果想禁止员工登录 PC 端微信，需要如何配置？

# 4.10　应用白名单策略配置实验

## 【实验目的】

掌握应用白名单的配置方法。

## 【知识点】

基于应用分类进行应用封堵，对应用进行单独放行。

## 【场景描述】

A 公司为了提高员工的工作效率，禁止公司内部员工使用即时通信软件。但是，公司的客服部门员工是通过 QQ 与客户进行沟通，为了不影响客服部门的服务质量，公司同意仅允许客服部门使用 QQ 软件，客服部门员工的 IP 地址为 192.168.1.2/24、192.168.1.3/24。请同学们和网络安全工程师一起完成上网行为管理的配置，实现上述需求。

## 【实验原理】

网络安全运维可以通过黑名单机制放行大部分合法流量，拦截指定非法流量；也可以通过白名单机制只放行满足特定条件的流量。根据场景不同，网络安全运维工程师使用的管控机制不同。

上网行为管理系统可以进行灵活的黑白名单配置，可以通过配置封禁某一类应用并只放行特定流量，从而在大部分场景中满足公司管理员工上网行为的需求。

## 【实验设备】

安全设备：上网行为管理设备 1 台。

网络设备：路由器 2 台。

主机终端：Windows 7 SP1 主机 2 台。

**【实验拓扑】**

实验拓扑如图 4-187 所示。

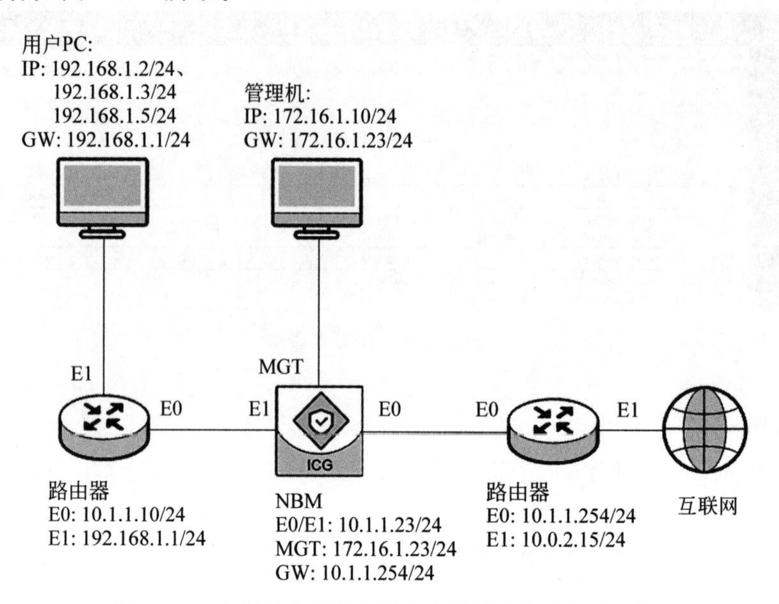


图 4-187　上网行为管理应用白名单策略配置实验拓扑

**【实验思路】**

(1) 管理机登录上网行为管理设备。

(2) 配置网络和路由。

(3) 创建用户。

(4) 配置即时消息全阻塞应用控制策略。

(5) 配置指定的 QQ 放行策略。

(6) 登录用户 PC 虚拟机，将用户 PC 的 IP 地址设置为客服部门员工 IP，验证是否可以登录 QQ 软件。

(7) 登录用户 PC 虚拟机，将用户 PC 的 IP 地址设置为非客服部门员工 IP，验证是否可以登录 QQ 软件。

(8) 登录上网行为管理查看应用控制策略审计的结果。

**【实验步骤】**

(1) 登录管理机，设置管理机 IP 与上网行为管理的 MGT 口 IP 为同一网段，登录实验拓扑中的管理机，配置管理机 IP 为 172.16.1.10/24，默认网关为 172.16.1.23，单击“确定”按钮。

(2) 打开管理机的浏览器，在地址栏中输入上网行为管理的访问地址“https://172.16.1.23”(以实际 IP 为准)，跳转至上网行为管理登录页面，在登录页面输入用户名“admin”、密码“admin123”(以实际密码为准)、验证码“v5xn”(以实际验证码为准)，单击

“登录”按钮。

(3) 为提高上网行为管理系统的安全性,系统会在用户使用初始密码登录时弹出“修改密码”对话框,本实验不需要修改默认密码,单击“暂不修改”按钮。

(4) 成功登录设备后,进入上网行为管理首页。

(5) 单击“网络配置”→“模式配置”菜单,单击“配置网络模式”按钮,进入“配置网络模式”配置页面。

(6) 在“网络模式选择”对话框中,选中“网桥模式”选项,单击“开始配置”按钮,弹出“网桥模式配置”对话框。

(7) 在“网桥模式配置”对话框中,单击“新建”按钮,配置网桥接口。

(8) 在弹出的“编辑桥接口”对话框中填写配置信息。“名称”填写“br1”,“内网口”选择 eth1,“外网口”选择 eth0,“IP 地址/掩码”填写“10.1.1.23/24”,填写完成后,单击对话框下方的“确定”按钮。(注:在上网行为管理中,外网口一般与互联网连接,本实验拓扑中路由器 E1 口与外网连接,故外网口应与路由器 E0 口处于同一网段;内网口是上网行为管理与公司内部网络连接的接口。)

(9) 桥接口创建成功后,返回“网桥模式配置”页面,单击“下一步”按钮,进入“缺省网关”配置页面。

(10) 配置“缺省网关”为 10.1.1.254,单击“下一步”按钮。

(11) 进入“管理口配置”页面,本实验保持默认配置,单击“下一步”按钮。

(12) 所有的配置完成后,单击“保存并生效”按钮,使配置生效。

(13) 单击“网络配置”→“路由配置”菜单进行路由配置,单击“新建”按钮添加路由。

(14) 在弹出的“新建 IPv4 静态路由”对话框中新建一条静态路由,“目的地址”填写“192.168.0.0”,“IP 掩码”填写“255.255.0.0”,“下一跳”填写“10.1.1.10”,“接口”选择 br1,单击“确定”按钮,新建路由完成。

(15) 单击“用户管理”→“组织结构”菜单,进入组织结构编辑页面,单击“新建用户”按钮,弹出“新建用户”对话框,“名称”填写“客服部”,“所属组”选择“/根/”,“IP/IP 段”填写“192.168.1.2-192.168.1.3”,单击“确定”按钮,如图 4-188 所示。

(16) 单击“上网管理”→“应用控制策略”菜单,进入“应用控制策略”页面,单击“新建”按钮,如图 4-189 所示。

(17) 在弹出的“新建应用控制策略”对话框中,“名称”填写“即时消息全阻塞”,“用户”属于“所有用户”,单击“应用”右侧的策略条件,如图 4-190 所示。

(18) 在弹出的“选择应用”对话框中,勾选“即时消息”选项,单击“确定”按钮,如图 4-191 所示。

(19) 返回“新建应用控制策略”对话框,“控制动作”选择“阻塞”按钮,单击“确定”按钮,保存配置,如图 4-192 所示。

(20) 返回“应用控制策略”页面,单击“新建”按钮,如图 4-193 所示。

(21) 在弹出的“新建应用控制策略”对话框中,“名称”填写“允许使用 QQ”,“用户”

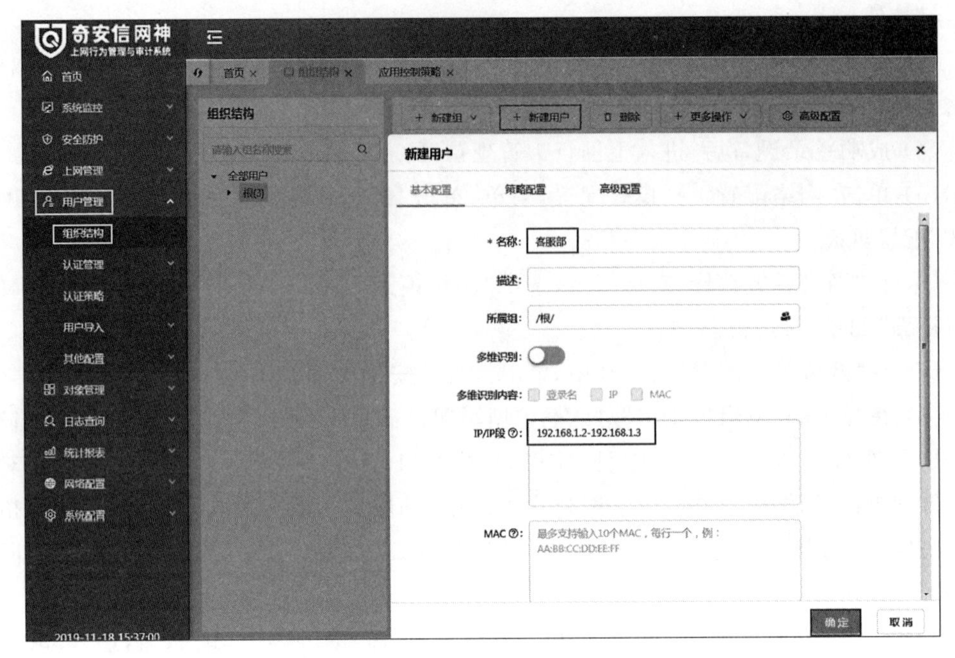


图 4-188　新建用户

图 4-189　应用控制策略

属于“/根/客服部”，单击“应用”右侧的策略条件，如图 4-194 所示。

（22）在弹出的“选择应用”对话框中，单击“即时消息”复选按钮，勾选 QQ 选项，单击“确定”按钮，如图 4-195 所示。

（23）返回“新建应用控制策略”对话框，“控制动作”选择“允许”，单击“确定”按钮，保存配置，如图 4-196 所示。

（24）单击页面右上角的“立即生效”按钮，弹出“本次策略改动列表”对话框，单击“生效”按钮，如图 4-197 所示。

图 4-190 新建应用控制策略 1

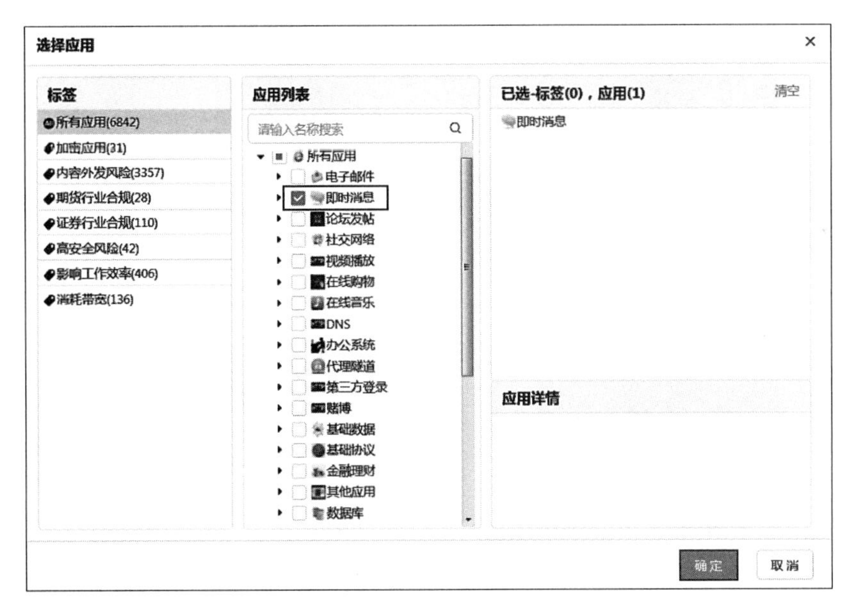


图 4-191 选择应用

## 【实验预期】

(1) 登录用户 PC 虚拟机，将用户 PC 的 IP 地址设置为客服部门员工 IP，可成功登录 QQ 软件。

(2) 登录用户 PC 虚拟机，将用户 PC 的 IP 地址设置为非客服部门员工 IP，无法登录

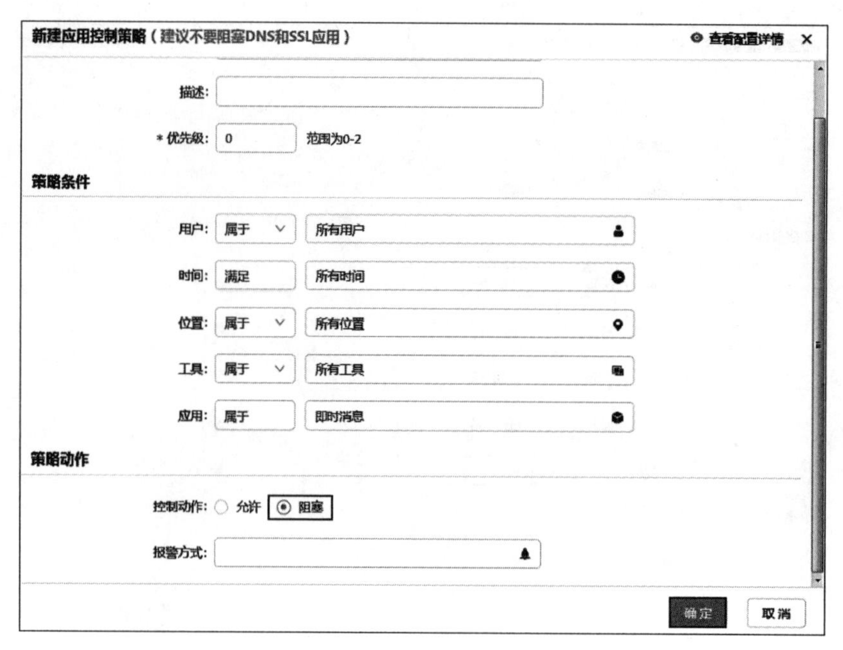


图 4-192 策略动作

图 4-193 应用控制策略

QQ 软件。

（3）在上网行为管理应用日志中查看应用控制策略审计的结果。

**【实验结果】**

（1）登录用户 PC 虚拟机，将用户 PC 的 IP 地址设置为客服部门员工 IP，可成功登录 QQ 软件。

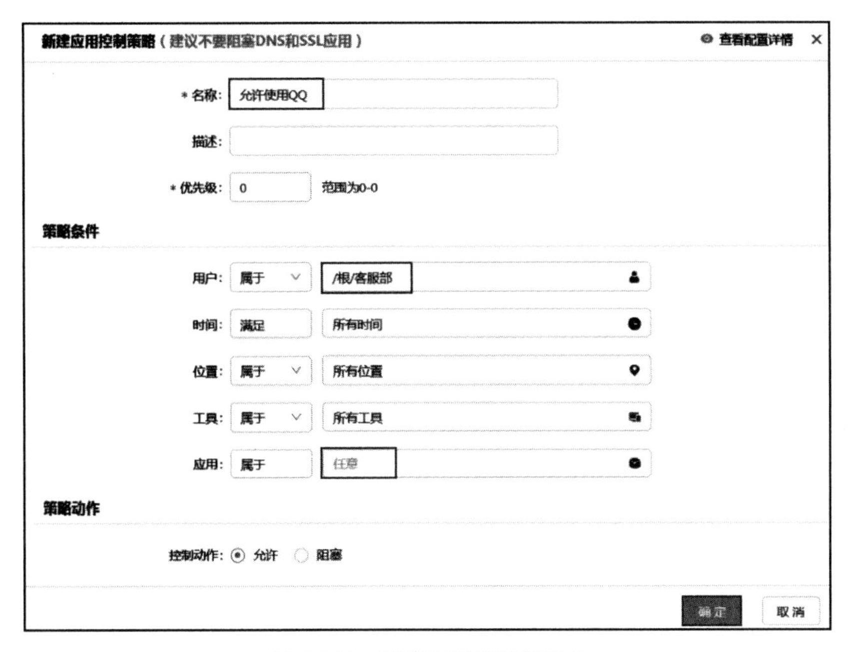


图 4-194　新建应用控制策略 2

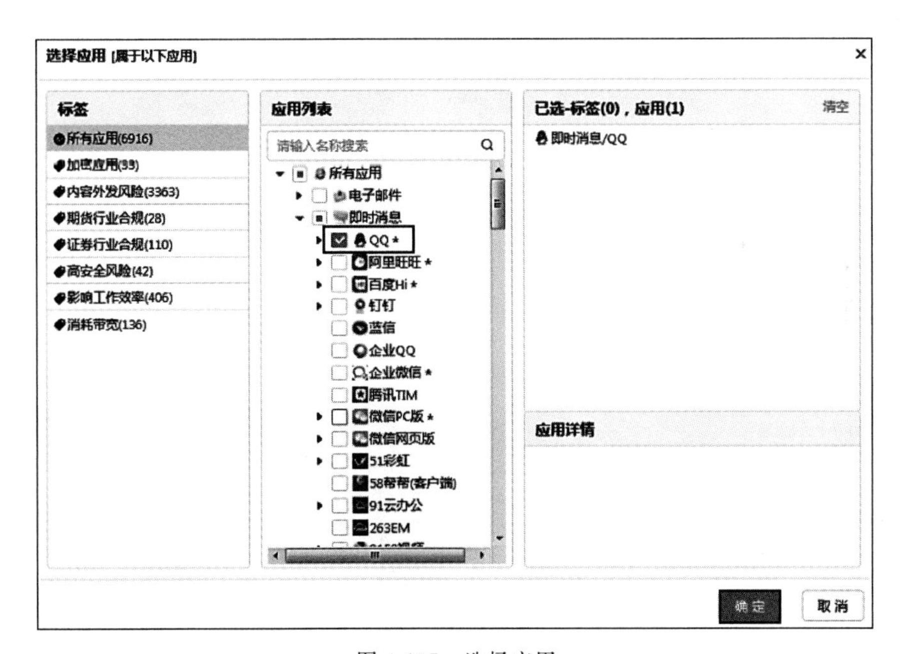


图 4-195　选择应用

① 打开用户 PC，将用户 PC 设置为客服部门的 IP 地址 192.168.1.2，如图 4-198 所示。

② 双击桌面的 QQ 快捷方式，弹出“QQ 登录”的对话框，单击对话框右下角的“二维码”，如图 4-199 所示。

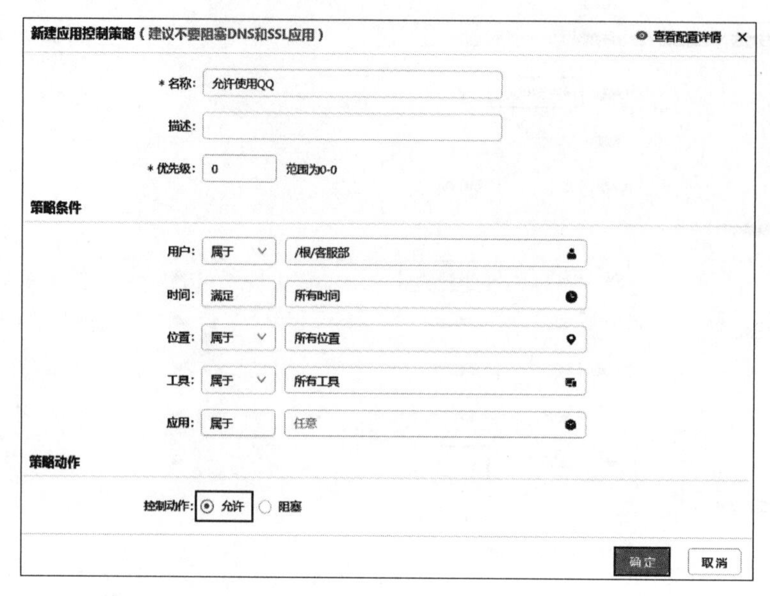


图 4-196　策略动作

图 4-197　立即生效

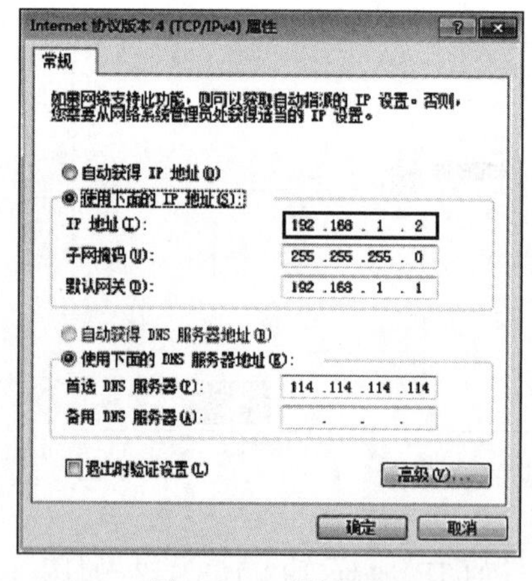


图 4-198　设置 IP

图 4-199　打开 QQ

③ 页面弹出登录 QQ 所需扫描的二维码的提示，使用手机扫码登录，如图 4-200 所示。

图 4-200　扫码登录

④ 成功登录 QQ 软件，满足实验预期 1 中的客服员工成功登录 QQ 软件的预期，如图 4-201 所示。

(2) 登录用户 PC 虚拟机，将用户 PC 的 IP 地址设置为非客服部门员工的 IP，无法登录 QQ 软件。

① 打开用户 PC，将用户 PC 的 IP 设置为 192.168.1.5(非客服部门，以部门实际 IP 为准)，如图 4-202 所示。

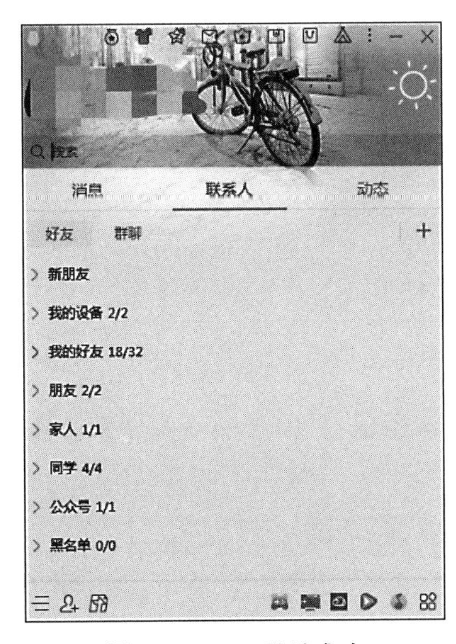


图 4-201　QQ 登录成功

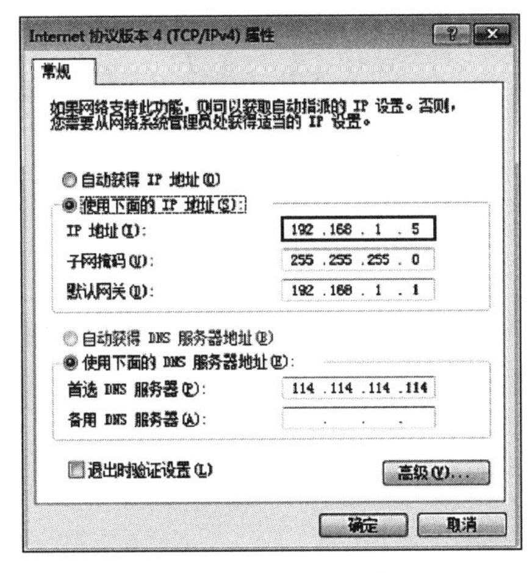


图 4-202　用户 PC 网络配置

② 双击打开 QQ 软件，弹出"QQ 登录"对话框，单击对话框右下角的"二维码"按钮，如图 4-203 所示。

③ 页面弹出"二维码加载失败"的提示，QQ 登录失败，满足实验预期 2，非客服部门员工 IP 无法登录 QQ 软件，如图 4-204 所示。

(3) 在上网行为管理应用日志中查看应用控制策略审计的结果。

① 打开管理机，进入上网行为管理首页，单击"日志查询"→"应用日志"菜单，进入

图 4-203　打开 QQ

图 4-204　使用 QQ 登录失败

“应用日志”页面,如图 4-205 所示。

图 4-205　应用日志

② 打开“应用活动”选项卡,查看到用户 PC 的 IP 地址为 192.168.1.2(客服部门 IP)允许登录 QQ 的日志审计记录,如图 4-206 所示。

应用活动　应用明细

导出　发送　刷新　自定义列 >　显示总数　流量显示:细节流量　选择已保存的过滤条件

已勾选 0 条记录

|  | 用户 | IP | 应用 | 上传流量(KB) | 下载流量(KB) | 阻塞流量(KB) | 阻塞包数 | 匹配策略 | 访问控 |
|---|---|---|---|---|---|---|---|---|---|
| 9-11-15 14:24:45 | 小李 | 192.168.1.2 | QQ->QQ基础... | 45 | 163 | 0 | 0 | [应用控制]允许使用QQ | 允许 |
| 9-11-15 14:24:25 | 小李 | 192.168.1.2 | 手机腾讯微博 | 1 | 4 | 0 | 0 | - | 允许 |
| 9-11-15 14:24:19 | 小李 | 192.168.1.2 | QQ->登录、聊... | 16 | 13 | 0 | 0 | [应用控制]允许使用QQ | 允许 |

图 4-206　应用活动记录

③ 查看到用户 PC 的 IP 地址为 192.168.1.5(非客服部门 IP)阻塞 QQ 的日志审计记录,如图 4-207 所示。

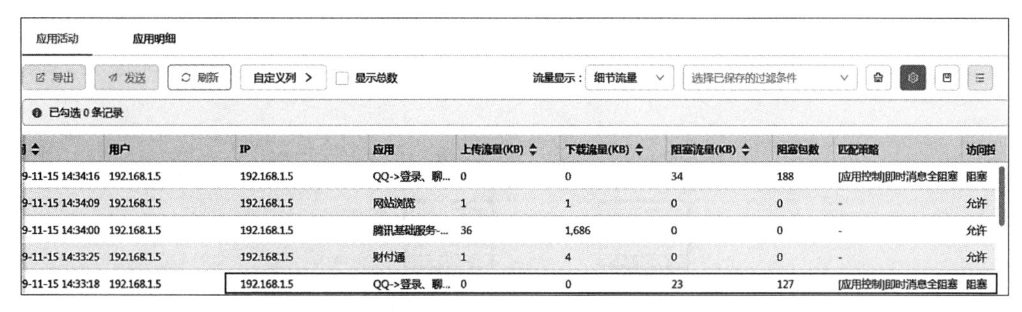


图 4-207　应用活动记录

**【实验思考】**

如果将用户 PC 的 IP 地址设置为 192.168.1.3，是否可以登录 QQ 软件？

## 4.11　自定义协议管控实验

**【实验目的】**

掌握上网行为管理中自定义协议管控配置方法。

**【知识点】**

自定义协议配置。

**【场景描述】**

A 公司为了支撑研发的业务，开发并部署了一台研发应用服务器，公司要求对该应用服务器的访问进行管控，只允许研发办公区的员工访问该应用服务器的业务，非研发部门员工不允许访问该应用服务器的业务，已知研发部门的 IP 网段为 192.168.1.2/24～192.168.1.5/24，非研发部门的 IP 网段为 192.168.2.6/24～192.168.2.8/24，需要管控的研发服务器访问地址为 10.1.1.40：15200。请同学们和小王一起配置上网行为管理，实现上述要求。

**【实验原理】**

市面上部分品牌为了实现技术垄断，产品使用私有协议，也有公司为了技术保密性使用私有协议进行通信，为了保证公司网络安全性，需要对这些私有协议进行上网行为管理。

上网行为管理支持自定义协议的配置，可以通过配置对使用该协议的应用进行审计或管控。

**【实验设备】**

安全设备：上网行为管理设备 1 台。

网络设备：路由器 1 台，服务器 1 台。

主机终端：Windows 7 SP1 主机 3 台。

**【实验拓扑】**

实验拓扑如图 4-208 所示。

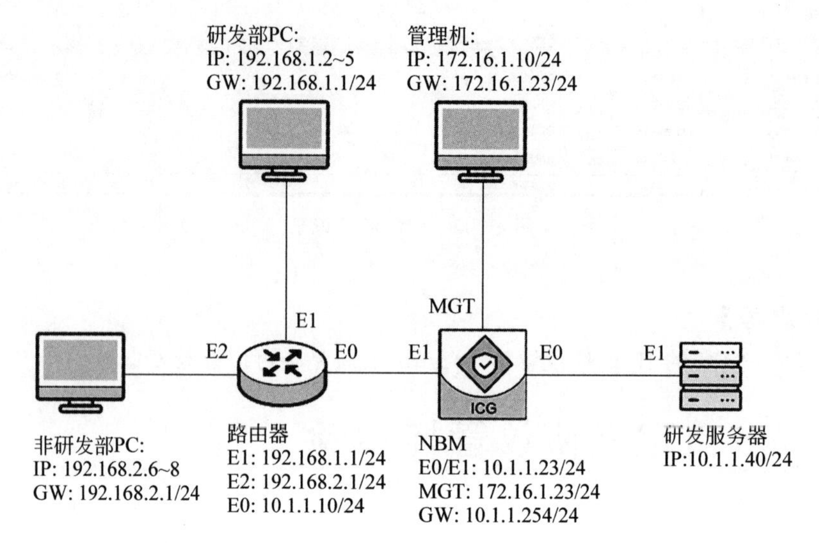


图 4-208　上网行为管理自定义协议管控实验拓扑图

**【实验思路】**

(1) 管理机登录上网行为管理。

(2) 配置网桥模式。

(3) 创建用户。

(4) 配置自定义协议对象。

(5) 配置阻塞所有员工 PC 访问研发服务器的应用控制策略。

(6) 配置允许研发区 PC 访问研发服务器的应用控制策略。

(7) 打开研发区 PC,进入 putty 远程登录研发服务器测试效果。

(8) 打开非研发区 PC,进入 putty 远程登录研发服务器测试效果

(9) 登录上网行为管理在日志查询中查看应用日志记录。

**【实验步骤】**

(1) 登录管理机,设置管理机 IP 与上网行为管理的 MGT 口 IP 为同一网段,登录实验拓扑中的管理机,配置管理机 IP 为 172.16.1.10/24,默认网关为 172.16.1.23,单击“确定”按钮。

(2) 打开管理机的浏览器,在地址栏中输入上网行为管理的访问地址“https://172.16.1.23”(以实际 IP 为准),跳转至上网行为管理登录页面,在登录页面输入用户名“admin”、密码“admin123”(以实际密码为准)、验证码“v5xn”(以实际验证码为准),单击“登录”按钮。

(3) 为提高上网行为管理系统的安全性,系统会在用户使用初始密码登录时弹出“修改密码”对话框,本实验不需要修改默认密码,单击“暂不修改”按钮。

(4) 成功登录设备后，进入上网行为管理首页。

(5) 单击“网络配置”→“模式配置”菜单，单击“配置网络模式”按钮，进入“配置网络模式”配置页面。

(6) 在“网络模式选择”对话框中，选中“网桥模式”选项，单击“开始配置”按钮，进入“网桥模式配置”对话框。

(7) 在“网桥模式配置”对话框中，单击“新建”按钮，配置网桥接口。

(8) 在弹出的“编辑桥接口”对话框中填写配置信息。“名称”填写“br1”，“内网口”选择 eth1，“外网口”选择 eth0，“IP 地址/掩码”填写“10.1.1.23/24”，填写完成后，单击对话框下方的“确定”按钮。(注：在上网行为管理中，外网口一般与互联网连接，本实验拓扑中路由器 E1 口与外网连接，故外网口应与路由器 E0 口处于同一网段；内网口是上网行为管理与公司内部网络连接的接口。)

(9) 桥接口创建成功后，返回“网桥模式配置”页面，单击“下一步”按钮，进入“缺省网关”配置页面。

(10) 配置“缺省网关”为 10.1.1.254，单击“下一步”按钮。

(11) 进入“管理口配置”页面，本实验保持默认配置，单击“下一步”按钮。

(12) 所有的配置完成后，单击“保存并生效”按钮，使配置生效。

(13) 单击“网络配置”→“路由配置”菜单进行路由配置，单击“新建”按钮添加路由。

(14) 在弹出的“新建 IPv4 静态路由”对话框中新建一条静态路由，“目的地址”填写“192.168.0.0”，“IP 掩码”填写“255.255.0.0”，“下一跳”填写“10.1.1.10”，“接口”选择 br1，单击“确定”按钮，路由新建完成。

(15) 单击“用户管理”→“组织结构”菜单，单击“新建用户”按钮，弹出“新建用户”对话框，“名称”填写“研发部 PC”，“所属组”选择“/根/”，“IP/IP 段”填写“192.168.1.2-192.168.1.5”，单击“确定”按钮，如图 4-209 所示。

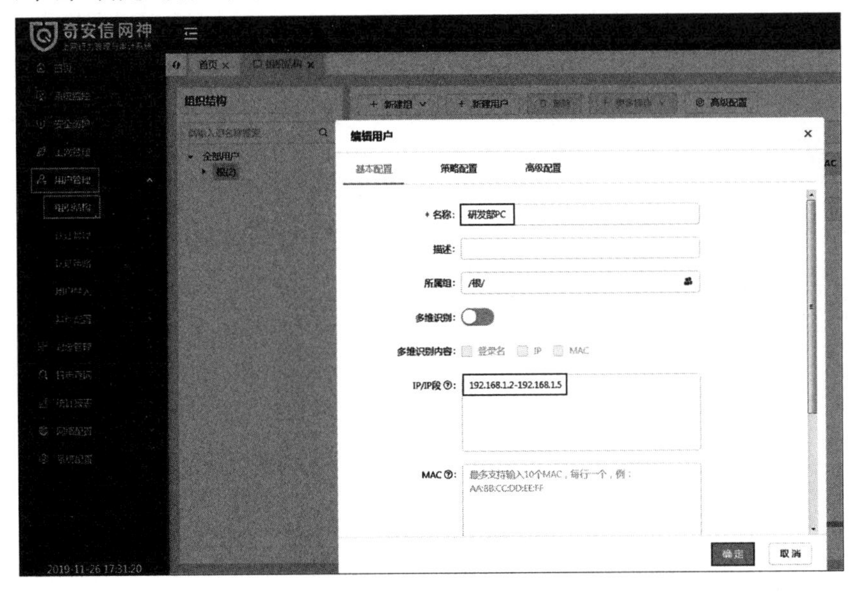


图 4-209　新建用户 1

(16) 返回“组织结构”配置页面,单击“新建用户”按钮,弹出“新建用户”对话框,“名称”填写“非研发部 PC”,“所属组”选择“/根/”,“IP/IP 段”填写“192.168.2.6-192.168.2.8”,单击“确定”按钮,如图 4-210 所示。

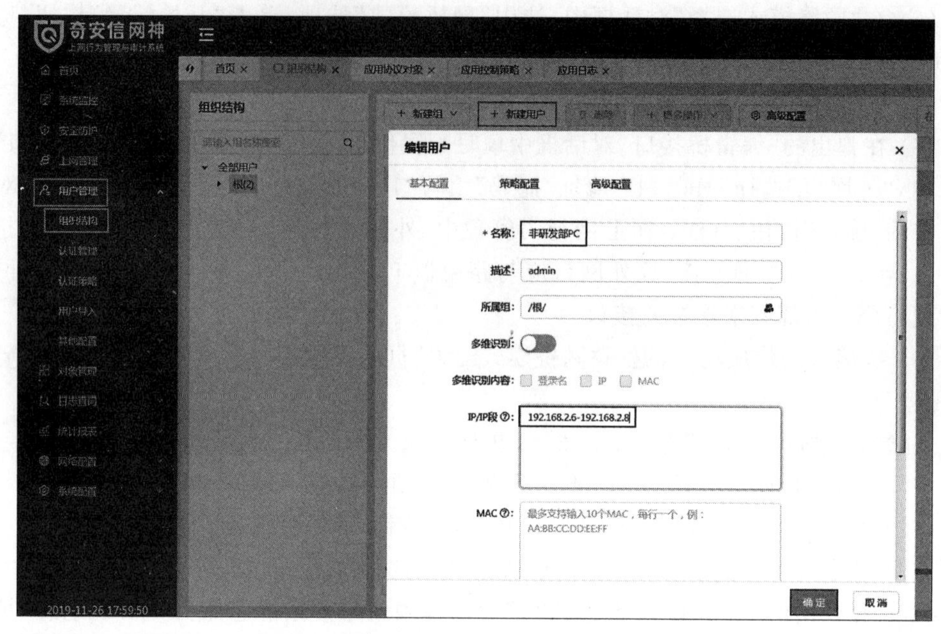


图 4-210　新建用户 2

(17) 单击“对象管理”→“策略”→“应用协议对象”菜单,单击“自定义协议”选项栏,单击“新建”按钮,弹出“新建自定义协议”对话框,“名称”填写“研发服务器”,“规则”选择“端口规则”,单击“新建”按钮,新建规则,如图 4-211 所示。

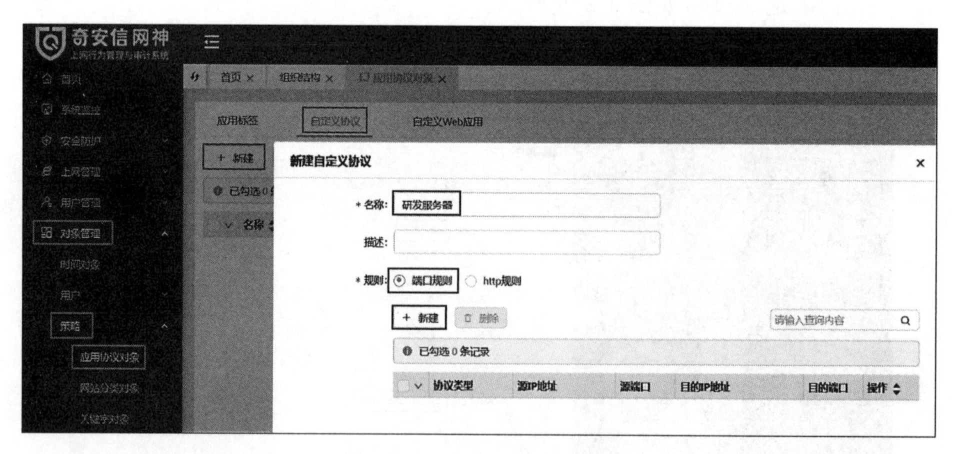


图 4-211　自定义应用协议

(18) 在弹出的“新建规则”对话框中,“目的 IP 地址”填写“10.1.1.40”,“目的端口”填写“15200”,其他配置本实验保持默认,单击“确定”按钮保存规则,如图 4-212 所示。

(19) 规则配置完成后,单击“确定”按钮,如图 4-213 所示。

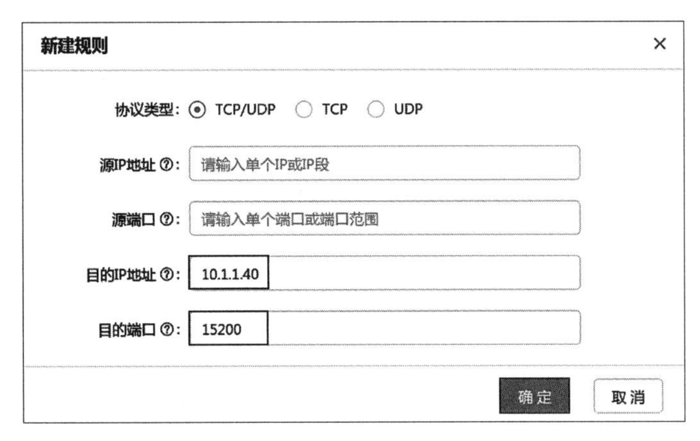


图 4-212　新建规则

图 4-213　新建自定义协议

(20) 单击“上网管理”→“应用控制策略”菜单，单击“新建”按钮，如图 4-214 所示。

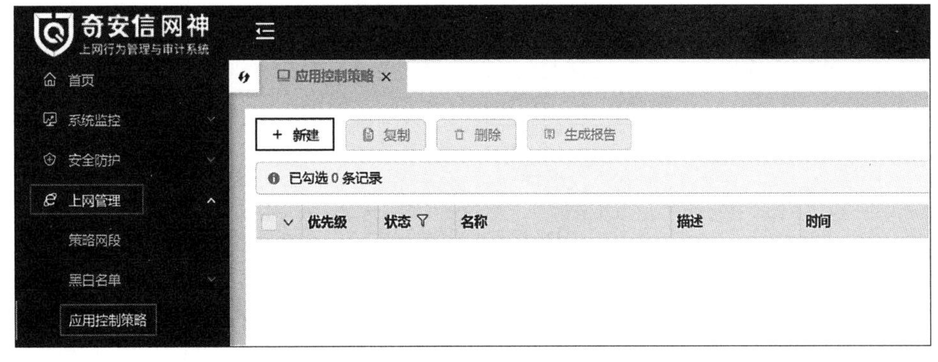


图 4-214　应用控制策略

(21) 在弹出的“新建应用控制策略”对话框中,“名称”填写“禁止所有员工访问研发服务器”,“用户”选择“所有用户”,单击“应用”选项栏后的填写框选择应用,如图 4-215 所示。

图 4-215　新建应用控制策略

(22) 在弹出的“选择应用”对话框中,在“标签”列表框中单击“所有应用”选项,在“应用列表”列表框单击“用户自定义”选项框,选中“研发服务器”选项,单击“确定”按钮,如图 4-216 所示。

图 4-216　选择应用

(23) “控制动作”选择“阻塞”,其他配置本实验保持默认,单击“确定”按钮,保存配置,如图 4-217 所示。

图 4-217　保存配置

(24) 返回“应用控制策略”配置页面，如图 4-218 所示。

图 4-218　应用控制策略

(25) 单击“新建”按钮，在弹出的“新建应用控制策略”对话框中，“名称”填写“研发部访问研发服务器”，“用户”选择“/根/研发部 PC”，“应用”选择“用户自定义/研发服务器”，“控制动作”选择“允许”，单击“确定”按钮，保存配置，如图 4-219 所示。

(26) 单击右上角的“立即生效”按钮，弹出“本次策略改动列表”对话框，单击“生效”按钮，如图 4-220 所示。

**【实验预期】**

(1) 打开研发部 PC，进入 putty 远程登录研发服务器，连接成功，上网行为管理在日志查询中查看应用日志的允许记录。

(2) 打开非研发部 PC，进入 putty 远程登录研发服务器，连接失败，上网行为管理在

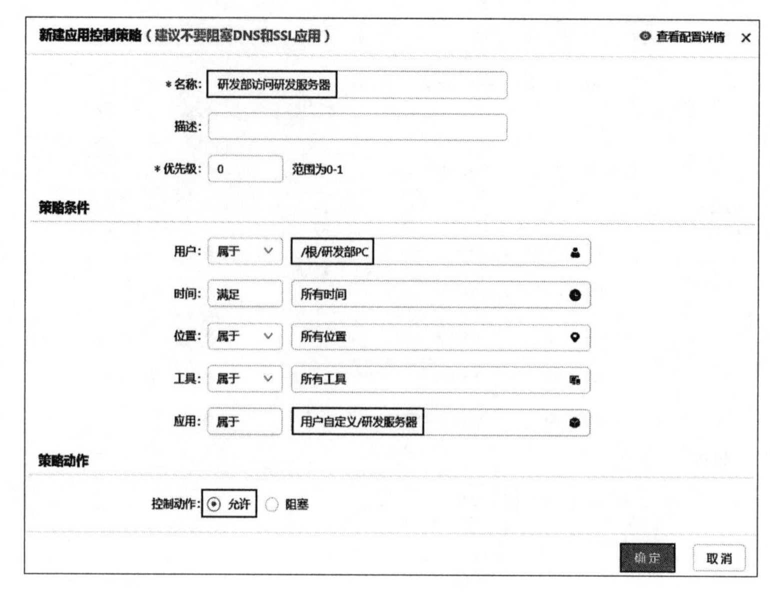


图 4-219　新建策略成功

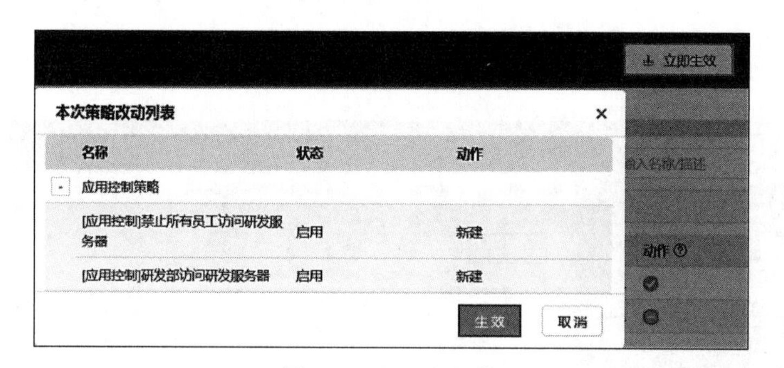


图 4-220　立即生效

日志查询中查看应用日志的阻塞记录。

## 【实验结果】

(1) 进入研发部 PC,双击桌面的 putty 快捷方式,运行 putty,如图 4-221 所示。

(2) 在弹出的 PuTTY Configuration 对话框中,Host Name(or IP address)填写"10.1.1.40",Port 填写"15200",单击 Open 按钮,页面显示连接被重置,如图 4-222 所示。

(3) 弹出登录对话框,login as 填写"test",password 填写"123456",回车登录,如图 4-223 所示。

(4) 打开管理机,进入上网行为管理首页,单击"日志查询"→"应用日志"菜单,允许访问记录如下,满足实验预期 1,如图 4-224 所示。

(5) 进入非研发部 PC,双击桌面的 putty 快捷方式,运行 putty,如图 4-225 所示。

(6) 在弹出的 PuTTY Configuration 对话框中,Host Name(or IP address)填写"10.1.1.40",Port 填写"15200",单击 Open 按钮,如图 4-226 所示。

图 4-221 运行 putty

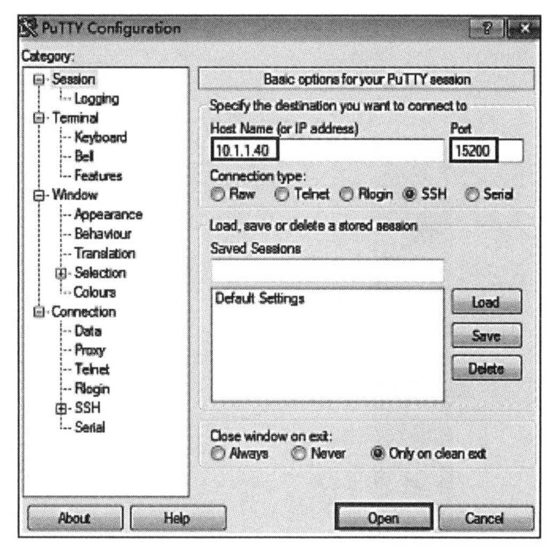


图 4-222 研发部 PC 访问服务器

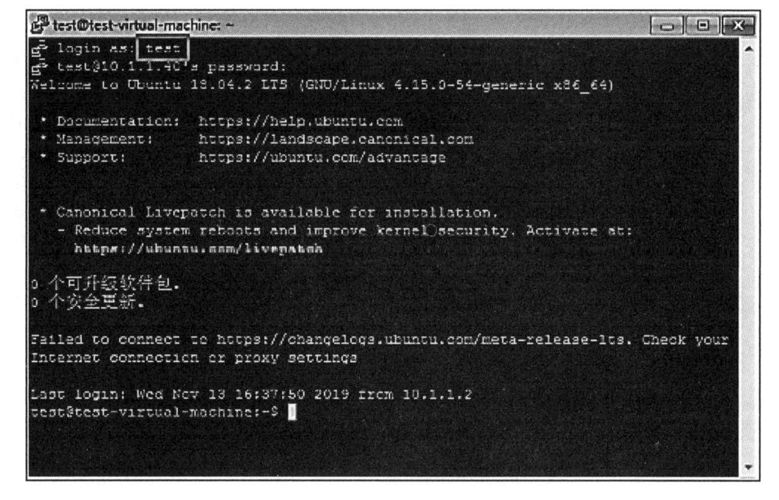


图 4-223 连接服务器成功

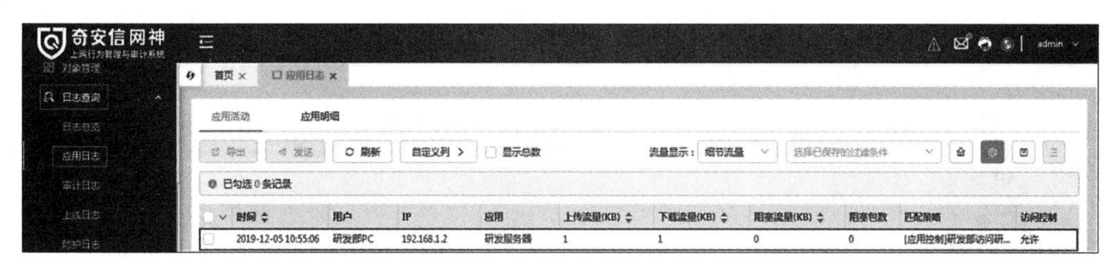


图 4-224 日志查看

(7) 弹出连接被拒绝提示框,单击“确定”按钮,如图 4-227 所示。(注:如果没有日志记录,请执行 5~10 次访问操作并检查非研发部 PC 的系统时间是否和行为安全设备系

图 4-225 运行 putty

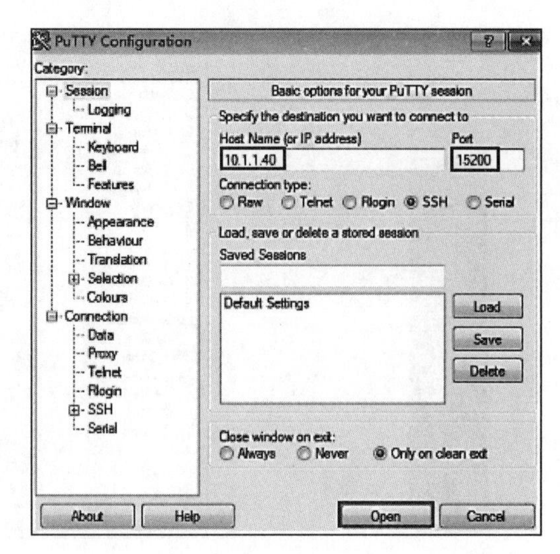


图 4-226 非研发部 PC 访问服务器

图 4-227 连接服务器失败

统时间一致。)

(8) 打开管理机,进入上网行为管理首页,单击"日志查询"→"应用日志"菜单,阻塞记录如下,满足实验预期 2,如图 4-228 所示。

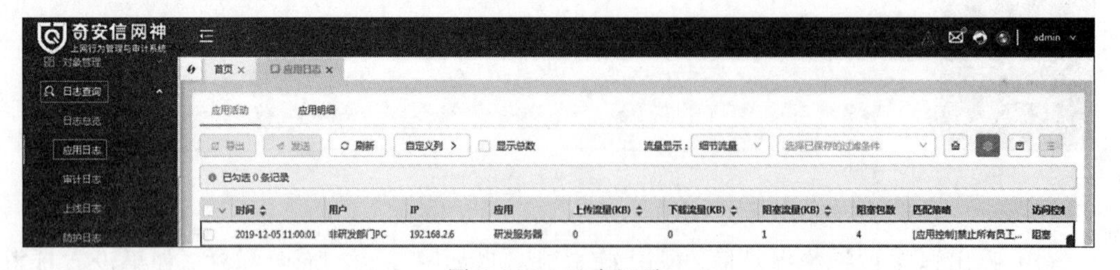


图 4-228 日志记录

**【实验思考】**

自定义协议管控中新建规则采用 HTTP 规则该如何配置？

## 4.12 IM 应用的细分管控策略配置实验

**【实验目的】**

掌握上网行为管理对 IM 细分功能的管控方法。

**【知识点】**

应用细分功能管控。

**【场景描述】**

A 公司为了防止公司内部信息泄漏，决定对通过 QQ 传输的文件进行管控，但又不希望影响员工的正常通信，后经商讨决定仅对包含关键字“内部信息”的 QQ 文件进行阻断，请同学们和网络安全运维工程师小王一起完成配置，满足上述需求。

**【实验原理】**

为保证公司的正常运转与员工的满意度，实际场景中很少出现对应用的完全审计或管控，普遍存在的情况是对特定行为进行审计，如微信 QQ 的传输文件行为或浏览器的大文件下载行为。故网络安全运维工程师配置应用管控策略时，应尽量贴合需求进行细分功能的管控，而不是统统一刀切，防止用户正常上网受到影响。

上网行为管理系统支持对应用细分功能进行管控，网络安全运维工程师可以根据具体场景调控管控的颗粒度，配置对具体功能的管控与审计，保障公司的网络安全的同时优化了员工的上网体验。

**【实验设备】**

安全设备：上网行为管理设备 1 台。

网络设备：路由器 2 台。

主机终端：Windows 7 SP1 主机 2 台。

**【实验拓扑】**

实验拓扑如图 4-229 所示。

**【实验思路】**

(1) 管理机登录上网行为管理。

(2) 配置网桥模式。

(3) 开启“用户工具识别”功能。

(4) 添加用户对象。

(5) 添加 IP 对象。

(6) 配置客户端推送策略。

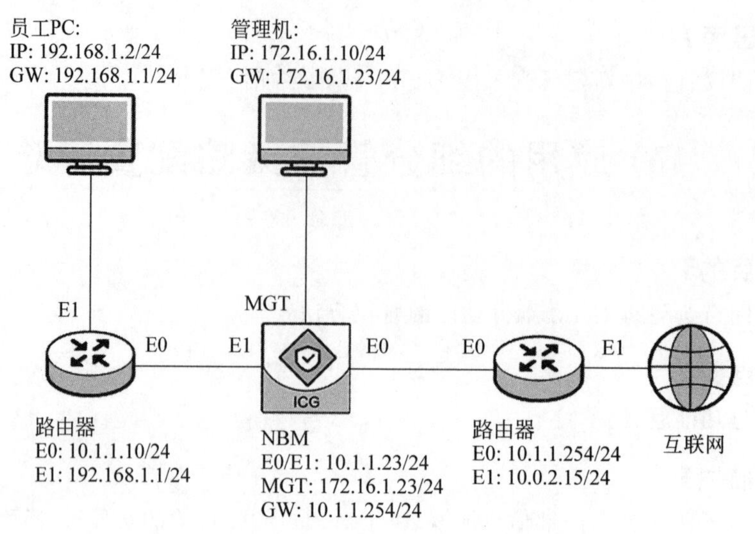


图 4-229 上网行为管理 IM 应用的细分管控策略配置实验拓扑图

(7) 配置“QQ 客户端文件外发封堵”策略。

(8) 启用“QQ 客户端文件外发封堵”策略。

(9) 打开员工 PC,下载安装客户端。

(10) 在员工 PC 上登录 QQ 软件,发送含关键字“内部信息”的文件,验证是否可发送成功。

(11) 在员工 PC 上登录 QQ 软件,发送普通的聊天内容,验证是否可发送成功。

(12) 登录上网行为管理,查看是否有 QQ 文件上传阻塞日志。

## 【实验步骤】

(1) 登录管理机,设置管理机 IP 与上网行为管理的 MGT 口 IP 为同一网段,登录实验拓扑中的管理机,配置管理机 IP 为 172.16.1.10/24,默认网关为 172.16.1.23,单击“确定”按钮。

(2) 打开管理机的浏览器,在地址栏中输入上网行为管理的访问地址“https://172.16.1.23”(以实际 IP 为准),跳转至上网行为管理登录页面,在登录页面输入用户名“admin”、密码“admin123”(以实际密码为准)、验证码“v5xn”(以实际验证码为准),单击“登录”按钮。

(3) 为提高上网行为管理系统的安全性,系统会在用户使用初始密码登录时弹出“修改密码”对话框,本实验不需要修改默认密码,单击“暂不修改”按钮。

(4) 成功登录设备后,进入上网行为管理首页。

(5) 单击“网络配置”→“模式配置”菜单,单击“配置网络模式”按钮,进入“配置网络模式”配置页面。

(6) 在“网络模式选择”对话框中,选中“网桥模式”选项,单击“开始配置”按钮,进入“网桥模式配置”对话框。

(7) 在“网桥模式配置”对话框中,单击“新建”按钮,配置网桥接口。

(8) 在弹出的“编辑桥接口”对话框中填写配置信息。“名称”填写“br1”,“内网口”选择 eth1,“外网口”选择 eth0,“IP 地址/掩码”填写“10.1.1.23/24”,填写完成后,单击对话框下方的“确定”按钮。(注:在上网行为管理中,外网口一般与互联网连接,本实验拓扑中路由器 E1 口与外网连接,故外网口应与路由器 E0 口处于同一网段;内网口是上网行为管理与公司内部网络连接的接口。)

(9) 桥接口创建成功后,返回“网桥模式配置”页面,单击“下一步”按钮,进入“缺省网关”配置页面。

(10) 配置“缺省网关”为 10.1.1.254,单击“下一步”按钮。

(11) 进入“管理口配置”页面,本实验保持默认配置,单击“下一步”按钮。

(12) 所有的配置完成后,单击“保存并生效”按钮,使配置生效。

(13) 单击“网络配置”→“路由配置”菜单进行路由配置,单击“新建”按钮添加路由。

(14) 在弹出的“新建 IPv4 静态路由”对话框中新建一条静态路由,“目的地址”填写“192.168.0.0”,“IP 掩码”填写“255.255.0.0”,“下一跳”填写“10.1.1.10”,“接口”选择 br1,单击“确定”按钮,路由新建完成。

(15) 开启用户识别功能,单击“系统配置”→“高级配置”菜单,进入高级配置页面,开启“用户工具识别”(注:用户工具识别功能开启后,系统才能自动识别在线用户所使用的工具),如图 4-230 所示。

图 4-230 开启用户工具识别

(16) 单击“用户管理”→“组织结构”菜单,进入组织结构页面,单击“新建用户”按钮,弹出“新建用户”对话框,“名称”填写“xiaoli”,“所属组”选择“/根/”,“IP/IP 段”填写“192.168.1.2”,单击“确定”按钮。

(17) 单击“对象管理”→“IP 对象”菜单,单击“新建”按钮,弹出“新建 IP 对象”对话框,“名称”填写“员工 PC”,在“IP 信息”选项栏单击“新建”按钮,弹出“新建 IP 信息”对话框,“IP 信息”填写“192.168.1.2”,单击“确定”按钮。

(18) 返回“新建 IP 对象”对话框,单击“确定”按钮,如图 4-231 所示。

图 4-231　新建 IP 对象完成

(19) 单击“上网管理”→“客户端管控”→“客户端推送”菜单,进入客户端推送页面,单击“客户端推送”后的按钮开启客户端推送功能,“用户”选择“/根/xiaoli”,“位置”选择“所有位置”,“IP”选择“员工 PC”,单击“保存”按钮,如图 4-232 所示。

图 4-232　客户端推送

(20) 单击“上网管理”→“客户端管控”→“客户端联动策略”菜单,打开“客户端管控策略”选项卡,单击“QQ 客户端外发文件封堵”选项,如图 4-233 所示。

(21) 弹出“编辑客户端管控策略”对话框,单击“更多条件”按钮,选中“文件内容”选

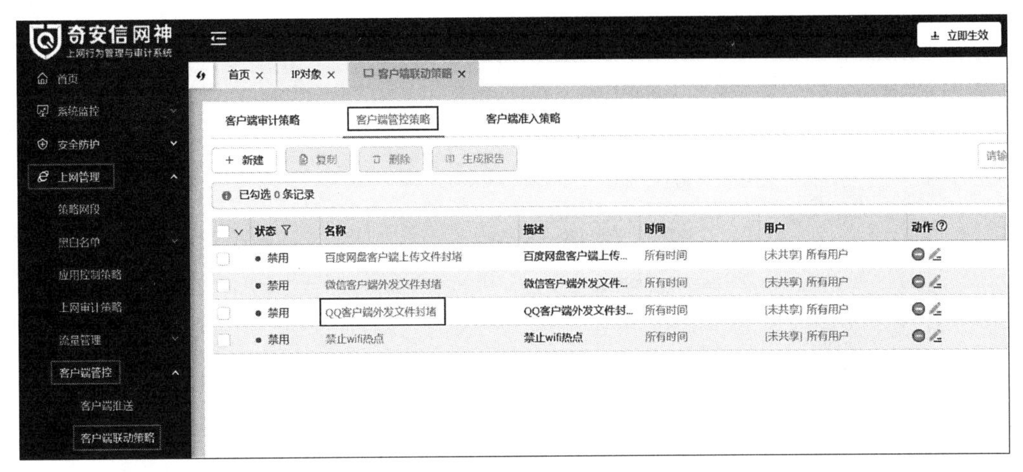


图 4-233　客户端联动策略

项，单击“文件内容”选项栏后的填写框，如图 4-234 所示。

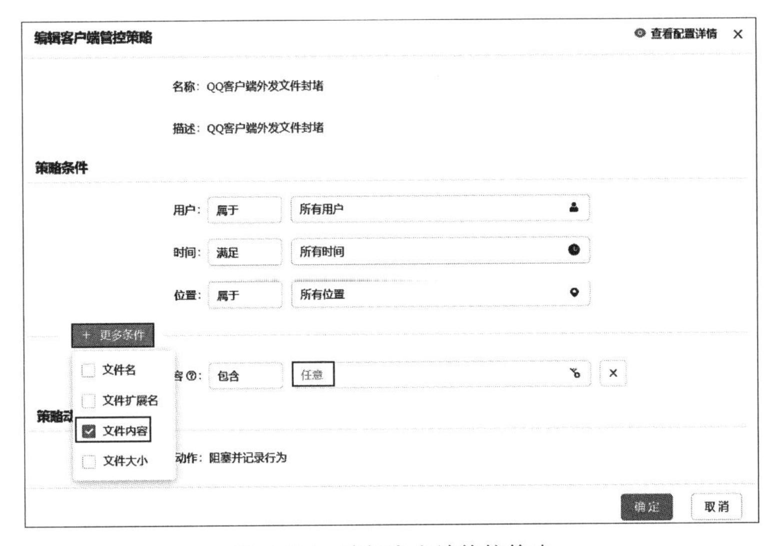


图 4-234　编辑客户端管控策略

(22) 在弹出的“选择关键字对象”对话框，单击“新建”按钮，弹出“新建关键字对象”对话框，“名称”填写“内部信息”，“格式”选择“普通表达式”，“关键字”填写“内部信息”，单击“确定”按钮，如图 4-235 所示。

(23) 返回“选择关键字对象”对话框，选中“内部信息”关键字，单击“确定”按钮，如图 4-236 所示。

(24) 返回“编辑客户端管控策略”对话框，其他配置本实验中保持默认，单击“确定”按钮保存配置，如图 4-237 所示。

(25) 返回“客户端管控策略”配置页面，启用“QQ 客户端外发文件封堵”策略，如图 4-238 所示。

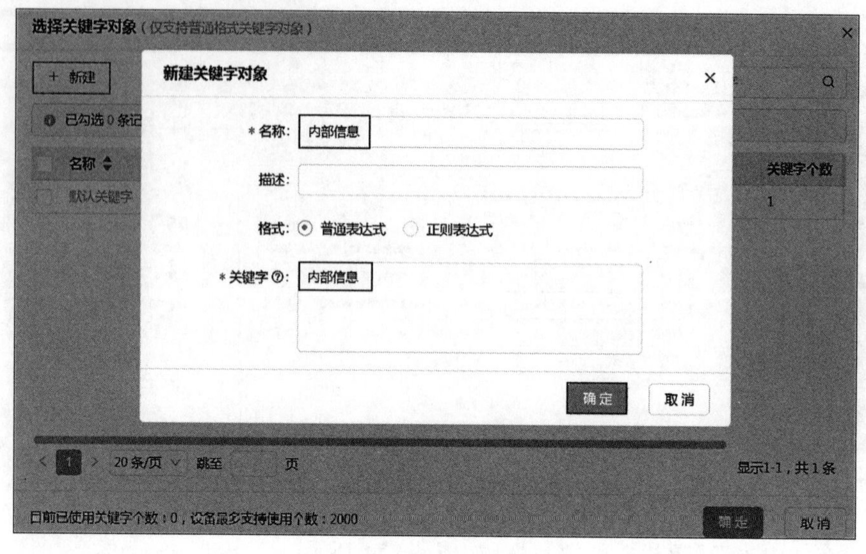


图 4-235　新建关键字对象

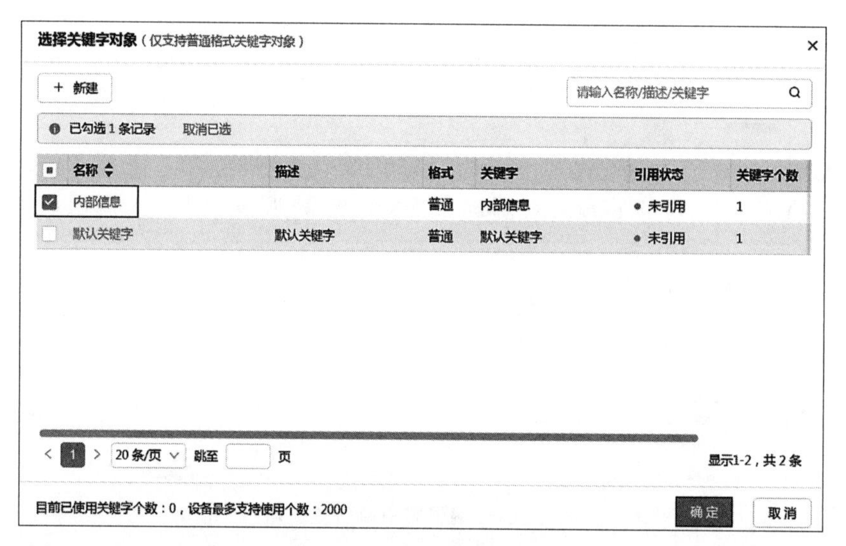


图 4-236　选择关键字对象

（26）单击右上角的“立即生效”按钮，弹出“本次策略改动列表”对话框，单击“生效”按钮，如图 4-239 所示。

## 【实验预期】

（1）登录员工 PC，打开浏览器，登录网络并成功下载客户端。

（2）在员工 PC 上登录 QQ 软件，上传带有“内部信息”关键字的文件失败。

（3）在员工 PC 上登录 QQ 软件，发送普通聊天信息，可以发送。

（4）登录上网行为管理，查看审计日志，可查看到文件上传阻塞日志。

图 4-237 客户端管控策略编辑完成

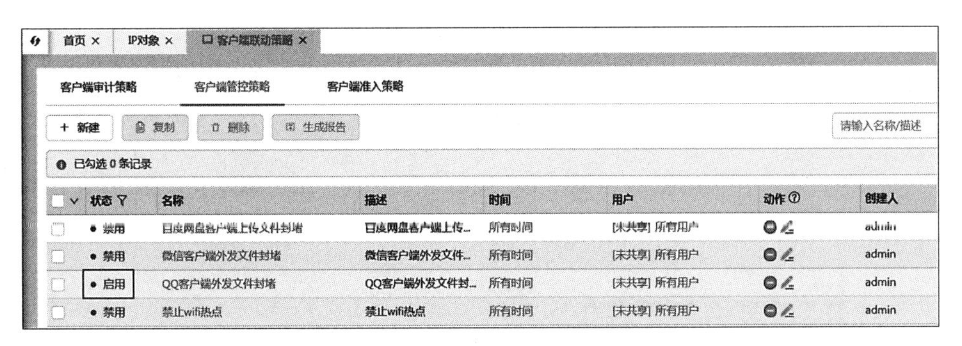


图 4-238 启用管控策略

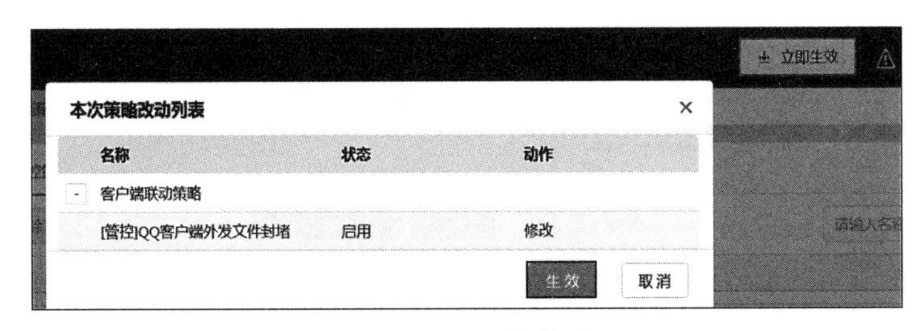


图 4-239 生效策略

## 【实验结果】

(1) 进入员工 PC，双击桌面的火狐浏览器快捷方式，运行火狐浏览器。

(2) 打开浏览器后会自动弹出“请登录网络”界面，单击“打开网络登录页面”按钮，如图 4-240 所示。

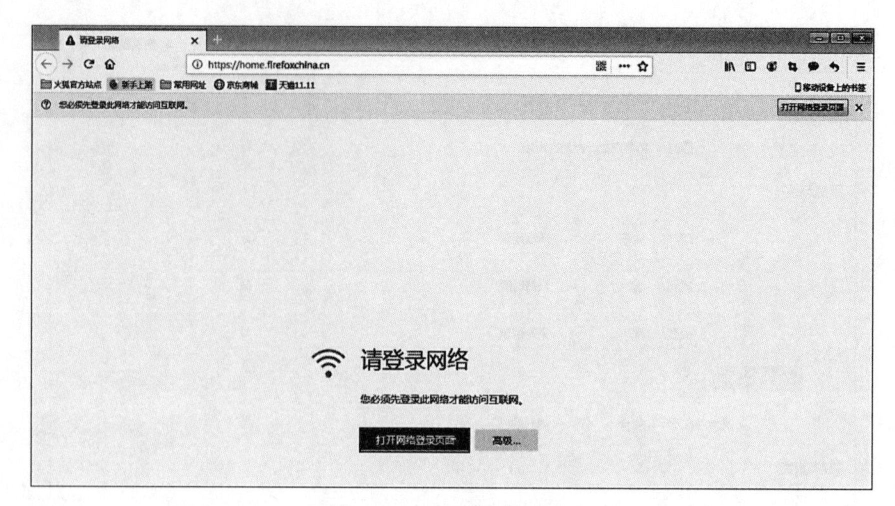


图 4-240　登录网络页面

(3) 跳转至“上网客户端下载”页面，成功推送客户端到员工 PC，与实验预期 1 相符。单击“立即下载”按钮下载客户端，弹出“正在打开”对话框，单击“保存文件”按钮，如图 4-241 所示。

图 4-241　客户端下载页面

(4) 在员工 PC 的“下载”中找到下载的客户端，双击进行安装，如图 4-242 所示。

(5) 进入员工 PC，双击桌面的腾讯 QQ 客户端快捷方式，运行 QQ。

(6) 在弹出的 QQ 登录框中，填写账号密码(注：学员实验过程中用自己的 QQ 账号进行测试)，单击“登录”按钮，登录成功，如图 4-243 所示。

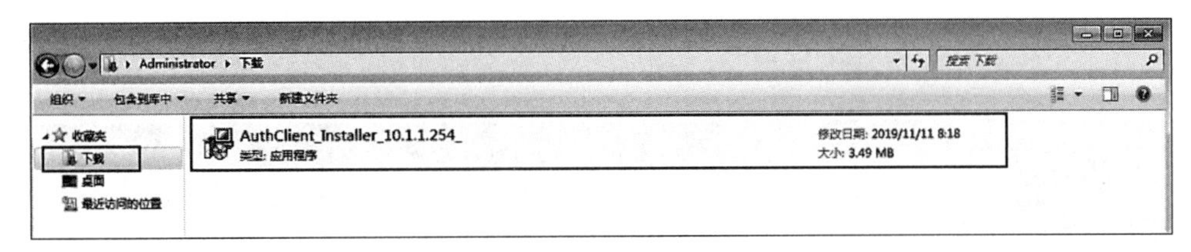


图 4-242　客户端安装

(7) 选择一个对话框打开，上传桌面的"内部信息.txt"，弹出文件正被占用提示，满足实验预期 2，如图 4-244 所示。

图 4-243　登录 QQ

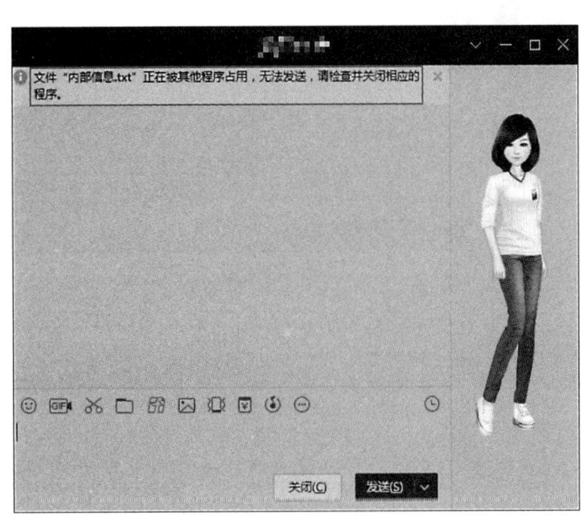


图 4-244　QQ 文件上传失败

(8) 在该对话框中，发送普通聊天内容，发送成功，满足实验预期 3，如图 4-245 所示。

图 4-245　QQ 聊天内容发送成功

(9) 打开管理机,进入上网行为管理首页,单击"日志查询"→"审计日志"菜单,单击"更多日志"按钮,在选项框中单击"文件审计"选项,如图 4-246 所示。

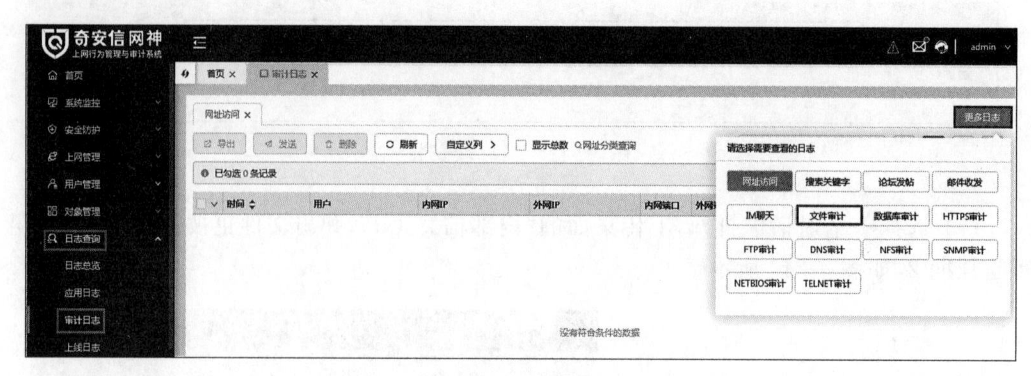


图 4-246　日志查看

(10) 日志列表中阻塞记录如下,满足实验预期 4,如图 4-247 所示。

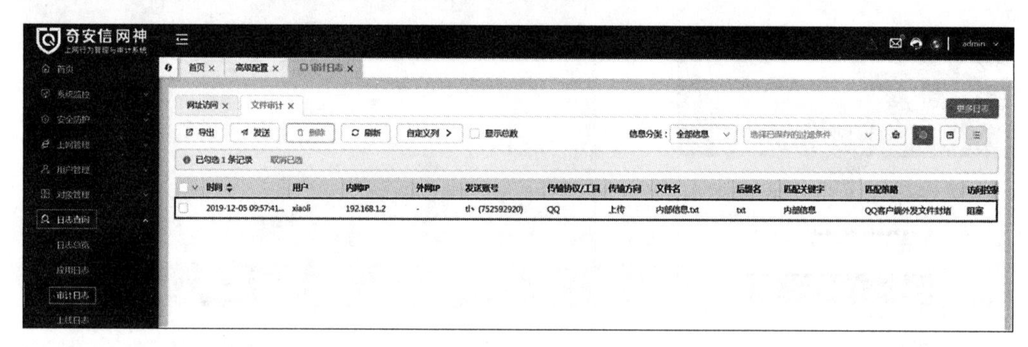


图 4-247　阻塞记录

**【实验思考】**

如果想封堵微信文件,需要怎么实现?

##  4.13 微信聊天内容的审计实验

**【实验目的】**

掌握上网行为管理客户端配置与客户端审计的配合使用。

**【知识点】**

客户端推送策略、用户工具识别、客户端审计策略。

**【场景描述】**

A 公司正在做保密项目,为了防止员工泄密,公司要求对员工的微信聊天记录进行审计,请同学们和网络安全运维工程师小王一起完成微信审计策略的配置。

【实验原理】

上网行为管理系统提供的客户端推送策略是通过检测用户主机的系统环境，判断用户主机是否运行指定应用，允许用户主机接入网络并审计指定应用。使用客户端推送策略功能需要在用户主机上安装“准入客户端”，协助进行用户认证及上网行为审计。

上网行为管理系统可通过建立微信审计策略，实现上网行为管理系统对微信聊天内容的审计，提升公司对用户聊天消息收发的管控有效性，提高公司系统安全性。

【实验设备】

安全设备：上网行为管理设备1台。

网络设备：路由器2台。

主机终端：Windows 7 SP1 主机2台。

【实验拓扑】

实验拓扑如图4-248所示。

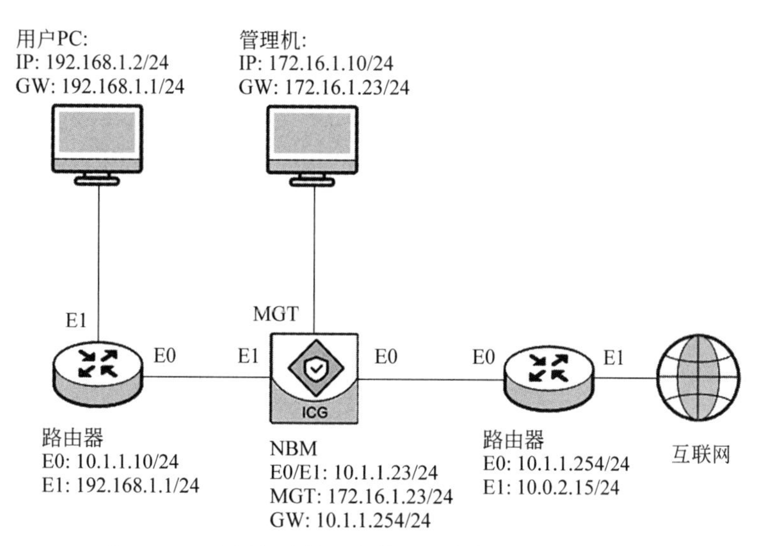


图4-248　上网行为管理微信聊天内容的审计实验拓扑

【实验思路】

(1) 管理机登录上网行为管理设备。

(2) 配置网络和路由。

(3) 创建用户。

(4) 创建IP对象。

(5) 配置客户端推送策略。

(6) 开启用户工具识别。

(7) 用户PC下载并运行准入客户端。

(8) 配置微信客户端审计策略。

(9) 在上网行为管理上禁用“微信客户端审计”策略时，进入用户PC虚拟机，使用微信客户端发送聊天消息，审计日志中无审计记录。

（10）在上网行为管理上启用“微信客户端审计”策略后，进入用户PC虚拟机，使用微信客户端发送聊天消息，审计日志中有审计记录。

## 【实验步骤】

（1）登录管理机，设置管理机IP与上网行为管理的MGT口IP为同一网段，登录实验拓扑中的管理机，配置管理机IP为172.16.1.10/24，默认网关为172.16.1.23，单击“确定”按钮。

（2）打开管理机的浏览器，在地址栏中输入上网行为管理的访问地址“https://172.16.1.23”（以实际IP为准），跳转至上网行为管理登录页面，在登录页面输入用户名“admin”、密码“admin123”（以实际密码为准）、验证码“v5xn”（以实际验证码为准），单击“登录”按钮。

（3）为提高上网行为管理系统的安全性，系统会在用户使用初始密码登录时弹出“修改密码”对话框，本实验不需要修改默认密码，单击“暂不修改”按钮。

（4）成功登录设备后，进入上网行为管理首页。

（5）单击“网络配置”→“模式配置”菜单，单击“配置网络模式”按钮，进入“配置网络模式”配置页面。

（6）在“网络模式选择”对话框中，选中“网桥模式”选项，单击“开始配置”按钮，进入“网桥模式配置”对话框。

（7）在“网桥模式配置”对话框中，单击“新建”按钮，配置网桥接口。

（8）在弹出的“编辑桥接口”对话框中填写配置信息。“名称”填写“br1”，“内网口”选择eth1，“外网口”选择eth0，“IP地址/掩码”填写“10.1.1.23/24”，填写完成后，单击对话框下方的“确定”按钮。（注：在上网行为管理中，外网口一般与互联网连接，本实验拓扑中路由器E1口与外网连接，故外网口应与路由器E0口处于同一网段；内网口是上网行为管理与公司内部网络连接的接口。）

（9）桥接口创建成功后，返回“网桥模式配置”页面，单击“下一步”按钮，进入“缺省网关”配置页面。

（10）配置“缺省网关”为10.1.1.254，单击“下一步”按钮。

（11）进入“管理口配置”页面，本实验保持默认配置，单击“下一步”按钮。

（12）所有的配置完成后，单击“保存并生效”按钮，使配置生效。

（13）单击“网络配置”→“路由配置”菜单进行路由配置，单击“新建”按钮添加路由。

（14）在弹出的“新建IPv4静态路由”对话框中新建一条静态路由，“目的地址”填写“192.168.0.0”，“IP掩码”填写“255.255.0.0”，“下一跳”填写“10.1.1.10”，“接口”选择br1，单击“确定”按钮，新建路由完成。

（15）单击“用户管理”→“组织结构”菜单，进入组织结构编辑页面，单击“新建用户”按钮，弹出“新建用户”对话框，“名称”填写“小李”，“所属组”选择“/根/”，“IP/IP段”填写“192.168.1.2”，单击“确定”按钮，如图4-249所示。

（16）单击“对象管理”→“IP对象”菜单，进入IP对象页面，单击“新建”按钮，弹出“新

图 4-249 新建用户

建 IP 对象”对话框,如图 4-250 所示。

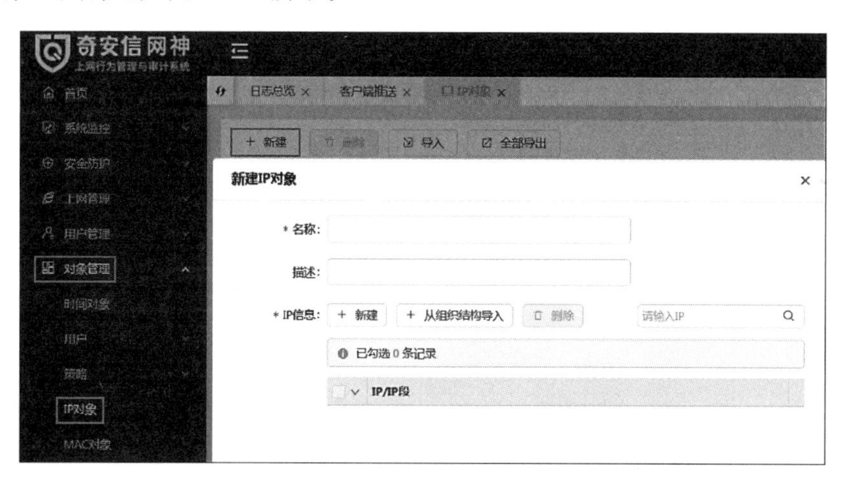


图 4-250 新建 IP 对象 1

(17) 在“新建 IP 对象”对话框中,“名称”填写“用户 PC”,单击“IP 信息”右侧的“从组织结构导入”按钮,如图 4-251 所示。

(18) 在弹出的“从组织结构导入 IP 信息”对话框中,勾选 IP/IP 段为 192.168.1.2 的记录,单击“确定”按钮,如图 4-252 所示。

(19) 返回至“新建 IP 对象”对话框,单击“确定”按钮,完成新建 IP 对象的操作,如图 4-253 所示。

(20) 单击“上网管理”→“客户端管控”→“客户端推送”菜单,进入“客户端推送”页

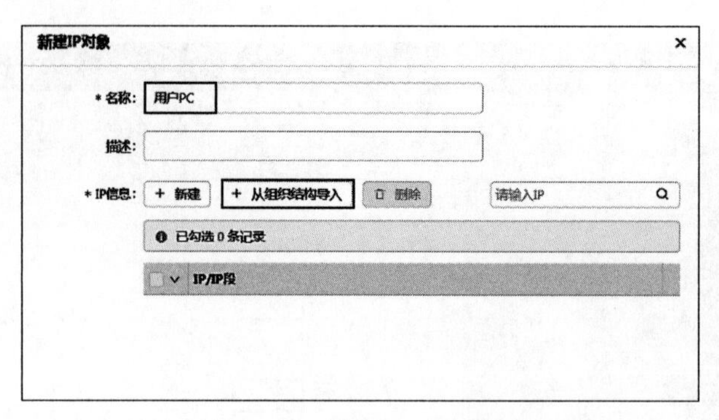


图 4-251　新建 IP 对象 2

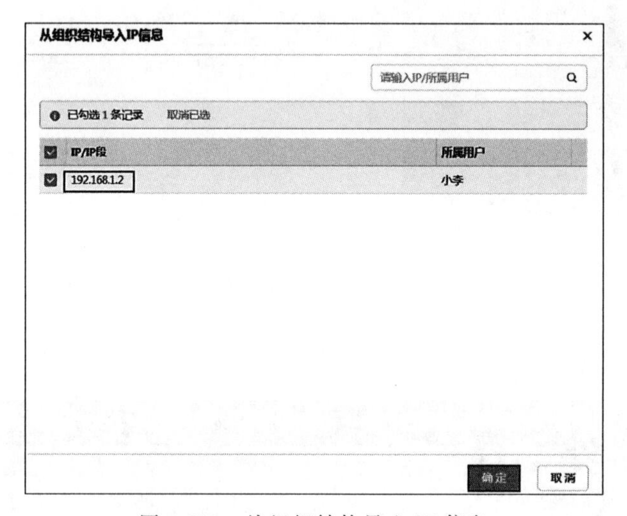


图 4-252　从组织结构导入 IP 信息

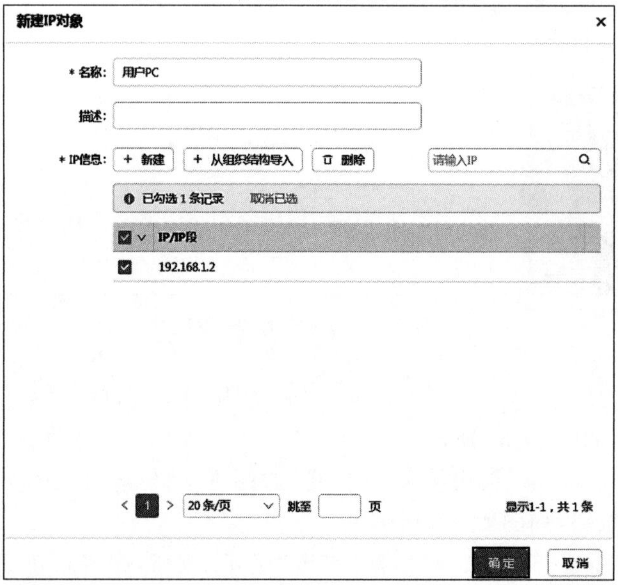

新建IP对象

* 名称: 用户PC

描述:

* IP信息: + 新建 + 从组织结构导入 删除 请输入IP

已勾选 1 条记录 取消已选

IP/IP段

192.168.1.2

< 1 > 20条/页 跳至 页 显示1-1，共1条

确定 取消

图 4-253　新建 IP 对象完成

面，单击“客户端推送”右侧的“开启”按钮，“用户”指定“/根/小李”，“IP”选择“用户 PC”，单击“保存”按钮，如图 4-254 所示。

图 4-254　开启客户端推送策略

(21) 单击“系统配置”→“高级配置”菜单，进入“系统参数”页面，单击“用户工具识别”右侧的“开启”按钮，开启“用户工具识别”功能，如图 4-255 所示。

图 4-255　开启用户工具识别

(22) 打开用户 PC，将用户 PC 的 IP 设置为 192.168.1.2。

(23) 双击桌面的火狐浏览器快捷方式，运行火狐浏览器。

(24) 弹出“请登录网络”页面，单击“打开网络登录页面”按钮，如图 4-256 所示。

(25) 跳转至“上网客户端下载”页面，单击“立即下载”按钮，如图 4-257 所示。

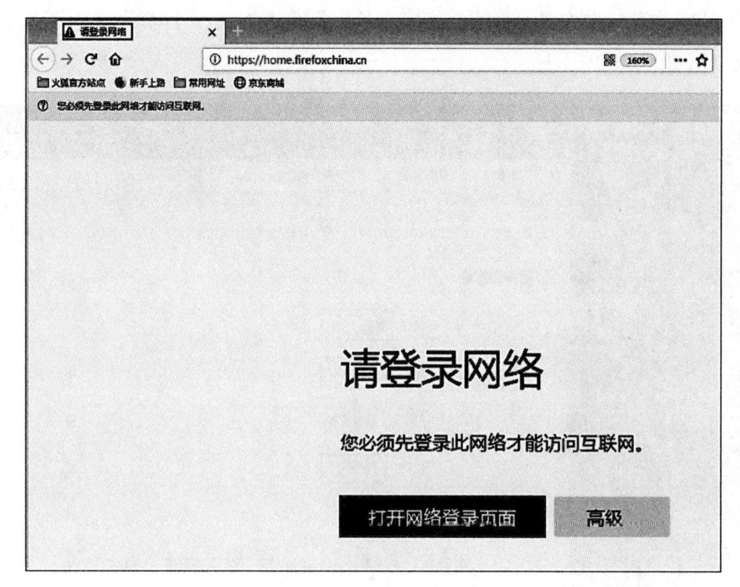


图 4-256　请登录网络

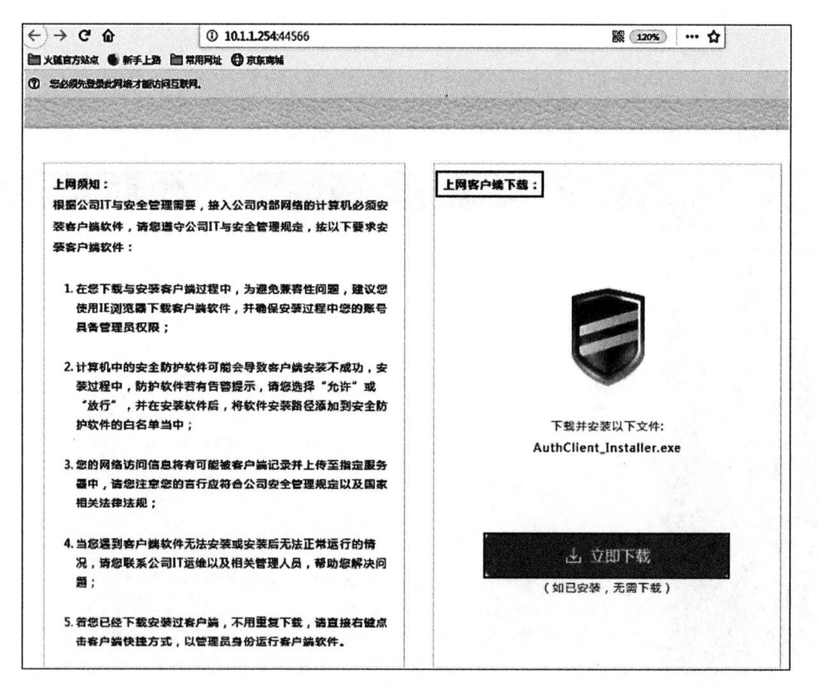


图 4-257　上网客户端下载

（26）单击“保存文件”按钮，如图 4-258 所示。

（27）安装并运行后，在用户 PC 的桌面上，查看到“准入客户端”的快捷方式，在用户 PC 桌面的右下角任务栏中，查看到“准入客户端”的运行图标，如图 4-259 所示。

（28）重新打开火狐浏览器，用户 PC 可以正常上网，如图 4-260 所示。

图 4-258　下载

图 4-259　运行

图 4-260　正常访问网络

(29) 打开管理机，在浏览器地址栏中输入上网行为管理的访问地址“https://172.16.1.23”(以实际 IP 为准)，跳转至上网行为管理登录页面，在登录页面输入用户名“admin”、密码“admin123”(以实际密码为准)、验证码“v5xn”(以实际验证码为准)，单击“登录”按钮。

(30) 成功登录后，单击“上网管理”→“客户端联动策略”菜单，进入“客户端联动策略”页面，打开“客户端审计策略”选项卡，单击“名称”为“微信客户端审计”的策略，如图 4-261 所示。

图 4-261　微信客户端审计策略

(31) 进入弹出的“编辑客户端审计策略”对话框,“用户”属于“/根/小李”,单击“外发文件审计”右侧的按钮,“文件大于”输入1024,单击“确定”按钮,如图4-262所示。

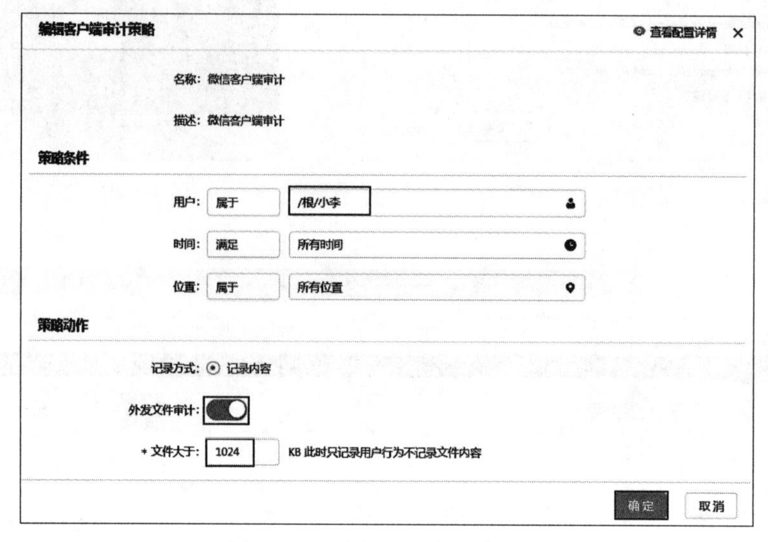


图4-262 编辑客户端审计策略

(32) 返回“客户端审计策略”页面,勾选“名称”为“微信客户端审计”的策略,单击页面右上角的“立即生效”按钮,弹出“本次策略改动列表”对话框,单击“生效”按钮,如图4-263所示。

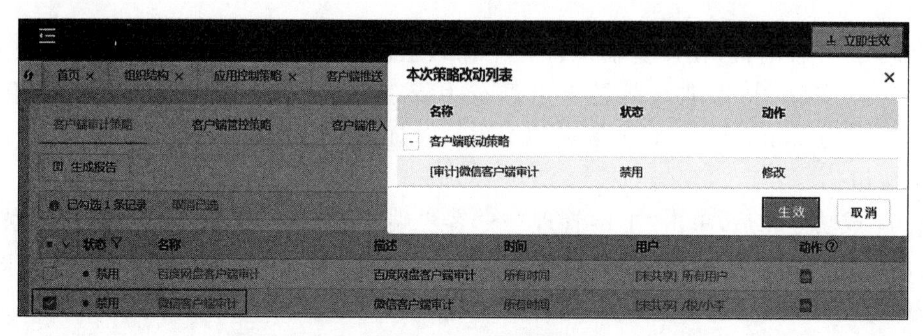


图4-263 立即生效

## 【实验预期】

(1) 在上网行为管理上禁用“微信客户端审计”策略时,进入用户PC虚拟机,使用微信客户端发送聊天消息,查看审计日志中无审计记录。

(2) 在上网行为管理上启用“微信客户端审计”策略后,进入用户PC虚拟机,使用微信客户端发送聊天消息,查看审计日志中有审计记录。

## 【实验结果】

(1) 在上网行为管理上禁用“微信客户端审计”策略时,进入用户PC虚拟机,使用微信客户端发送聊天消息,查看审计日志中无审计记录。

① 单击“上网管理”→“客户端联动策略”菜单，进入“客户端联动策略”页面，打开“客户端审计策略”选项卡，查看到“名称”为“微信客户端审计”的策略“状态”为“禁用”，如图 4-264 所示。

图 4-264　“状态”为“禁用”

② 打开用户 PC，双击桌面的微信快捷方式，运行微信 PC 客户端。

③ 成功登录微信 PC 客户端，发送若干聊天内容“正在测试”(内容任意，仅用于实验测试)，如图 4-265 所示。

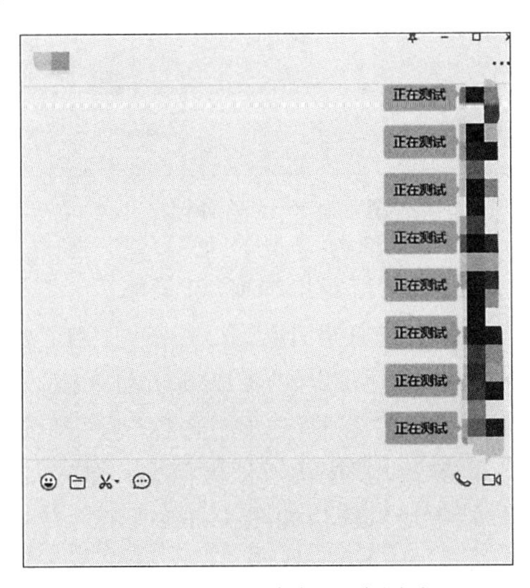


图 4-265　发送消息“正在测试”

④ 打开管理机，在浏览器地址栏中输入上网行为管理的访问地址“https://172.16.1.23”(以实际 IP 为准)，跳转至上网行为管理登录页面，在登录页面输入用户名“admin”、密码“admin123”(以实际密码为准)、验证码“v5xn”(以实际验证码为准)，单击“登录”按钮。

⑤ 成功登录后，进入上网行为管理首页，单击“日志查询”→“审计日志”菜单，进入

“审计日志”页面，如图4-266所示。

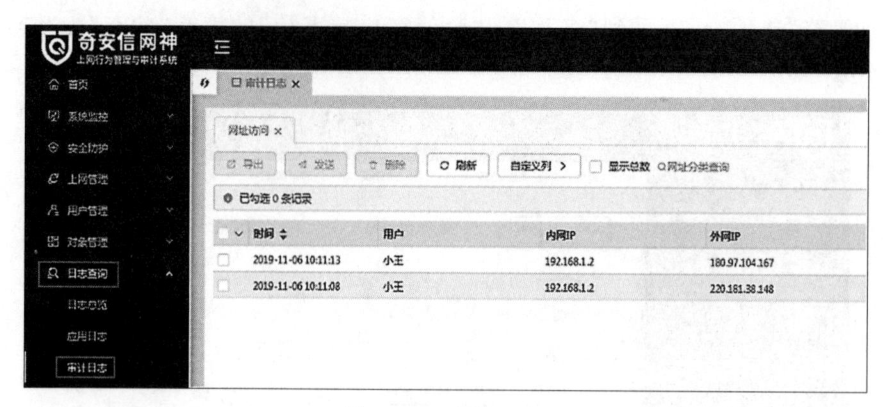

图4-266　审计日志

⑥ 单击“更多日志”→“IM聊天”按钮，在“IM聊天”页面，审计日志中无记录，满足实验预期1，如图4-267所示。

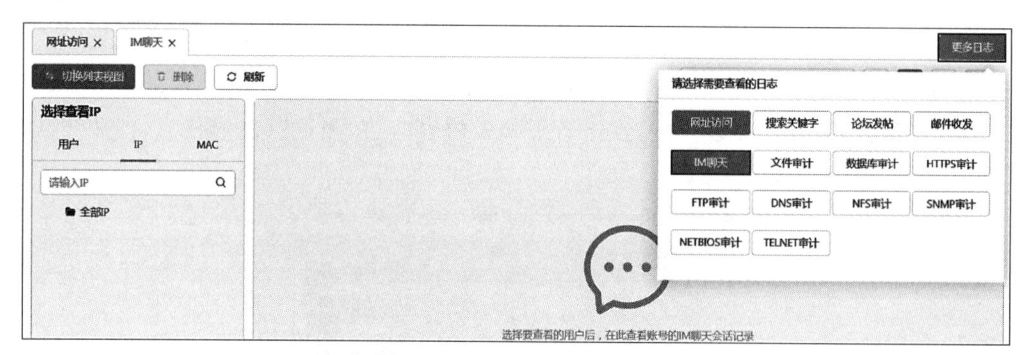

图4-267　无审计记录

(2) 在上网行为管理上启用“微信客户端审计”策略后，进入用户PC虚拟机，使用微信客户端发送聊天消息，审计日志中有审计记录。

① 单击“上网管理”→“客户端管控”→“客户端联动策略”菜单，进入“客户端联动策略”页面，单击“客户端审计策略”选项卡，选择“名称”为“微信客户端审计”的策略，如图4-268所示，单击“状态”下的“禁用”按钮，将“微信客户端审计”策略启用。

② 成功启用“微信客户端审计”策略，如图4-269所示。（注：“微信客户端审计策略”为系统内置策略。）

③ 单击页面右上角的“立即生效”按钮，弹出“本次策略改动列表”对话框，单击“生效”按钮，如图4-270所示。

④ 打开用户PC，双击桌面的微信快捷方式，运行微信PC客户端。

⑤ 成功登录微信PC客户端，发送若干聊天内容“正在测试”（内容任意，仅用于实验测试），如图4-271所示。

⑥ 打开管理机，在浏览器地址栏中输入上网行为管理的访问地址“https://172.16.1.23”(以实际IP为准)，跳转至上网行为管理登录页面，在登录页面输入用户名“admin”、

图 4-268　微信客户端审计策略

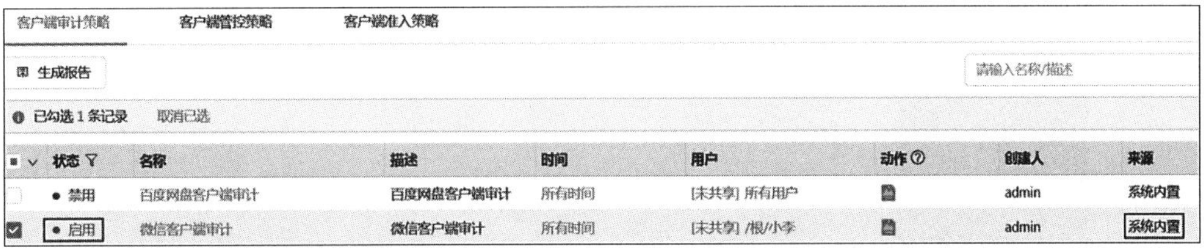

客户端审计策略　客户端管控策略　客户端准入策略

生成报告　　请输入名称/描述

已勾选 1 条记录　取消已选

| 状态 | 名称 | 描述 | 时间 | 用户 | 动作 | 创建人 | 来源 |
| --- | --- | --- | --- | --- | --- | --- | --- |
| 禁用 | 百度网盘客户端审计 | 百度网盘客户端审计 | 所有时间 | [未共享] 所有用户 |  | admin | 系统内置 |
| 启用 | 微信客户端审计 | 微信客户端审计 | 所有时间 | [未共享] /根/小李 |  | admin | 系统内置 |

图 4-269　启用

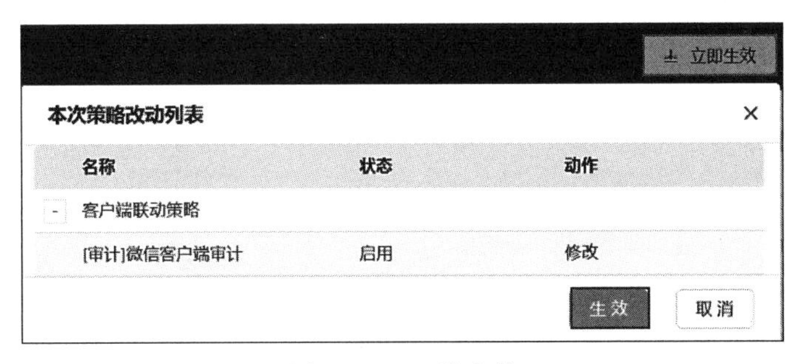


图 4-270　立即生效

密码“admin123”(以实际密码为准)、验证码“v5xn”(以实际验证码为准),单击“登录”按钮。

⑦ 成功登录后,进入上网行为管理首页,单击“日志查询”→“审计日志”菜单,进入“审计日志”页面,如图 4-272 所示。

⑧ 单击“更多日志”→“IM 聊天”按钮,开启策略时,在“IM 聊天”页面,查看审计记录,审计日志可审计到微信聊天内容,满足实验预期 2,如图 4-273 所示。

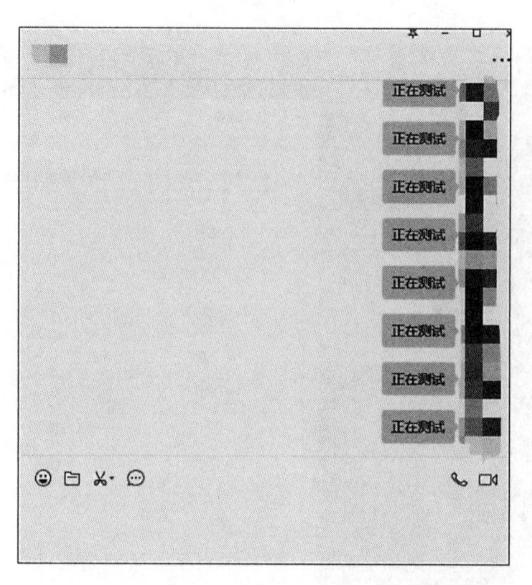


图 4-271　发送消息“正在测试”

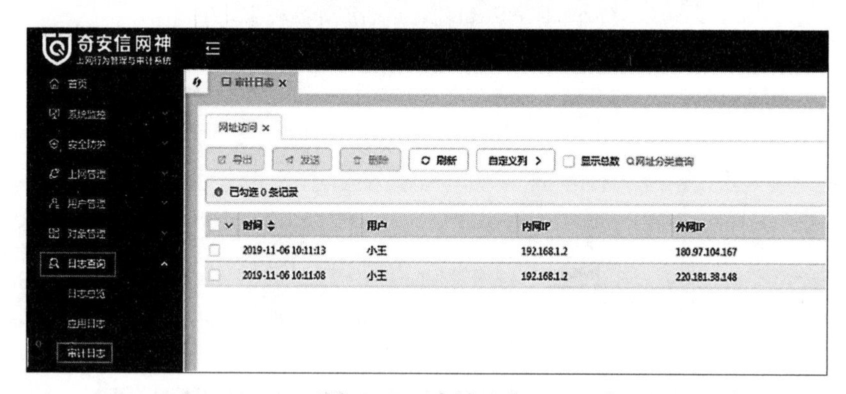


图 4-272　审计日志

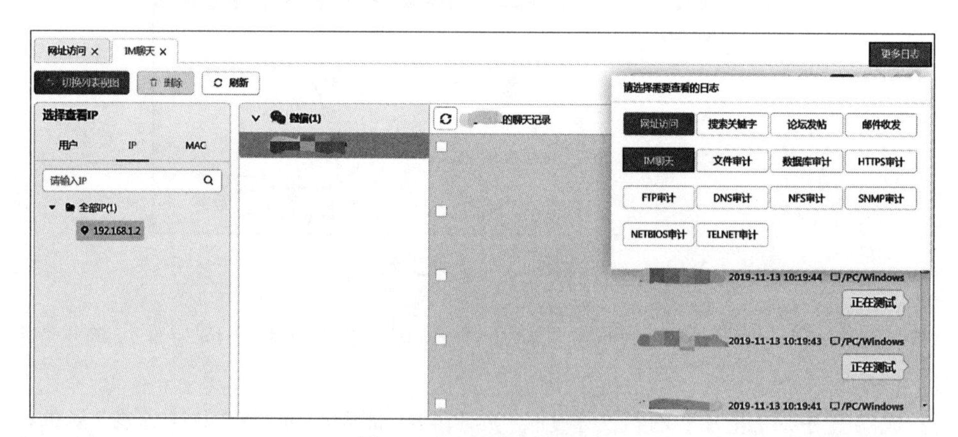


图 4-273　查看审计记录

## 【实验思考】

针对微信聊天内容中的文件进行识别管控，需要配置什么策略？

# 第5章 流量管理策略

本章主要介绍行为安全管理控制技术的另一类手段,包括限制、优化等,这更多的是一个"度"的问题,即允许用户使用,但用多少,用得好不好。本章讨论其中一个比较常见的问题——流量管理。

完成本章学习后,可以了解 QoS 的基础知识,理解流量管制和流量整形技术,初步掌握常见的流量管理方法。

## 5.1 通道流量控制策略配置实验

### 【实验目的】

掌握上网行为管理通道流控的方法,掌握计算通道配置数额的方法。

### 【知识点】

通道流控。

### 【场景描述】

A 公司为提高员工办公效率,优化公司员工上网速度,现对办公区 1、办公区 2、办公区 3(IP 地址以 192.168.1.2~192.168.1.20、192.168.2.2~192.168.2.20 、192.168.3.2~192.168.3.20 为例)进行限速,现总带宽为 20Mb/s,办公区 1 由于自身需求在视频网站获取素材,要求观看爱奇艺 480P 的视频无卡顿,且不影响其他办公区的网络体验;办公区 2、3 无特殊要求但均能使用 QQ 软件。请同学们和网络安全运维工程师小王一起,合理规划带宽并配置,最大限度地提升办公区员工上网体验,减少网络卡顿出现的频率。

### 【实验原理】

流量管理,本身属于 QoS(Quality of Service,服务质量)的范畴。所谓服务质量,包括网络带宽、时延、丢包、抖动(时延的变化)等;从字面意思来看,服务质量是用来衡量网络好坏的,但实际上它确实不是一个指标,而是一组工具集和一系列方法,目的是为了提升服务质量;具体可能是保障传输带宽,降低时延,减少丢包等。

基于通道的流量管理是常见的流量管理方法之一。这种方法适用于对一类流量进行控制的情形;通过策略条件的配置,可以将不同类型的流量(如某个用户组、某一类应用等)引导至指定的带宽通道,进入通道的流量受到该通道所配置的保障、限制速率的控制。

上网行为管理系统可以对通道进行配置,可根据需求设置各用户、用户组的保障速率和最大速率,保证企业网络的 QoS(服务质量),提升员工整体的上网体验、办公效率。

**【实验设备】**

安全设备:上网行为管理设备 1 台。

网络设备:路由器 2 台。

主机终端:Windows 7 SP1 主机 3 台。

**【实验拓扑】**

实验拓扑如图 5-1 所示。

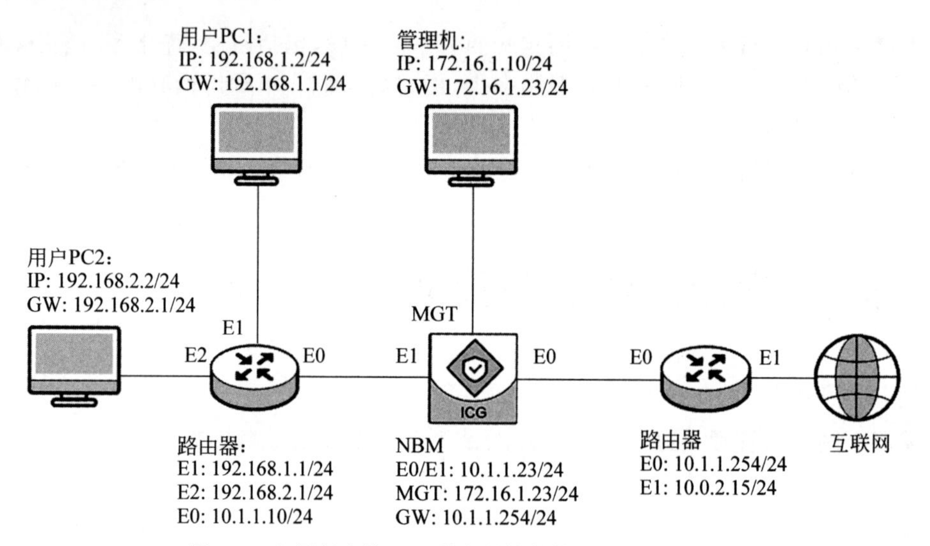


图 5-1 上网行为管理通道流量控制策略配置实验拓扑

**【实验思路】**

(1) 管理机登录上网行为管理设备。

(2) 配置网桥模式。

(3) 创建办公区组织架构。

(4) 进入用户 PC1 虚拟机,播放爱奇艺视频。

(5) 进入用户 PC2 虚拟机,登录 QQ 聊天软件。

(6) 在上网行为管理查看带宽消耗排名和流量占比报表。

(7) 创建虚拟链路带宽通道对象“网络通道”。

(8) 创建子通道“办公区 1 爱奇艺子带宽保障”和“办公区 2 上网带宽保障”。

(9) 新建通道控制策略。

(10) 进入用户 PC1 虚拟机,打开爱奇艺视频播放软件,测试播放 480P 视频是否卡顿。

(11) 进入用户 PC2 虚拟机,访问 v.qq.com 观看清晰度为 270P 的视频,是否影响登录 QQ 聊天软件,查看 PC1 访问爱奇艺是否卡顿。

(12) 查看实时流量模块,办公区 1 和办公区 2 的带宽不超过通道限制带宽。

## 【实验步骤】

(1) 登录管理机,设置管理机 IP 与上网行为管理的 MGT 口 IP 为同一网段,登录实验拓扑中的管理机,配置管理机 IP 为 172.16.1.10/24,默认网关为 172.16.1.23,单击“确定”按钮。

(2) 打开管理机的浏览器,在地址栏中输入上网行为管理的访问地址“https://172.16.1.23”(以实际 IP 为准),跳转至上网行为管理登录页面,在登录页面输入用户名“admin”、密码“admin123”(以实际密码为准)、验证码“v5xn”(以实际验证码为准),单击“登录”按钮。

(3) 为提高上网行为管理系统的安全性,系统会在用户使用初始密码登录时弹出“修改密码”对话框,本实验不需要修改默认密码,单击“暂不修改”按钮。

(4) 成功登录设备后,进入上网行为管理首页。

(5) 单击“网络配置”→“模式配置”菜单,单击“配置网络模式”按钮,进入“配置网络模式”配置页面。

(6) 在“网络模式选择”对话框中,选中“网桥模式”选项,单击“开始配置”按钮,进入“网桥模式配置”对话框。

(7) 在“网桥模式配置”对话框中,单击“新建”按钮,配置网桥接口。

(8) 在弹出的“编辑桥接口”对话框中填写配置信息。“名称”填写“br1”,“内网口”选择 eth1,“外网口”选择 eth0,“IP 地址/掩码”填写“10.1.1.23/24”,填写完成后,单击对话框下方的“确定”按钮。(注:在上网行为管理中,外网口一般与互联网连接,本实验拓扑中路由器 E1 口与外网连接,故外网口应与路由器 E0 口处于同一网段;内网口是上网行为管理与公司内部网络连接的接口。)

(9) 桥接口创建成功后,返回“网桥模式配置”页面,单击“下一步”按钮,进入“缺省网关”配置页面。

(10) 配置“缺省网关”为 10.1.1.254,单击“下一步”按钮。

(11) 进入“管理口配置”页面,本实验保持默认配置,单击“下一步”按钮。

(12) 所有的配置完成后,单击“保存并生效”按钮,使配置生效。

(13) 单击“网络配置”→“路由配置”菜单进行路由配置,单击“新建”按钮添加路由

(14) 在弹出的“新建 IPv4 静态路由”对话框中新建一条静态路由,“目的地址”填写“192.168.0.0”,“IP 掩码”填写“255.255.0.0”,“下一跳”填写“10.1.1.10”,“接口”选择 br1,单击“确定”按钮,路由新建完成。

(15) 单击“用户管理”→“组织结构”菜单,进入组织结构编辑页面,单击“新建用户”按钮,弹出“新建用户”对话框,“名称”填写“办公区 1”,“所属组”选择“/根/”,“IP/IP 段”填写“192.168.1.2-192.168.1.20”,单击“确定”按钮,如图 5-2 所示。(注:可模拟真实环境下各办公区中的多用户使用场景。)

(16) 单击“新建用户”按钮,弹出“新建用户”对话框,“名称”填写“办公区 2”,“所属

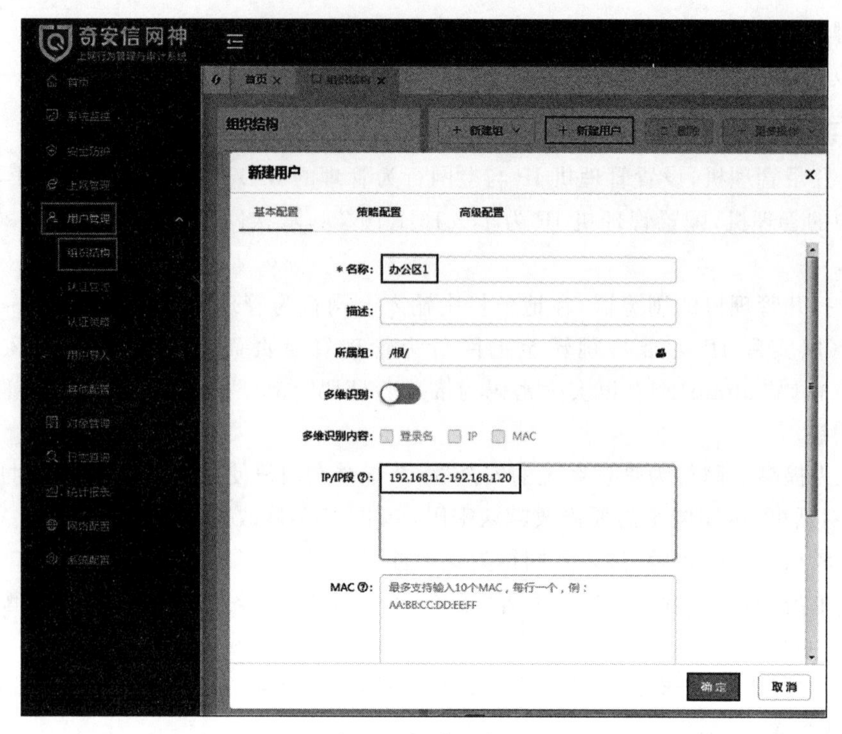


图 5-2　新建用户 1

组”选择“/根/”,“IP/IP 段”填写“192.168.2.2-192.168.2.20”,单击“确定”按钮,如图 5-3 所示。(注:可模拟真实环境下各办公区中的多用户使用场景。)

图 5-3　新建用户 2

(17) 单击“新建用户”按钮,弹出“新建用户”对话框,“名称”填写“办公区3”,“所属组”选择“/根/”,“IP/IP段”填写“192.168.3.2-192.168.3.20”,单击“确定”按钮,如图5-4所示。(注:可模拟真实环境下各办公区中的多用户使用场景。)

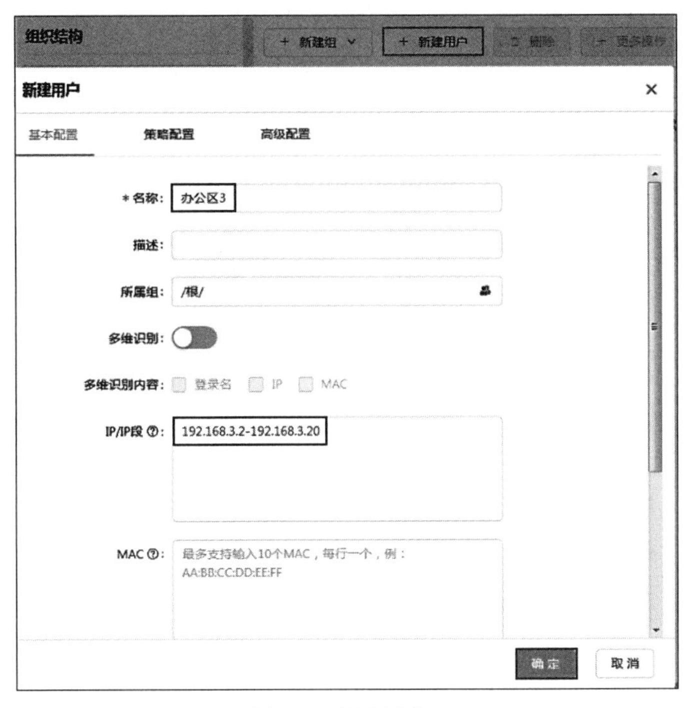


图5-4　新建用户3

(18) 打开用户PC1,将用户PC1的IP设置为192.168.1.2,默认网关为192.168.1.1,首选DNS服务器为114.114.114.114。

(19) 双击桌面的爱奇艺快捷方式,运行爱奇艺视频播放器,如图5-5所示。

图5-5　爱奇艺视频播放器

(20) 在“爱奇艺视频播放器”的首页,单击并浏览某视频(注:仅作测试浏览,无其他用途),如图5-6所示。

图 5-6　浏览视频

(21) 打开用户 PC2，将用户 PC2 的 IP 设置为 192.168.2.2，默认网关为 192.168.2.1，首选 DNS 服务器为 114.114.114.114。

(22) 双击桌面的 QQ 快捷方式，弹出 QQ 登录的对话框，单击对话框右下角的"二维码"按钮，如图 5-7 所示。

(23) 页面弹出登录 QQ 所需扫描的二维码的提示，使用手机扫码登录，如图 5-8 所示。

图 5-7　打开 QQ

图 5-8　扫码登录

(24) 成功登录 QQ 软件，如图 5-9 所示。

(25) 打开管理机，在浏览器地址栏中输入上网行为管理的访问地址"https://172.16.1.23"（以实际 IP 为准），跳转至上网行为管理登录页面，在登录页面输入用户名"admin"、密码"admin123"（以实际密码为准）、验证码"v5xn"（以实际验证码为准），单击"登录"按钮。

(26) 成功登录后，进入"上网行为管理"首页，下拉滚动轴，查看"应用使用状态"页面，查看到办公区 1 的爱奇艺 PPS 视频极大地占用了当前的带宽资源，需建立通道流量控制策略,优化网络资源,如图 5-10 所示。

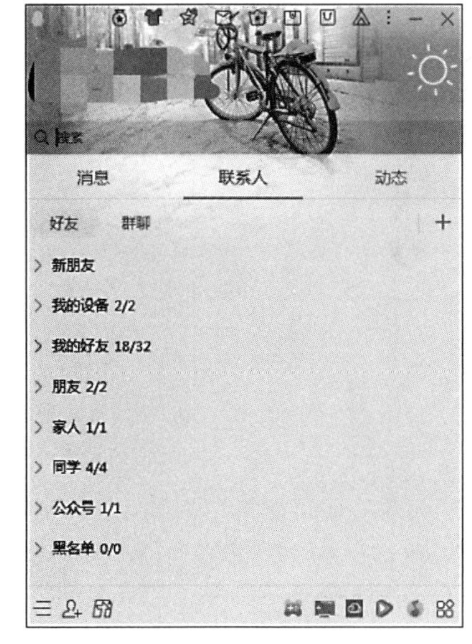


图 5-9 QQ 登录成功

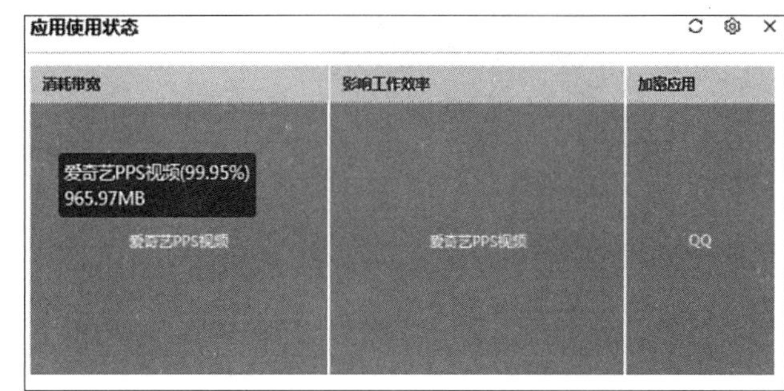


图 5-10 消耗带宽

(27) 单击“系统监控”→“网络概况”菜单,进入“网络概况”页面,查看到各办公区用户流量排名占比报表,办公区 1 占了 98.4%的网络资源,办公区 2 占用了 1.6%的网络资源,说明办公区 1 占用了大部分的网络资源,如图 5-11 所示。

图 5-11 用户流量排名占比率

(28) 单击“对象管理”→“策略”→“带宽通道对象”菜单,进入“带宽通道对象”页面,如图 5-12 所示。

图 5-12　带宽通道对象

(29) 单击“新建虚拟链路”按钮,弹出“新建虚拟链路”对话框,如图 5-13 所示。

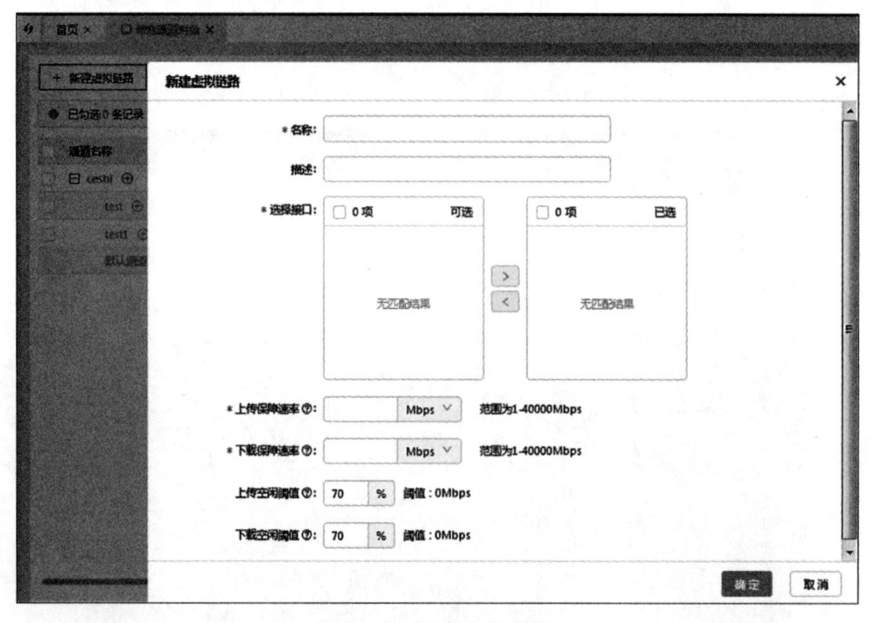


图 5-13　新建虚拟链路

(30) 在“新建虚拟链路”对话框,“名称”填写“网络通道”,在“选择接口”可选列表中勾选 br1(eth0, eth1),并添加至已选列表中,“上传保障速率”填写“20”,“下载保障速率”填写“20”(以实际业务需求带宽速率为准),单击“确定”按钮,如图 5-14 所示。(注:全双工模式下,上行下行速率可达总带宽的上限。)

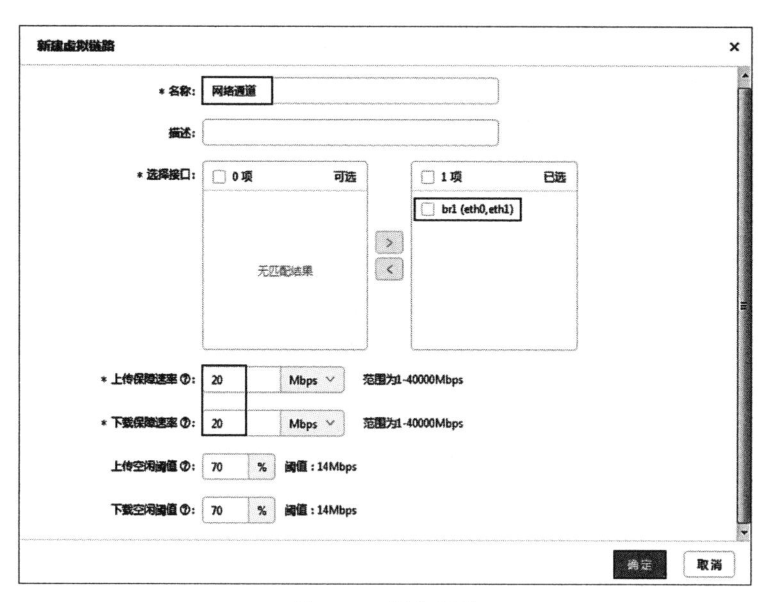


图 5-14　网络通道

(31) 返回“带宽通道对象”页面,单击“新建子通道”按钮,进入“新建子通道”对话框页面,如图 5-15 所示。

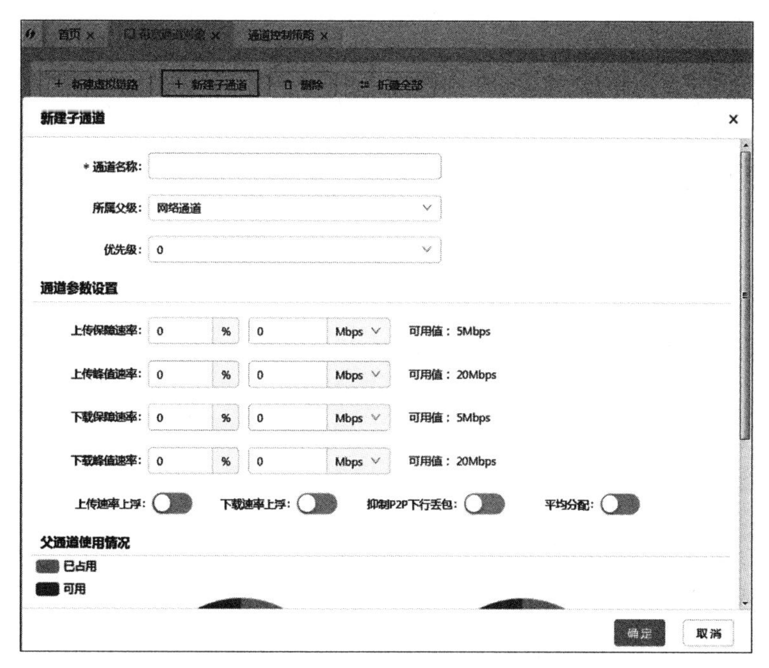


图 5-15　新建子通道

(32) 在“新建子通道”对话框,“通道名称”填写“办公区 1 爱奇艺子带宽保障”“上传保障速率”“上传峰值速率”“下载保障速率”“下载峰值速率”均填写“10”(数值按照流量占比报表比例分配)，单击“确定”按钮，如图 5-16 所示。

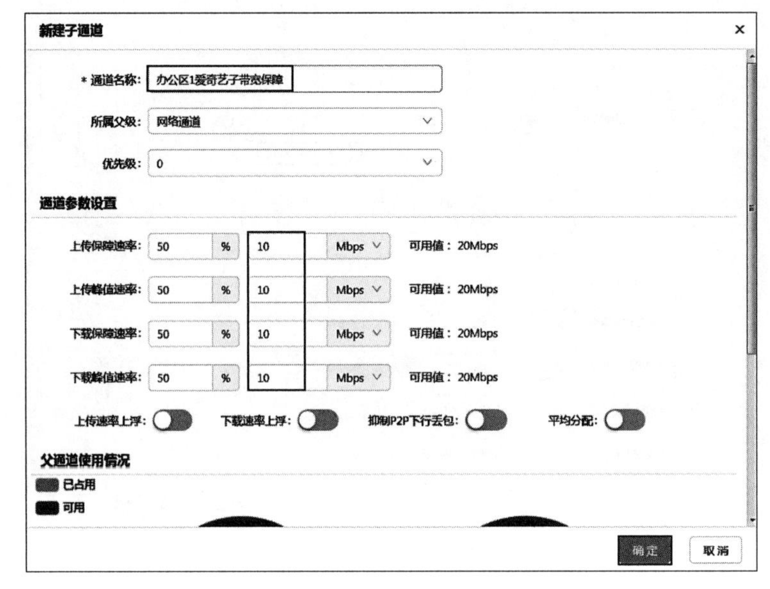


图 5-16　办公区 1 爱奇艺子带宽保障

(33) 返回“带宽通道对象”页面，单击“新建子通道”按钮，进入“新建子通道”对话框，如图 5-17 所示。

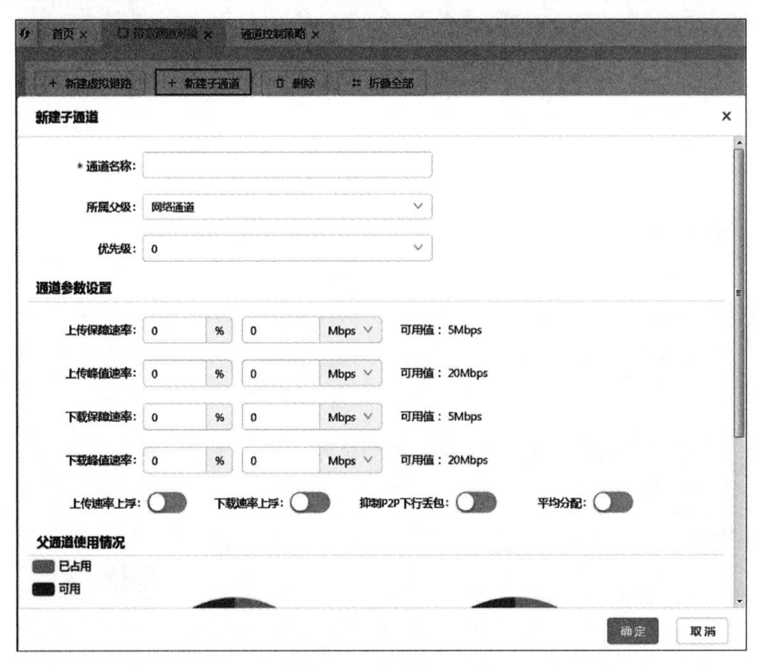


图 5-17　新建子通道

(34) 在“新建子通道”对话框，“通道名称”填写“办公区 2 上网带宽保障”，“优先级”

选择列表中选择 1,“上传保障速率”“上传峰值速率”“下载保障速率”“下载峰值速率”均填写“5”(数值按照流量占比报表比例分配),单击“确定”按钮,如图 5-18 所示。

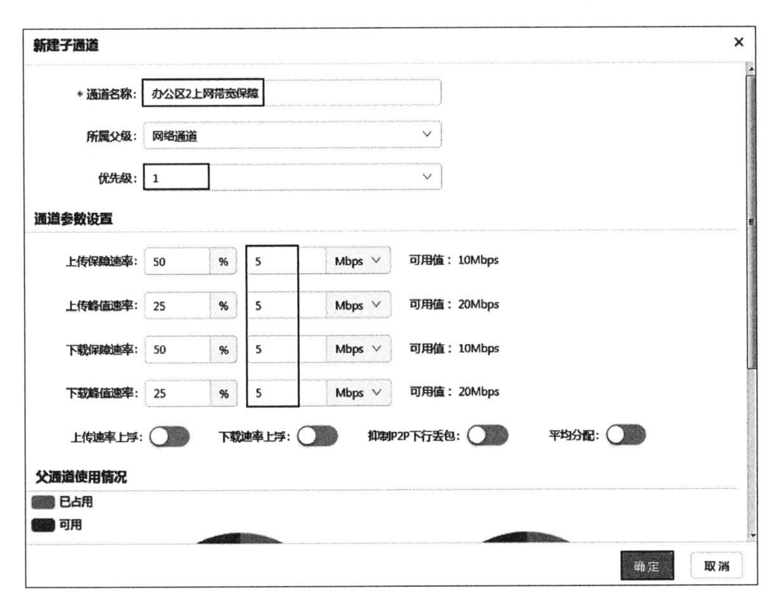


图 5-18　办公区 2 上网带宽保障

(35) 单击“上网管理”→“流量管理”→“通道控制策略”菜单,进入“通道控制策略”页面,如图 5-19 所示。

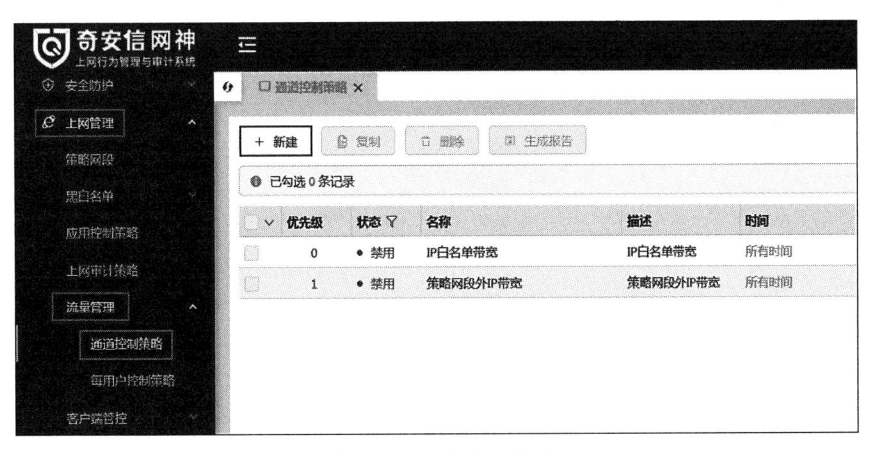


图 5-19　通道控制策略

(36) 单击“新建”按钮,在弹出的“新建通道控制策略”对话框中,“名称”填写“办公区 1 通道控制”,“用户”属于“/根/办公区 1”,如图 5-20 所示。

(37) 单击“应用”右侧的策略条件,在弹出的“选择应用”对话框中,单击“视频播放”复选按钮,单击“P2P 影音”复选按钮,勾选“爱奇艺 PPS 视频”复选框,单击“确定”按钮,如图 5-21 所示。

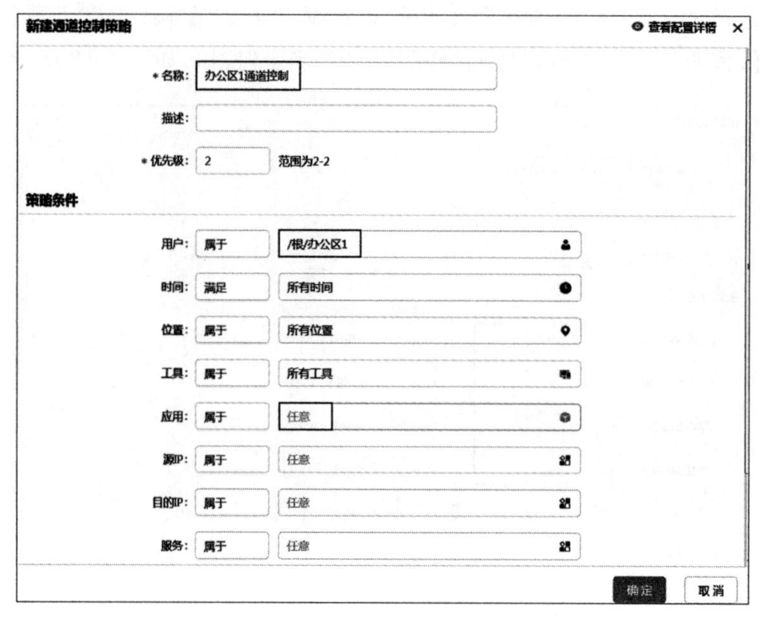


图 5-20 新建通道控制策略

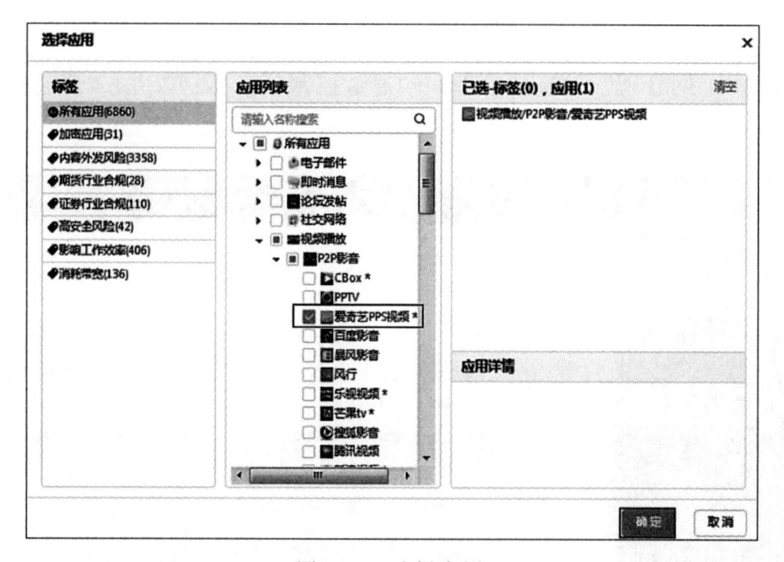


图 5-21 选择应用

(38) 返回“新建通道控制策略”对话框，下拉滚动轴，单击“通道”右侧的子通道选择框，其他保持默认设置，不做更改，如图 5-22 所示。

(39) 在弹出的“选择带宽通道对象”对话框，勾选“办公区 1 爱奇艺子带宽保障”，单击“确定”按钮，如图 5-23 所示。

(40) 返回“新建通道控制策略”对话框，单击“确定”按钮，完成“办公区 1 通道控制策略”配置，如图 5-24 所示。

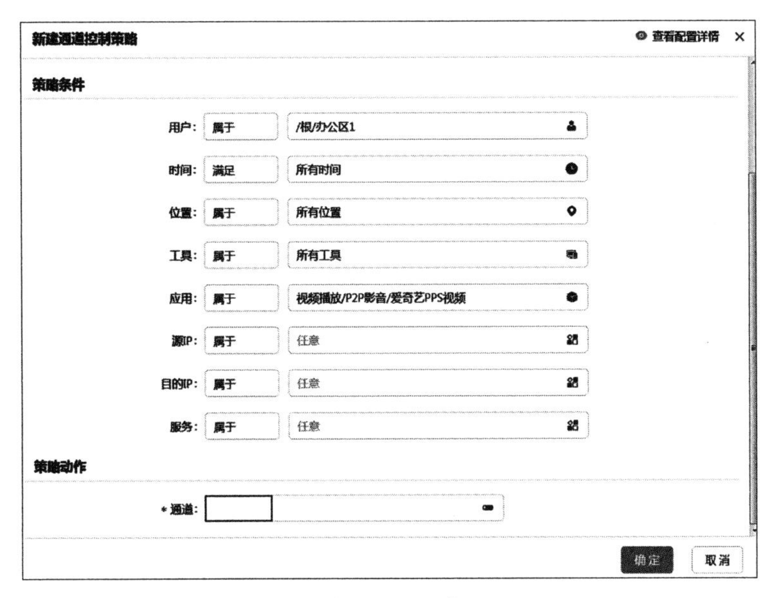


图 5-22　通道

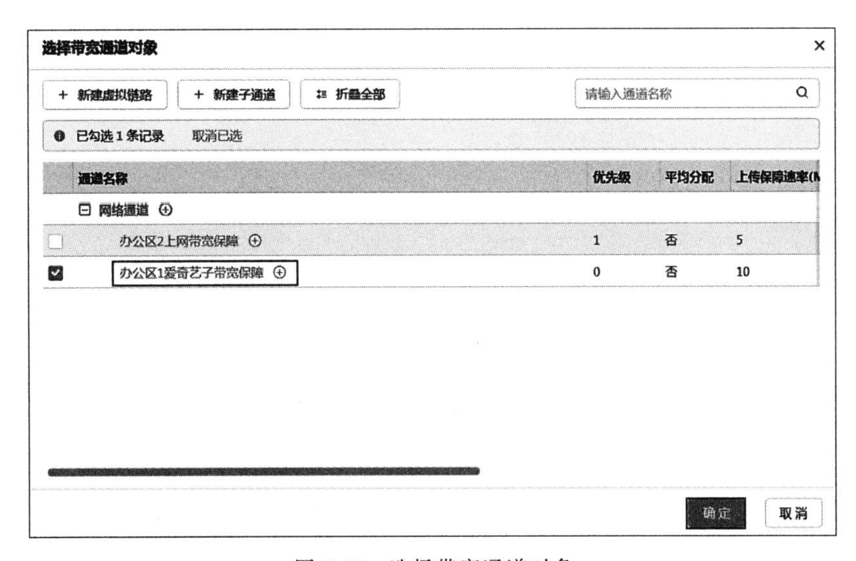


图 5-23　选择带宽通道对象

(41) 返回“通道控制策略”页面，单击“新建”按钮，在弹出的“新建通道控制策略”对话框中，“名称”填写“办公区 2 通道控制”，“优先级”填写“3”，“用户”属于“/根/办公区 2”，单击“应用”右侧的策略条件，如图 5-25 所示。

(42) 在弹出的“选择应用”对话框中，单击“即时消息”复选框，勾选 QQ 复选框，单击“确定”按钮，如图 5-26 所示。

(43) 返回“新建通道控制策略”对话框，下拉滚动轴，单击“通道”右侧的通道选择框，其他保持默认设置，不做更改，如图 5-27 所示。

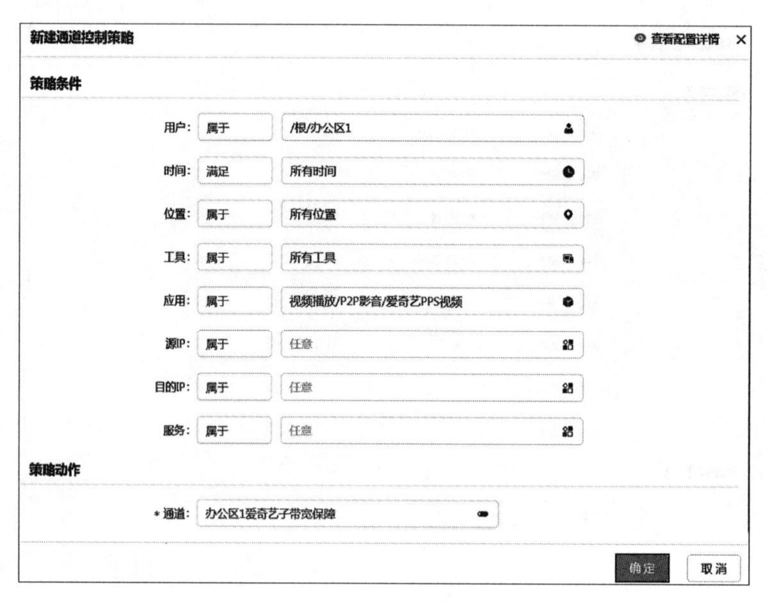


图 5-24　办公区 1 通道控制策略

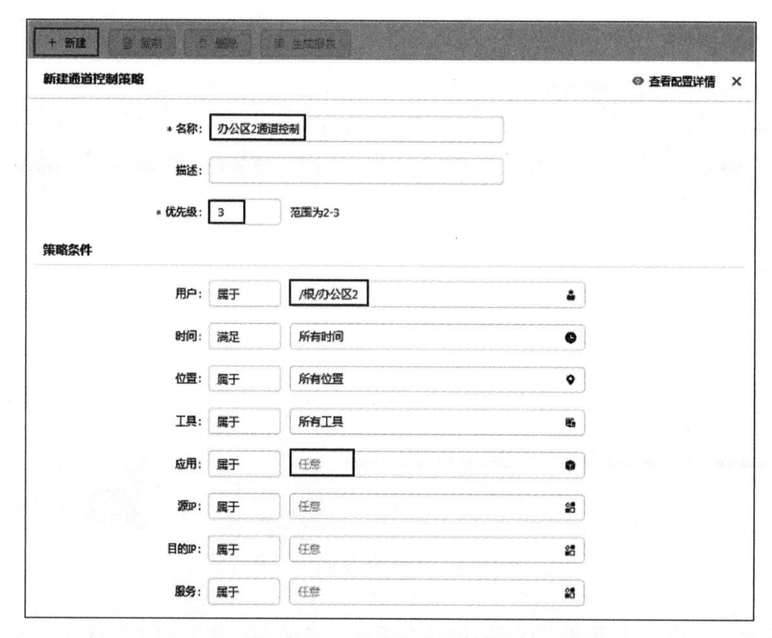


图 5-25　新建通道控制策略

(44) 弹出"选择带宽通道对象"对话框，勾选"办公区 2 上网带宽保障"复选框，单击"确定"按钮，如图 5-28 所示。

(45) 返回"新建通道控制策略"对话框，单击"确定"按钮，完成"办公区 2 通道控制策略"配置，如图 5-29 所示。

(46) 单击页面右上角的"立即生效"按钮，弹出"本次策略改动列表"对话框，单击"生

图 5-26　选择应用

图 5-27　通道

效”按钮，如图 5-30 所示。

## 【实验预期】

（1）进入用户 PC1 虚拟机，打开爱奇艺视频软件，播放 480P 的视频无卡顿。

（2）在用户 PC1 虚拟机上播放爱奇艺高清视频，打开用户 PC2 虚拟机，访问 v.qq.com，播放视频，不影响 QQ 登录，查看 PC1 爱奇艺播放视频无卡顿。

（3）查看实时流速，办公区 1 和办公区 2 实时流速不超过通道带宽限制。

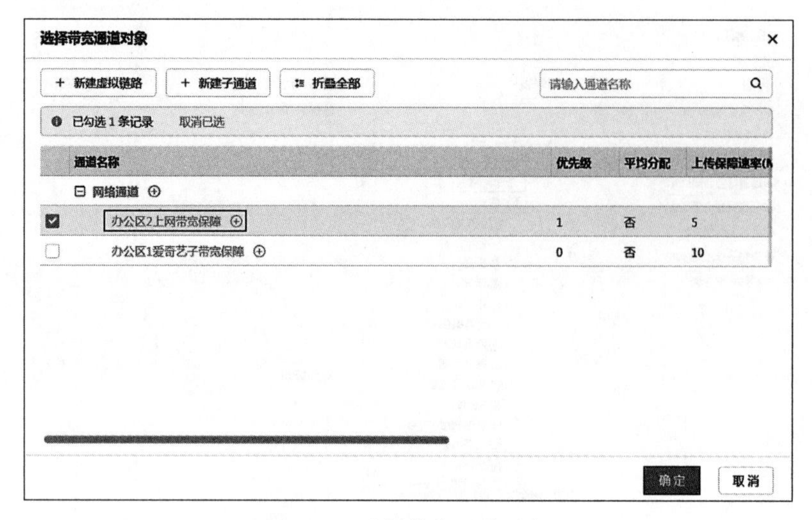


图 5-28　选择带宽通道对象

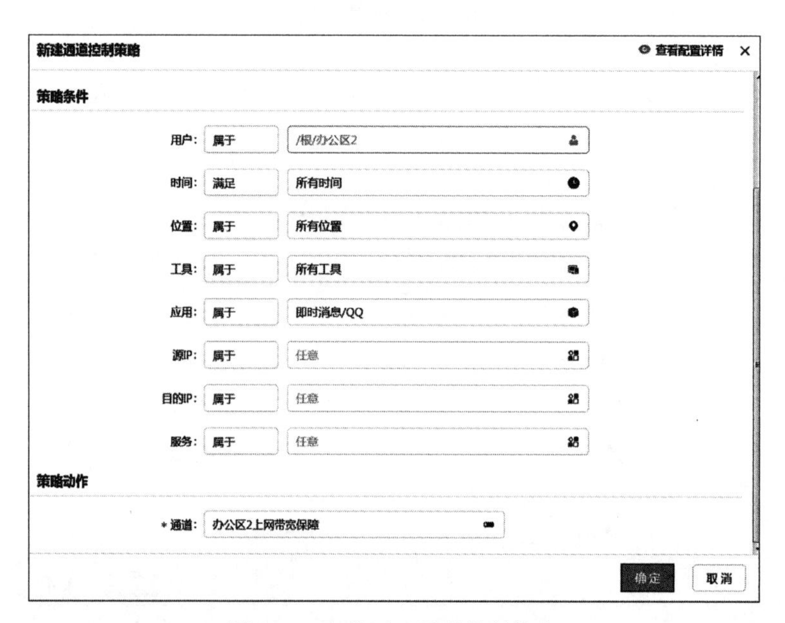


图 5-29　办公区 2 通道控制策略

## 【实验结果】

(1) 进入用户 PC1 虚拟机,打开爱奇艺视频软件,播放 480P 的视频无卡顿。

① 打开用户 PC1 虚拟机,双击桌面的爱奇艺快捷方式,运行爱奇艺视频播放器。

② 在"爱奇艺视频播放器"的首页,单击并浏览某视频(注: 仅作测试浏览,无其他用途),如图 5-31 所示。

③ 播放视频,"清晰度"选择"高清",满足实验预期 1,播放视频无卡顿,如图 5-32 所示。

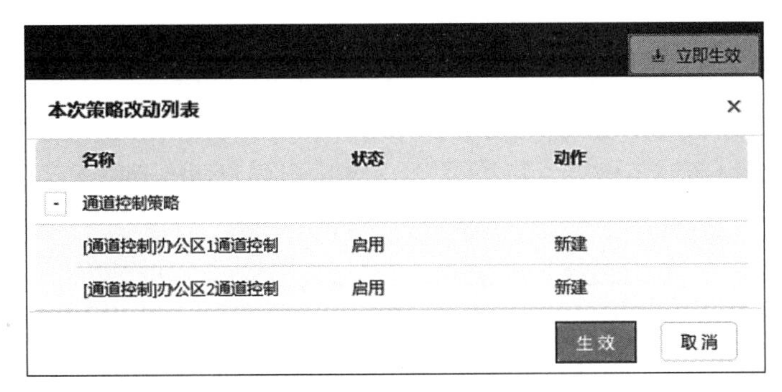


图 5-30　立即生效

图 5-31　浏览视频

图 5-32　播放视频

(2) 在用户 PC1 虚拟机上播放爱奇艺高清视频，打开用户 PC2 虚拟机，访问 v.qq.com，播放视频，不影响 QQ 登录，查看 PC1 爱奇艺播放视频无卡顿。

① 不关闭用户 PC1 虚拟机的视频，打开用户 PC2 虚拟机，双击桌面的火狐浏览器快捷方式，在浏览器地址栏中输入 v.qq.com 进入腾讯视频页面，如图 5-33 所示。

图 5-33　访问腾讯视频

② 播放视频，如图 5-34 所示。

图 5-34　用户 PC2 的视频

③ 双击桌面的 QQ 快捷方式，弹出 QQ 登录对话框，单击对话框右下角的"二维码"按钮，如图 5-35 所示。

④ 页面弹出登录 QQ 所需扫描的二维码的提示，使用手机进行扫码登录，如图 5-36 所示。

⑤ 成功登录 QQ 软件，满足实验预期 2，不影响 QQ 登录，如图 5-37 所示。

⑥ 进入用户 PC1 虚拟机，查看到观看的视频也无卡顿。满足实验预期 2，用户 PC2 观看视频的同时，用户 PC1 观看视频时无卡顿，如图 5-38 所示。

(3) 查看实时流速，办公区 1 和办公区 2 实时流速不超过通道带宽限制。打开管理机，进入上网行为管理首页，单击"系统监控"→"实时流速"菜单，进入"实时流速"页面，查

图 5-35　打开 QQ

图 5-36　扫码登录

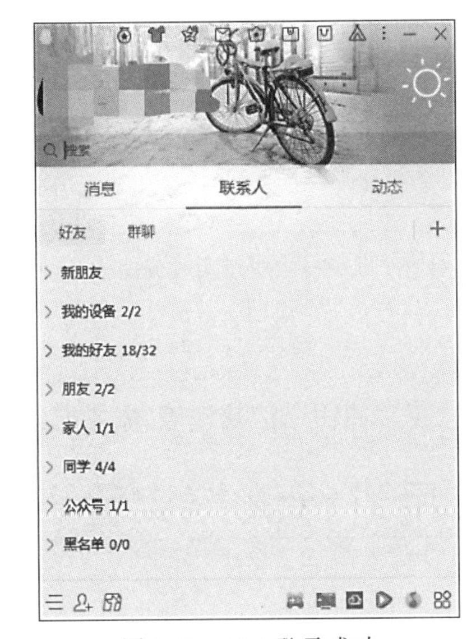


图 5-37　QQ 登录成功

图 5-38　用户 PC1 的视频

看到"办公区 1""办公区 2"的用户实时流速不超过通道带宽限制,并满足场景需求,如图 5-39 所示。

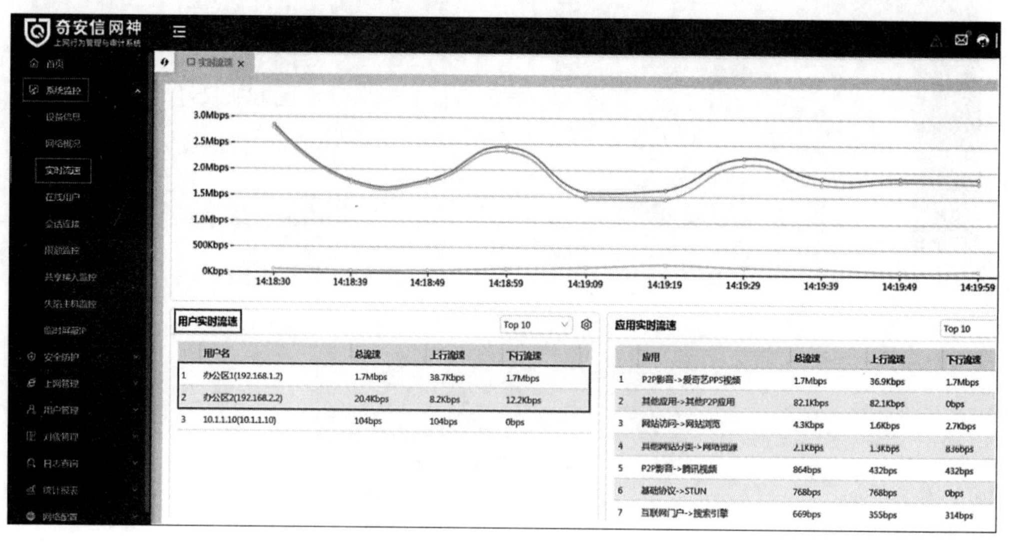


图 5-39 用户实时流速

**【实验思考】**

若需保障办公区 3 的用户正常使用通信软件等,需要配置什么策略?

## 5.2 针对应用进行流控实验

**【实验目的】**

掌握上网行为管理针对应用流控的方法,掌握灵活配置流控策略的方法。

**【知识点】**

应用流控。

**【场景描述】**

A 公司发现部分员工近期使用爱奇艺客户端在工作时间浏览娱乐视频严重影响其他员工使用网络,张经理决定对公司内部爱奇艺客户端的流量进行管控,限制爱奇艺客户端流量,要求在上班期间(8:00—18:00)不得占用超过 0.5MB/s 流量。请同学们和网络安全运维工程师小王一起完成针对应用进行流控的配置。

**【实验原理】**

很多私企较为注重员工的上网体验,尽量减少对员工上网进行阻塞,以提高员工满意度。同时,为提高办公效率,优化公司网络资源分配,需要对一些资源占用较多的娱乐应用进行限制。通过流量管制和流量整形,上网行为管理系统可对应用进行流量控制,对各应用的占用资源进行人工分配,限制非工作应用的带宽占用。

**【实验设备】**

安全设备：上网行为管理设备 1 台。

网络设备：路由器 2 台。

主机终端：Windows 7 SP1 主机 2 台。

**【实验拓扑】**

实验拓扑如图 5-40 所示。

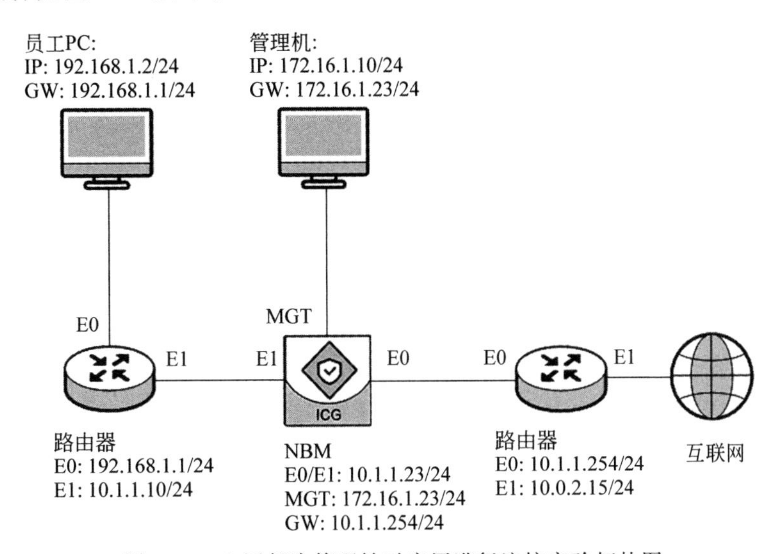


图 5-40　上网行为管理针对应用进行流控实验拓扑图

**【实验思路】**

(1) 管理机登录上网行为管理。

(2) 配置网桥模式。

(3) 创建用户。

(4) 创建时间对象。

(5) 配置对应用的流量控制策略。

(6) 在员工 PC 中打开爱奇艺客户端播放视频。

(7) 上网行为管理实时流速查看当前速率。

**【实验步骤】**

(1) 登录管理机，设置管理机 IP 与上网行为管理的 MGT 口 IP 为同一网段，登录实验拓扑中的管理机，配置管理机 IP 为 172.16.1.10/24，默认网关为 172.16.1.23，单击“确定”按钮。

(2) 打开管理机的浏览器，在地址栏中输入上网行为管理的访问地址“https://172.16.1.23”(以实际 IP 为准)，跳转至上网行为管理登录页面，在登录页面输入用户名“admin”、密码“admin123”(以实际密码为准)、验证码“v5xn”(以实际验证码为准)，单击“登录”按钮。

(3) 为提高上网行为管理系统的安全性,系统会在用户使用初始密码登录时弹出“修改密码”对话框,本实验不需要修改默认密码,单击“暂不修改”按钮。

(4) 成功登录设备后,进入上网行为管理首页。

(5) 单击“网络配置”→“模式配置”菜单,单击“配置网络模式”按钮,进入“配置网络模式”配置页面。

(6) 在“网络模式选择”对话框中,选中“网桥模式”选项,单击“开始配置”按钮,进入“网桥模式配置”对话框。

(7) 在“网桥模式配置”对话框中,单击“新建”按钮,配置网桥接口。

(8) 在弹出的“编辑桥接口”对话框中填写配置信息。“名称”填写“br1”,“内网口”选择 eth1,“外网口”选择 eth0,“IP 地址/掩码”填写“10.1.1.23/24”,填写完成后,单击对话框下方的“确定”按钮。(注:在上网行为管理中,外网口一般与互联网连接,本实验拓扑中路由器 E1 口与外网连接,故外网口应与路由器 E0 口处于同一网段;内网口是上网行为管理与公司内部网络连接的接口。)

(9) 桥接口创建成功后,返回“网桥模式配置”页面,单击“下一步”按钮,进入“缺省网关”配置页面。

(10) 配置“缺省网关”为 10.1.1.254,单击“下一步”按钮。

(11) 进入“管理口配置”页面,本实验保持默认配置,单击“下一步”按钮。

(12) 所有的配置完成后,单击“保存并生效”按钮,使配置生效。

(13) 单击“网络配置”→“路由配置”菜单进行路由配置,单击“新建”按钮添加路由。

(14) 在弹出的“新建 IPv4 静态路由”对话框中新建一条静态路由,“目的地址”填写“192.168.0.0”,“IP 掩码”填写“255.255.0.0”,“下一跳”填写“10.1.1.10”,“接口”选择 br1,单击“确定”按钮,路由新建完成。

(15) 单击“用户管理”→“组织结构”菜单,进入组织结构页面,单击“新建用户”按钮,弹出“新建用户”对话框,“名称”填写“xiaoli”,“所属组”选择“/根/”,“IP/IP 段”填写“192.168.1.2”,单击“确定”按钮。

(16) 单击“对象管理”→“时间对象”菜单,单击“新建”按钮,弹出“新建时间对象”对话框,“名称”填写“上班时间”,“周期”选择“周一到周五”,“时段”选择 8:00—18:00,单击“确定”按钮,如图 5-41 所示。

(17) 单击“上网管理”→“流量管理”→“每用户控制策略”菜单,进入“用户速率限制”配置页面,如图 5-42 所示。

(18) 单击“新建”按钮,在弹出的“新建用户速率限制”对话框,“名称”填写“爱奇艺限速”,“用户”选择“/根/xiaoli”,“时间”选择“上班时间”,单击“应用”选项栏后的填写框,如图 5-43 所示。

(19) 在弹出的“选择应用”对话框,在“应用列表”列表栏,单击选中“视频播放”→“P2P 影音”→“爱奇艺 PPS 视频”选项,单击“确定”按钮,如图 5-44 所示。

(20) 返回“新建用户速率限制”对话框,“上传限速”填写“4”,“下载限速”填写“4”,配置完成后,单击“确定”按钮,如图 5-45 所示。

(21) 单击右上角的“立即生效”按钮,弹出“本次策略改动列表”对话框,单击“生效”

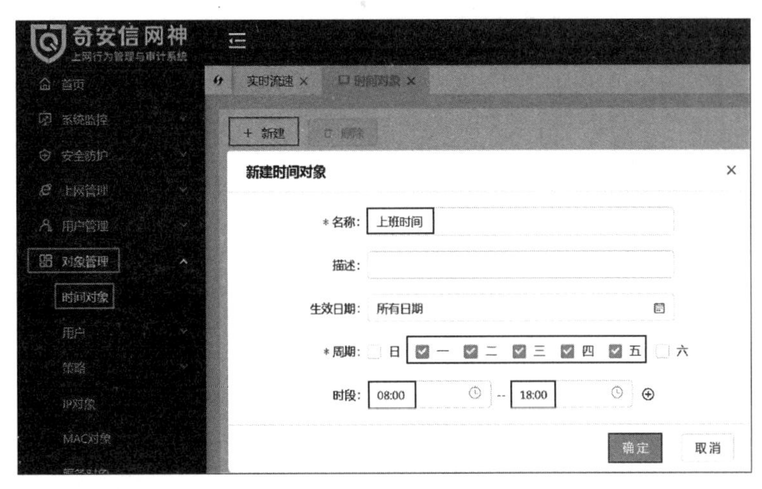

图 5-41　新建时间对象

图 5-42　用户速率限制

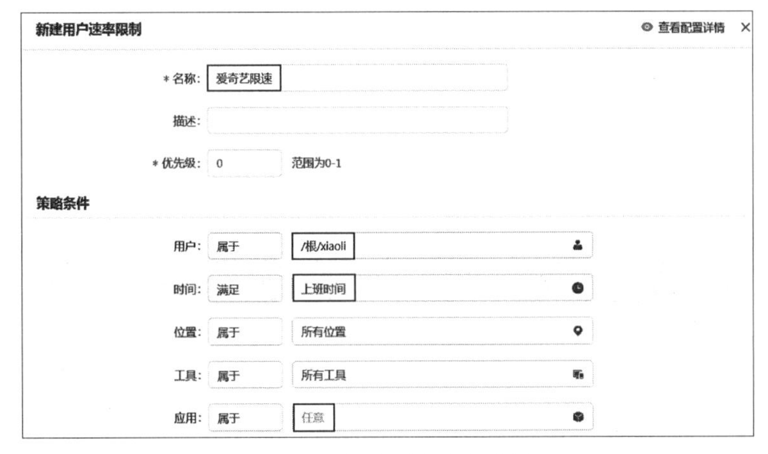

图 5-43　新建用户速率限制

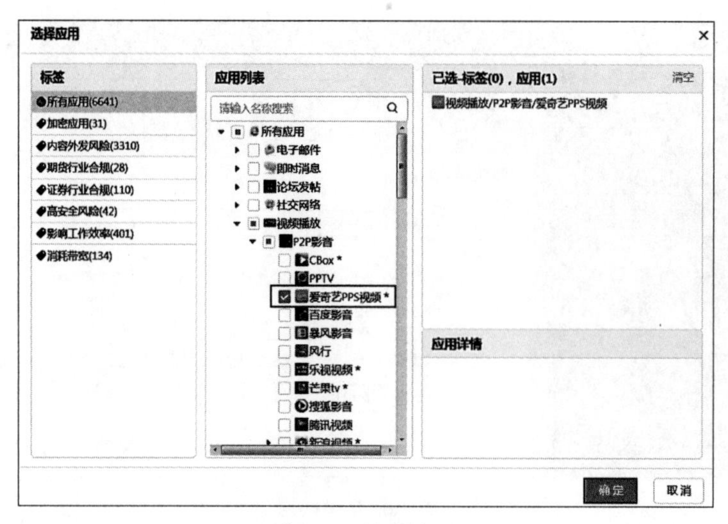


图 5-44　选择应用

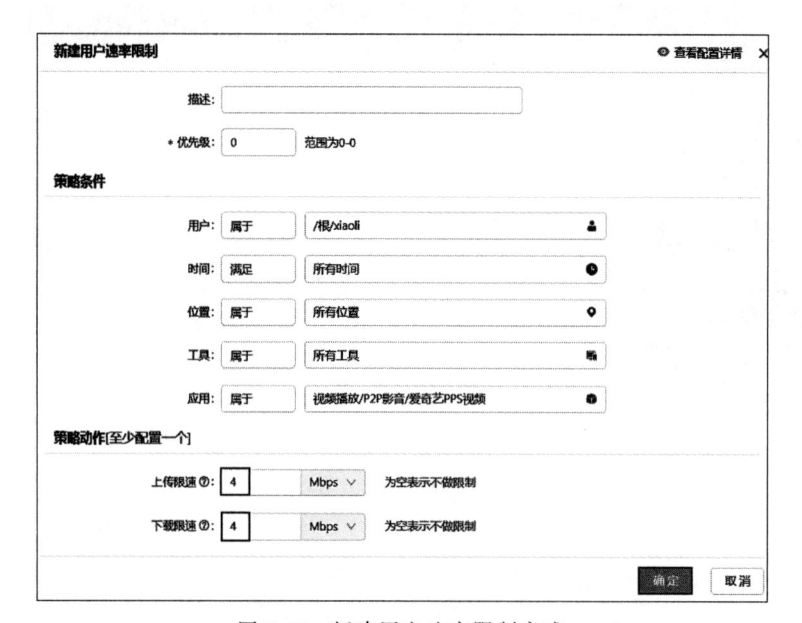


图 5-45　新建用户速率限制完成

按钮，如图 5-46 所示。

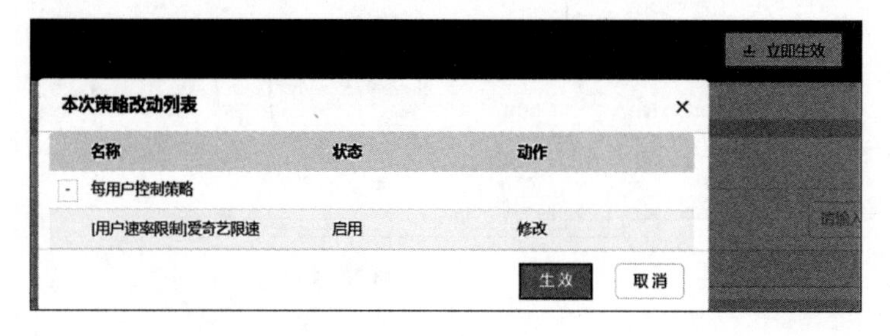


图 5-46　立即生效

**【实验预期】**

打开员工 PC,双击进入爱奇艺播放器,随意选择视频进行播放,上网行为管理系统监控的实时流速查看上行速度与下行速度均小于 4Mbps。

**【实验结果】**

(1) 进入员工 PC,双击桌面的爱奇艺播放器快捷方式,运行爱奇艺播放器。

(2) 页面跳转至爱奇艺首页,随意选择视频进行播放,如图 5-47 所示。

图 5-47　播放视频

(3) 打开管理机,进入上网行为管理首页,单击“系统监控”→“实时流速”菜单,应用实时流速记录如下,满足实验预期,如图 5-48 所示。

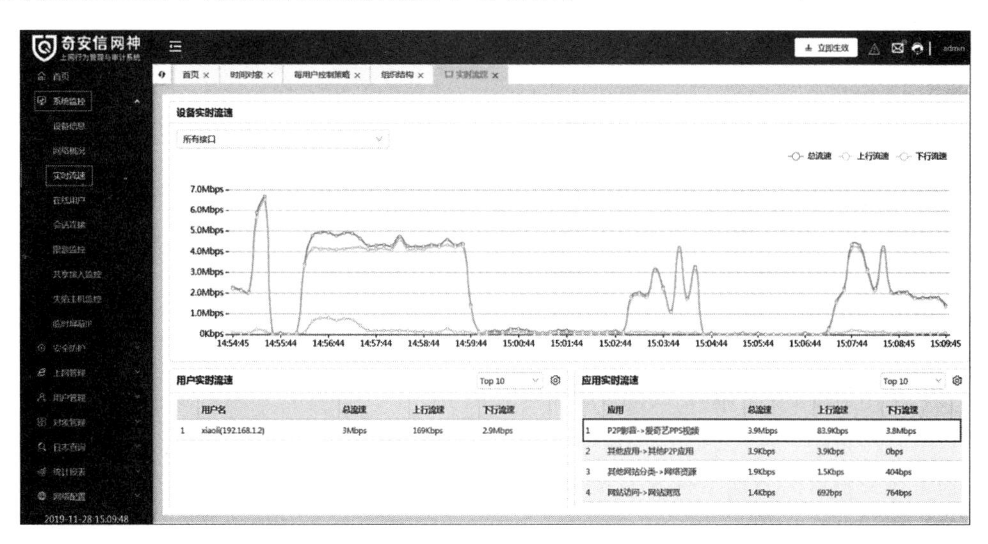


图 5-48　实时流速监控

**【实验思考】**

若公司不但要从速度去限制员工使用播放软件，还想限制员工每日的流量上限，应该还要做何配置？

## 5.3 每用户上网时长控制实验

**【实验目的】**

掌握上网行为管理对每用户上网时长的管控配置。

**【知识点】**

每用户上网时长限额。

**【场景描述】**

A 公司要对项目内研发部门人员上网总时长进行限制，防止开发效率低而致使项目延期的情况出现，请同学们和网络安全运维工程师小王一起完成每用户时长管控的配置。

**【实验原理】**

基于用户管理方法针对每用户独立配置保障、限制速率或上网时长。网络安全运维工程师可根据公司需求对每个员工上网时间进行配置，尤其对于封闭开发的员工，合理配置上网时间可提高工作效率。

**【实验设备】**

安全设备：上网行为管理设备 1 台。

网络设备：路由器 2 台。

主机终端：Windows 7 SP1 主机 2 台。

**【实验拓扑】**

实验拓扑如图 5-49 所示。

**【实验思路】**

(1) 管理机登录上网行为管理设备。

(2) 配置网络和路由。

(3) 创建用户。

(4) 配置上网时长策略。

(5) 禁用策略，登录用户 PC，验证上网时长。

(6) 启用策略，登录用户 PC，验证上网时长。

(7) 在上网行为管理上查看系统监控中的在线用户和限额监控阻塞记录。

(8) 查看上线日志。

**【实验步骤】**

(1) 登录管理机，设置管理机 IP 与上网行为管理的 MGT 口 IP 为同一网段，登录实

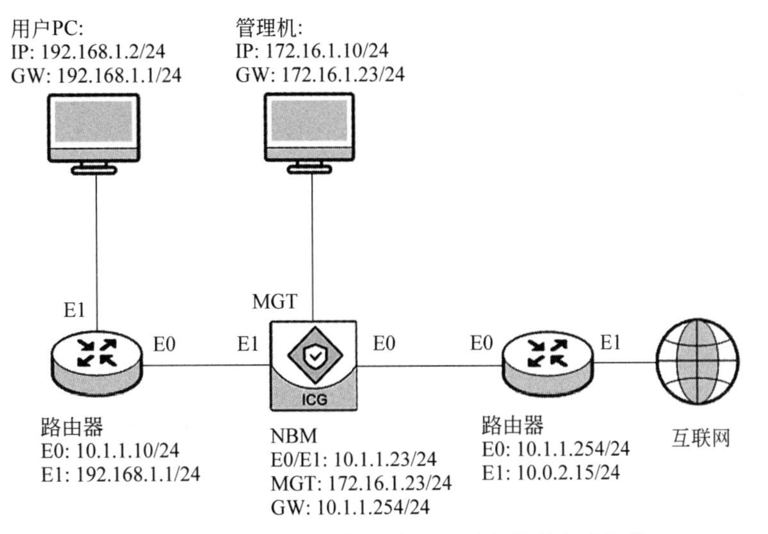


图 5-49 上网行为管理每用户上网时长控制实验拓扑

验拓扑中的管理机，配置管理机 IP 为 172.16.1.10/24，默认网关为 172.16.1.23，单击“确定”按钮。

(2) 打开管理机的浏览器，在地址栏中输入上网行为管理的访问地址“https://172.16.1.23”（以实际 IP 为准），跳转至上网行为管理登录页面，在登录页面输入用户名“admin”、密码“admin123”（以实际密码为准）、验证码“v5xn”（以实际验证码为准），单击“登录”按钮。

(3) 为提高上网行为管理系统的安全性，系统会在用户使用初始密码登录时弹出“修改密码”对话框，本实验不需要修改默认密码，单击“暂不修改”按钮。

(4) 成功登录设备后，进入上网行为管理首页。

(5) 单击“网络配置”→“模式配置”菜单，单击“配置网络模式”按钮，进入“配置网络模式”配置页面。

(6) 在“网络模式选择”对话框中，选中“网桥模式”选项，单击“开始配置”按钮，进入“网桥模式配置”对话框。

(7) 在“网桥模式配置”对话框中，单击“新建”按钮，配置网桥接口。

(8) 在弹出的“编辑桥接口”对话框中填写配置信息。“名称”填写“br1”，“内网口”选择 eth1，“外网口”选择 eth0，“IP 地址/掩码”填写“10.1.1.23/24”，填写完成后，单击对话框下方的“确定”按钮。（注：在上网行为管理中，外网口一般与互联网连接，本实验拓扑中路由器 E1 口与外网连接，故外网口应与路由器 E0 口处于同一网段；内网口是上网行为管理与公司内部网络连接的接口。）

(9) 桥接口创建成功后，返回“网桥模式配置”页面，单击“下一步”按钮，进入“缺省网关”配置页面。

(10) 配置“缺省网关”为 10.1.1.254，单击“下一步”按钮。

(11) 进入“管理口配置”页面，本实验保持默认配置，单击“下一步”按钮。

(12) 所有的配置完成后,单击“保存并生效”按钮,使配置生效。

(13) 单击“网络配置”→“路由配置”菜单进行路由配置,单击“新建”按钮添加路由。

(14) 在弹出的“新建 IPv4 静态路由”对话框中新建一条静态路由,“目的地址”填写“192.168.0.0”,“IP 掩码”填写“255.255.0.0”,“下一跳”填写“10.1.1.10”,“接口”选择 br1,单击“确定”按钮,新建路由完成。

(15) 单击“用户管理”→“组织结构”菜单,进入组织结构编辑页面,单击“新建用户”按钮,弹出“新建用户”对话框,“名称”填写“研发部”,“所属组”选择“/根/”,“IP/IP 段”填写“192.168.1.2-192.168.1.10”,单击“确定”按钮,如图 5-50 所示。(注:实际环境中,各个部门有大量的 PC 终端,此实验仅以单个 PC 进行实验验证。)

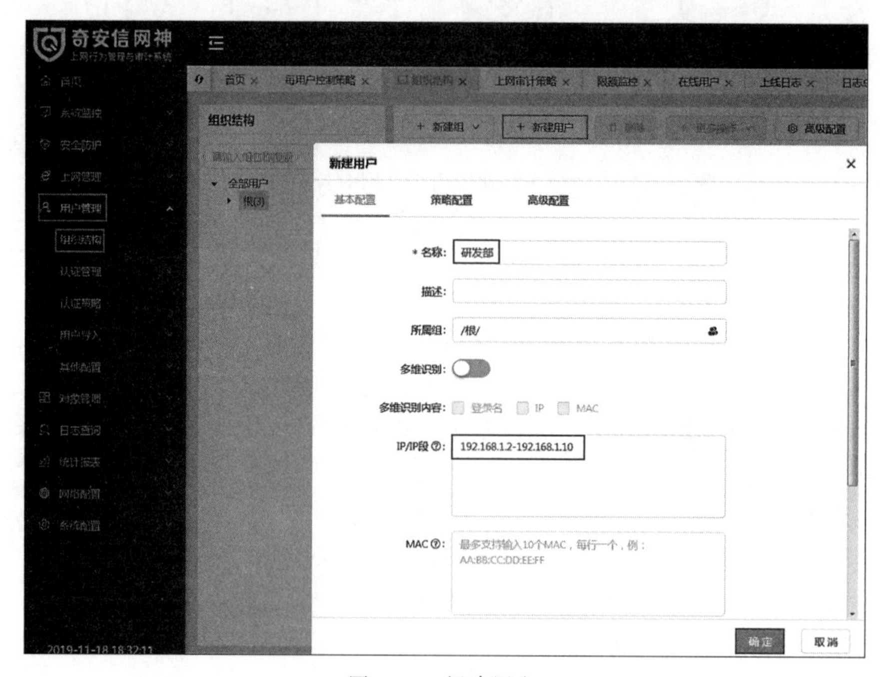


图 5-50 新建用户

(16) 单击“上网管理”→“流量管理”→“每用户控制策略”菜单,进入“每用户控制策略”页面,打开“上网时长限额”选项卡,进入“上网时长限额”选项卡,单击“新建”按钮,弹出“新建上网时长限额”对话框,如图 5-51 所示。

(17) 在“新建上网时长限额”对话框中,“名称”填写“上网时长限额 5 分钟”,“用户”属于“/根/研发部”,“上网时长”填写“5”,如图 5-52 所示。(注:上网时长以实际场景需求为准,此处上网时长值设置较短,仅做实验测试。)

(18) 单击“阻塞页面”右侧的策略条件,在弹出的“选择阻塞页面”对话框中,勾选“名称”为“[默认]上网时长限额提示页面”复选框,单击“确定”按钮,如图 5-53 所示。

(19) 返回“新建上网时长限额”对话框,单击“认证提示内容”右侧的策略条件,在弹出的“选择阻塞页面”对话框中,勾选“名称”为“[默认]上网时长限额提示页面”复选框,单击“确定”按钮,如图 5-54 所示。

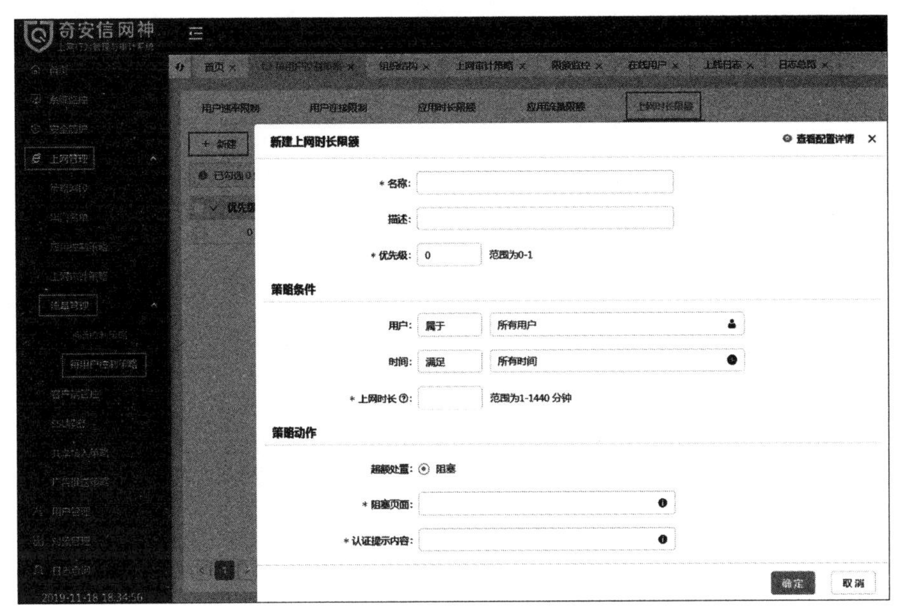


图 5-51　新建上网时长限额

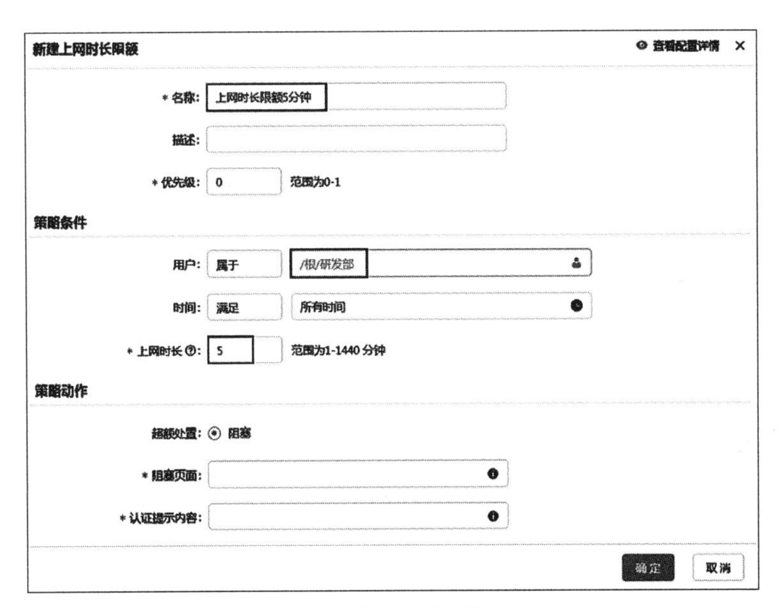


图 5-52　新建上网时长限额设置

(20) 返回“新建上网时长限额”对话框，单击“确定”按钮，如图 5-55 所示。

(21) 单击页面右上角的“立即生效”按钮，弹出“本次策略改动列表”对话框，单击“生效”按钮，如图 5-56 所示。

## 【实验预期】

(1) 禁用“上网时长限额 5 分钟”策略后，进入用户 PC 虚拟机，用户浏览网页超过

图 5-53 选择阻塞页面

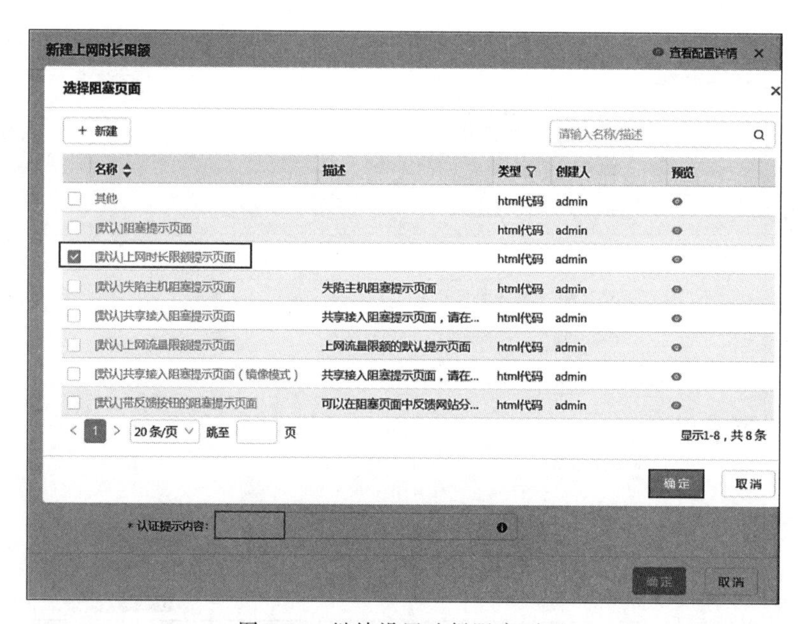


图 5-54 继续设置选择阻塞页面

5 分钟后依旧可正常上网。

(2) 启用“上网时长限额 5 分钟”策略后，进入用户 PC 虚拟机，用户浏览网页超过 5 分钟后无法上网，并查看上网时长限额提示。

(3) 在上网行为管理的系统监控中可看到在线用户和限额阻塞日志。

## 【实验结果】

(1) 禁用“上网时长限额 5 分钟”策略后，进入用户 PC 虚拟机，用户浏览网页超过 5

图 5-55　新建上网时长限额完成

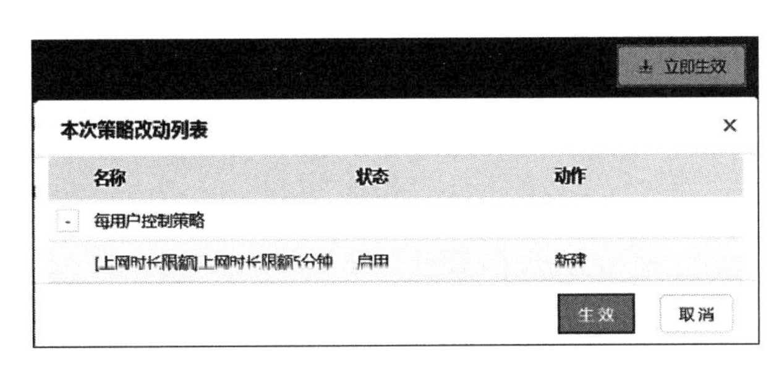


图 5-56　立即生效

分钟后依旧可正常上网。

① 单击“上网管理”→“流量管理”→“每用户控制策略”菜单，进入“每用户控制策略”页面，打开“上网时长限额”选项卡，进入“上网时长限额”选项卡，查看到“名称”为“上网时长限额 5 分钟”的策略，如图 5-57 所示。

② 单击“状态”下的“启用”按钮，将“上网时长限额 5 分钟”策略禁用，成功禁用“上网时长限额 5 分钟”策略，如图 5-58 所示。

③ 单击页面右上角的“立即生效”按钮，弹出“本次策略改动列表”对话框，单击“生效”按钮，如图 5-59 所示。

④ 打开用户 PC，将用户 PC 的 IP 设置为 192.168.1.2。

⑤ 双击桌面的火狐浏览器快捷方式，运行火狐浏览器。

⑥ 在浏览器中浏览页面超过 5 分钟后，仍能正常浏览网页，满足实验预期 1，用户浏览网页超过 5 分钟后依旧可正常上网，如图 5-60 所示。

(2) 启用“上网时长限额 5 分钟”策略后，进入用户 PC 虚拟机，用户浏览网页超过 5 分钟后无法上网，并查看上网时长限额提示。

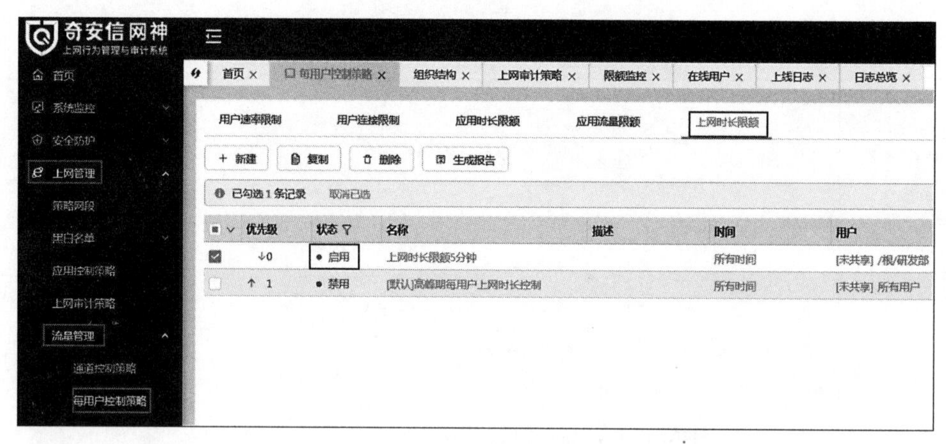

图 5-57　状态为“启用”

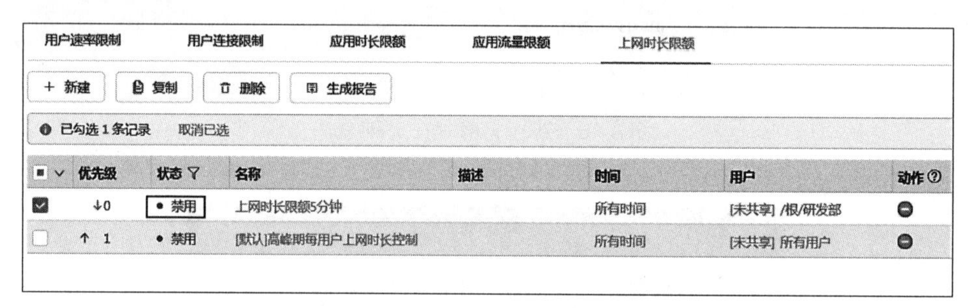

图 5-58　状态为“禁用”

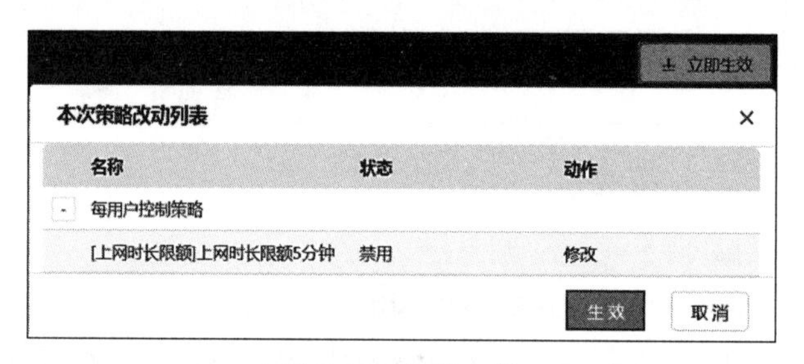

图 5-59　立即生效

① 打开管理机，在浏览器地址栏中输入上网行为管理的访问地址“https://172.16.1.23”(以实际 IP 为准)，跳转至上网行为管理登录页面，在登录页面输入用户名“admin”、密码“admin123”(以实际密码为准)、验证码“v5xn”(以实际验证码为准)，单击“登录”按钮。

② 成功登录后，进入上网行为管理首页，单击“上网管理”→“流量管理”→“每用户控制策略”菜单，进入“每用户控制策略”页面，打开“上网时长限额”选项卡，进入“上网时长限额”选项卡，查看到“名称”为“上网时长限额 5 分钟”的策略，如图 5-61 所示。

③ 单击“状态”下的“禁用”按钮，将“上网时长限额 5 分钟”策略启用，成功启用“上网时长限额 5 分钟”策略，如图 5-62 所示。

④ 单击页面右上角的“立即生效”按钮，弹出“本次策略改动列表”对话框，单击“生

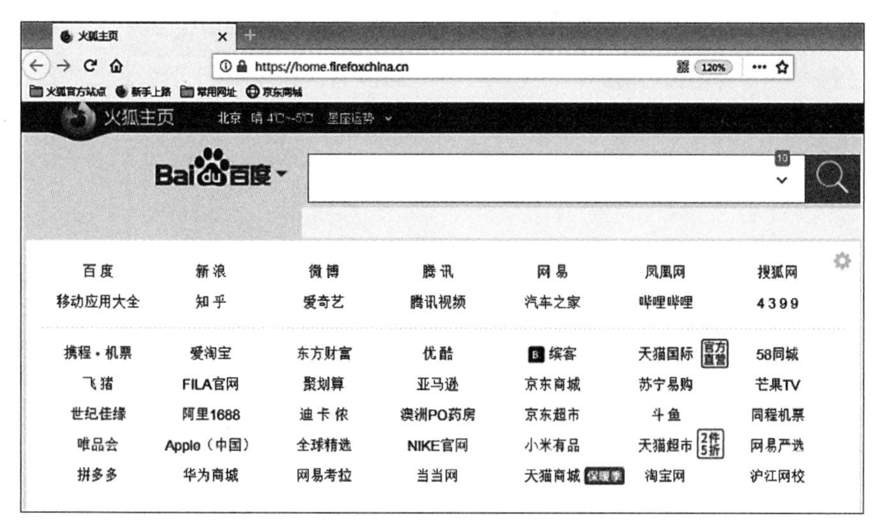


图 5-60 浏览网页

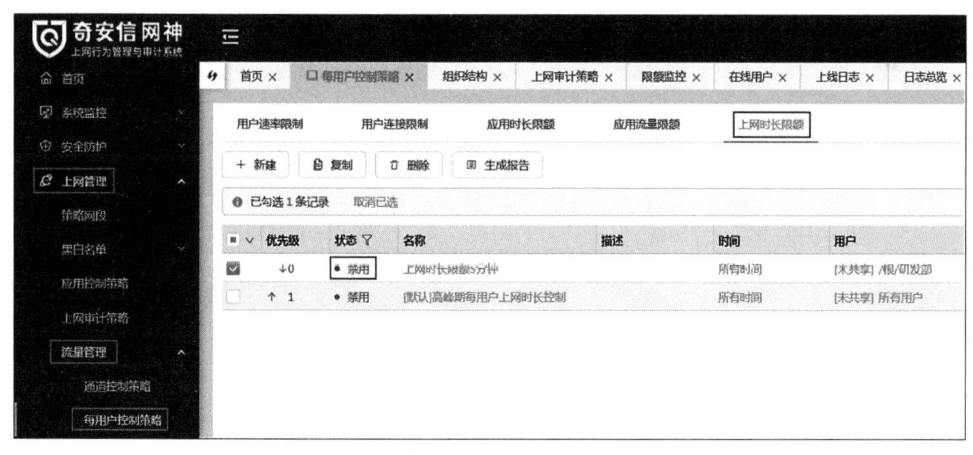


图 5-61 状态为“禁用”

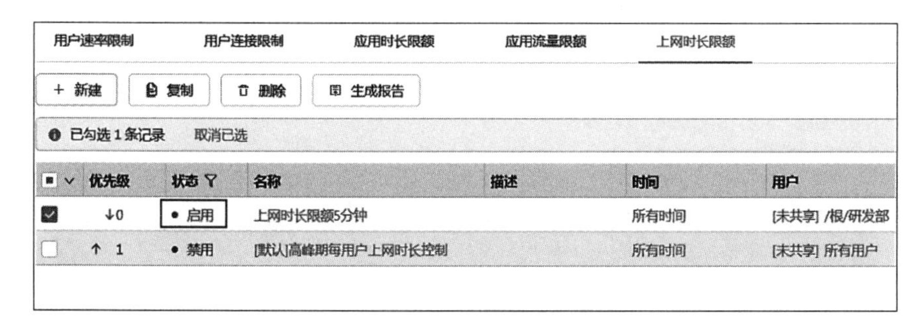


图 5-62 状态为“启用”

效”按钮，如图 5-63 所示。

⑤ 打开用户 PC，双击桌面的火狐浏览器快捷方式，运行火狐浏览器。

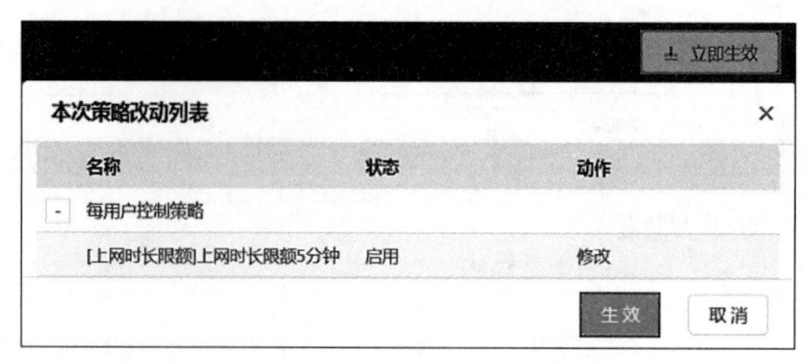


图 5-63　立即生效

⑥ 在浏览器中浏览页面约 5 分钟后，单击任意网页，显示“页面载入出错”，无法正常浏览网页，并弹出“您必须先登录此网络才能访问互联网”的提示，单击弹出的“打开网络登录页面”按钮，如图 5-64 所示。

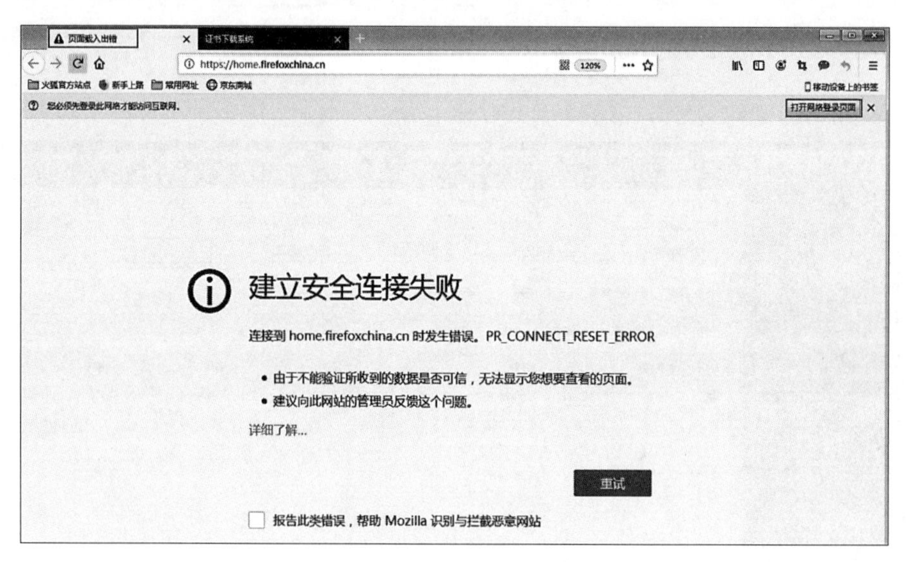


图 5-64　页面载入出错

⑦ 进入“上网时长限额提示”页面，满足实验预期 2，用户浏览网页超过 5 分钟后无法上网，并弹出上网时长限额的提示，如图 5-65 所示。

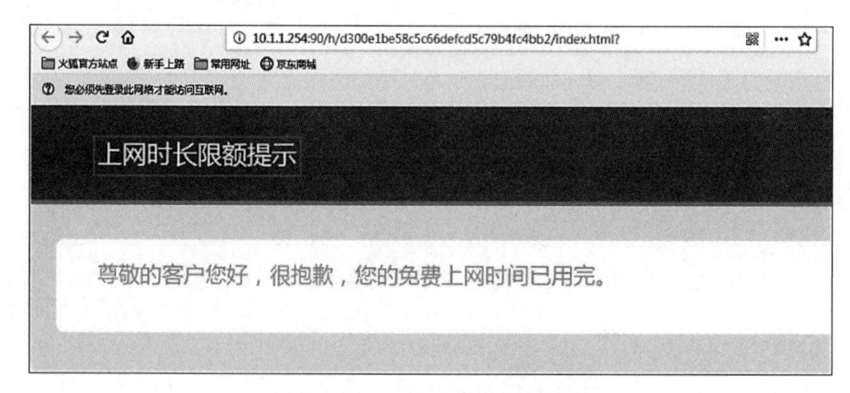


图 5-65　上网时长限额提示

（3）在上网行为管理的系统监控中可看到在线用户和限额阻塞日志。

① 打开管理机，在浏览器地址栏中输入上网行为管理的访问地址“https://172.16.1.23”（以实际IP为准），跳转至上网行为管理登录页面，在登录页面输入用户名“admin”、密码“admin123”（以实际密码为准）、验证码“v5xn”（以实际验证码为准），单击“登录”按钮。

② 成功登录后，进入上网行为管理首页，单击“系统监控”→“在线用户”菜单，进入“在线用户”页面，查看到“用户”“研发部”的在线记录，如图5-66所示。

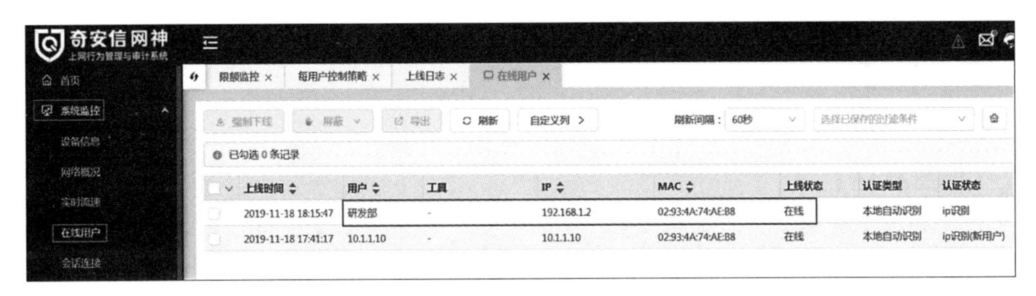


图5-66　在线用户

③ 单击“系统监控”→“限额监控”菜单，进入“限额监控”页面，查看到“用户”“研发部”的使用值为5分钟、被限额阻塞的记录，如图5-67所示。

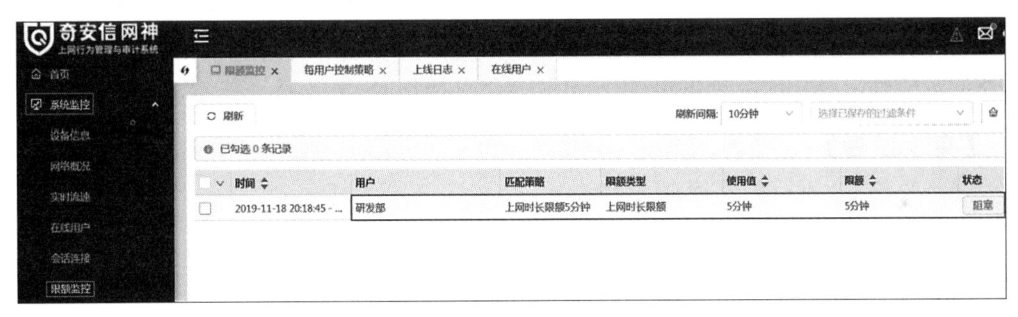


图5-67　限额监控

④ 单击“日志查询”→“上线日志”菜单，进入“上线日志”页面，查看到“用户”“研发部”的上线记录，如图5-68所示。

图5-68　上线日志

【实验思考】

如果想在某时间段内对用户上网时长进行限额，如何实现？

## 5.4 每用户流量控制实验

【实验目的】

掌握上网行为管理对每用户上网总流量的管控配置。

【知识点】

每用户流量控制。

【场景描述】

A 公司为了提高员工的工作效率，需要对员工的上网流量进行控制，要求对每个员工每天上网的总流量限额，一旦超过限额，则不允许该员工继续访问互联网。请同学们和网络安全运维工程师小王一起完成配置，满足上述需求。

【实验原理】

上网行为管理系统可通过应用流量限额策略限制每个用户使用相应网络应用的累计流量。管理员可以根据实际需求，通过配置应用流量限额策略，控制某些用户的应用流量，以便更合理地利用网络带宽资源。管理员可通过配置应用流量限额策略，实现上网行为管理系统对应用流量控制功能，优化员工整体上网体验，节省网络资源，提升办公效率。

【实验设备】

安全设备：上网行为管理设备 1 台。

网络设备：路由器 2 台。

主机终端：Windows 7 SP1 主机 2 台。

【实验拓扑】

实验拓扑如图 5-69 所示。

【实验思路】

(1) 管理机登录上网行为管理。

(2) 配置网桥模式。

(3) 创建用户。

(4) 上网行为管理配置上网流量策略。

(5) 进入员工 PC，打开爱奇艺播放器播放视频进行流量限额测试。

(6) 上网行为管理系统监控的限额监控查看阻塞记录。

【实验步骤】

(1) 登录管理机，设置管理机 IP 与上网行为管理的 MGT 口 IP 为同一网段，登录实验拓扑中的管理机，配置管理机 IP 为 172.16.1.10/24，默认网关为 172.16.1.23，单击“确

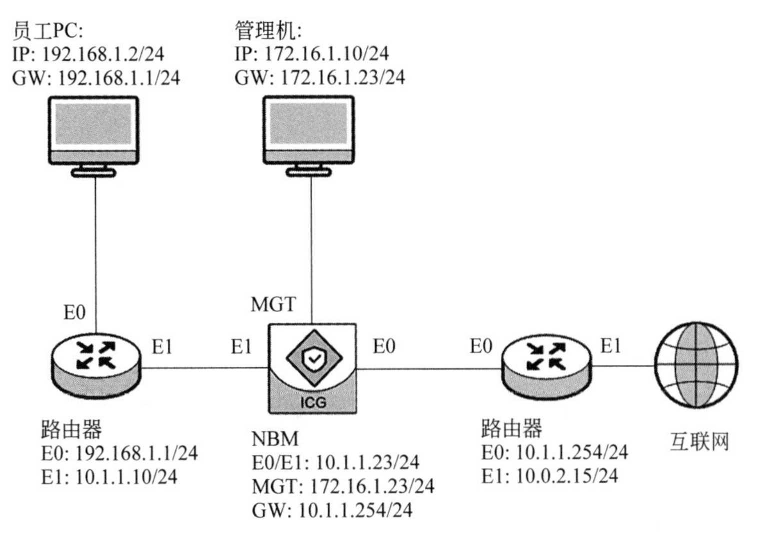


图 5-69　每用户流量控制实验拓扑图

定”按钮。

(2) 打开管理机的浏览器，在地址栏中输入上网行为管理的访问地址“https://172.16.1.23”(以实际 IP 为准)，跳转至上网行为管理登录页面，在登录页面输入用户名“admin”、密码“admin123”(以实际密码为准)、验证码“v5xn”(以实际验证码为准)，单击“登录”按钮。

(3) 为提高上网行为管理系统的安全性，系统会在用户使用初始密码登录时弹出“修改密码”对话框，本实验不需要修改默认密码，单击“暂不修改”按钮。

(4) 成功登录设备后，进入上网行为管理首页。

(5) 单击“网络配置”→“模式配置”菜单，单击“配置网络模式”按钮，进入“配置网络模式”配置页面。

(6) 在“网络模式选择”对话框中，选中“网桥模式”选项，单击“开始配置”按钮，进入“网桥模式配置”对话框。

(7) 在“网桥模式配置”对话框中，单击“新建”按钮，配置网桥接口。

(8) 在弹出的“编辑桥接口”对话框中填写配置信息。“名称”填写“br1”，“内网口”选择 eth1，“外网口”选择 eth0，“IP 地址/掩码”填写“10.1.1.23/24”，填写完成后，单击对话框下方的“确定”按钮。(注：在上网行为管理中，外网口一般与互联网连接，本实验拓扑中路由器 E1 口与外网连接，故外网口应与路由器 E0 口处于同一网段；内网口是上网行为管理与公司内部网络连接的接口。)

(9) 桥接口创建成功后，返回“网桥模式配置”页面，单击“下一步”按钮，进入“缺省网关”配置页面。

(10) 配置“缺省网关”为 10.1.1.254，单击“下一步”按钮。

(11) 进入“管理口配置”页面，本实验保持默认配置，单击“下一步”按钮。

(12) 所有的配置完成后，单击“保存并生效”按钮，使配置生效。

(13) 单击“网络配置”→“路由配置”菜单进行路由配置，单击“新建”按钮添加路由。

(14) 在弹出的“新建 IPv4 静态路由”对话框中新建一条静态路由，“目的地址”填写“192.168.0.0”，“IP 掩码”填写“255.255.0.0”，“下一跳”填写“10.1.1.10”，“接口”选择 br1，单击“确定”按钮，路由新建完成。

(15) 单击“用户管理”→“组织结构”菜单，进入组织结构页面，单击“新建用户”按钮，弹出“新建用户”对话框，“名称”填写“xiaoli”，“所属组”选择“/根/”，“IP/IP 段”填写“192.168.1.2”，单击“确定”按钮。

(16) 单击“上网管理”→“流量管理”→“每用户控制策略”菜单，打开“应用流量限额”选项卡，进入应用流量限额页面，如图 5-70 所示。

图 5-70 应用流量限额

(17) 单击“新建”按钮，在弹出的“新建应用流量限额”对话框，“名称”填写“应用流量控制”，“用户”选择“/根/xiaoli”，单击“应用”选项栏后的填写框，如图 5-71 所示。

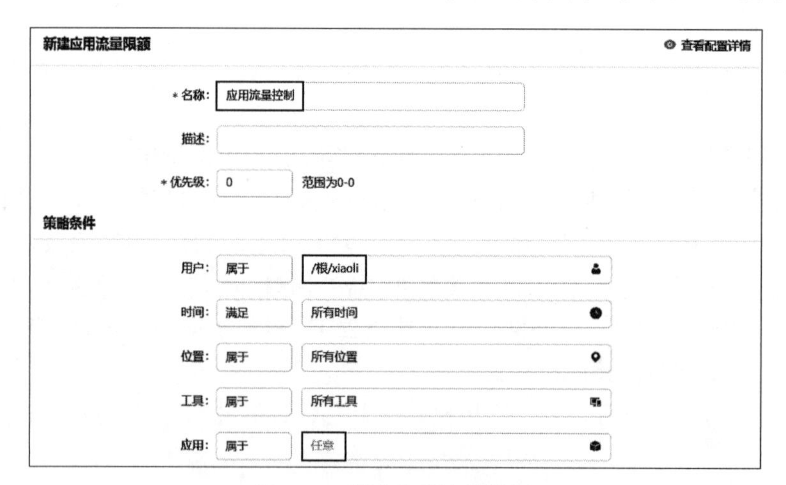


图 5-71 新建应用流量限额

(18) 在弹出的“选择应用”对话框，在“应用列表”列表栏，勾选“所有应用”复选框，单击“确定”按钮，如图 5-72 所示。

图 5-72　选择应用

(19) 返回“新建应用流量限额”对话框，“累计周期”选择“每天”，“应用流量”填写“20”(注：此处是为了实验测试方便，填写限额较小，配置时以实际需求为准)，“阻塞页面”选择“[默认]阻塞提示页面”，配置完成后，单击“确定”按钮，如图 5-73 所示。

图 5-73　新建应用流量限额完成

(20) 单击右上角的“立即生效”按钮，弹出“本次策略改动列表”对话框，单击“生效”按钮，如图 5-74 所示。

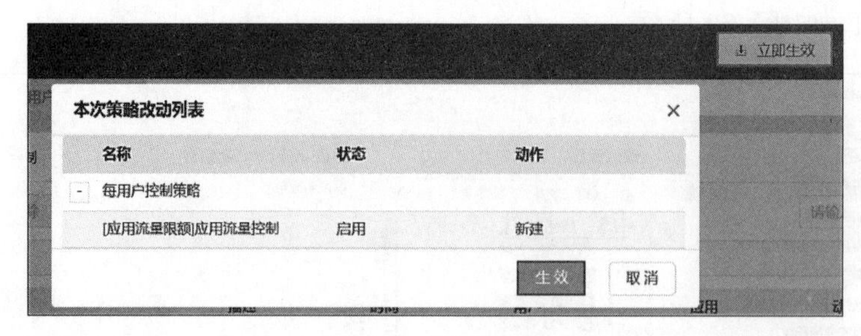


图 5-74　立即生效

【实验预期】

(1) 打开员工 PC,双击进入爱奇艺播放器,随意选择视频进行播放,流量到达上限后无法继续播放视频。

(2) 上网行为管理系统监控的限额监控查看到阻塞记录。

【实验结果】

(1) 进入员工 PC,双击桌面的爱奇艺播放器快捷方式,运行爱奇艺播放器。

(2) 页面跳转至爱奇艺首页,随意选择视频进行播放,如图 5-75 所示。

图 5-75　播放视频

(3) 流量到达上限后,播放页面弹出"网络出现问题"提示,满足实验预期 1,如图 5-76 所示。

(4) 打开管理机,进入上网行为管理首页,单击"系统监控"→"限额监控"菜单,限额阻塞记录如下,满足实验预期 2,如图 5-77 所示。

【实验思考】

如果只对 P2P 影音进行限额,实验应该如何配置?

图 5-76　播放失败

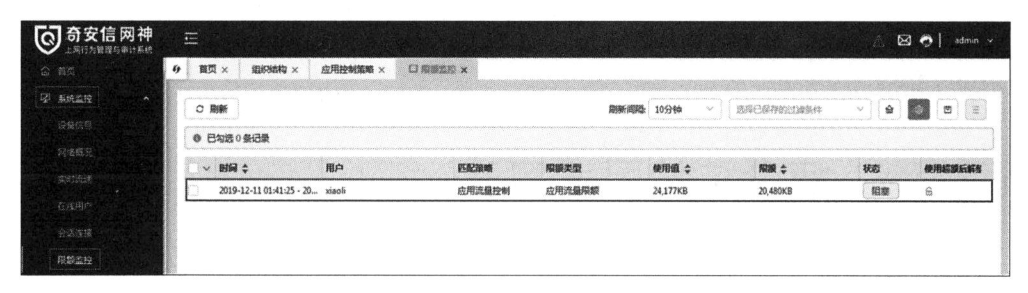


图 5-77　限额监控

# 第6章 行为安全分析

本章主要介绍行为安全管理三部曲："识别""管控""分析"。前面章节已经学习过识别和管控，本章学习"分析"。行为安全管理设备在工作中会记录和统计主体触发的各种客体访问行为，记录结果沉淀下来就成为海量的行为日志。对行为日志的管理和分析有助于安全环境运行状态的监控，违规行为的识别监控，纠正已发生的违规事件。也可以将行为日志用于数据挖掘，对主体及环境进行深度分析。

完成本章学习后，可以初步掌握本地日志管理，掌握外置日志中心管理。

## 6.1 病毒防护配置实验

**【实验目的】**

掌握上网行为管理系统配置病毒防护策略的方法。

**【知识点】**

病毒云查杀。

**【场景描述】**

为提高公司网络安全性，防止病毒的滥用，安全行业B公司决定使用上网行为管理中对病毒文件的传输进行监控，记录病毒文件流向，防止病毒文件滥用危害内网及公网的安全，请同学们和网络安全运维工程师小刘一起，完成安全云查的部署，并检验审计效果。

**【实验原理】**

计算机病毒(Computer Virus)是编制者在计算机程序中插入的破坏计算机功能或者数据，能影响计算机使用，能自我复制的一组计算机指令或者程序代码。计算机病毒具有传播性、隐蔽性、感染性、潜伏性、可激发性、表现性或破坏性。

在没有防火墙的小型网络中，上网行为管理系统以网关模式运行，需要对内部网络进行安全防护。计算机病毒的防护是保障公司内网安全的重要一环，上网行为管理开启病毒防护策略后会将传输的文件与互联网上的病毒库进行比对。对满足条件的病毒文件进行监控记录。

【实验设备】

安全设备：上网行为管理设备 1 台。

网络设备：二层交换机 1 台，路由器 3 台，FTP 服务器 1 台。

主机终端：Windows 7 SP1 主机 2 台。

【实验拓扑】

实验拓扑如图 6-1 所示。

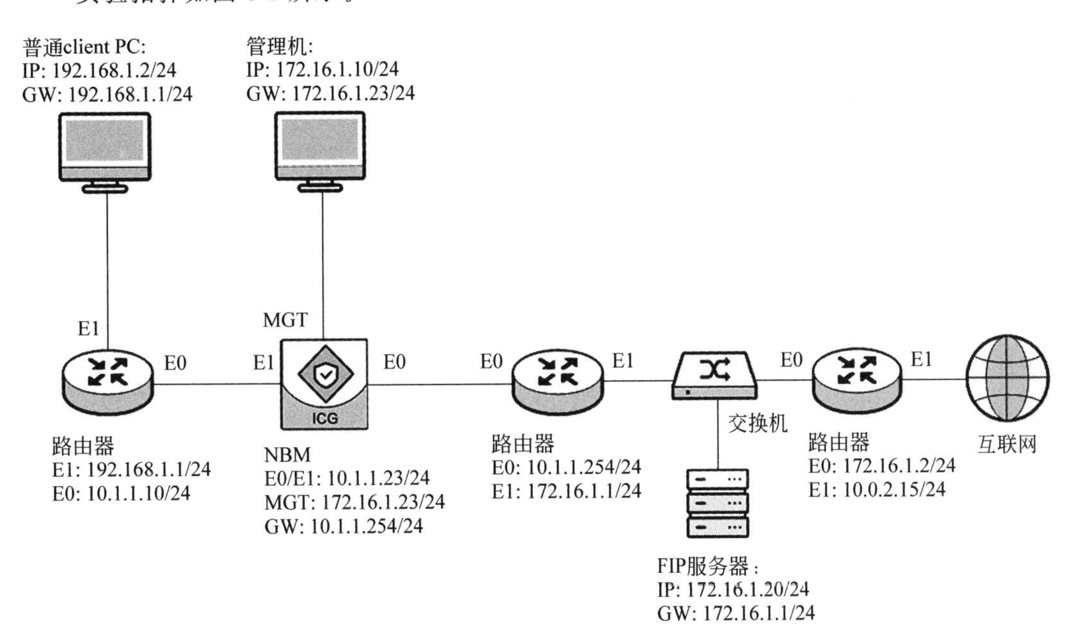


图 6-1　上网行为管理病毒防护配置实验拓扑

【实验思路】

（1）管理机登录上网行为管理设备。

（2）配置网络。

（3）创建用户。

（4）配置 DNS 服务器。

（5）配置云防护策略。

（6）打开普通 client PC，从外部的 FTP 服务器下载病毒文件。

（7）将病毒文件上传至外部 FTP 服务器。

（8）登录上网行为管理，在日志中查看防护日志，验证 FTP 文件下载和上传行为是否被审计到。

【实验步骤】

（1）登录管理机，设置管理机 IP 与上网行为管理的 MGT 口 IP 为同一网段，登录实验拓扑中的管理机，配置管理机 IP 为 172.16.1.10/24，默认网关为 172.16.1.23，单击"确定”按钮。

(2) 打开管理机的浏览器，在地址栏中输入上网行为管理的访问地址“https://172.16.1.23”(以实际 IP 为准)，跳转至上网行为管理登录页面，在登录页面输入用户名“admin”、密码“admin123”(以实际密码为准)、验证码“v5xn”(以实际验证码为准)，单击“登录”按钮。

(3) 为提高上网行为管理系统的安全性，系统会在用户使用初始密码登录时弹出“修改密码”对话框，本实验不需要修改默认密码，单击“暂不修改”按钮。

(4) 成功登录设备后，进入上网行为管理首页。

(5) 单击“网络配置”→“模式配置”菜单，单击“配置网络模式”按钮，进入“配置网络模式”配置页面。

(6) 在“网络模式选择”对话框中，选中“网桥模式”选项，单击“开始配置”按钮，进入“网桥模式配置”对话框。

(7) 在“网桥模式配置”对话框中，单击“新建”按钮，配置网桥接口。

(8) 在弹出的“编辑桥接口”对话框中填写配置信息。“名称”填写“br1”，“内网口”选择 eth1，“外网口”选择 eth0，“IP 地址/掩码”填写“10.1.1.23/24”，填写完成后，单击对话框下方的“确定”按钮。(注：在上网行为管理中，外网口一般与互联网连接，本实验拓扑中路由器 E1 口与外网连接，故外网口应与路由器 E0 口处于同一网段；内网口是上网行为管理与公司内部网络连接的接口。)

(9) 桥接口创建成功后，返回“网桥模式配置”页面，单击“下一步”按钮，进入“缺省网关”配置页面。

(10) 配置“缺省网关”为 10.1.1.254，单击“下一步”按钮。

(11) 进入“管理口配置”页面，本实验保持默认配置，单击“下一步”按钮。

(12) 所有的配置完成后，单击“保存并生效”按钮，使配置生效。

(13) 单击“网络配置”→“路由配置”菜单进行路由配置，单击“新建”按钮添加路由。

(14) 在弹出的“新建 IPv4 静态路由”对话框中新建一条静态路由，“目的地址”填写“192.168.0.0”，“IP 掩码”填写“255.255.0.0”，“下一跳”填写“10.1.1.10”，“接口”选择 br1，单击“确定”按钮，路由新建完成。

(15) 单击“用户管理”→“组织结构”菜单，进入组织结构编辑页面，单击“新建用户”按钮，弹出“新建用户”对话框，“名称”填写“小李”，“所属组”选择“/根/”，“IP/IP 段”填写“192.168.1.2”，单击“确定”按钮，如图 6-2 所示。

(16) 单击“网络配置”→“域名解析配置”菜单，进入“域名解析配置”页面，在“辅 DNS 服务器”中填写“8.8.8.8”，单击“保存配置”按钮，如图 6-3 所示。

(17) 单击“安全防护”→“云防护”菜单，进入“云防护”页面，如图 6-4 所示。

(18) 在“云防护”页面，单击“启用病毒云查杀”右侧的开启按钮，“协议类型/动作”勾选 HTTP、FTP 选项，单击“保存配置”按钮，如图 6-5 所示。(注：开启病毒云查杀前，需配置正确的 DNS 服务器。)

(19) 单击页面右上角的“立即生效”按钮，弹出“本次策略改动列表”对话框，单击“生效”按钮，如图 6-6 所示。(注：需同步普通 client 与上网行为管理设备的时间，可以更快

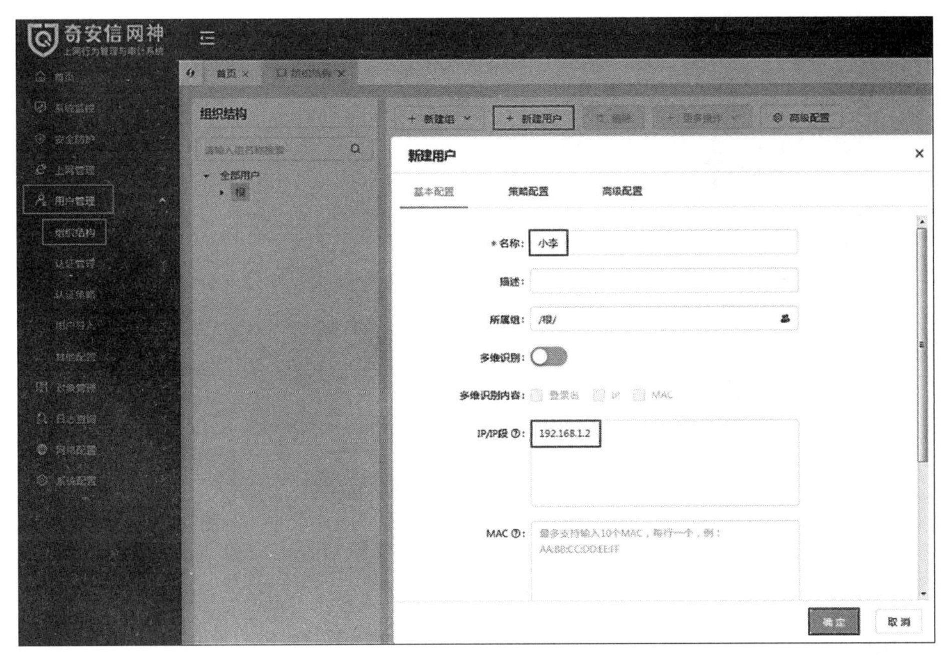


图 6-2　新建用户

图 6-3　DNS 配置

速地响应策略，能更有效地验证实验结果。）

**【实验预期】**

（1）上网行为管理可审计到用户“小李”从外部 FTP 服务器下载病毒文件的行为。

（2）上网行为管理可审计到用户“小李”上传病毒文件至外部 FTP 服务器的行为。

**【实验结果】**

（1）上网行为管理可审计到用户“小李”从外部 FTP 服务器下载病毒文件的行为。

图 6-4　云防护

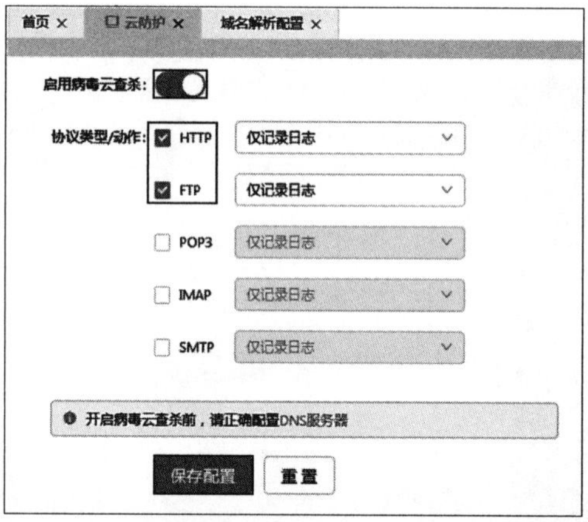

图 6-5　启用病毒云查杀

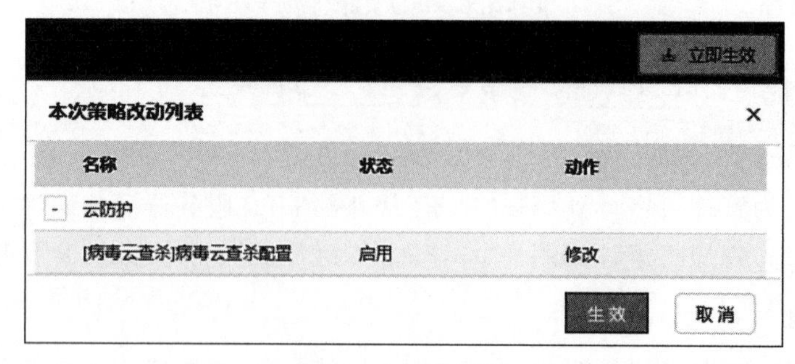


图 6-6　立即生效

① 打开普通 client PC，将普通 client PC 的 IP 设置为 192.168.1.2，默认网关为 192.168.1.1。

② 双击桌面的计算机快捷方式，打开计算机。

③ 在地址栏中输入“ftp：//172.16.1.20”(以 FTP 服务器实际 IP 为准)，对 FTP 服务器进行访问，如图 6-7 所示。

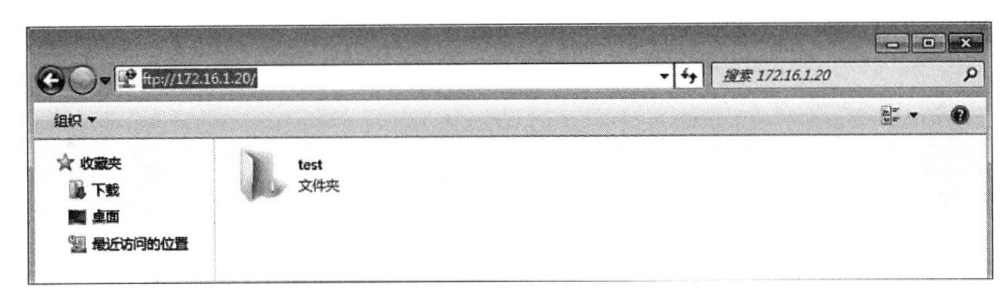


图 6-7　访问 FTP 服务器

④ 双击当前页面名称为 test 的文件夹，查看到名称为 VS007269 的文件，如图 6-8 所示。

图 6-8　test 文件夹

⑤ 将该文件拖至 Windows 操作系统桌面上，如图 6-9 所示。

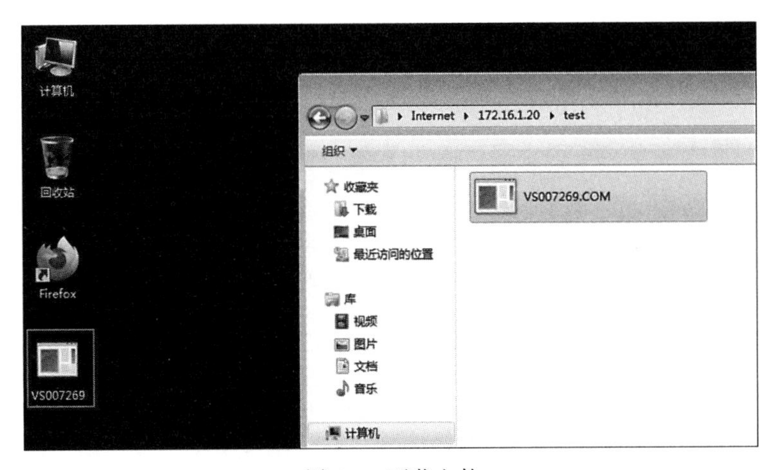


图 6-9　下载文件

⑥ 打开管理机，进入上网行为管理首页，单击“日志查询”→“防护日志”菜单，进入“防护日志”页面，打开“病毒云查杀”选项卡，查看到“小李”用户从 FTP 服务器下载病毒文件的审计记录，满足实验预期 1 中可审计到下载病毒文件的操作，如图 6-10 所示。

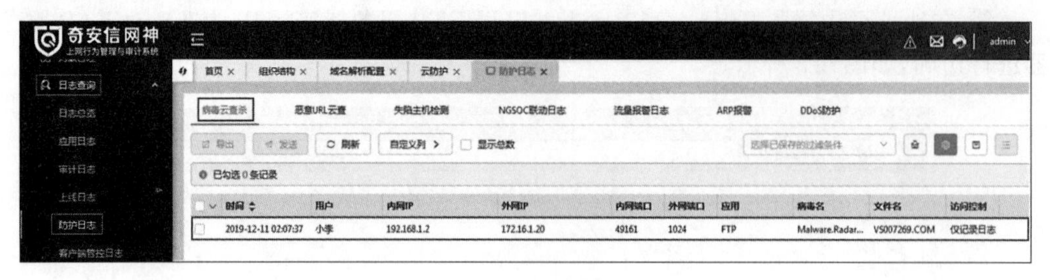


图 6-10　审计记录

(2) 上网行为管理可审计到用户“小李”上传病毒文件至外部 FTP 服务器的行为。

① 打开普通 client PC，双击桌面的计算机快捷方式，打开计算机。

② 在地址栏中输入“ftp：//172.16.1.20”(以 FTP 服务器实际 IP 为准)，对 FTP 服务器进行访问，如图 6-11 所示。

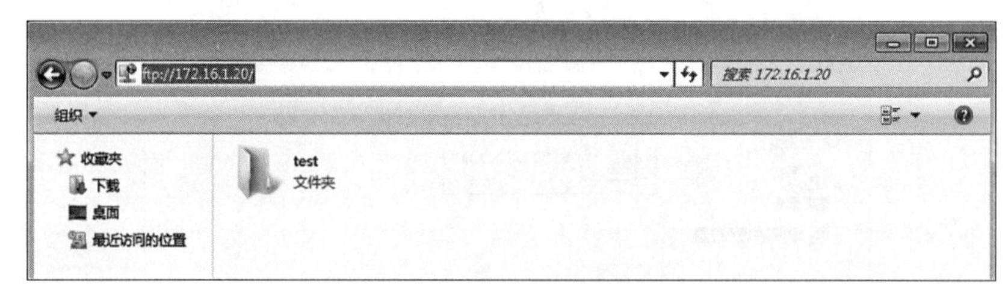


图 6-11　访问 FTP 服务器

③ 将普通 client PC 虚拟机桌面上名称为 VS007269.COM 的文件复制到当前页面，完成对 FTP 服务器上传病毒文件的操作，如图 6-12 所示。

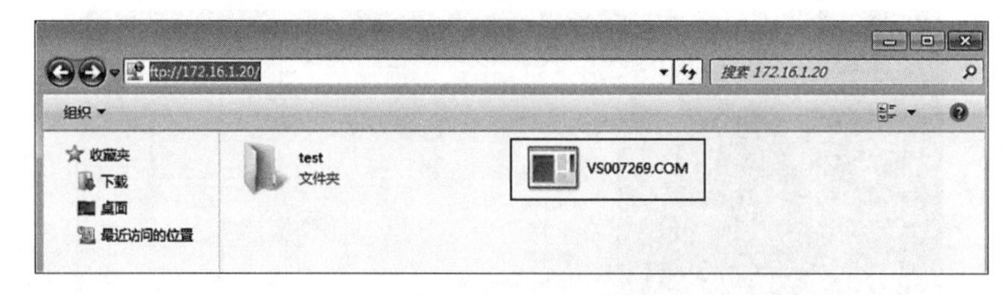


图 6-12　上传文件

④ 打开管理机，进入上网行为管理首页，单击“日志查询”→“防护日志”菜单，进入“防护日志”页面，打开“病毒云查杀”选项卡，查看到“小李”用户上传病毒文件至 FTP 服务器的审计记录，满足实验预期 2 中可审计到上传病毒文件的操作，如图 6-13 所示。

## 【实验思考】

(1) 思考域名解析配置菜单中 DNS 配置的作用是什么?

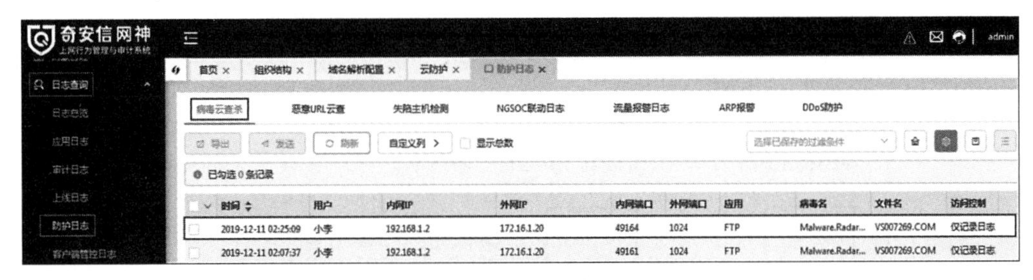


图 6-13　审计记录

(2) 如果需要审计到上传病毒文件至外网的日志,需要配置什么策略?

## 6.2　恶意 URL 防护配置及效果实验

### 【实验目的】

掌握上网行为管理系统配置恶意 URL 防护策略的方法。

### 【知识点】

恶意 URL 的访问控制。

### 【场景描述】

为提高公司网络安全性,A 公司决定使用上网行为管理中对员工访问网站进行防护性管控,阻止员工访问网络上的恶意 URL 网站,现公司领导要求以 www.50071.cc 为管控对象进行防护,请同学们和网络安全运维工程师小王一起,完成恶意 URL 防护的配置,并检验效果。

### 【实验原理】

恶意 URL 是指欺骗用户访问, 达到“执行恶意行为”或“非法窃取用户数据”目的的 URL。这类网站通常都有一个共同特点,它们通常情况下是以某种网页形式可以让人们正常浏览页面内容,同时非法获取计算机里面的各种数据。

安全设备可以通过特征匹配和 URL 库匹配对恶意 URL 进行识别并防护。特征匹配主要是通过访问网页特征或者执行脚本特征来检测访问目的网站的安全性。上网行为管理会通过机器学习、人工检测等方式定期更新恶意 URL 库,保证恶意 URL 防护的有效性。

当访问目的地址时,上网行为管理系统会对其请求以及传输的数据包进行识别与管控,尽量降低访问恶意 URL 带来的安全风险。

### 【实验设备】

安全设备:上网行为管理设备 1 台。

网络设备:路由器 2 台,服务器 1 台。

主机终端:Windows 7 SP1 主机 2 台。

## 【实验拓扑】

实验拓扑如图 6-14 所示。

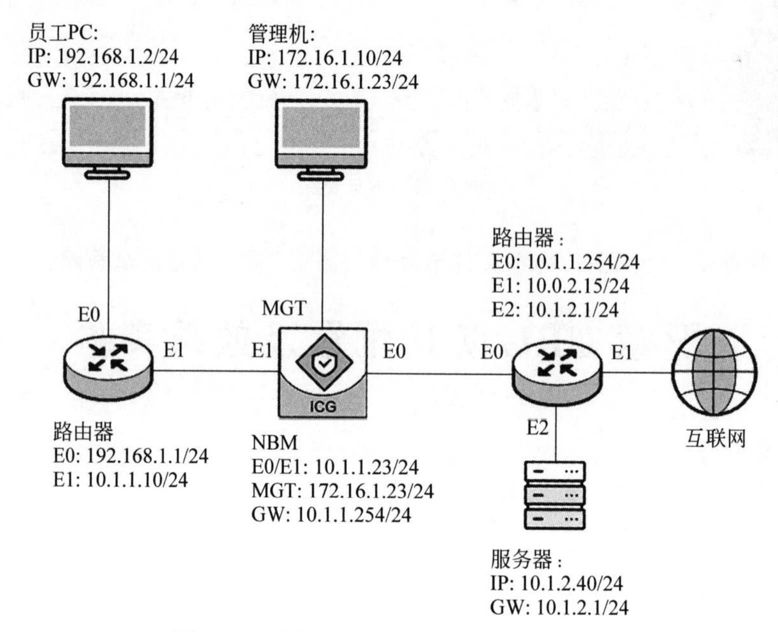


图 6-14　恶意 URL 防护配置及效果拓扑图

## 【实验思路】

(1) 管理机登录上网行为管理。

(2) 配置网桥模式。

(3) 创建用户。

(4) 配置并开启恶意 URL 防护策略。

(5) 在员工 PC 访问恶意 URL(www.50071.cc)进行测试。

(6) 登录上网行为管理,查看防护日志。

## 【实验步骤】

(1) 登录管理机,设置管理机 IP 与上网行为管理的 MGT 口 IP 为同一网段,登录实验拓扑中的管理机,配置管理机 IP 为 172.16.1.10/24,默认网关为 172.16.1.23,单击“确定”按钮。

(2) 打开管理机的浏览器,在地址栏中输入上网行为管理的访问地址“https://172.16.1.23”(以实际 IP 为准),跳转至上网行为管理登录页面,在登录页面输入用户名“admin”、密码“admin123”(以实际密码为准)、验证码“v5xn”(以实际验证码为准),单击“登录”按钮。

(3) 为提高上网行为管理系统的安全性,系统会在用户使用初始密码登录时弹出“修改密码”对话框,本实验不需要修改默认密码,单击“暂不修改”按钮。

(4) 成功登录设备后,进入上网行为管理首页。

(5) 单击“网络配置”→“模式配置”菜单,单击“配置网络模式”按钮,进入“配置网络模式”配置页面。

(6) 在“网络模式选择”对话框中,选中“网桥模式”选项,单击“开始配置”按钮,进入“网桥模式配置”对话框。

(7) 在“网桥模式配置”对话框中,单击“新建”按钮,配置网桥接口。

(8) 在弹出的“编辑桥接口”对话框中填写配置信息。“名称”填写“br1”,“内网口”选择 eth1,“外网口”选择 eth0,“IP 地址/掩码”填写“10.1.1.23/24”,填写完成后,单击对话框下方的“确定”按钮。(注:在上网行为管理中,外网口一般与互联网连接,本实验拓扑中路由器 E1 口与外网连接,故外网口应与路由器 E0 口处于同一网段;内网口是上网行为管理与公司内部网络连接的接口。)

(9) 桥接口创建成功后,返回“网桥模式配置”页面,单击“下一步”按钮,进入“缺省网关”配置页面。

(10) 配置“缺省网关”为 10.1.1.254,单击“下一步”按钮。

(11) 进入“管理口配置”页面,本实验保持默认配置,单击“下一步”按钮。

(12) 所有的配置完成后,单击“保存并生效”按钮,使配置生效。

(13) 单击“网络配置”→“路由配置”菜单进行路由配置,单击“新建”按钮添加路由。

(14) 在弹出的“新建 IPv4 静态路由”对话框中新建一条静态路由,“目的地址”填写“192.168.0.0”,“IP 掩码”填写“255.255.0.0”,“下一跳”填写“10.1.1.10”,“接口”选择 br1,单击“确定”按钮,路由新建完成。

(15) 单击“用户管理”→“组织结构”菜单,进入组织结构页面,单击“新建用户”按钮,弹出“新建用户”对话框,“名称”填写“xiaoli”,“所属组”选择“/根/”,“IP/IP 段”填写“192.168.1.2”,单击“确定”按钮。

(16) 单击“安全防护”→“云防护”菜单,单击“启用恶意 URL 云查”选项后的按钮,开启该功能,“动作”选择“阻塞并记录日志”,“阻塞后推送页面”选择“[默认]阻塞提示页面”,单击“保存配置”按钮,如图 6-15 所示。

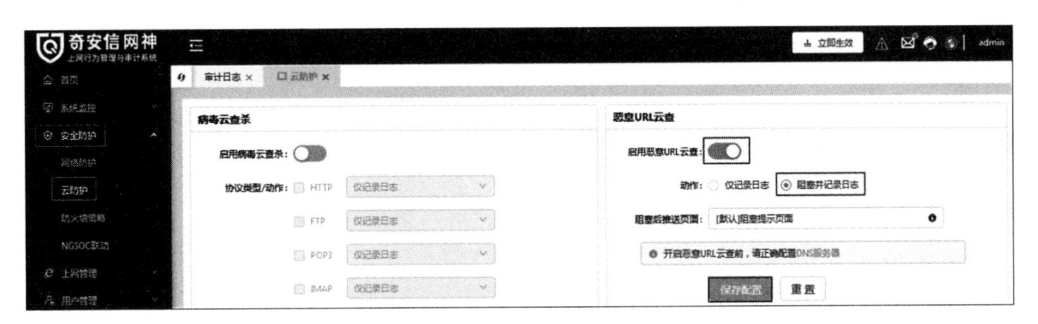


图 6-15　启用恶意 URL 云查

(17) 单击右上角的“立即生效”按钮,弹出“本次策略改动列表”对话框,单击“生效”

按钮，如图 6-16 所示。

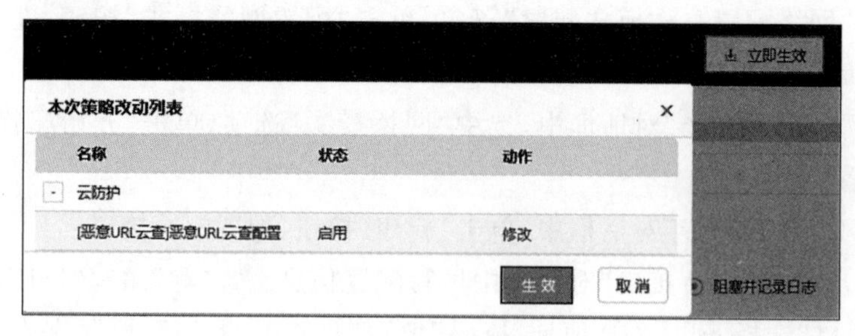


图 6-16　立即生效

【实验预期】

(1) 登录员工 PC，进入火狐浏览器访问 www.50071.cc 被成功阻塞。

(2) 登录上网行为管理，在防护日志中可查看到恶意 URL 阻塞日志。

【实验结果】

(1) 进入员工 PC，双击桌面的火狐浏览器快捷方式，运行火狐浏览器。

(2) 在地址栏中输入“www.50071.cc”，页面被禁止，满足实验预期 1，如图 6-17 所示。

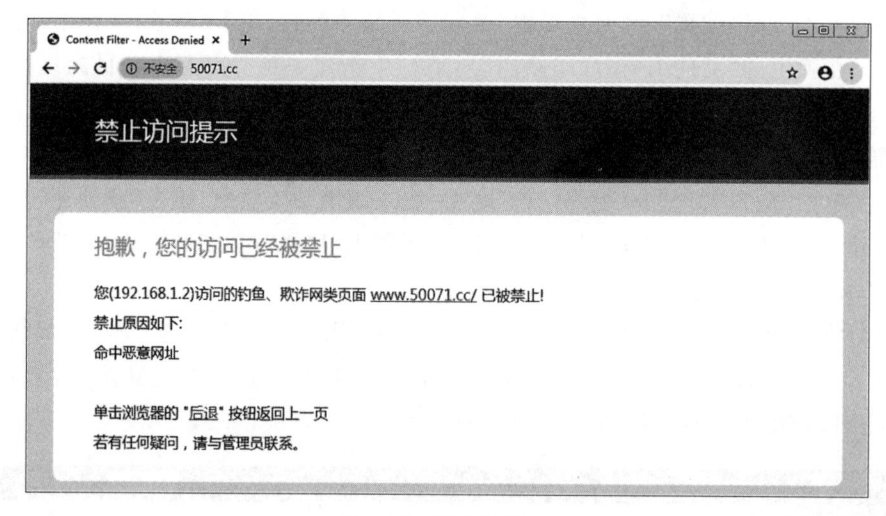


图 6-17　访问被禁止

(3) 打开管理机，进入上网行为管理首页，单击“日志查询”→“防护日志”菜单，阻塞记录如下，满足实验预期 2，如图 6-18 所示。

【实验思考】

如果要阻止其他的恶意网站，应该在服务器上做何配置？

图 6-18　日志查询

## 6.3　失陷主机判断控制实验

**【实验目的】**

掌握上网行为管理系统配置失陷主机判断管控策略的方法。

**【知识点】**

失陷主机检测。

**【场景描述】**

为提高公司网络安全性，A 公司决定使用上网行为管理对公司内网的主机进行扫描监控，防止黑客利用已失陷主机作为跳板进一步攻击公司内网，请同学们和网络安全运维工程师小王一起，完成失陷主机判断控制，并检验效果。

**【实验原理】**

失陷主机检测不同于传统的威胁特征签名检测，其核心方法是基于统计关联分析、机器学习、行为基线、行为建模等技术，学习网络的正常行为基线和轮廓，收集、监控、分析用户和机器的行为数据，通过大数据技术快速挖掘出偏离正常行为基线的异常主机行为，从而定位可疑的失陷主机。

另一方面，运用海量威胁情报中提取出的已知恶意 IP、恶意 URL、恶意 DNS 解析以及恶意行为特征，与网络中已发生的行为数据进行比对，同样是快速检测失陷主机并确认其所处阶段的重要途径。

当内网主机被确认为感染病毒或遭受恶意攻击后，安全领域将该主机定义为公司网络中的一台失陷主机。在遭受病毒感染和恶意攻击后，主机终端普遍会进行特定的上网行为，如访问几个特定恶意 URL 或尝试向其他终端传播等，安全设备需要对失陷主机进行隔离。

上网行为管理通过检测并记录感染病毒以及遭受攻击后的主机的行为特征，判断并定位失陷主机，对其进行隔离，可以有效地限制失陷主机带来的安全风险。

## 【实验设备】

安全设备：上网行为管理设备 1 台。

网络设备：路由器 2 台。

主机终端：Windows 7 SP1 主机 2 台。

## 【实验拓扑】

实验拓扑如图 6-19 所示。

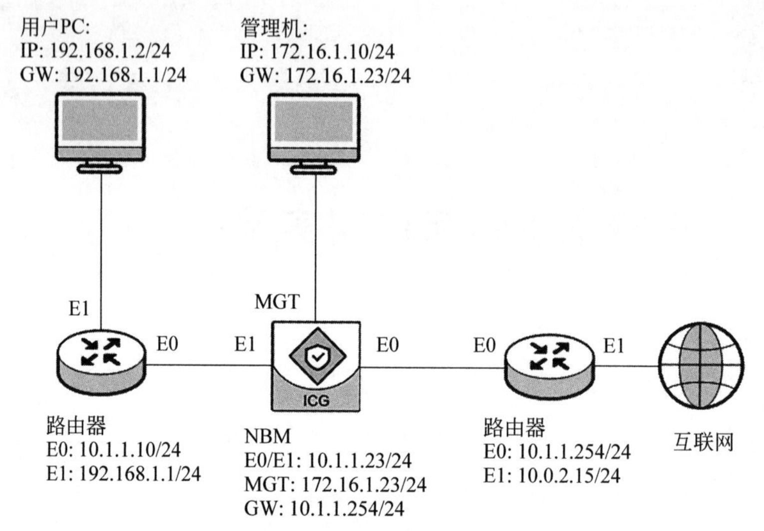


图 6-19　上网行为管理失陷主机判断控制实验拓扑

## 【实验思路】

(1) 管理机登录上网行为管理设备。

(2) 配置网络和路由。

(3) 创建用户。

(4) 用户 PC 访问上网行为管理同步日期与时间。

(5) 配置失陷主机检测策略。

(6) 登录用户 PC 虚拟机，验证能否正常访问 www.baidu.com。

(7) 访问威胁情报网站，验证是否被阻塞。

(8) 访问 www.baidu.com，验证是否依旧被阻塞，测试用户 PC 的 IP 地址被封堵的效果。

(9) 登录上网行为管理查看失陷主机监控，查看防护日志中的失陷主机检测日志。

## 【实验步骤】

(1) 登录管理机，设置管理机 IP 与上网行为管理的 MGT 口 IP 为同一网段，登录实验拓扑中的管理机，配置管理机 IP 为 172.16.1.10/24，默认网关为 172.16.1.23，单击“确定”按钮。

(2) 打开管理机的浏览器,在地址栏中输入上网行为管理的访问地址“https://172.16.1.23”(以实际IP为准),跳转至上网行为管理登录页面,在登录页面输入用户名“admin”、密码“admin123”(以实际密码为准)、验证码“v5xn”(以实际验证码为准),单击“登录”按钮。

(3) 为提高上网行为管理系统的安全性,系统会在用户使用初始密码登录时弹出“修改密码”对话框,本实验不需要修改默认密码,单击“暂不修改”按钮。

(4) 成功登录设备后,进入上网行为管理首页。

(5) 单击“网络配置”→“模式配置”菜单,单击“配置网络模式”按钮,进入“配置网络模式”配置页面。

(6) 在“网络模式选择”对话框中,选中“网桥模式”选项,单击“开始配置”按钮,进入“网桥模式配置”对话框。

(7) 在“网桥模式配置”对话框中,单击“新建”按钮,配置网桥接口。

(8) 在弹出的“编辑桥接口”对话框中填写配置信息。“名称”填写“br1”,“内网口”选择eth1,“外网口”选择eth0,“IP地址/掩码”填写“10.1.1.23/24”,填写完成后,单击对话框下方的“确定”按钮。(注:在上网行为管理中,外网口一般与互联网连接,本实验拓扑中路由器E1口与外网连接,故外网口应与路由器E0口处于同一网段;内网口是上网行为管理与公司内部网络连接的接口。)

(9) 桥接口创建成功后,返回“网桥模式配置”页面,单击“下一步”按钮,进入“缺省网关”配置页面。

(10) 配置“缺省网关”为10.1.1.254,单击“下一步”按钮。

(11) 进入“管理口配置”页面,本实验保持默认配置,单击“下一步”按钮。

(12) 所有的配置完成后,单击“保存并生效”按钮,使配置生效。

(13) 单击“网络配置”→“路由配置”菜单进行路由配置,单击“新建”按钮添加路由。

(14) 在弹出的“新建IPv4静态路由”对话框中新建一条静态路由,使用户PC在请求连接外网时,外网能够返回网络给用户PC,“目的地址”填写“192.168.0.0”,“IP掩码”填写“255.255.0.0”,“下一跳”填写“10.1.1.10”,“接口”选择br1,单击“确定”按钮。

(15) 路由配置完成,如图6-20所示。

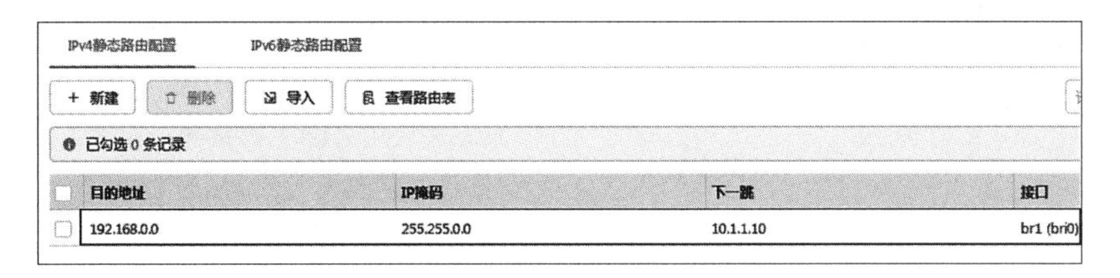


图6-20　路由添加完成

(16) 单击“用户管理”→“组织结构”菜单,进入组织结构编辑页面,单击“新建用户”按钮,弹出“新建用户”对话框,“名称”填写“小李”,“所属组”选择“/根/”,“IP/IP段”填写“192.168.1.2”,单击“确定”按钮,如图6-21所示。

(17) 单击“安全防护”→“云防护”菜单,如图6-22所示,进入“云防护”页面。

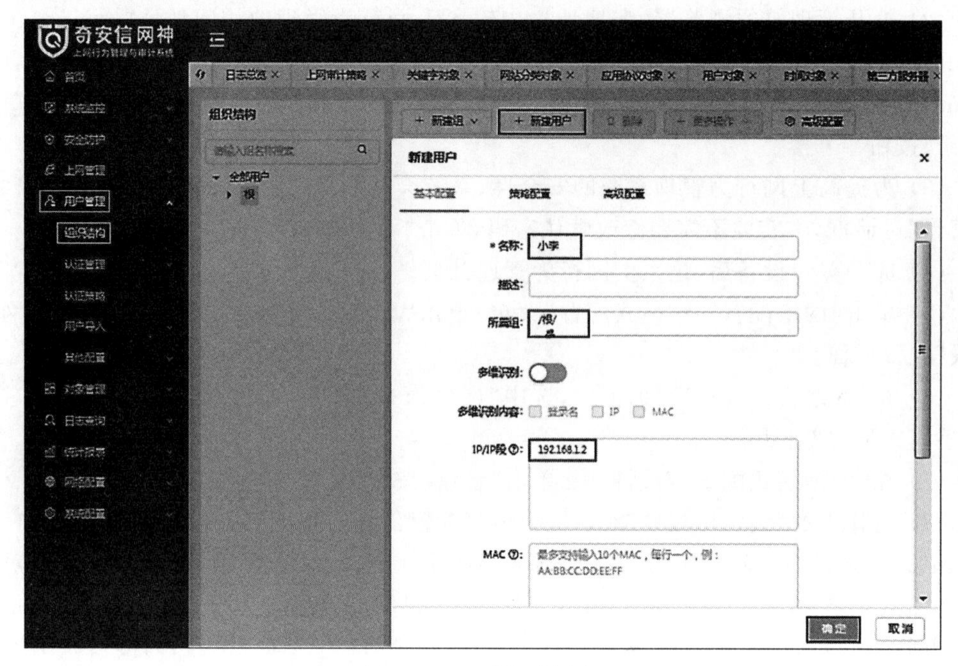

图 6-21　完成新建用户

(18) 在“云防护”页面,单击“启用失陷主机检测”右侧的开启按钮,在“失陷特征”列表框中选择“威胁情报”“间谍软件”“挖矿”选项,如图 6-23 所示。

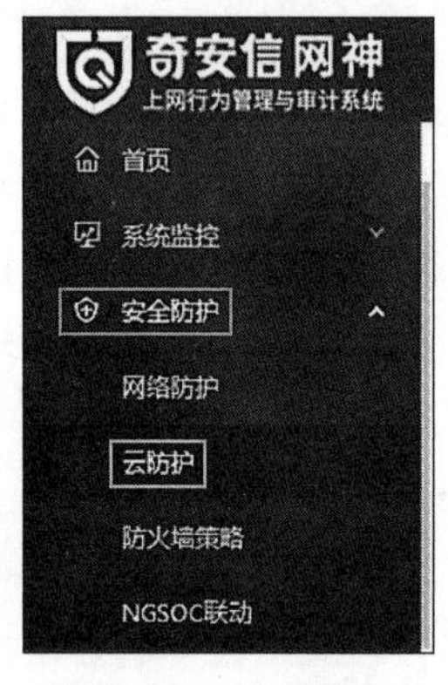


图 6-22　云防护

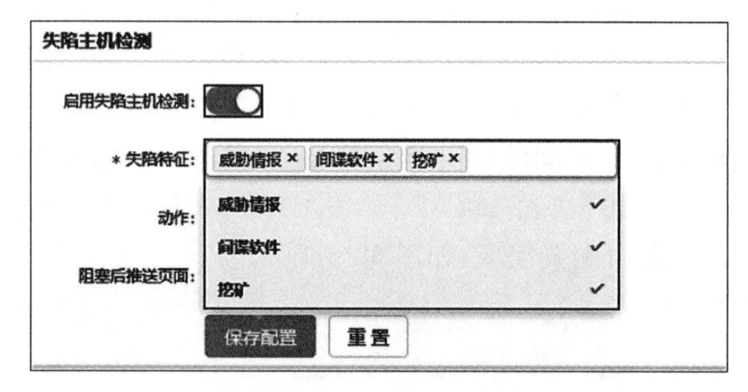


图 6-23　启用失陷主机检测

(19) “动作”选择单击“阻塞 IP 并记录日志”单选按钮,单击“阻塞后推送页面”右侧的策略条件,如图 6-24 所示。

(20) 在弹出的“选择阻塞页面”对话框中,勾选“[默认]失陷主机阻塞提示页面”复选框,单击“确定”按钮,如图 6-25 所示。

(21) 单击“保存配置”按钮,如图 6-26 所示。

(22) 单击页面右上角的“立即生效”按钮,弹出“本次策略改动列表”对话框,单击“生效”按钮,如图 6-27 所示。(注:需同步普通 PC 与上网行为管理设备的时间,可以更快速

图 6-24　失陷主机检测

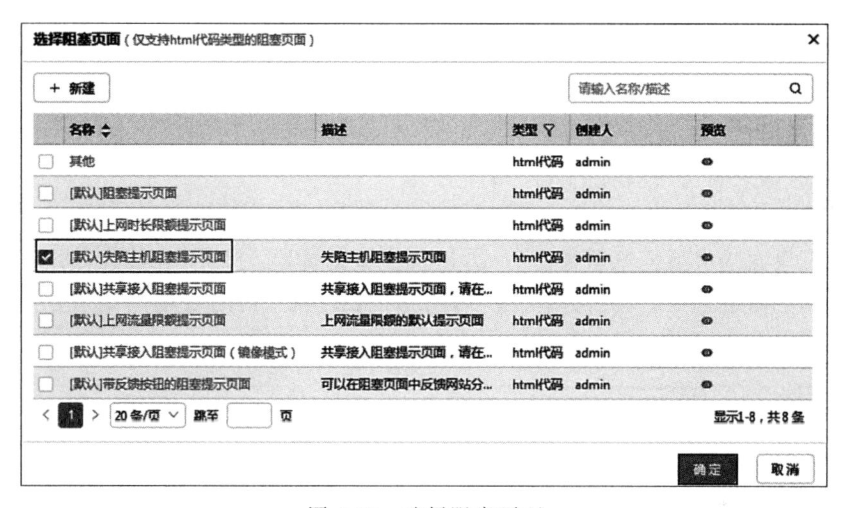


图 6-25　选择阻塞页面

图 6-26　保存配置

地响应策略，能更有效地验证实验结果。）

## 【实验预期】

（1）登录用户 PC 虚拟机，访问 www.baidu.com 成功，访问威胁情报网站被阻塞。

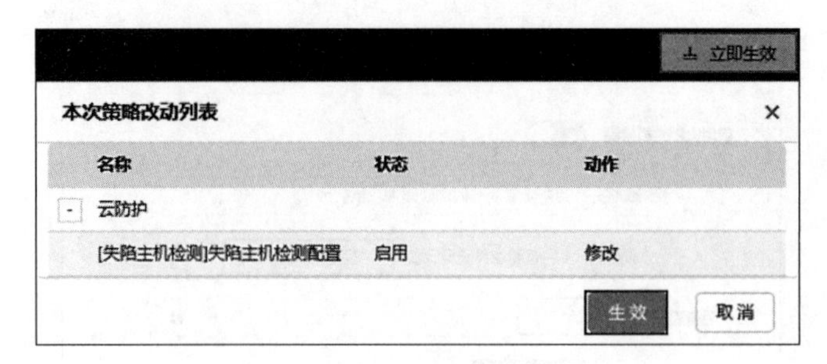


图 6-27　立即生效

（注：仅做测试，只需访问威胁情报网站即可。）

（2）用户 PC 虚拟机，无法访问 www.baidu.com，用户 PC 的 IP 地址被封堵。

（3）在上网行为管理中查看失陷主机监控，查看防护日志中的失陷主机检测日志。

## 【实验结果】

（1）登录用户 PC 虚拟机，访问 www.baidu.com 成功，访问威胁情报网站被阻塞。（注：仅做测试，只需访问威胁情报网站即可。）

① 打开用户 PC，将用户 PC 设置 IP 地址为 192.168.1.2。

② 双击桌面的火狐浏览器快捷方式，运行火狐浏览器。

③ 在浏览器地址栏中输入并访问“www.baidu.com”，访问百度网站成功，满足实验预期 1，可以正常访问百度网站，如图 6-28 所示。

图 6-28　访问百度成功

④ 在浏览器地址栏中输入并访问威胁情报网站“ps.mm3p.net”（仅做测试），访问被阻塞，页面显示“连接超时”，并弹出“您必须先登录此网络才能访问互联网”的提示，单击“打开网络登录页面”按钮，如图 6-29 所示。

⑤ 进入“失陷主机阻塞”页面，满足实验预期 1，访问威胁情报网站被阻塞，并弹出失陷主机阻塞的提示，如图 6-30 所示。

（2）用户 PC 虚拟机，无法访问 www.baidu.com，用户 PC 的 IP 地址被封堵。

① 在浏览器地址栏中输入并访问“www.baidu.com”，页面显示“请登录网络”，并弹出“您必须先登录此网络才能访问互联网”的提示，单击“打开网络登录页面”按钮，如

图 6-29　访问被阻塞

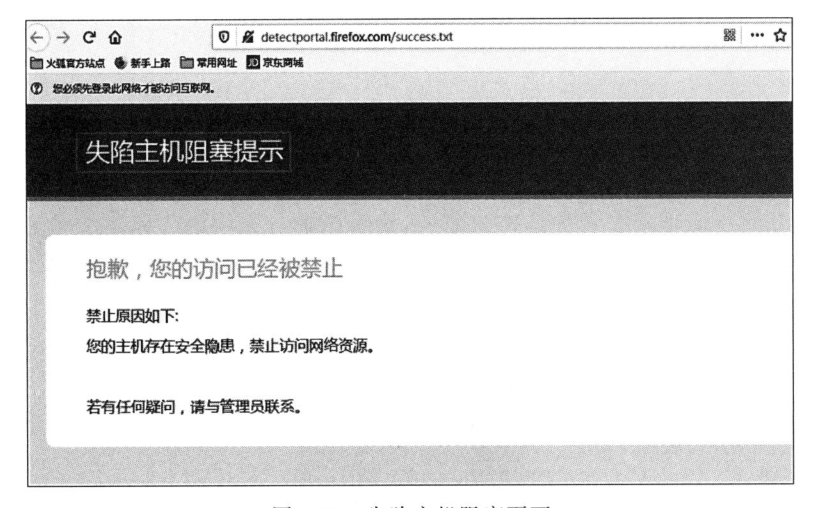


图 6-30　失陷主机阻塞页面

图 6-31 所示。

图 6-31　访问被阻塞

② 进入"失陷主机阻塞"页面，满足实验预期 2，无法访问百度网站，并弹出失陷主机阻塞的提示，如图 6-32 所示。

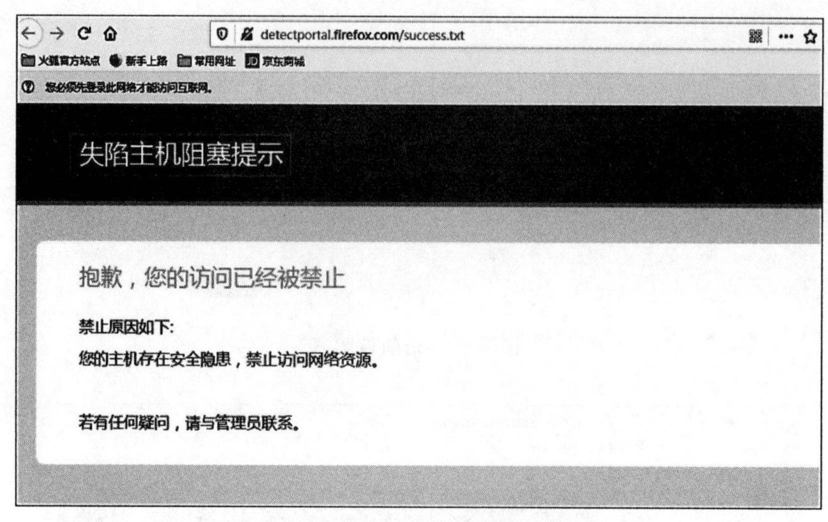


图 6-32　失陷主机阻塞页面

(3) 在上网行为管理查看失陷主机监控，查看防护日志中的失陷主机检测日志。

① 打开管理机，进入上网行为管理首页，单击"系统监控"→"失陷主机监控"菜单，如图 6-33 所示，进入"失陷主机监控"页面。

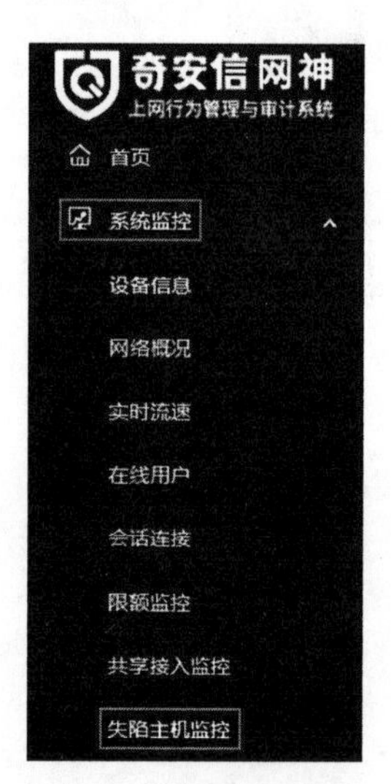


图 6-33　失陷主机监控

② 在"失陷主机监控"页面。查看到"受害 IP/IOC"为 192.168.1.2，"用户"为"小李"的失陷类别为"威胁情报/网络蠕虫"，"状态"为"阻塞"，对失陷主机进行监控阻塞的记录，如图 6-34 所示。

③ 打开管理机，进入上网行为管理首页，单击"日志查询"→"防护日志"菜单，进入

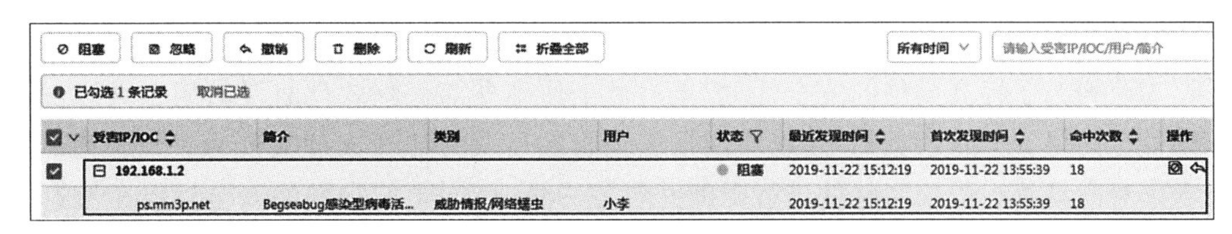


图 6-34　失陷主机监控

“防护日志”页面,如图 6-35 所示。

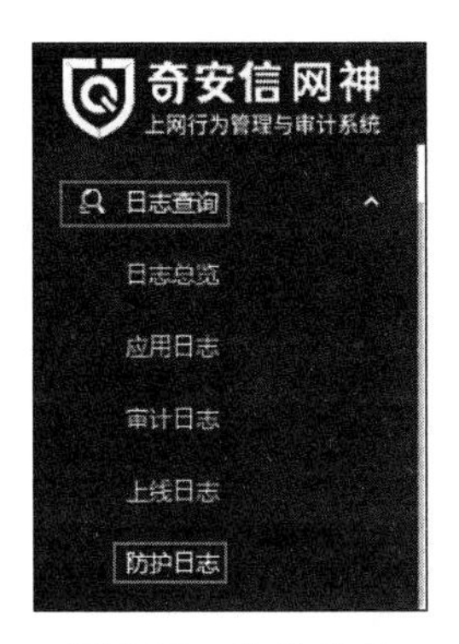


图 6-35　防护日志

④ 打开“失陷主机检测”选项卡,查看到“小李”用户访问威胁情报网站的阻塞记录,满足实验预期中可审计到访问情报网站的操作,如图 6-36 所示。

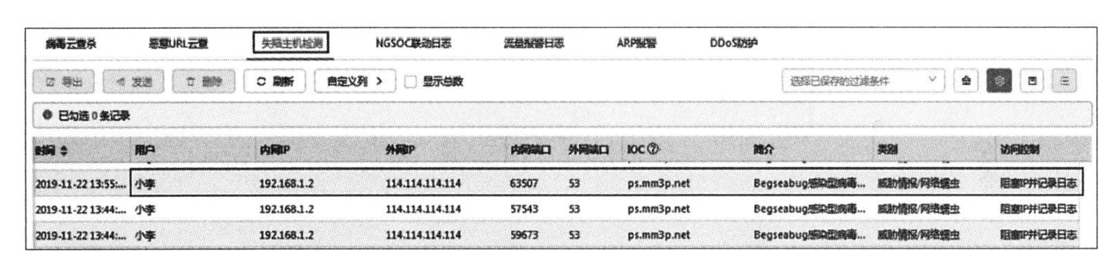


图 6-36　阻塞记录

**【实验思考】**

启用失陷主机检测后,上网行为管理针对失陷主机的策略动作有哪些?

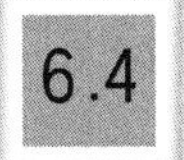

## 6.4　应用告警策略及配置实验

**【实验目的】**

掌握上网行为管理系统配置违规应用报警的方法。

**【知识点】**

应用告警策略的配置。

**【场景描述】**

A公司为了提高网络的安全性，要求当员工使用外部远程软件时及时阻断并发送告警邮件至网络安全管理员邮箱，以便网络安全管理员及时处理该危险行为。现公司经理要求以对向日葵远程控制软件进行阻断并告警为例，请同学们和网络安全运维工程师小王一起完成配置，并验证告警效果。

**【实验原理】**

一个完备的网络安全体系不仅需要对上网行为进行识别与管控，还需要对员工上网行为进行汇总分析。即时了解员工上网行为情况，获取员工上网行为反馈，遇到问题通知相关同事。

网络安全运维工程师可以通过配置上网行为管理，在员工做出违规操作时进行告警，向相关领导发送告警信息，方便即时处理问题。

**【实验设备】**

安全设备：上网行为管理设备1台。

网络设备：路由器2台，邮件服务器1台。

主机终端：Windows 7 SP1主机3台。

**【实验拓扑】**

实验拓扑如图6-37所示。

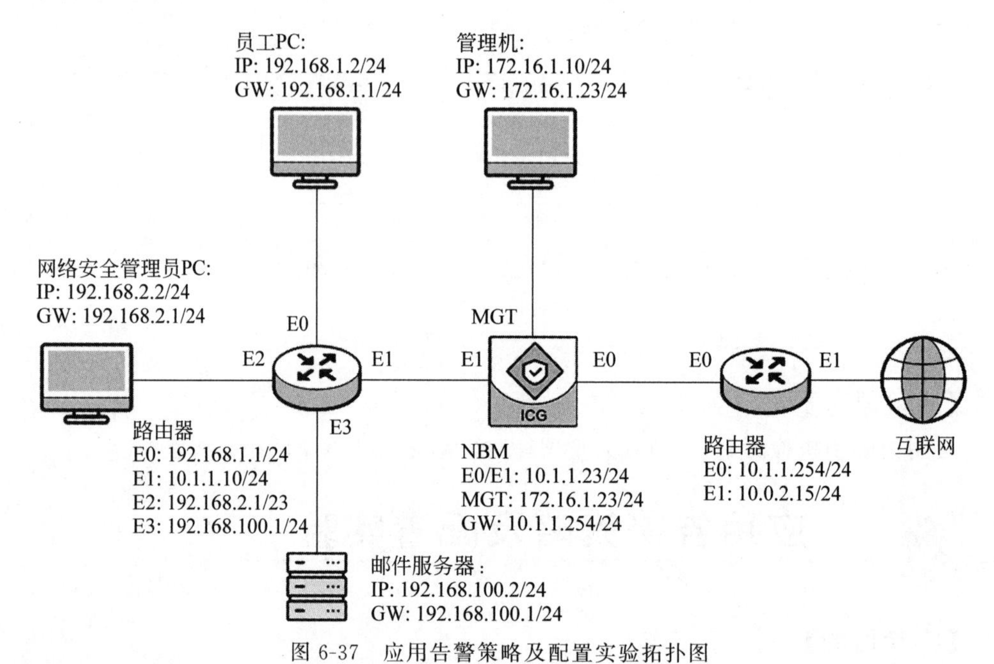


图6-37　应用告警策略及配置实验拓扑图

**【实验思路】**

(1) 管理机登录上网行为管理。

(2) 配置网桥模式。

(3) 创建用户。

(4) 配置并测试邮件服务器。

(5) 配置告警对象。

(6) 配置应用控制策略。

(7) 在员工PC上登录向日葵控制客户端,验证是否可以连接。

(8) 上网行为管理日志查询的应用日志中查看阻塞记录。

(9) 上网行为管理日志查询的策略告警日志中查看记录。

(10) 打开网络安全管理员PC,进入Foxmail查看告警邮件。

**【实验步骤】**

(1) 登录管理机,设置管理机IP与上网行为管理的MGT口IP为同一网段,登录实验拓扑中的管理机,配置管理机IP为172.16.1.10/24,默认网关为172.16.1.23,单击“确定”按钮。

(2) 打开管理机的浏览器,在地址栏中输入上网行为管理的访问地址“https://172.16.1.23”(以实际IP为准),跳转至上网行为管理登录页面,在登录页面输入用户名“admin”、密码“admin123”(以实际密码为准)、验证码“v5xn”(以实际验证码为准),单击“登录”按钮。

(3) 为提高上网行为管理系统的安全性,系统会在用户使用初始密码登录时弹出“修改密码”对话框,本实验不需要修改默认密码,单击“暂不修改”按钮。

(4) 成功登录设备后,进入上网行为管理首页。

(5) 单击“网络配置”→“模式配置”菜单,单击“配置网络模式”按钮,进入“配置网络模式”配置页面。

(6) 在“网络模式选择”对话框中,选中“网桥模式”选项,单击“开始配置”按钮,进入“网桥模式配置”对话框。

(7) 在“网桥模式配置”对话框中,单击“新建”按钮,配置网桥接口。

(8) 在弹出的“编辑桥接口”对话框中填写配置信息。“名称”填写“br1”,“内网口”选择eth1,“外网口”选择eth0,“IP地址/掩码”填写“10.1.1.23/24”,填写完成后,单击对话框下方的“确定”按钮。(注:在上网行为管理中,外网口一般与互联网连接,本实验拓扑中路由器E1口与外网连接,故外网口应与路由器E0口处于同一网段;内网口是上网行为管理与公司内部网络连接的接口。)

(9) 桥接口创建成功后,返回“网桥模式配置”页面,单击“下一步”按钮,进入“缺省网关”配置页面。

(10) 配置“缺省网关”为10.1.1.254,单击“下一步”按钮。

(11) 进入“管理口配置”页面,本实验保持默认配置,单击“下一步”按钮。

(12) 所有的配置完成后,单击“保存并生效”按钮,使配置生效。

(13) 单击“网络配置”→“路由配置”菜单进行路由配置,单击“新建”按钮添加路由。

(14) 在弹出的“新建IPv4静态路由”对话框中新建一条静态路由,“目的地址”填写

“192.168.0.0”,“IP 掩码”填写“255.255.0.0”,“下一跳”填写“10.1.1.10”,“接口”选择 br1,单击“确定”按钮,路由新建完成。

(15) 单击“用户管理”→“组织结构”菜单,进入组织结构页面,单击“新建用户”按钮,弹出“新建用户”对话框,“名称”填写“xiaoli”,“所属组”选择“/根/”,“IP/IP 段”填写“192.168.1.2”,单击“确定”按钮。

(16) 单击“系统配置”→“邮件服务器”菜单,“发件人邮箱地址”填写“test@qianxin.com”,“SMTP 邮件服务器”填写“192.168.100.2”,“SMTP 邮件服务器端口”填写“25”,“加密类型”选择“不加密”,单击“使用密码/授权码验证登录”选择后的按钮开启此功能,“邮箱账号”填写“test@qianxin.com”,“密码/授权码”填写“123456”,配置完成后,单击“DNS 服务器”按钮,如图 6-38 所示。

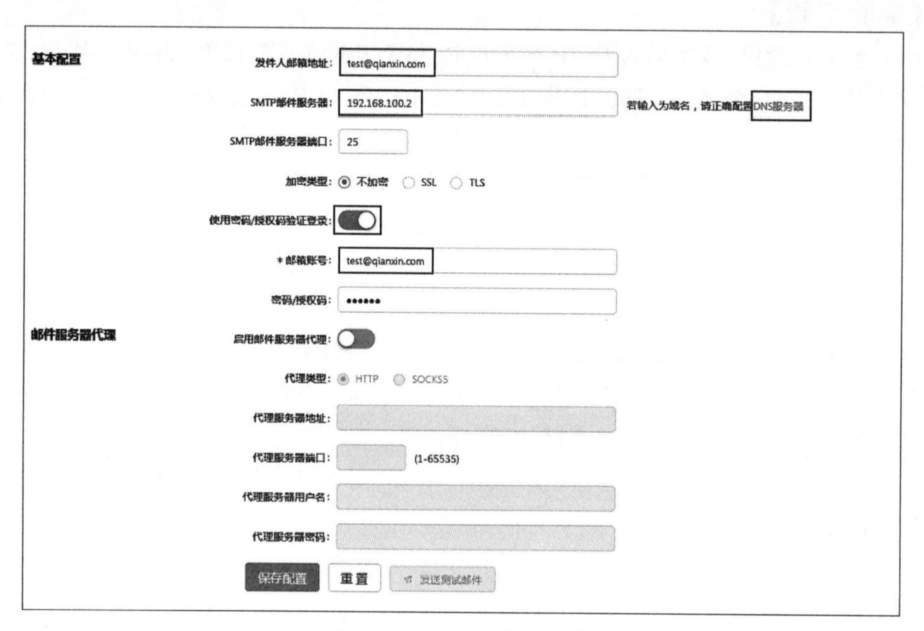


图 6-38　配置邮件服务器

(17) 页面跳转至“DNS 配置”页面,“主 DNS 服务器”填写“127.0.0.1”,单击“保存配置”按钮,如图 6-39 所示。(注:本实验环境中,为了邮箱的指向明确,不需要上网行为管理设备能够连接外网。)

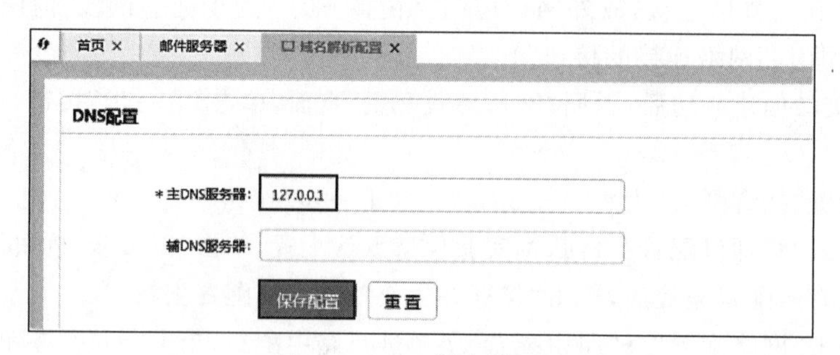


图 6-39　DNS 服务器配置

(18) 返回"邮件服务器"配置页面,单击"保存配置"按钮,如图 6-40 所示。

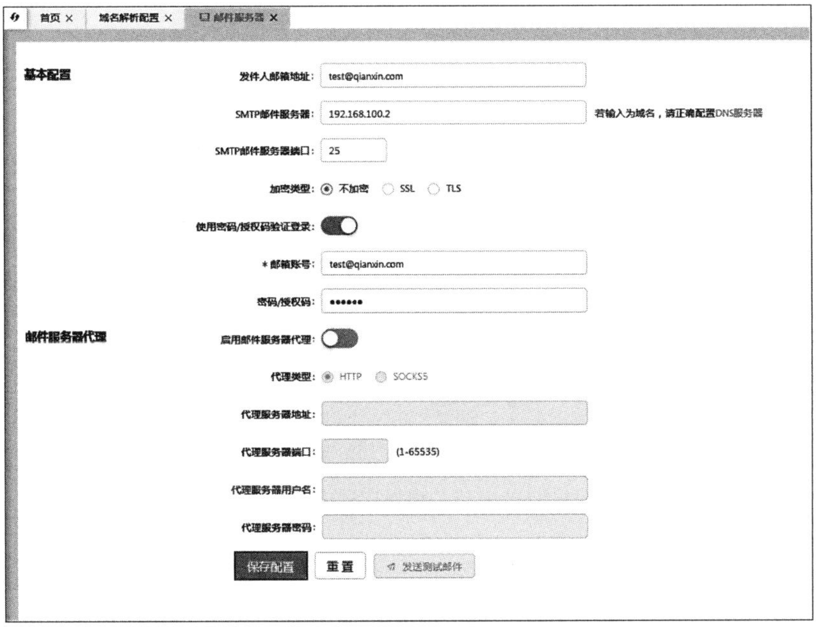

首页
域名解析配置
邮件服务器
基本配置
发件人邮箱地址: test@qianxin.com
SMTP邮件服务器: 192.168.100.2
若输入为域名，请正确配置DNS服务器
SMTP邮件服务器端口: 25
加密类型: 不加密 SSL TLS
使用密码/授权码验证登录:
* 邮箱账号: test@qianxin.com
密码/授权码: ••••••
邮件服务器代理
启用邮件服务器代理:
代理类型: HTTP SOCKS5
代理服务器地址:
代理服务器端口: (1-65535)
代理服务器用户名:
代理服务器密码:
保存配置
重置
发送测试邮件

图 6-40　保存配置

(19) 配置保存完成后,单击"发送测试邮件"按钮,弹出"发送测试邮件"对话框,"邮件"填写"xiaowang@qianxin.com",单击"确定"按钮,如图 6-41 所示。

发送测试邮件
* 邮件: xiaowang@qianxin.com
确定
取消

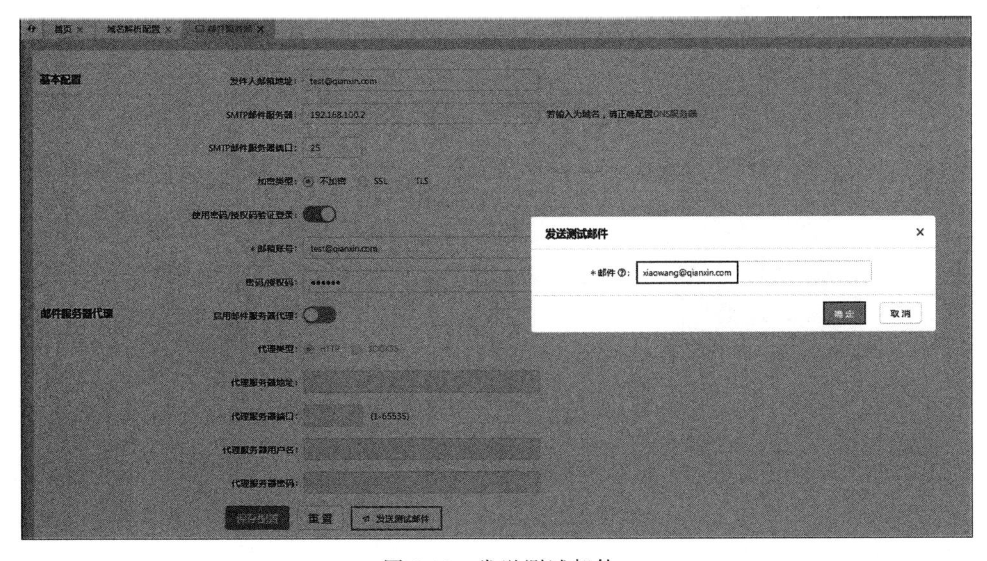

图 6-41　发送测试邮件

(20) 返回邮件服务器配置页面,弹出"邮件发送成功"提示框,测试邮件服务器连通性完成,如图 6-42 所示。

(21) 单击"对象管理"→"报警对象"菜单,单击"新建"按钮,弹出"新建报警对象"对

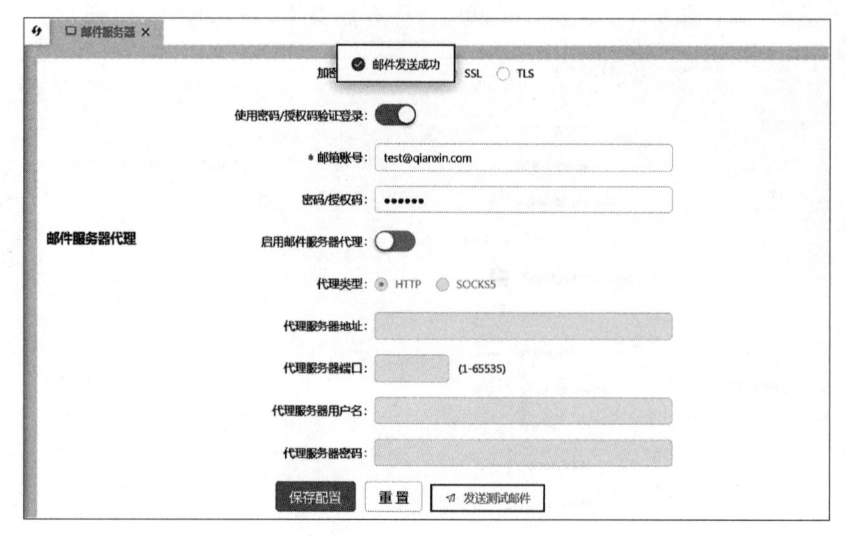


图 6-42　邮件发送成功

话框,“名称”填写“危险应用报警”,单击“邮件报警”选项后的按钮,开启邮件报警功能,“邮件报警频率”选择“每 1 小时”,“邮箱”填写“xiaowang@qianxin.com”,如图 6-43 所示。

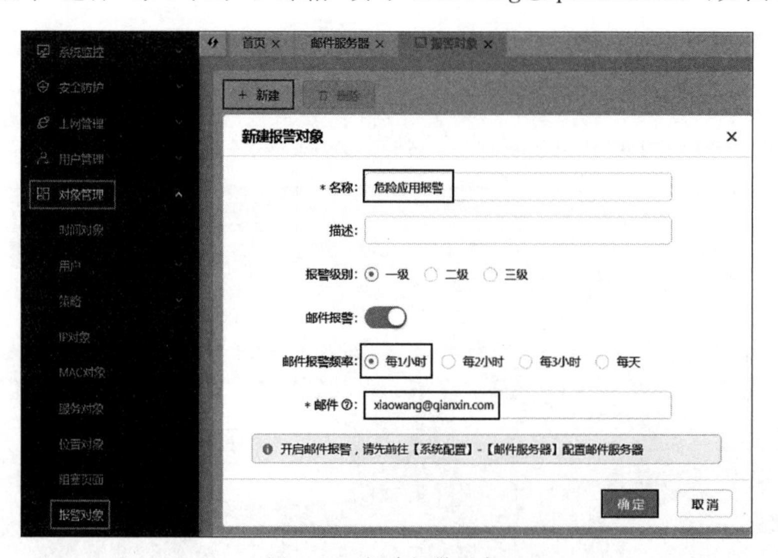


图 6-43　新建报警对象

(22) 单击“确定”按钮,单击“上网管理”→“应用控制策略”菜单,单击“新建”按钮,如图 6-44 所示。

(23) 在弹出的“新建应用控制策略”对话框中,“名称”填写“禁止远程”,“用户”选择“/根/xiaoli”,单击“应用”后的填写框选择应用,如图 6-45 所示。

(24) 在弹出的“选择应用”对话框中,在“应用列表”列表框,单击“远程管理”选项,单击“确定”按钮,如图 6-46 所示。

(25) “控制动作”选择“阻塞”,“报警方式”选择“危险应用报警”,单击“确定”按钮,保

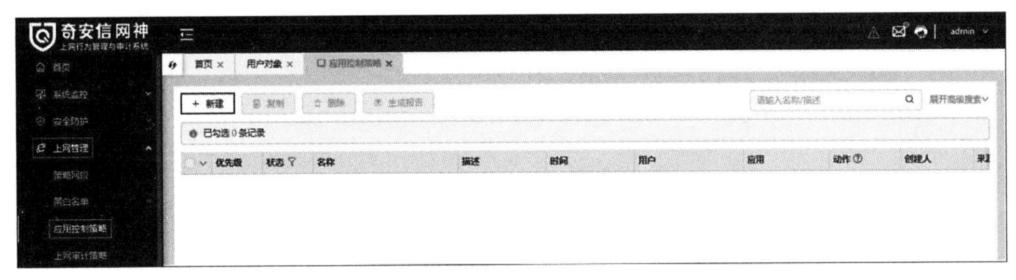


图 6-44　应用控制策略

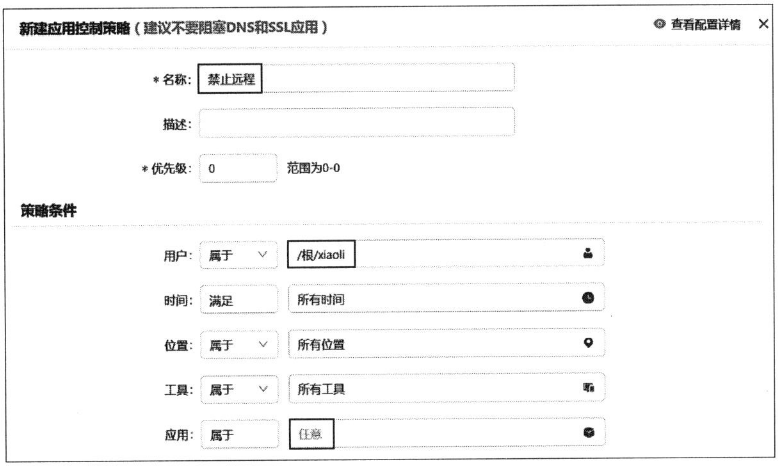

新建应用控制策略（建议不要阻塞DNS和SSL应用）　查看配置详情

* 名称：禁止远程

描述：

* 优先级：0　范围为0-0

策略条件

用户：属于　/根/xiaoli

时间：满足　所有时间

位置：属于　所有位置

工具：属于　所有工具

应用：属于　任意

图 6-45　新建应用控制策略

图 6-46　选择应用

存配置,如图 6-47 所示。

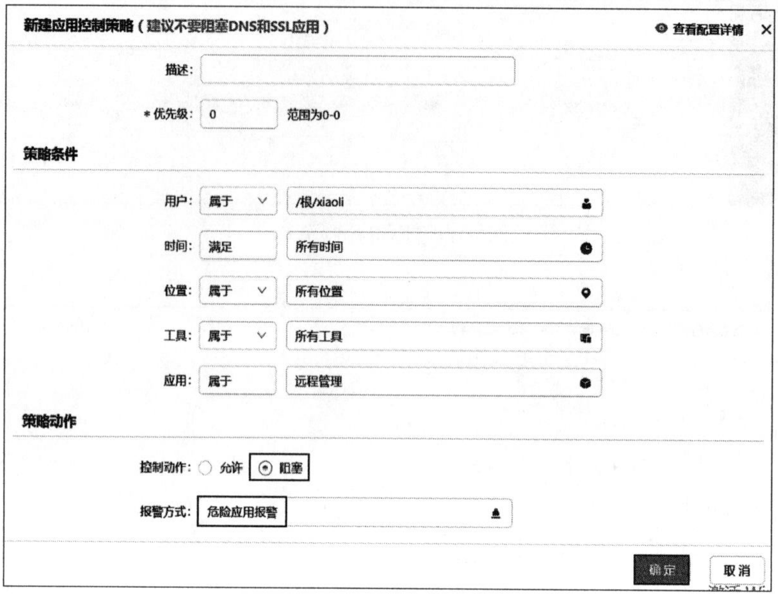

图 6-47　保存配置

(26) 单击右上角的“立即生效”按钮,弹出“本次策略改动列表”对话框,单击“生效”按钮,如图 6-48 所示。

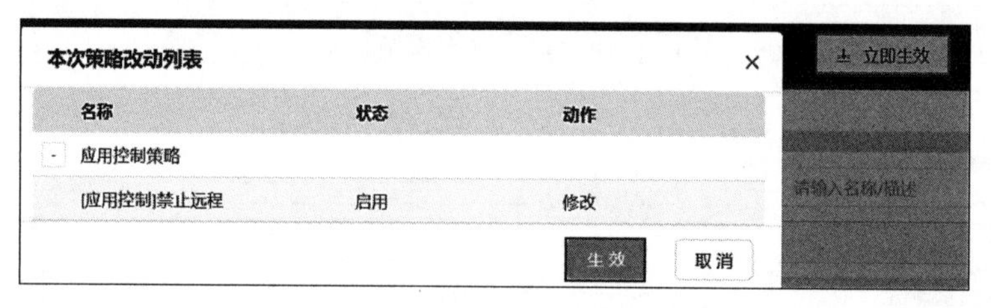


图 6-48　立即生效

## 【实验预期】

(1) 打开员工 PC,登录向日葵客户端失败。

(2) 上网行为管理日志查询的应用日志中查看到阻塞记录。

(3) 上网行为管理日志查询的策略告警日志中查看到记录。

(4) 打开网络安全管理员 PC,进入 Foxmail 查收到告警邮件。

## 【实验结果】

(1) 进入员工 PC,双击桌面的向日葵客户端快捷方式,运行向日葵客户端,如图 6-49 所示。

图 6-49　向日葵

(2) 在弹出的“向日葵远程控制”窗口中,单击“登录/注册”按钮,填写账号、密码(注:学员实验过程中用自己的账号进行测试,如果没有账号，可以在应用控制策略启用之前先登录员工 PC 注册一个账号)，单击“登录”按钮，弹出“服务器连接失败”提示字段，满足实验预期 1，如图 6-50 所示。

图 6-50　登录失败

(3) 打开管理机，进入上网行为管理首页，单击“日志查询”→“应用日志”菜单，阻塞记录如下，满足实验预期 2，如图 6-51 所示。

图 6-51　阻塞记录

(4) 单击“日志查询”→“策略告警日志”菜单，日志记录如下，满足实验预期 3，如图 6-52 所示。

(5) 打开网络安全管理员 PC，登录 Foxmail 邮箱，收到的告警邮件如下，满足实验预期 4，如图 6-53 所示。

## 【实验思考】

哪些策略当中选择阻塞动作时可以开启报警功能？

图 6-52　告警记录

图 6-53　告警邮件

# 第7章 上网行为管理设备系统维护

本章主要介绍上网行为管理设备的管理和维护。

完成本章学习后,可以初步掌握上网行为管理设备的系统配置、集中管理和系统维护方法。

## 7.1 上网行为管理综合实验

**【实验目的】**

掌握AD服务器配置,远端用户策略匹配,流量管理,域名控制,以及查看系统监控的方法。

**【知识点】**

远端用户配置、域名访问控制、流量控制、系统状态查询。

**【场景描述】**

A公司部分员工调拨至江西分部做大型会议支持,该部分人员信息存储在公司内部AD服务器中,为保证江西分部公司网络安全和提高工作效率,公司现需要对该部分员工进行上网行为管控(员工通过第三方数据库进行透明识别认证),包含对娱乐视频类应用的限流至1MB/s以及游戏类网站的封堵,且每日每人流量限制在200MB(本实验以20MB举例),请同学们帮助网络安全运维工程师小王完成整体配置。

**【实验原理】**

上网行为管理产品是一种对人的上网行为进行管理的网络设备,它基于应用层流量识别与数据采集技术,可对上网行为进行控制、审计与管理,提供了包括网页访问管理、网络应用管理、带宽流量管理、信息收发审计等功能。此外,该产品能够基于审计数据对人的行为进行查询、统计、分析和挖掘,帮助用户有效管理和使用网络。

上网行为管理系统的部署可以帮助公司对员工的上网行为进行识别、管控与分析,提高员工工作效率,合理分配网络资源,优化上网体验。当用户信息并不在本地时,上网行为管理系统只要可以更改用户信息数据库建立连接就可以使用该数据库的信息对用户上网行为进行管理,即上网行为管理系统支持通过策略使用远端用户信息管理本地员工。

**【实验设备】**

安全设备：上网行为管理设备 1 台。

网络设备：交换机 1 台，路由器 1 台，AD 服务器 1 台。

主机终端：Windows 7 SP1 主机 2 台。

**【实验拓扑】**

实验拓扑如图 7-1 所示。

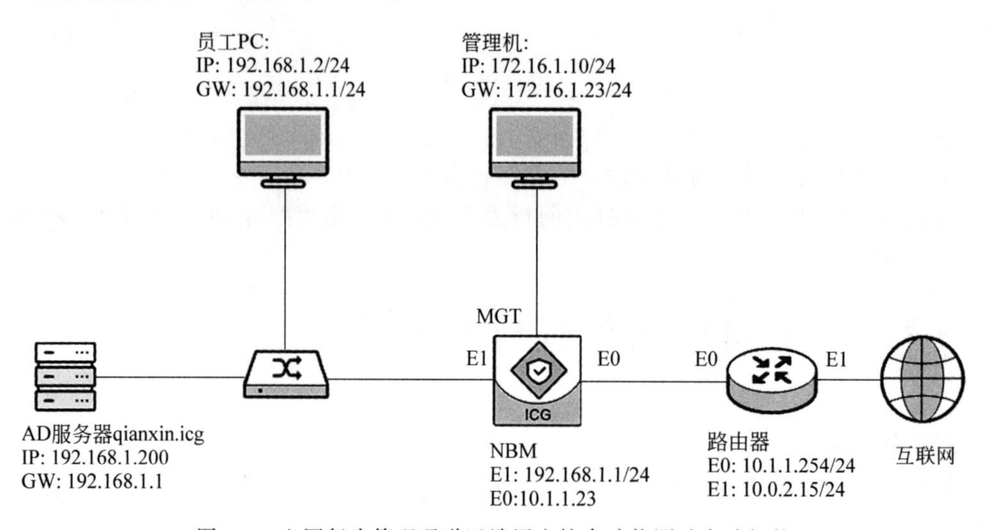


图 7-1　上网行为管理通道远端用户综合功能测试实验拓扑

**【实验思路】**

(1) 管理机登录上网行为管理设备。

(2) 配置上网行为管理为网关模式。

(3) 配置 IP 对象。

(4) 配置第三方服务器“LDAP 服务器”。

(5) 配置认证策略“LDAP 认证策略”。

(6) 配置用户对象。

(7) 配置用户速率限制策略。

(8) 配置应用流量限额策略。

(9) 配置游戏类网页浏览封堵策略。

(10) 使用域账号 xiaoli 登录用户 PC1 虚拟机，验证该 PC 是否可正常连接互联网。

(11) 在上网行为管理的在线用户中查看 xiaoli 用户是否正常上线。

(12) 使用域账号 xiaoli 登录用户 PC1 虚拟机，验证该 PC 是否可正常访问 4399.com 游戏网站。

(13) 在上网行为管理的审计日志中查看是否有访问游戏的阻塞日志。

(14) 使用域账号 xiaoli 登录用户 PC1 虚拟机，打开爱奇艺网站，播放视频。

(15) 在上网行为管理的系统监控中查看 xiaoli 用户的爱奇艺视频实时流速是否超

过 1Mb/s。

(16) 使用域账号 xiaoli 登录用户 PC1 虚拟机，继续播放爱奇艺视频，验证当用户 xiaoli 的总流量达到限额时，是否可以继续观看爱奇艺视频。

(17) 在上网行为管理的系统监控中查看限额监控中是否有超额阻塞记录。

**【实验步骤】**

(1) 登录管理机，设置管理机 IP 与上网行为管理的 MGT 口 IP 为同一网段，登录实验拓扑中的管理机，配置管理机 IP 为 172.16.1.10/24，默认网关为 172.16.1.23，单击“确定”按钮。

(2) 打开管理机的浏览器，在地址栏中输入上网行为管理的访问地址“https://172.16.1.23”(以实际 IP 为准)，跳转至上网行为管理登录页面，在登录页面输入用户名“admin”、密码“admin123”(以实际密码为准)、验证码“v5xn”(以实际验证码为准)，单击“登录”按钮。

(3) 为提高上网行为管理系统的安全性，系统会在用户使用初始密码登录时弹出“修改密码”对话框，本实验不需要修改默认密码，单击“暂不修改”按钮。

(4) 成功登录设备后，进入上网行为管理首页。

(5) 单击“网络配置”→“模式配置”菜单，单击“配置网络模式”按钮，进入“配置网络模式”配置页面。

(6) 在“网络模式选择”页面，选择“网关模式”选项，单击“开始配置”按钮。

(7) 在“网关模式配置”页面，单击“新建”按钮，弹出“新建内网口”对话框，“名称”填写“内网”，“可选接口”选择 eth1，“IPv4 地址/掩码”填写“192.168.1.1/24”，单击“确定”按钮，如图 7-2 所示。

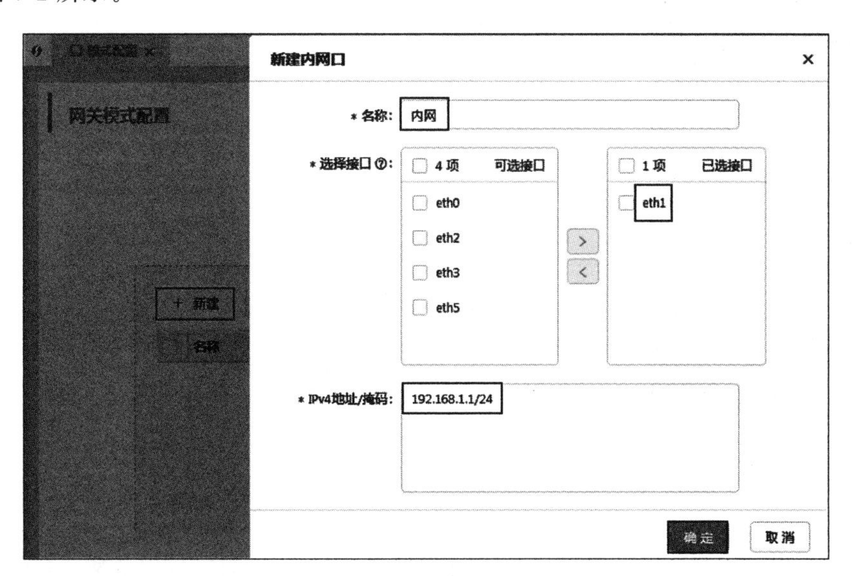


图 7-2　新建内网口

(8) 单击“下一步”按钮，进入外网口配置界面，如图 7-3 所示。

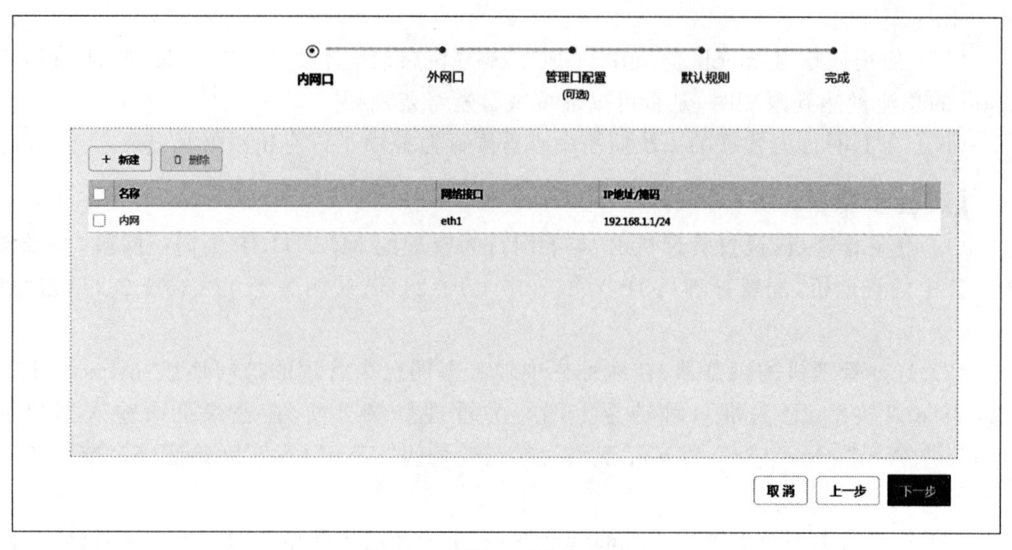


图 7-3　内网口配置保存成功

(9) 在“网关模式配置”页面，单击“新建”按钮，弹出“新建外网口”对话框，“名称”填写“外网”，“选择接口”选择 eth0，“接入方式”选择“静态地址”，“IPv4 地址/掩码”填写“10.1.1.23/24”，“网关”填写“10.1.1.254”，“权重”填写“1”，如图 7-4 所示。单击“确定”按钮，进入如图 7-5 所示的界面。

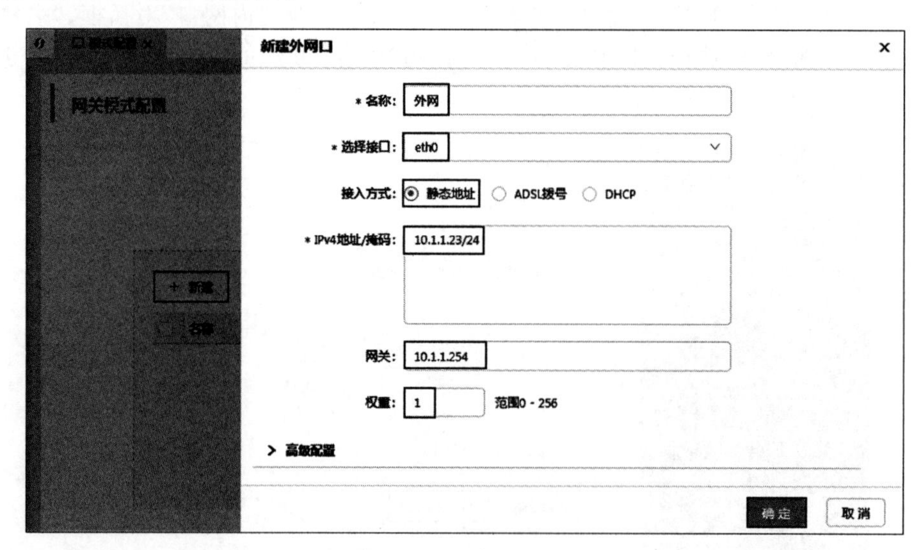


图 7-4　新建外网口

(10) 单击“下一步”按钮，进入管理口配置页面，如图 7-6 所示。

(11) 在“管理口配置”页面，本实验保持默认配置，单击“下一步”按钮，进入如图 7-7 所示的界面。

(12) 在“默认规则”页面，本实验保持默认配置，单击“下一步”按钮。

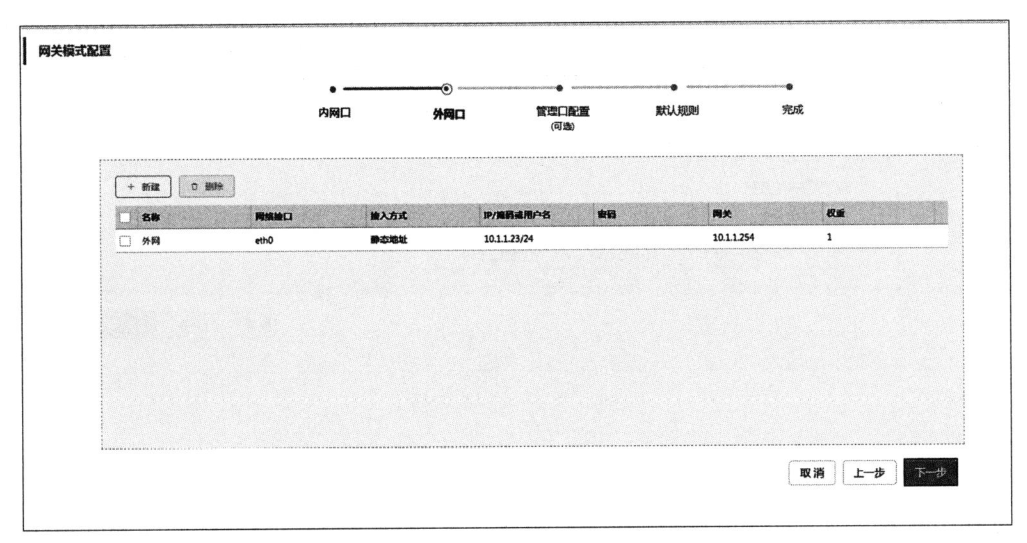


图 7-5　外网口配置保存成功

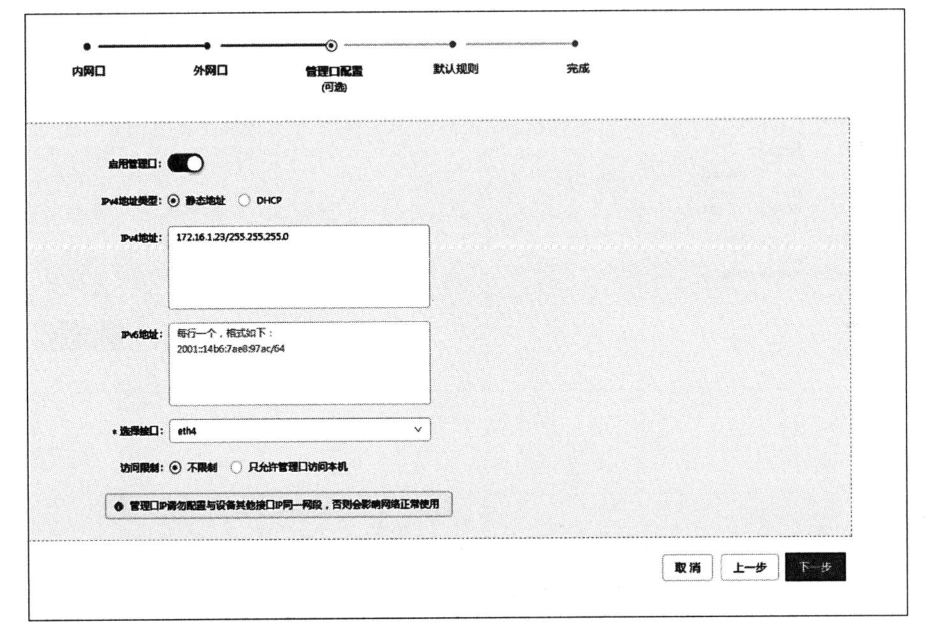


图 7-6　管理口配置

(13) 所有的配置完成后，单击“保存并生效”按钮，使配置生效，如图 7-8 所示。

(14) 在弹出的“确认立即保存并生效网络配置”对话框中，单击“确定”按钮，如图 7-9 所示。

(15) 单击“对象管理”→“IP 对象”菜单，进入 IP 对象页面，单击“新建”按钮，弹出“新建 IP 对象”对话框，如图 7-10 所示。

(16) 在“新建 IP 对象”对话框中，“名称”填写“用户 PC1”，单击“IP 信息”中的“新建”

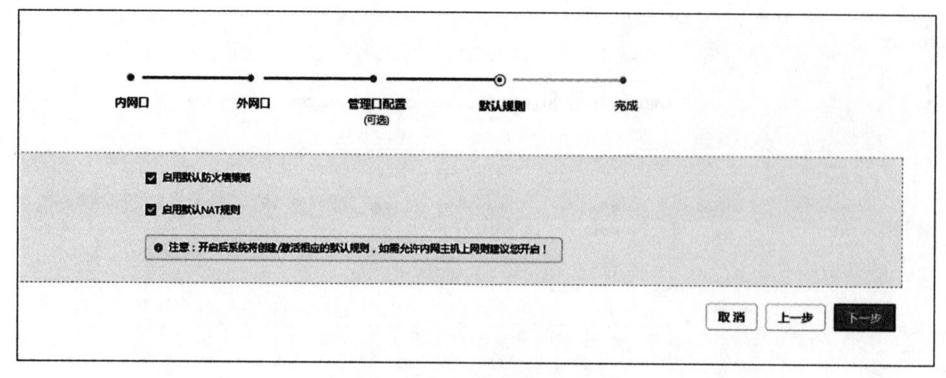


图 7-7　默认规则配置

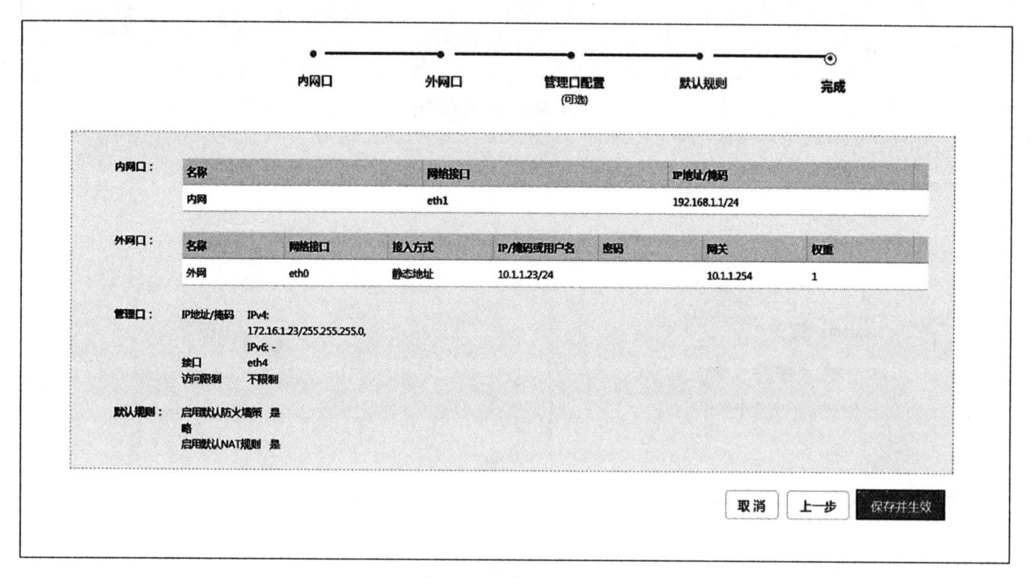


图 7-8　保存配置

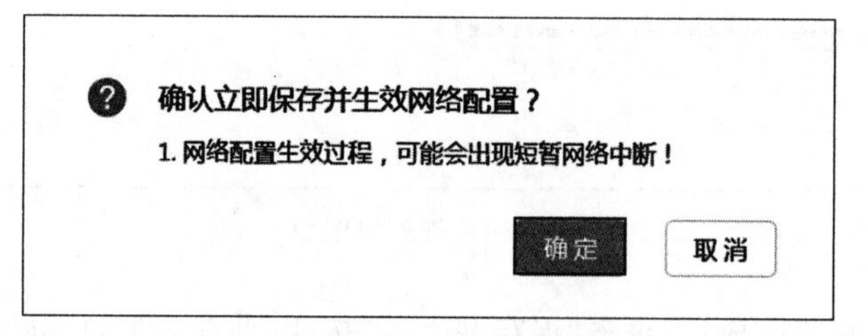


图 7-9　执行网络配置

按钮，如图 7-11 所示。

(17) 在弹出的“新建 IP 信息”对话框中，IP 信息填写“192.168.1.2-192.168.1.4”，单击“确定”按钮，如图 7-12 所示。

(18) 返回至“新建 IP 对象”对话框，单击“确定”按钮，完成创建 IP 对象的操作，如

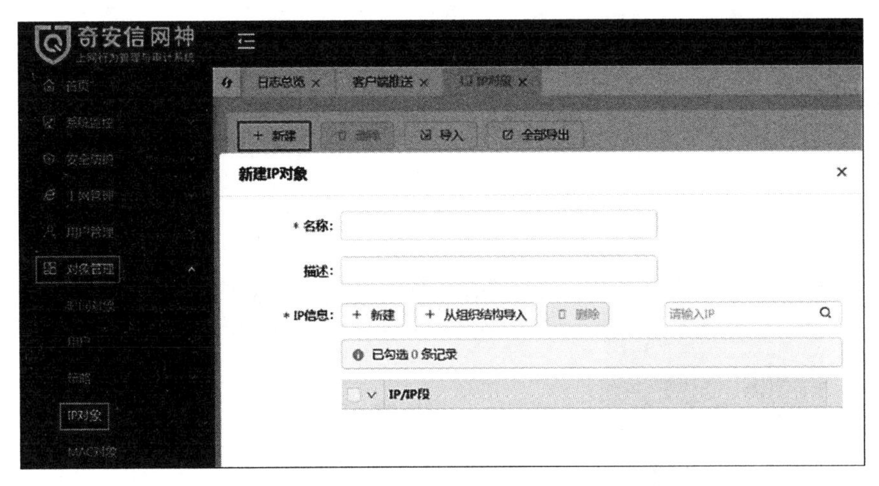


图 7-10　新建 IP 对象

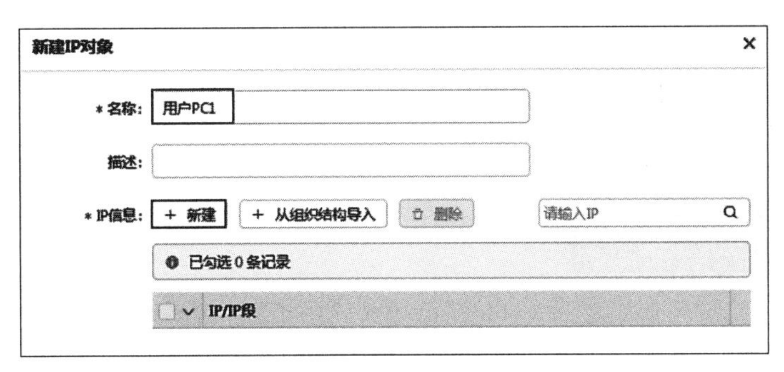


图 7-11　新建 IP 对象

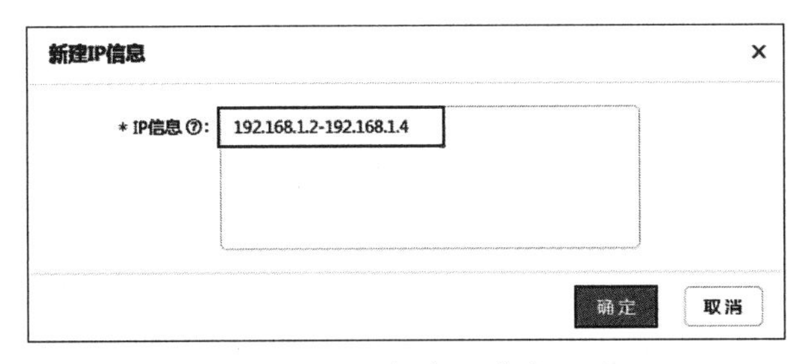


图 7-12　新建 IP 信息

图 7-13 所示。

(19) 单击“对象管理”→“用户”→“第三方服务器”菜单,进入“第三方服务器”页面,打开“服务器”选项卡,单击“新建”按钮,在弹出的选项列表中单击“LDAP 服务器”按钮,如图 7-14 所示。(注：LDAP 服务器是微软的 AD 服务器。)

(20) 在弹出的“新建 LDAP 服务器”对话框,“名称”填写 LDAP,“类型”选择“自动识别”,在“基本配置”选项卡中,“IP/域名”填写“192.168.1.200”(注：以 AD 服务器的实际具体地址为准),“端口”为 389(注：默认),单击“入口(BaseDN)”最右侧的“获取 BaseDN”

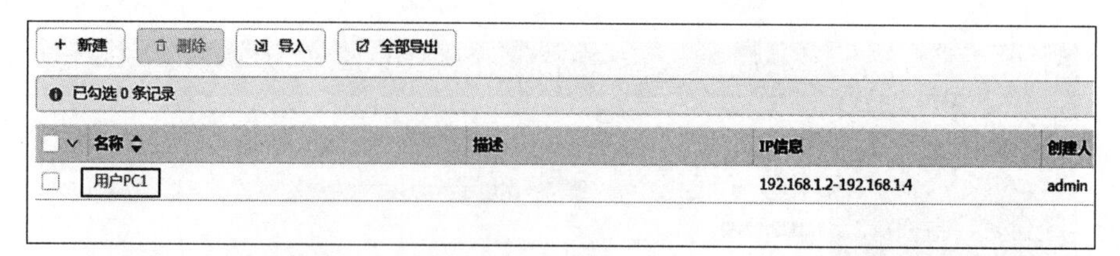


图 7-13　创建 IP 对象完成

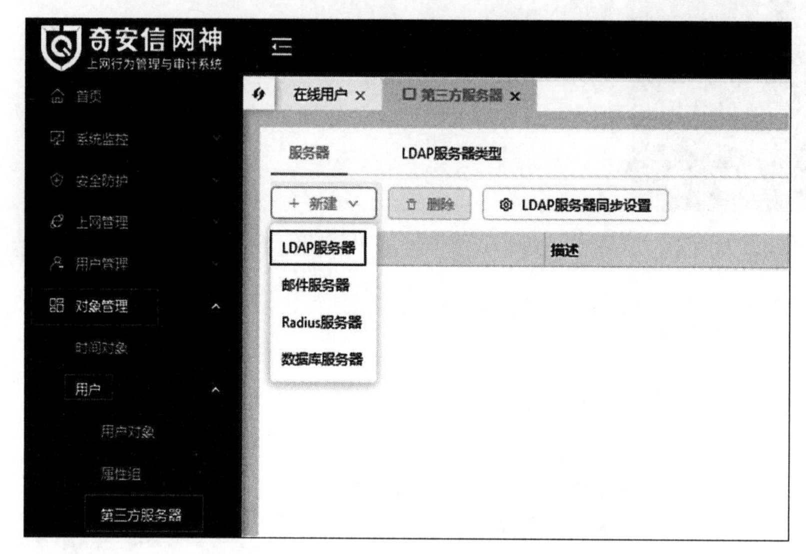


图 7-14　新建服务器

按钮，如图 7-15 所示。

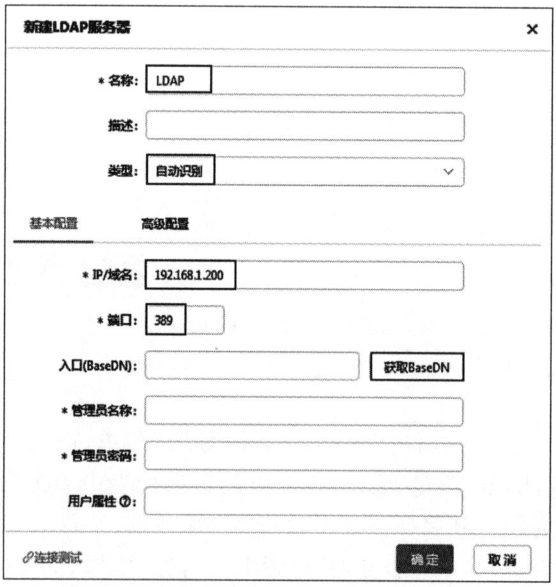

新建LDAP服务器

* 名称: LDAP
描述:
类型: 自动识别
基本配置　高级配置
* IP/域名: 192.168.1.200
* 端口: 389
入口(BaseDN):　获取BaseDN
* 管理员名称:
* 管理员密码:
用户属性:
连接测试　确定　取消

图 7-15　新建 LDAP 服务器

(21) 查看获取到的入口(BaseDN)为 DC＝qianxin,DC＝icg,“管理员名称”填写“administrator@ qianxin. icg”,“管理员密码”填写“1qaz@WSX”,“用户属性”填写“sAMAccountName”(根据实际使用 LDAP 服务器类型填写,如 Sun 服务器填写 uid),如图 7-16 所示。

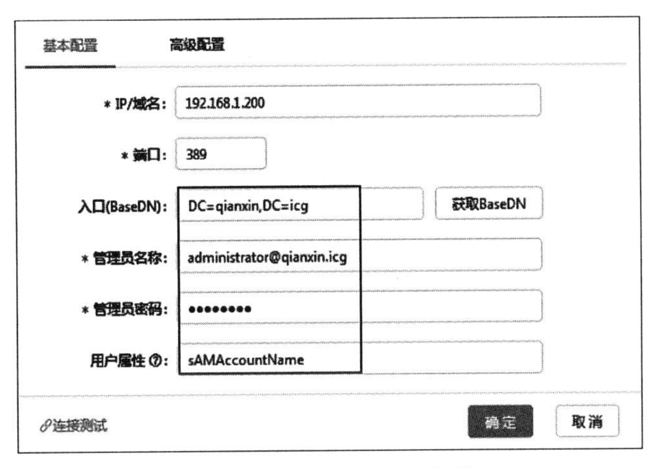


图 7-16　配置 LDAP 服务器

(22) 单击“连接测试”按钮,页面弹出“连接成功”的提示,单击“确定”按钮,完成配置 LDAP 服务器的操作,如图 7-17 所示。

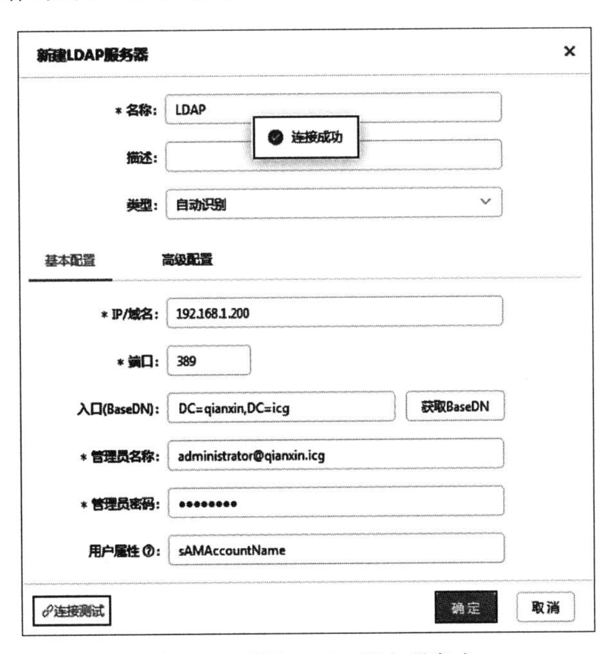


图 7-17　配置 LDAP 服务器完成

(23) 单击“用户管理”→“认证策略”菜单,进入“认证策略”页面,单击“新建”按钮,如图 7-18 所示。

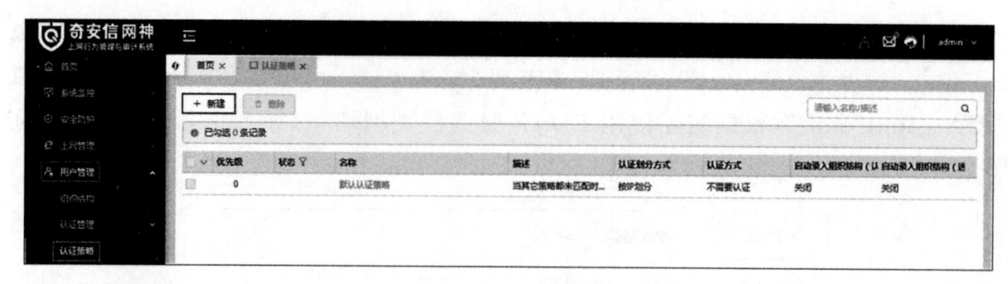


图 7-18　认证策略

(24) 在弹出的“新建认证策略”对话框中，“名称”填写“LDAP 认证策略”，在“认证配置”选项卡，单击“认证划分方式”右侧的“按 IP 划分”按钮，单击“IP 对象”右侧的选项框，如图 7-19 所示。

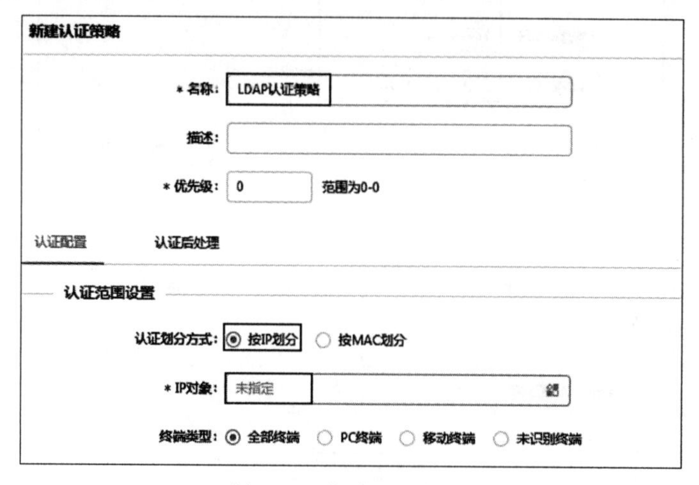


图 7-19　新建认证策略

(25) 在弹出的“选择 IP 对象”对话框中，勾选“用户 PC1”复选框，单击“确定”按钮，如图 7-20 所示。

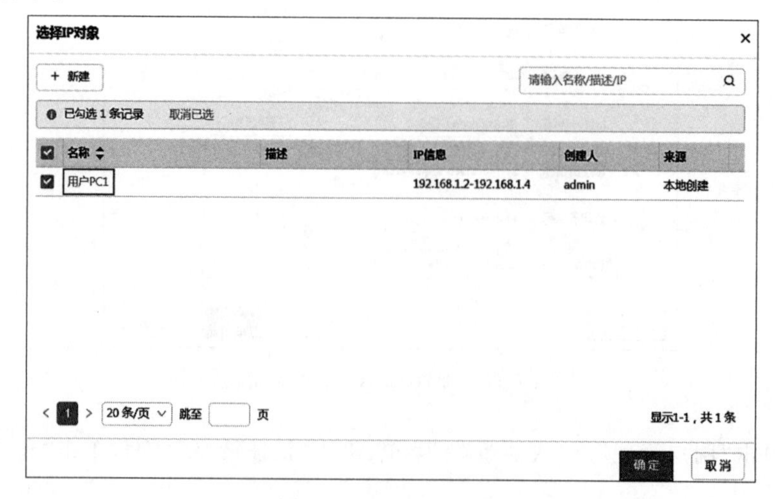


图 7-20　选择 IP 对象

(26) 返回“新建认证策略”对话框中，单击“认证方式”右侧的“透明识别”按钮，单击“未识别处理方式”右侧的“不需要认证”按钮，单击“确定”按钮，如图 7-21 所示。

图 7-21　完成认证策略配置

(27) 单击“用户管理”→“认证管理”→“透明识别配置”菜单，在“AD 识别”选项栏，单击“操作”选项栏的齿轮状按钮，如图 7-22 所示。

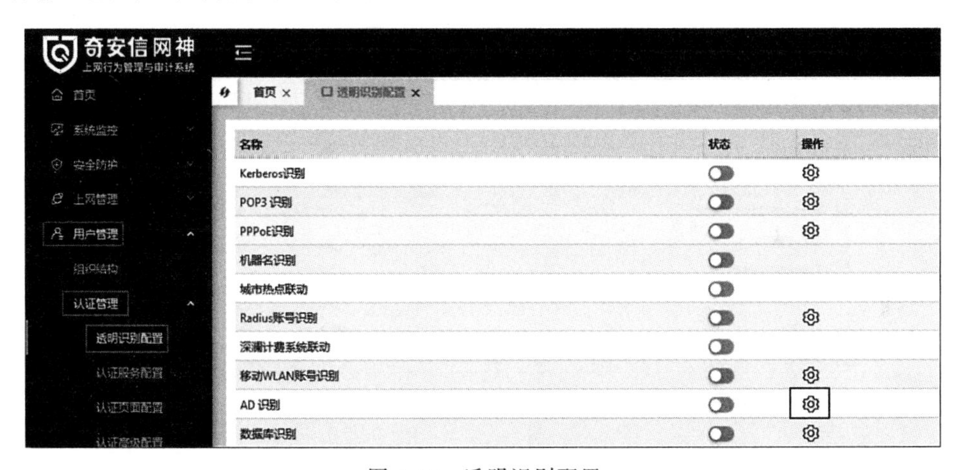


图 7-22　透明识别配置

(28) 在弹出的“AD 识别配置”对话框中，“AD 识别服务器”选择 LDAP，单击“下线探测”旁边的按钮，单击“确定”按钮，如图 7-23 所示。

(29) 返回“透明识别配置”页面，单击“AD 识别”选项后方的按钮，弹出“保存成功”对话框，配置完成，如图 7-24 所示。

(30) 单击“对象管理”→“用户”→“用户对象”菜单，进入“用户对象”页面，单击“新建”按钮，如图 7-25 所示。

(31) 在弹出的“新建用户对象”对话框中，“名称”填写“远端用户”，打开“可选用户”中的“远端用户”选项卡，单击 LDAP(qianxin.icg)，勾选“小李”用户，单击“确定”按钮，如

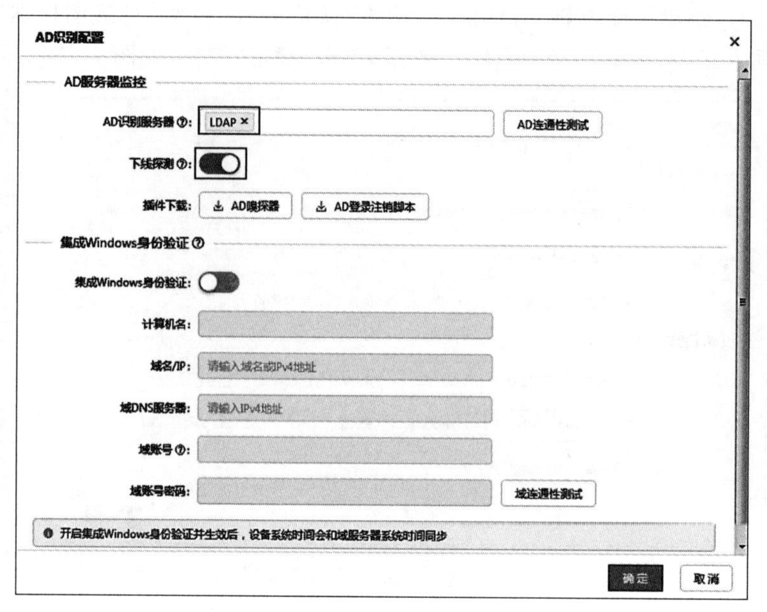


图 7-23　AD 识别配置

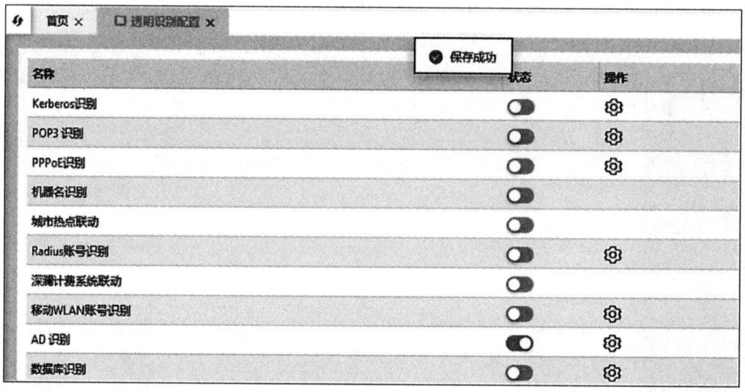

| 名称 | 状态 | 操作 |
|---|---|---|
| Kerberos识别 | | |
| POP3 识别 | | |
| PPPoE识别 | | |
| 机器名识别 | | |
| 城市热点联动 | | |
| Radius账号识别 | | |
| 深澜计费系统联动 | | |
| 移动WLAN账号识别 | | |
| AD 识别 | | |
| 数据库识别 | | |

图 7-24　开启 AD 识别

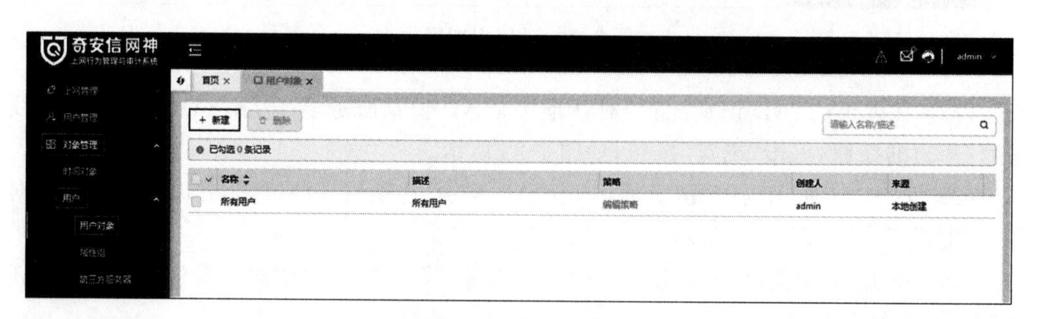


图 7-25　用户对象

图 7-26 所示。(注：搭建 AD 域服务器时,用户 PC1 中的小李添加至 AD 域中。)

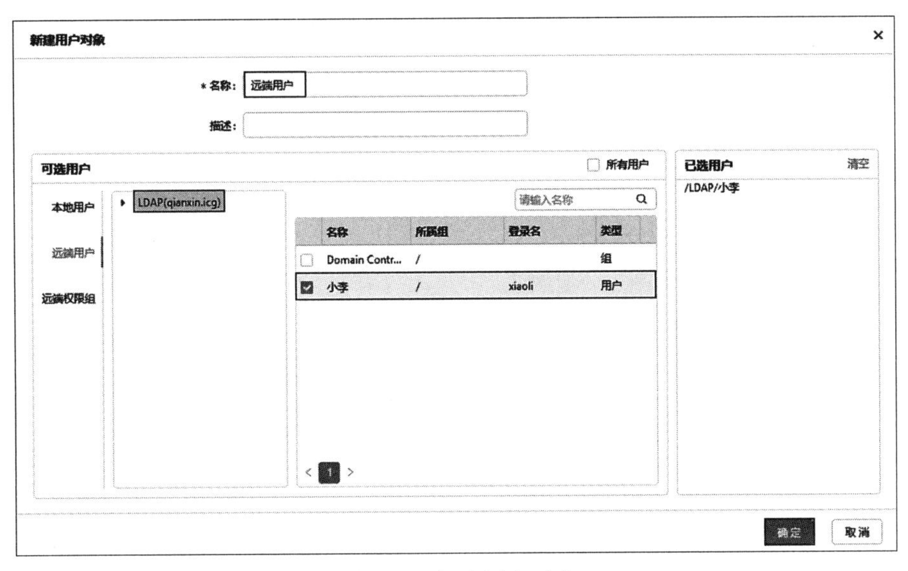


图7-26　新建用户对象

(32) 单击“上网管理”→“流量管理”→“每用户控制策略”菜单，进入“每用户控制策略”页面，打开“用户速率限制”选项卡，进入“用户速率限制”选项卡，如图7-27所示，单击“新建”按钮。

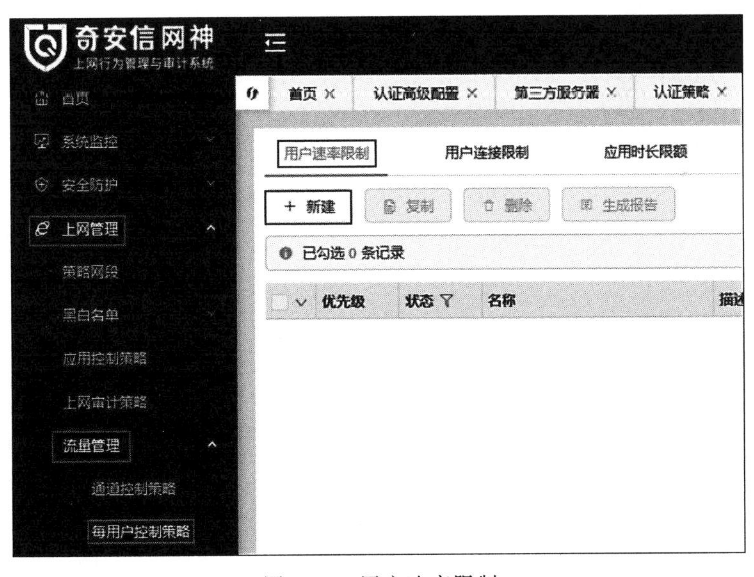


图7-27　用户速率限制

(33) 在弹出的“新建用户速率限制”对话框中，“名称”填写“速率限制”，单击“用户”右侧的策略条件，如图7-28所示。

(34) 在弹出的“选择用户”对话框中，取消勾选“所有用户”复选框，如图7-29所示。

(35) 单击“用户对象”按钮，勾选“远端用户”复选框，单击“确定”按钮，如图7-30所示。

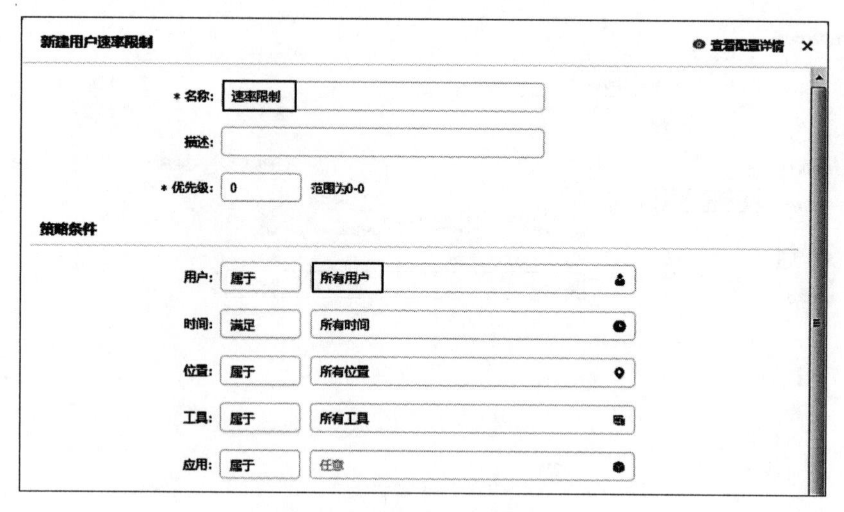


图 7-28　新建用户速率限制

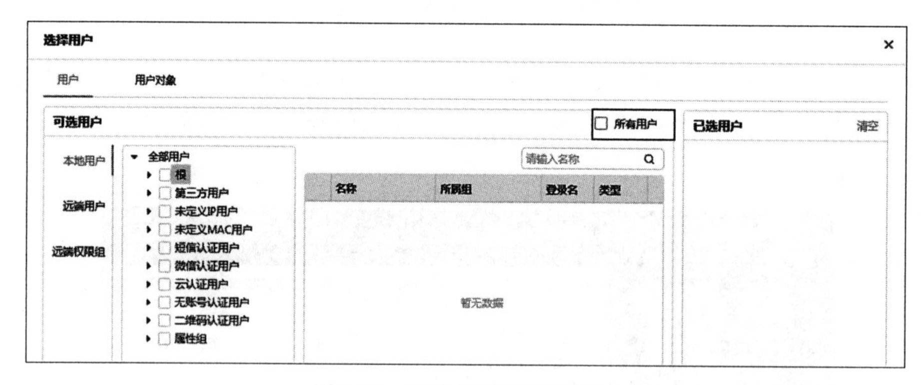


图 7-29　取消勾选“所有用户”

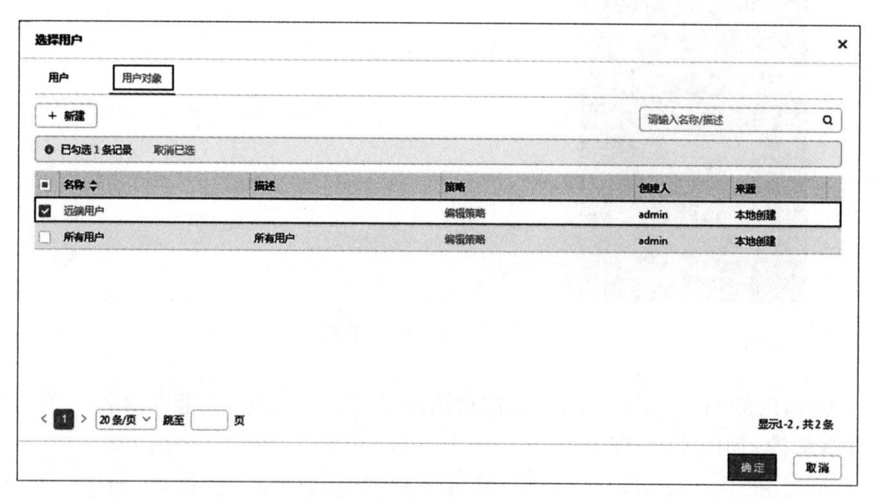


图 7-30　选择远端用户

(36) 返回“新建用户速率限制”对话框，单击“应用”右侧的策略条件，如图 7-31 所示。

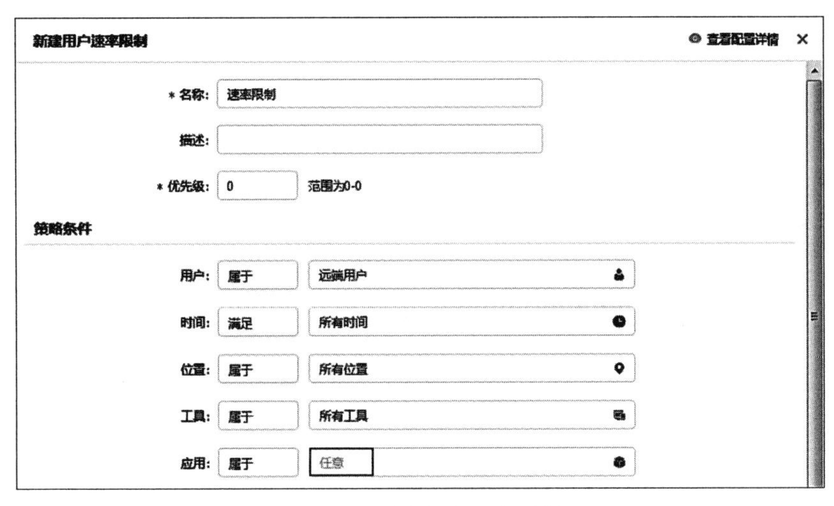


图 7-31　新建用户速率限制

(37) 在弹出的“选择应用”对话框中，单击“视频播放”复选框，勾选“P2P 影音”复选框，勾选“爱奇艺 PPS 视频”复选框，单击“确定”按钮，如图 7-32 所示。

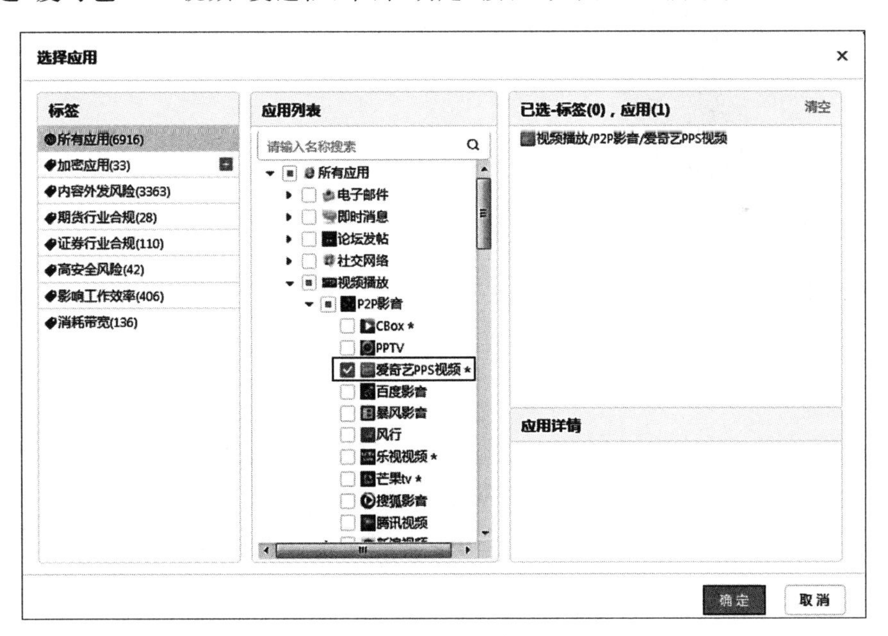


图 7-32　选择应用

(38) 返回至“新建用户速率限制”对话框，下拉滚动轴，在“上传限速”“下载限速”中填写“1”，单击“确定”按钮，如图 7-33 所示。

(39) 单击“上网管理”→“流量管理”→“每用户控制策略”菜单，进入“每用户控制策

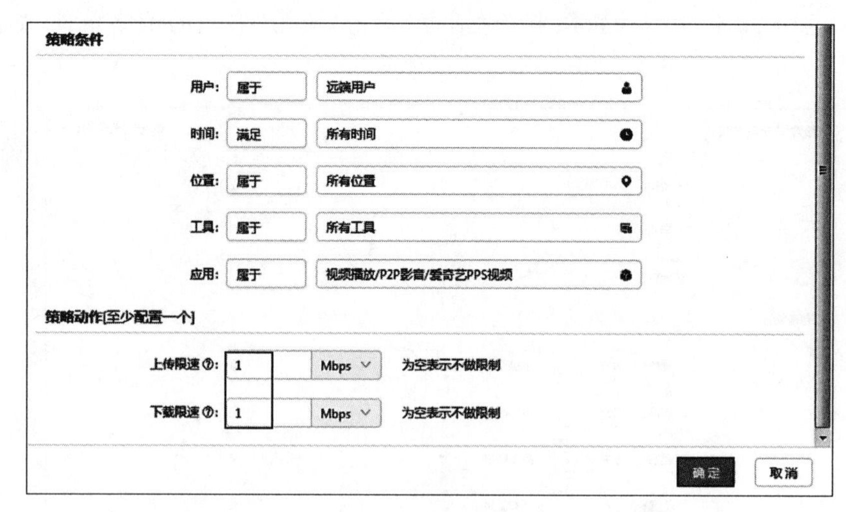


图 7-33　策略条件

略”页面，打开“应用流量限额”选项卡，如图 7-34 所示。

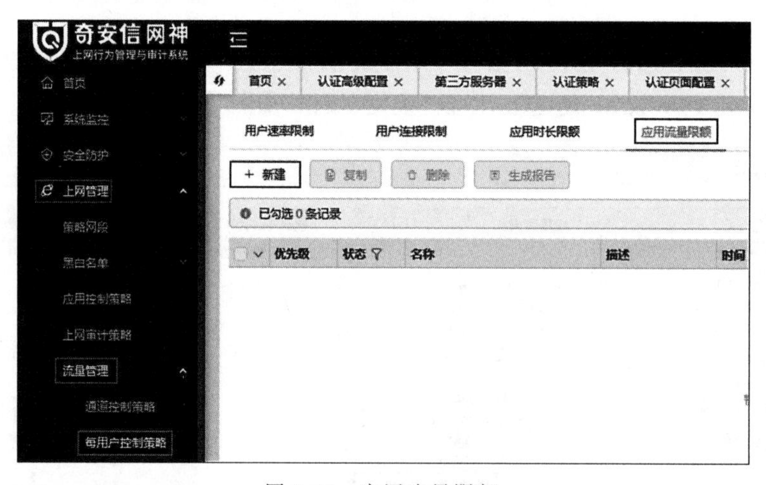


图 7-34　应用流量限额

(40) 单击“新建”按钮，在弹出的“新建应用流量限额”对话框中，“名称”填写“应用流量限额”，“用户”属于“远端用户”，单击“应用”右侧的策略条件，如图 7-35 所示。

(41) 在弹出的“选择应用”对话框中，勾选“所有应用”按钮，单击“确定”按钮，如图 7-36 所示。

(42) 返回至“新建应用流量限额”对话框，下拉滚动轴，单击“累计周期”选择“每天”，“应用流量”填写“20”(注：此处是为了实验测试方便，填写限额较小，配置时以实际需求为准)，如图 7-37 所示。

(43) 下拉滚动轴，单击“阻塞页面”右侧的策略条件，如图 7-38 所示。

(44) 在弹出的“选择阻塞页面”对话框中，勾选“[默认]上网流量限额提示页面”复选框，单击“确定”按钮，如图 7-39 所示。

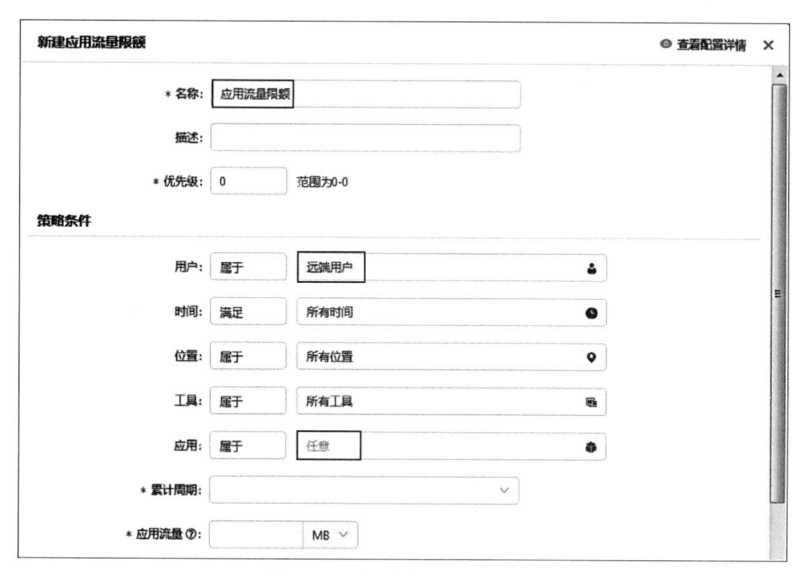


图 7-35　新建应用流量限额

图 7-36　选择应用

(45) 返回“新建应用流量限额”对话框，单击“确定”按钮，如图 7-40 所示。

(46) 单击“上网管理”→“上网审计策略”菜单，进入“上网审计策略”页面，单击“新建”→“网页浏览策略”按钮，如图 7-41 所示。

(47) 在弹出的“新建网页浏览策略”对话框中，“名称”填写“禁止访问游戏类网页”，“用户”属于“远端用户”，单击“网站分类”右侧的策略条件，如图 7-42 所示。

(48) 在弹出的“选择网站分类对象”对话框中，单击“新建”按钮，如图 7-43 所示。

(49) 在弹出的“新建网站分类对象”对话框中，“名称”填写“游戏类”，在“网站分类列

图 7-37　策略条件

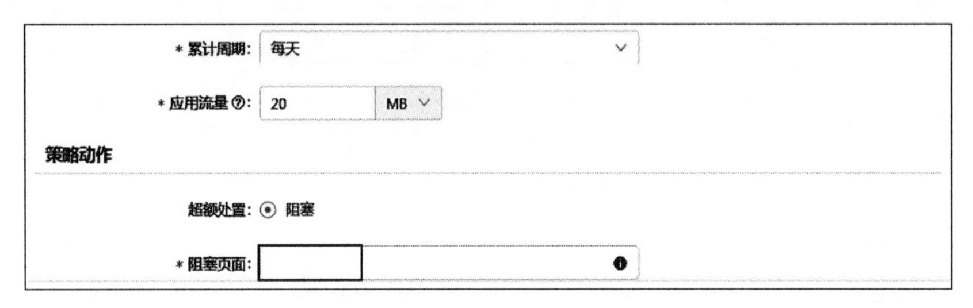


图 7-38　策略动作

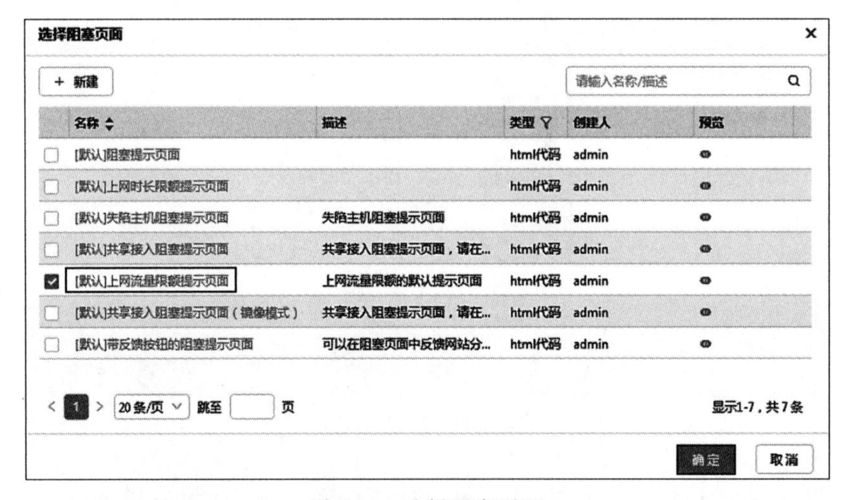


图 7-39　选择阻塞页面

表”下拉列表中选择“游戏”复选框，单击“确定”按钮，如图 7-44 所示。

(50) 返回“选择网站分类对象”对话框，勾选“游戏类”复选框，单击“确定”按钮，如图 7-45 所示。

(51) 单击“控制动作”右侧的“阻塞”单选按钮，“阻塞页面”选择“[默认]阻塞提示页面”，单击“记录方式”右侧的“记录行为”单选按钮，单击“确定”按钮，如图 7-46 所示。

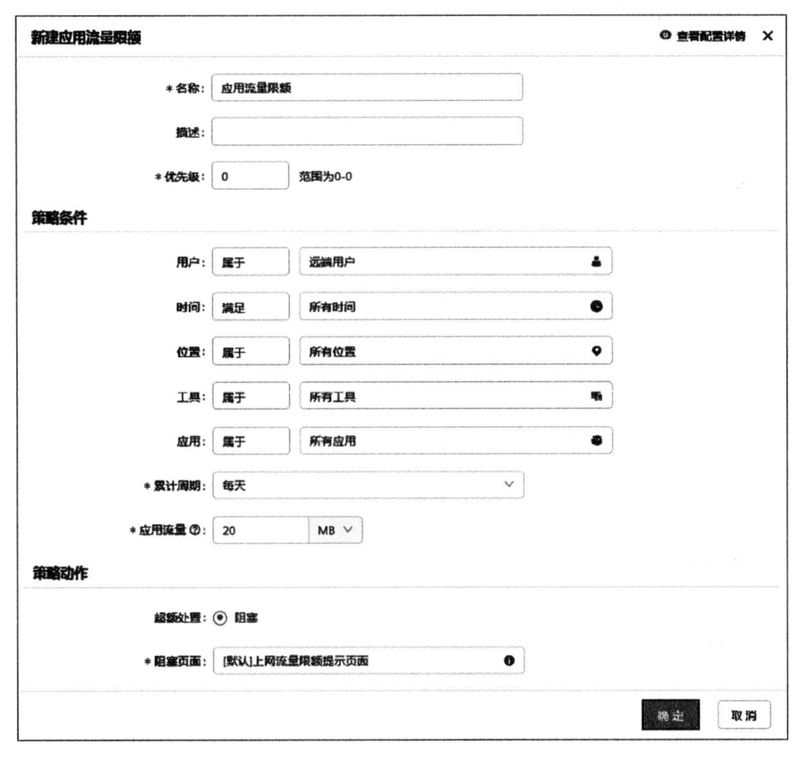


图 7-40　完成新建应用流量限额策略

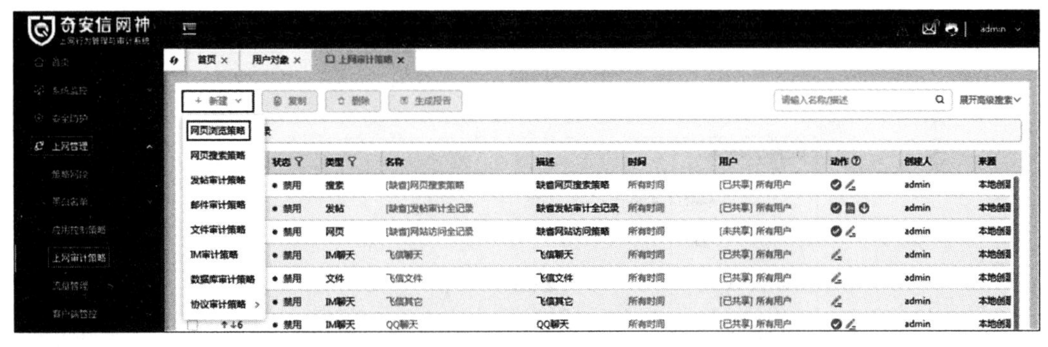


图 7-41　网页浏览策略

(52) 单击页面右上角的“立即生效”按钮，弹出“本次策略改动列表”对话框，单击“生效”按钮，如图 7-47 所示。(注：需同步用户 PC 与上网行为管理设备的时间，可以更快速地响应策略，能更有效地验证实验结果。)

## 【实验预期】

(1) 使用域账号 xiaoli 登录用户 PC1 虚拟机后，可正常访问互联网，可在行为管理的上线用户中看到远端用户 xiaoli 上线信息。

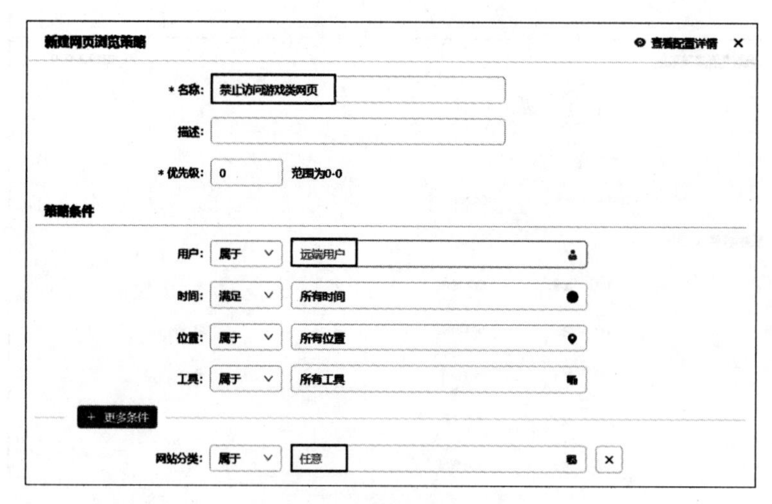


图 7-42 新建网页浏览策略

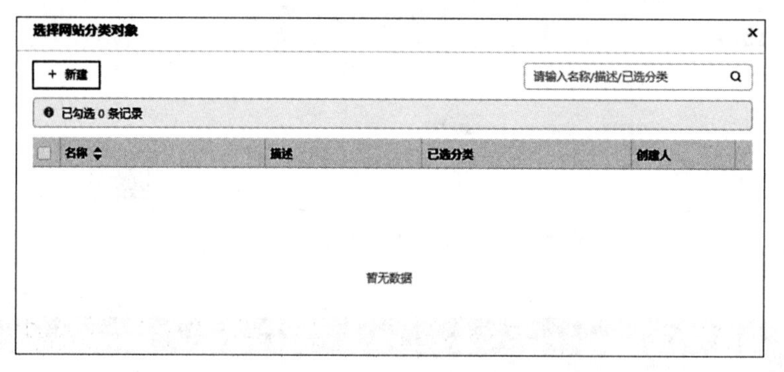


图 7-43 选择网站分类对象

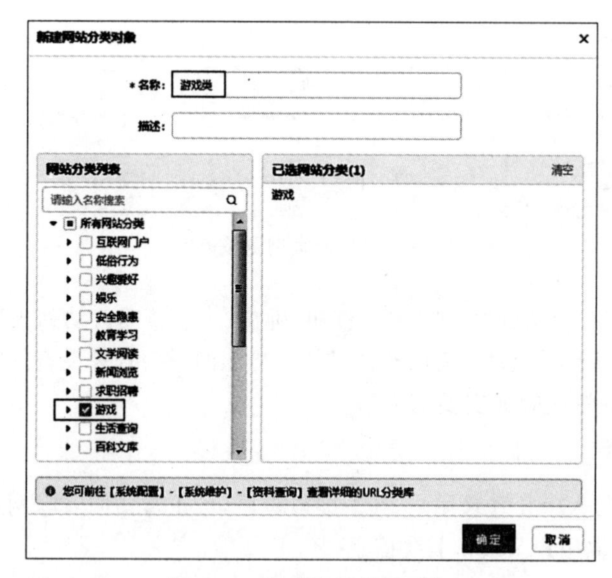


图 7-44 新建网站分类对象

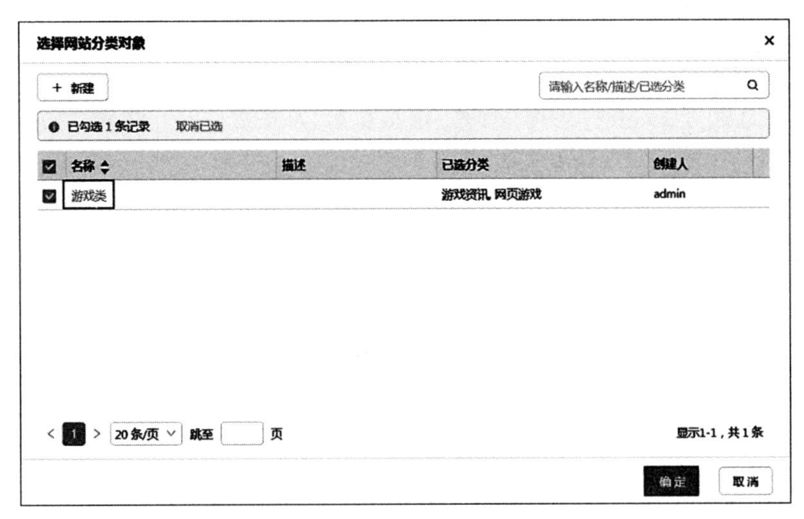


图 7-45　选择网站分类对象

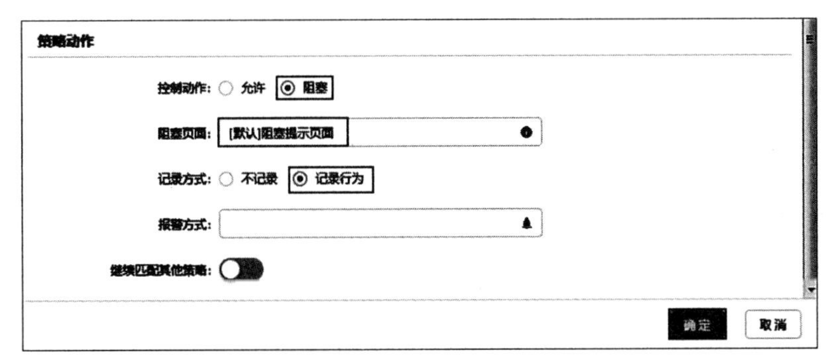


图 7-46　策略动作

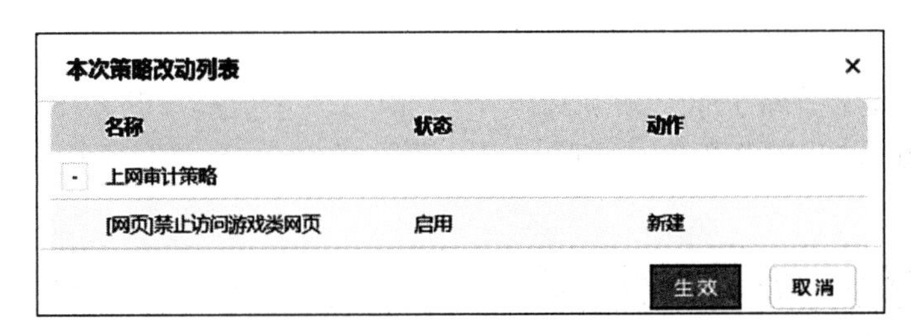


图 7-47　立即生效

(2) 使用域账号 xiaoli 登录用户 PC1 虚拟机后，访问 4399.com 游戏网站失败，并可在行为管理的审计日志中查看到 xiaoli 访问游戏网站阻塞记录。

(3) 使用域账号 xiaoli 登录 PC1 虚拟机后，播放爱奇艺视频，在行为管理上查看爱奇艺的实时流速不超过 1Mb/s。

(4) 使用域账号 xiaoli 登录用户 PC1 虚拟机后，继续播放爱奇艺视频，当流量总额超过限额 20MB 时，用户 xiaoli 将不能继续正常观看视频，在上网行为管理上查看限额监控，可查看到 xiaoli 用户流量总量超限额的阻塞记录。

**【实验结果】**

(1) 使用域账号 xiaoli 登录用户 PC1 虚拟机后，可正常访问互联网，可在行为管理的上线用户中看到远端用户 xiaoli 上线信息。

① 打开用户 PC1 虚拟机，登录域账户 xiaoli，登录密码 1qaz@WSX，运行火狐浏览器，在地址栏中输入并访问“www.baidu.com”，成功访问百度，满足实验预期 1，如图 7-48 所示。

图 7-48　访问百度成功

② 打开管理机，进入上网行为管理首页，单击“系统监控”→“在线用户”菜单，进入“在线用户”页面，查看到“用户”为“/远端用户/LDAP/小李”，“IP”为"192.168.1.2"，“上线状态”为“在线”，“认证类型”为“透明用户识别”的在线记录，满足实验预期 1，如图 7-49 所示。

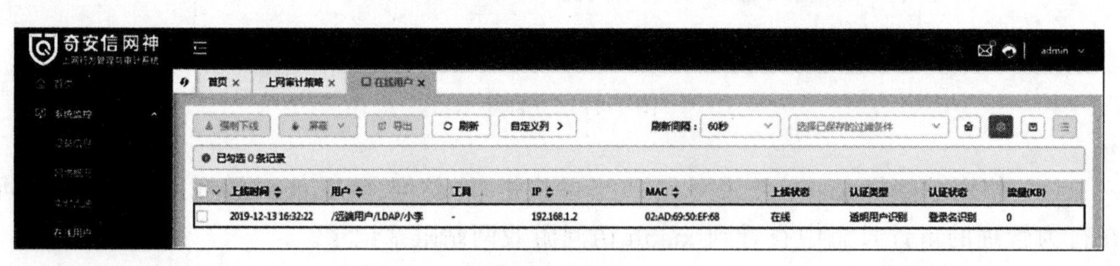


图 7-49　在线用户

(2) 使用域账号 xiaoli 登录用户 PC1 虚拟机后，访问 4399.com 游戏网站失败，并可在行为管理的审计日志中查看到 xiaoli 访问游戏网站阻塞记录。

① 打开用户 PC1 虚拟机，运行火狐浏览器，在浏览器地址栏中输入并访问“www.4399.com”，页面弹出“禁止访问”的提示，无法访问此游戏网站，满足实验预期 2，如图 7-50 所示。

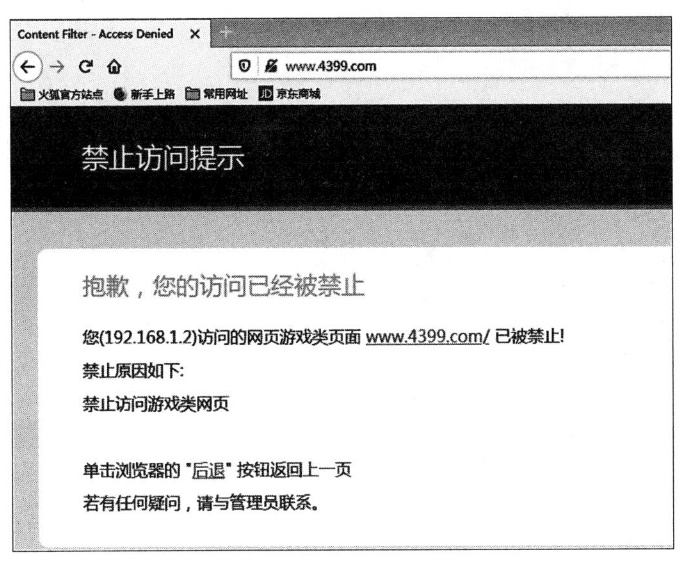


图 7-50 无法访问游戏网站

② 打开管理机，进入上网行为管理首页，单击“日志查询”→“审计日志”菜单，进入“审计日志”页面，查看到阻塞记录，满足实验预期 2，如图 7-51 所示。

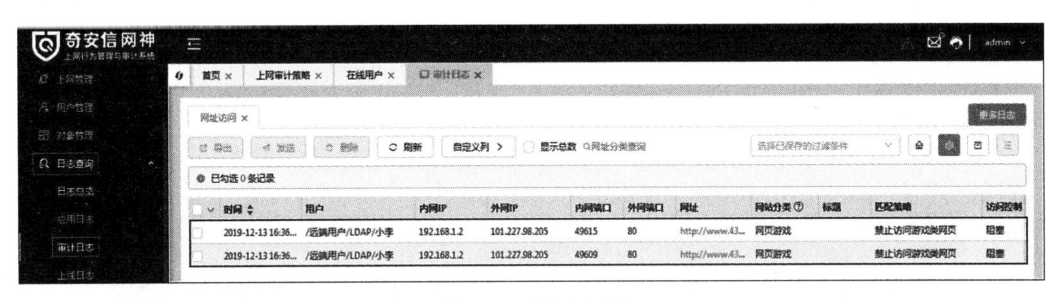


图 7-51 阻塞记录

(3) 使用域账号 xiaoli 登录 PC1 虚拟机后，播放爱奇艺视频，在行为管理上查看爱奇艺的实时流速不超过 1Mb/s。

① 播放爱奇艺视频，如图 7-52 所示。

② 打开管理机，进入上网行为管理首页，单击“系统监控”→“实时流速”，用户 PC1 当前爱奇艺 PPS 视频流速不超过用户速率限制 1Mb/s，满足实验预期 3，如图 7-53 所示。

(4) 使用域账号 xiaoli 登录用户 PC1 虚拟机后，继续播放爱奇艺视频，当流量总额超过限额 20MB 时，用户 xiaoli 将不能继续正常观看视频，在上网行为管理上查看限额监控，可查看到 xiaoli 用户流量总量超限额的阻塞记录。

① 无法继续观看视频，满足实验预期 4，如图 7-54 所示。

图 7-52　爱奇艺视频播放

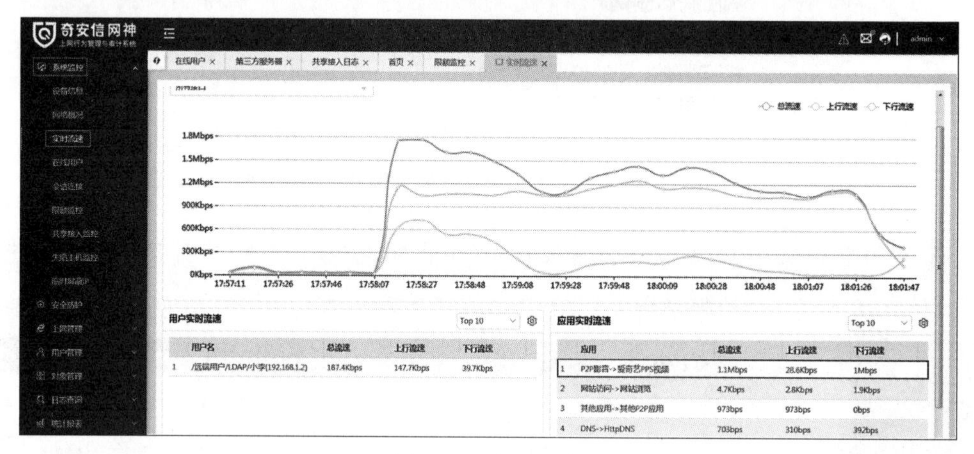


图 7-53　实时流速

图 7-54　无法观看视频

② 运行火狐浏览器，页面弹出“您必须先登录此网络才能访问互联网”的提示，如图 7-55 所示。

图 7-55　建立安全连接失败

③ 单击“打开网络登录页面”按钮，页面弹出“上网流量限额”的提示，满足实验预期 4，如图 7-56 所示。

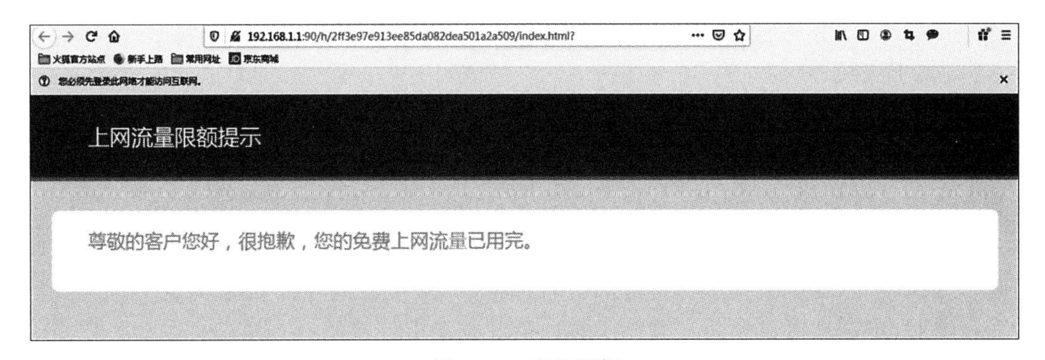


图 7-56　流量限额

④ 打开管理机，进入上网行为管理首页，单击“系统监控”→“限额监控”菜单，进入“限额监控”页面，查看到用户 PC 使用流量总量达到了 20MB 时的阻塞记录，满足实验预期 4，如图 7-57 所示。

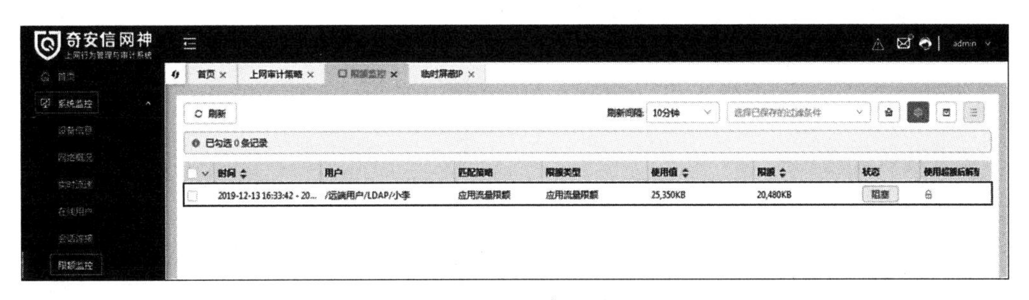


图 7-57　阻塞记录

【实验思考】

LDAP 服务器与 AD 服务器之间有什么关系?

## 7.2 权限管理实验

【实验目的】

了解上网行为管理三权分立模式下,超级管理员、管理员、审计员、审核员的权限。

【知识点】

三权分立模式。

【场景描述】

为了公司网络安全,A 公司决定将个人绩效与上网行为挂钩,公司 IT 总监要求小王创建账号:营销和研发办公区网管(需求:新建上网行为管理策略),办公区经理(需求:审核模式切换和账号创建),HRBP(需求:查看追踪员工上网行为,根据报表改进绩效)。请同学们和小王一起完成三权分立的配置。并通过建立全网站访问审计策略并查验效果的过程对各角色权限进行描述。

【实验原理】

上网行为管理有两种权限模式:普通模式和三权模式。普通模式下超级管理员独自管理,适用于中小型公司以及部分网络拓扑简单、权力较为集中的场景。三权模式由管理员和审核员共同管理公司网络,适用于网络安全规则较为严格的场景。

三权分立模式将管理员的权力下发给管理员、审核员、审计员三个角色,管理员可以新建管控或审计策略;审核员对新建的策略进行审核,审核通过后策略生效;当员工行为触发策略时,审计员可以登录上网行为管理系统查看审计日志。

三权分立模式下,权力较为分散,如果一个人误操作,成本较低,可以通过审核机制进行补救。并且,该模式下分工较为明确,各角色各司其职,提高了网络安全运维的整体效率。

【实验设备】

安全设备:上网行为管理设备 1 台。

网络设备:路由器 2 台。

主机终端:Windows 7 SP1 主机 3 台。

【实验拓扑】

实验拓扑如图 7-58 所示。

【实验思路】

(1) 使用 admin 账号登录上网行为管理。

(2) 配置桥口。

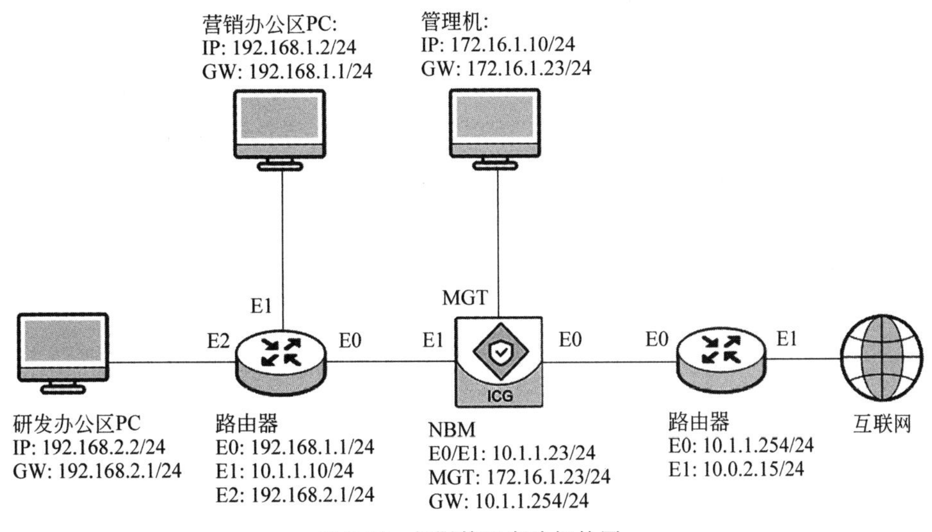


图 7-58 权限管理实验拓扑图

(3) 开启三权分立。

(4) 分别创建两个普通用户：营销办公区员工 xiaoliu、研发办公区员工 xiaohu。

(5) 创建普通管理员账号：营销办公区管理员账号 YXBGQWG、研发办公区管理员账号 YFBAUWG 并分配对应权限。

(6) 创建审计员账号：营销 HRBP 审计账号 YXHRBP、研发 HRBP 审计账号 YFHRBP 并分配对应权限。

(7) 登录审核员账号审核 admin 账号所提交的权限申请。

(8) 使用 admin 账号创建 SSL 解密策略“HTTPS 解密策略”。

(9) 使用 YXBGQWG 账号创建网页浏览策略“禁止访问 bilibili”。

(10) 使用 YFBGQWG 账号创建网页浏览策略“禁止访问淘宝”。

(11) 登录营销办公区员工 PC，打开浏览器访问 bilibili 网站。

(12) 登录研发办公区员工 PC，打开浏览器访问淘宝网站。

(13) 登录管理机，使用营销 HRBP 账号查看上网日志记录。

(14) 登录管理机，使用研发 HRBP 账号查看上网日志记录。

(15) 登录管理机，使用 admin 账号，将上网行为管理的权限模式修改为“普通模式”。

(16) 登录管理机，使用审核员账号，通过“权限模式”修改申请。

(17) 登录管理机，使用 admin 账号查看权限模式是否切换成功。

**【实验步骤】**

(1) 登录管理机，设置管理机 IP 与上网行为管理的 MGT 口 IP 为同一网段，登录实验拓扑中的管理机，配置管理机 IP 为 172.16.1.10/24，默认网关为 172.16.1.23，单击“确定”按钮。

(2) 打开管理机的浏览器，在地址栏中输入上网行为管理的访问地址“https://172.

16.1.23”(以实际 IP 为准),跳转至上网行为管理登录页面,小王在登录页面输入用户名“admin”、密码“admin123”(以实际密码为准)、验证码“v5xn”(以实际验证码为准),单击“登录”按钮。

(3) 为提高上网行为管理系统的安全性,系统会在用户使用初始密码登录时弹出“修改密码”对话框,本实验不需要修改默认密码,单击“暂不修改”按钮。

(4) 成功登录设备后,进入上网行为管理首页。

(5) 单击“网络配置”→“模式配置”菜单,单击“配置网络模式”按钮,进入“配置网络模式”配置页面。

(6) 在“网络模式选择”对话框中,选中“网桥模式”选项,单击“开始配置”按钮,进入“网桥模式配置”对话框。

(7) 在“网桥模式配置”对话框中,单击“新建”按钮,配置网桥接口。

(8) 在弹出的“编辑桥接口”对话框中填写配置信息。“名称”填写“br1”,“内网口”选择 eth1,“外网口”选择 eth0,“IP 地址/掩码”填写“10.1.1.23/24”,填写完成后,单击对话框下方的“确定”按钮。(注:在上网行为管理中,外网口一般与互联网连接,本实验拓扑中路由器 E1 口与外网连接,故外网口应与路由器 E0 口处于同一网段;内网口是上网行为管理与公司内部网络连接的接口。)

(9) 桥接口创建成功后,返回“网桥模式配置”页面,单击“下一步”按钮,进入“缺省网关”配置页面。

(10) 配置“缺省网关”为 10.1.1.254,单击“下一步”按钮。

(11) 进入“管理口配置”页面,本实验保持默认配置,单击“下一步”按钮。

(12) 所有的配置完成后,单击“保存并生效”按钮,使配置生效。

(13) 单击“网络配置”→“路由配置”菜单进行路由配置,单击“新建”按钮添加路由。

(14) 在弹出的“新建 IPv4 静态路由”对话框中新建一条静态路由,“目的地址”填写“192.168.0.0”,“IP 掩码”填写“255.255.0.0”, “下一跳”填写“10.1.1.10”,“接口”选择 br1,单击“确定”按钮,路由新建完成。

(15) 单击“系统配置”→“权限配置”菜单,单击“权限模式”按钮,弹出“权限模式切换”对话框,选择“三权模式”单选按钮,单击“确定”按钮,弹出“确认操作”对话框,单击“确定”按钮,开启三权分立,如图 7-59 所示。

(16) 单击“用户管理”→“组织结构”菜单,进入组织结构页面,单击“新建用户”按钮,弹出“新建用户”对话框,“名称”填写“xiaoliu”,“描述”填写“营销办公区员工”,“所属组”选择“/根/”,“IP/IP 段”填写“192.168.1.2”,单击“确定”按钮。

(17) 返回组织结构配置页面,单击“新建用户”按钮,弹出“新建用户”对话框,“名称”填写“xiaohu”,“描述”填写“研发办公区员工”,“所属组”选择“/根/”,“IP/IP 段”填写“192.168.2.2”,单击“确定”按钮,如图 7-60 所示。

(18) 单击“系统配置”→“权限配置”菜单,单击“新建”按钮,如图 7-61 所示。

(19) 在弹出的“新建权限账号”对话框中,“登录名”填写“YXBGQWG”,“描述”填写

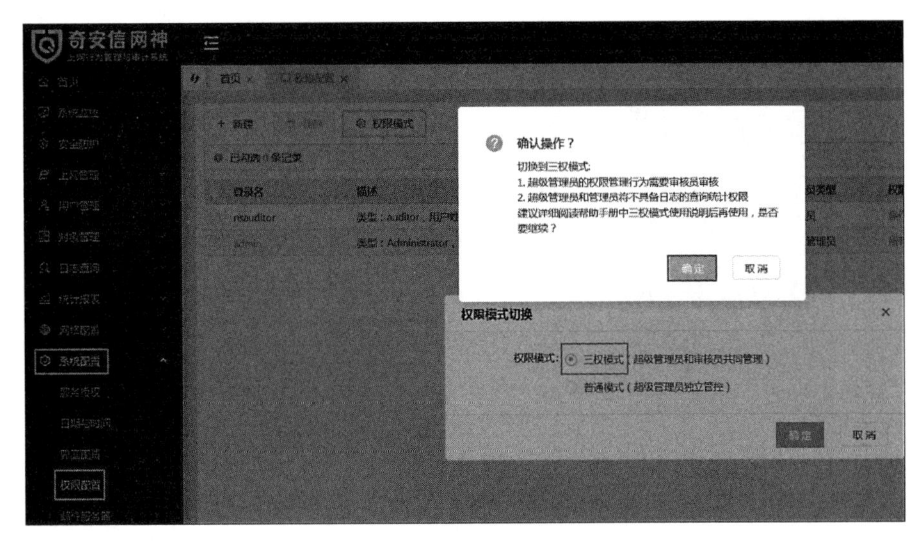


图 7-59　开启三权模式

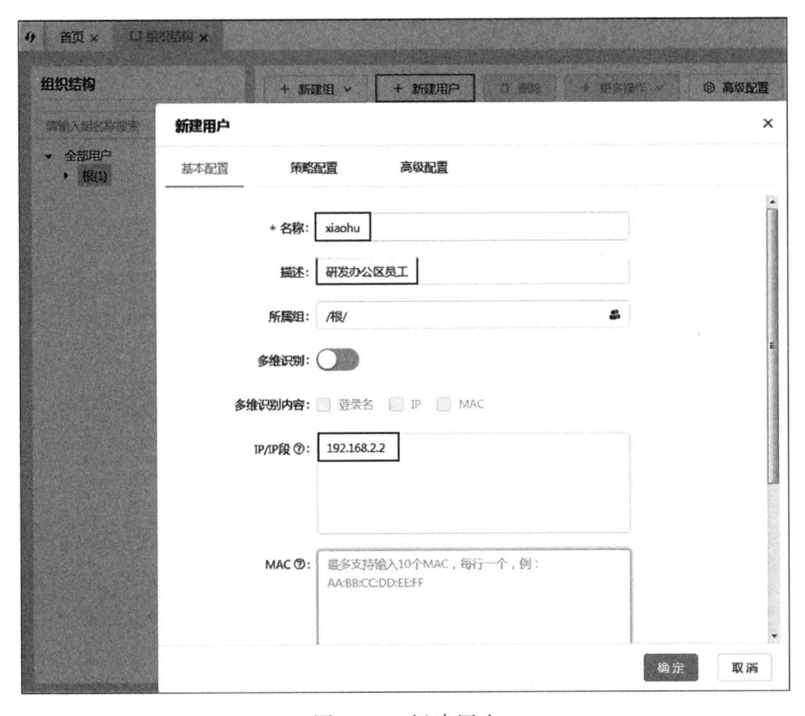


图 7-60　新建用户

“营销办公区网管”，“管理员类型”选择“管理员”，“密码”和“确认密码”填写“1qaz@WSX”，单击“管控权限”选项栏后的填写框，如图 7-62 所示。

(20) 在弹出的“权限设置”对话框中，勾选除“日志查询”选项外的其他所有复选框，如图 7-63 所示。

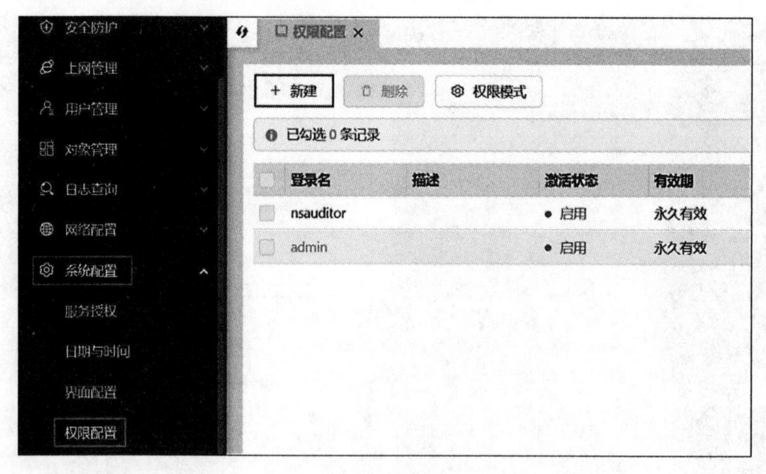


图 7-61　权限配置

图 7-62　新建营销办公区网管账号

(21) 单击“确定”按钮，返回“新建权限账号”对话框，如图 7-64 所示。

(22) 单击“管控用户范围”选项栏后的填写框，在弹出的“选择用户”对话框中，勾选 xiaoliu 复选框，单击“确定”按钮，如图 7-65 所示。

(23) 返回“新建权限账号”对话框，配置完成后，单击“确定”按钮，弹出“确认保存该管理员的权限”对话框，单击“确定”按钮，如图 7-66 所示。

(24) 返回“权限配置”页面，如图 7-67 所示。

(25) 单击“新建”按钮，在弹出的“新建权限账号”对话框中，“登录名”填写“YFBGQWG”，“描述”填写“研发办公区网管”，“管理员类型”选择“管理员”，“密码”和“确认密码”填写“1qaz@WSX”，单击“管控权限”选项栏后的填写框，如图 7-68 所示。

图 7-63　权限设置

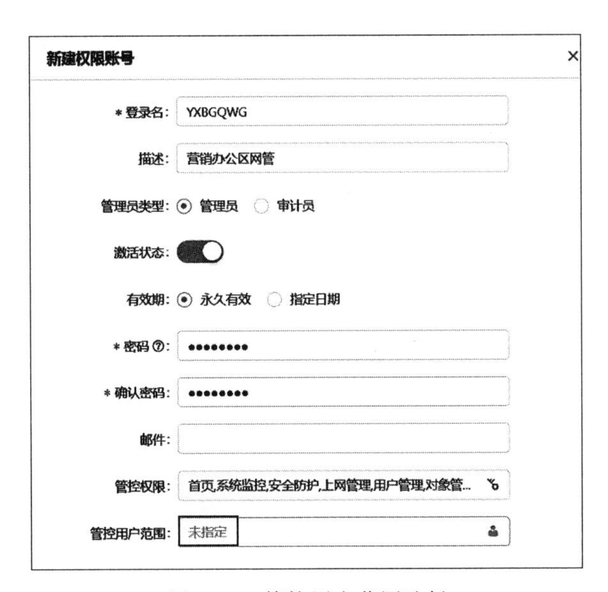


图 7-64　管控用户范围选择

(26) 在弹出的“权限设置”对话框中，勾选除“日志查询”选项外的其他所有复选框，如图 7-69 所示。

(27) 单击“确定”按钮，返回“新建权限账号”对话框，如图 7-70 所示。

(28) 单击“管控用户范围”选项栏后的填写框，在弹出的“选择用户”对话框中，勾选 xiaohu 复选框，单击“确定”按钮，如图 7-71 所示。

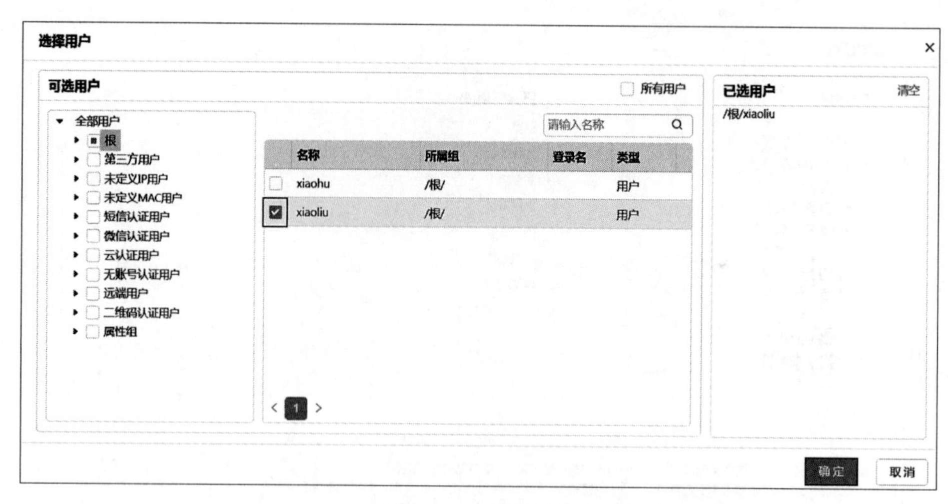


图 7-65　选择用户

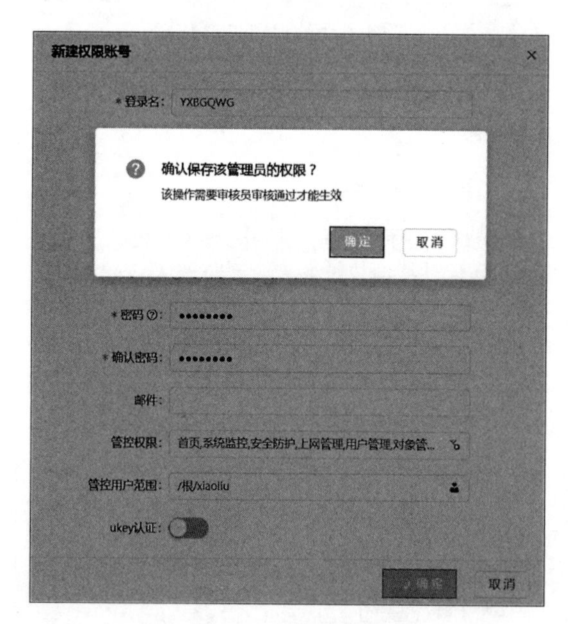


图 7-66　保存配置

图 7-67　新建账号

图 7-68　新建研发办公区网管账号

图 7-69　权限设置

(29) 返回"新建权限账号"对话框，配置完成后，单击"确定"按钮，弹出"确认保存该管理员的权限"对话框，单击"确定"按钮，如图 7-72 所示。

(30) 返回"权限配置"页面，如图 7-73 所示。

(31) 单击"新建"按钮，在弹出的"新建权限账号"对话框中，"登录名"填写"YXHRBP"，"描述"填写"营销人力"，"管理员类型"选择"审计员"，"密码"和"确认密码"填写"1qaz@WSX"，单击"管控权限"选项栏后的填写框，如图 7-74 所示。

(32) 在弹出的"权限设置"对话框中，勾选"日志查询"选项和"统计报表"选项，单击"确定"按钮，如图 7-75 所示。

图 7-70　管控用户范围选择

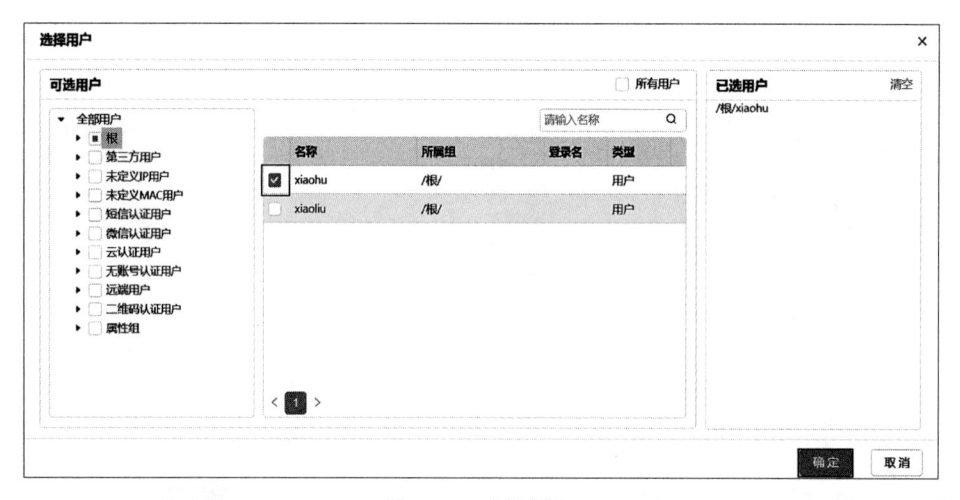


图 7-71　选择用户

(33) 返回"新建权限账号"对话框,单击"管控用户范围"选项栏后的填写框,如图 7-76 所示。

(34) 在弹出的"选择用户"对话框中,勾选 xiaoliu 复选框,单击"确定"按钮,如图 7-77 所示。

(35) 返回"新建权限账号"对话框,配置完成后,单击"确定"按钮,弹出"确认保存该审计员的权限"对话框,单击"确定"按钮,如图 7-78 所示。

(36) 返回"权限配置"页面,如图 7-79 所示。

(37) 单击"新建"按钮,在弹出的"新建权限账号"对话框中,"登录名"填写"YFHRBP","描述"填写"研发人力","管理员类型"选择"审计员","密码"和"确认密码"

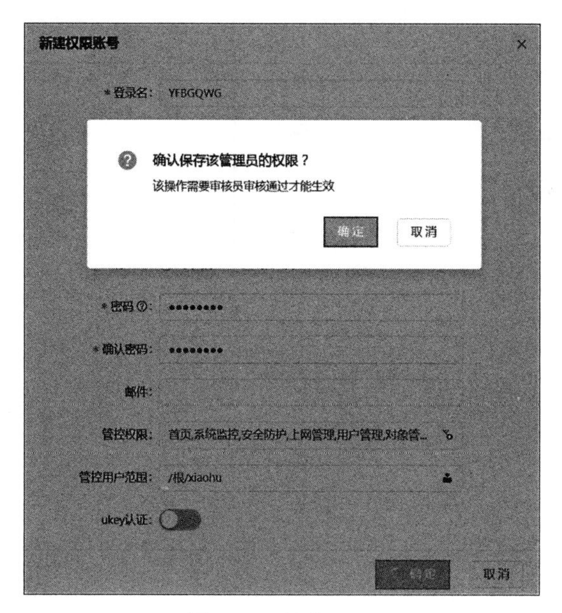


图 7-72　保存配置

图 7-73　新建账号

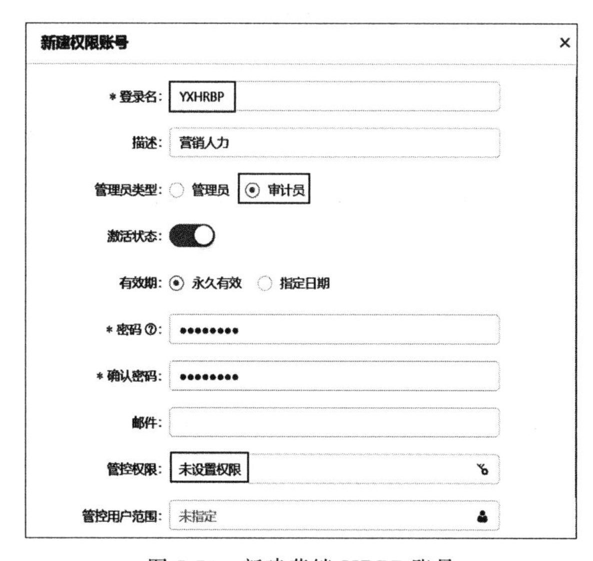


图 7-74　新建营销 HRBP 账号

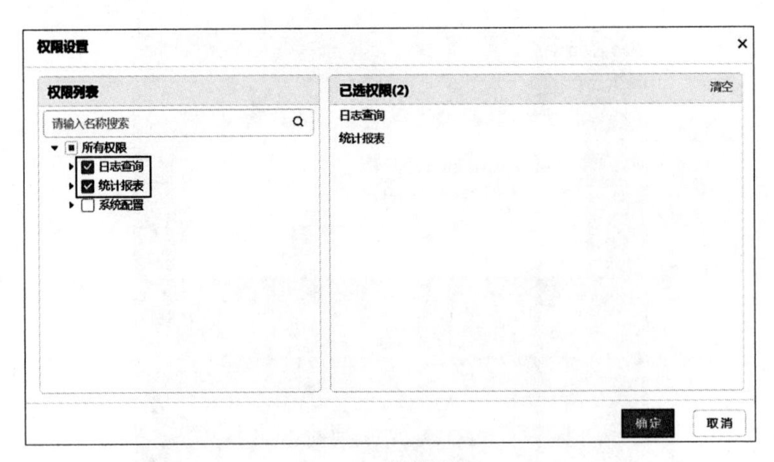


图 7-75　权限设置

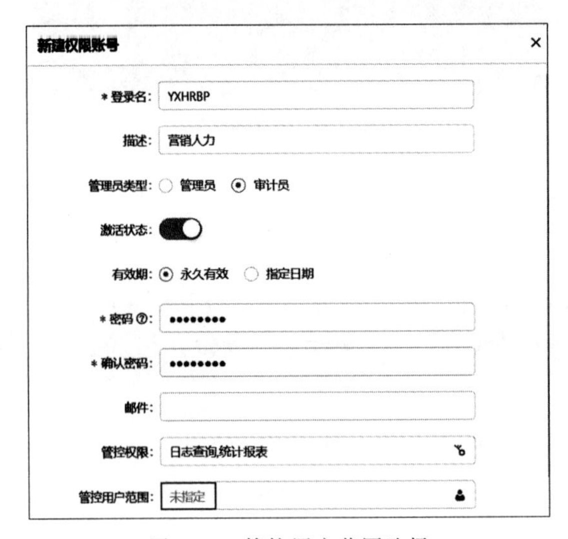


图 7-76　管控用户范围选择

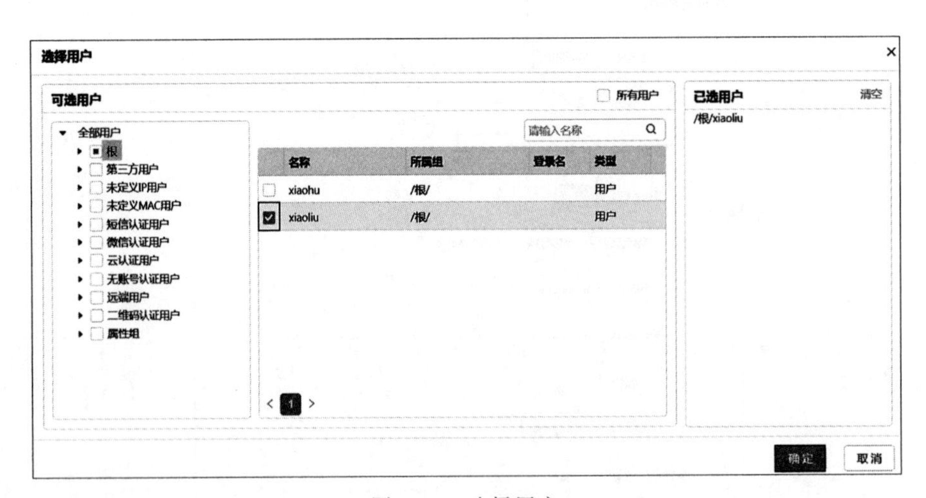


图 7-77　选择用户

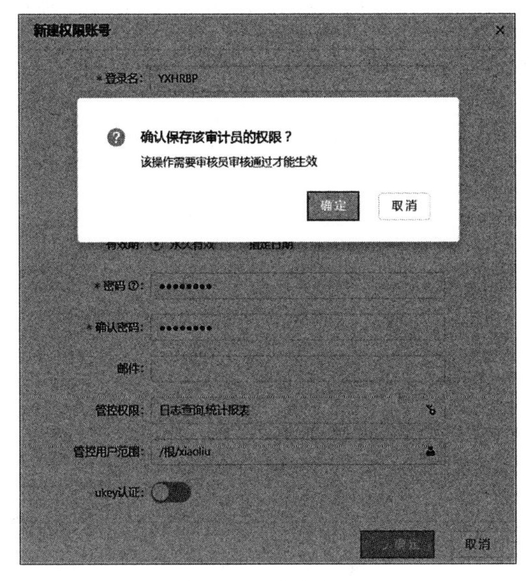

新建权限账号
* 登录名: YXHRBP
确认保存该审计员的权限？
该操作需要审核员审核通过才能生效
确定
取消
* 密码 ⑦: ••••••••
* 确认密码: ••••••••
邮件:
管控权限: 日志查询,统计报表
管控用户范围: /根/xiaoliu
ukey认证:
取消

图 7-78　保存配置

权限配置
+ 新建
删除
权限模式
已勾选 0 条记录
登录名
描述
激活状态
有效期
邮件
管理员类型
nsauditor
启用
永久有效
Nsauditor@localh...
审核员
admin
启用
永久有效
Admin@localhost....
超级管理员
YXBGQWG
营销办公区网管
启用
永久有效
管理员

图 7-79　新建账号

填写“1qaz@WSX”，单击“管控权限”选项栏后的填写框，如图 7-80 所示。

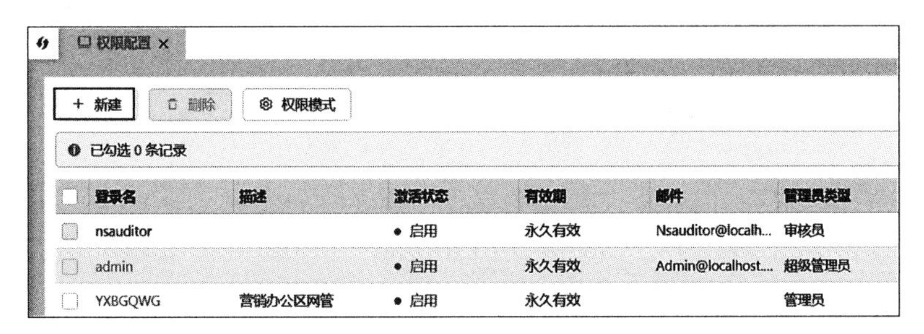

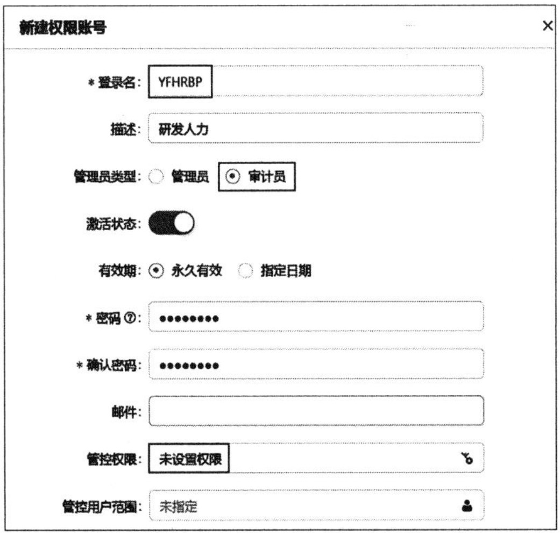

新建权限账号
* 登录名: YFHRBP
描述: 研发人力
管理员类型: 管理员 审计员
激活状态:
有效期: 永久有效 指定日期
* 密码 ⑦: ••••••••
* 确认密码: ••••••••
邮件:
管控权限: 未设置权限
管控用户范围: 未指定

图 7-80　新建研发 HRBP 账号

(38) 在弹出的“权限设置”对话框中,勾选“日志查询”和“统计报表”复选框,单击“确定”按钮,如图 7-81 所示。

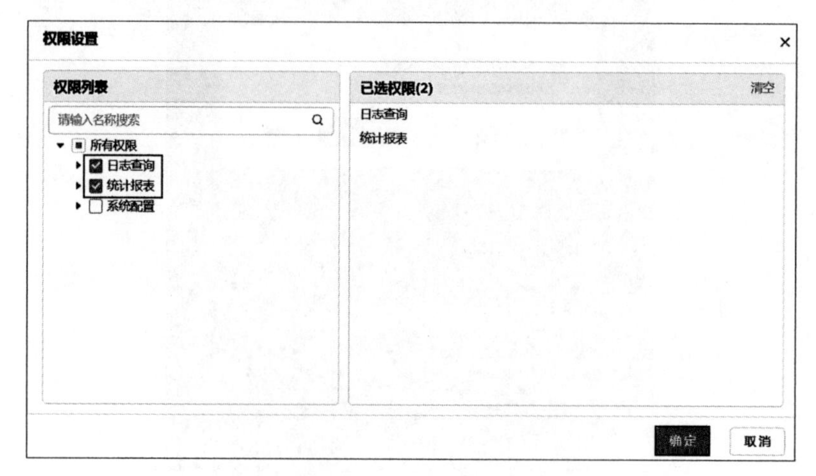


图 7-81　权限设置

(39) 返回“新建权限账号”对话框,单击“管控用户范围”选项栏后的填写框,如图 7-82 所示。

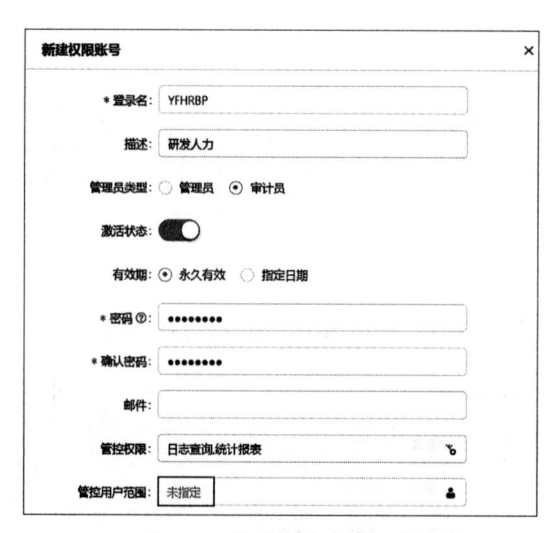


图 7-82　管控用户范围选择

(40) 在弹出的“选择用户”对话框中,勾选 xiaohu 复选框,单击“确定”按钮,如图 7-83 所示。

(41) 返回“新建权限账号”对话框,配置完成后,单击“确定”按钮,保存配置,如图 7-84 所示。

(42) 账号创建完成后,单击“审核”列表栏的“提交审核”图标,如图 7-85 所示。

(43) 返回上网行为管理登录界面,办公区经理使用账号 nsauditor,密码 (C%8GUwupZ(以实际为准),验证码 5x48(以实际为准)登录上网行为管理,进行账号申请的

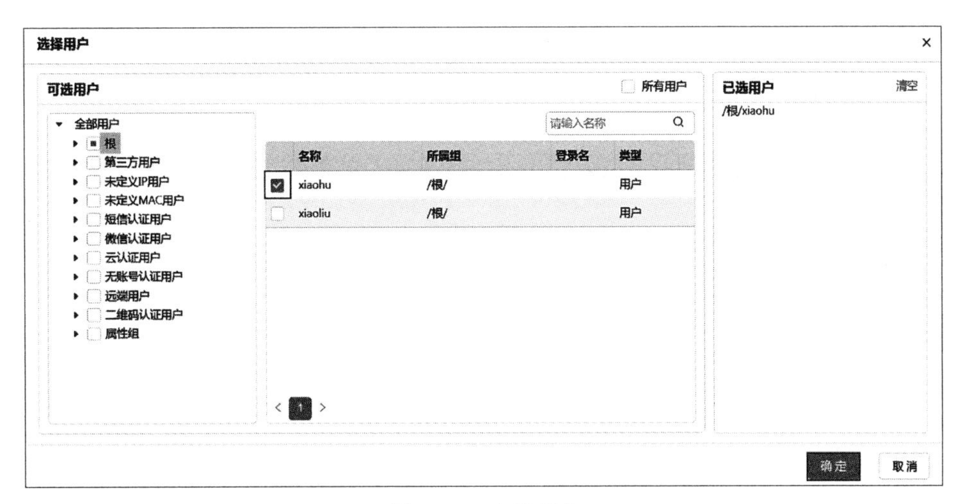


图 7-83　选择用户

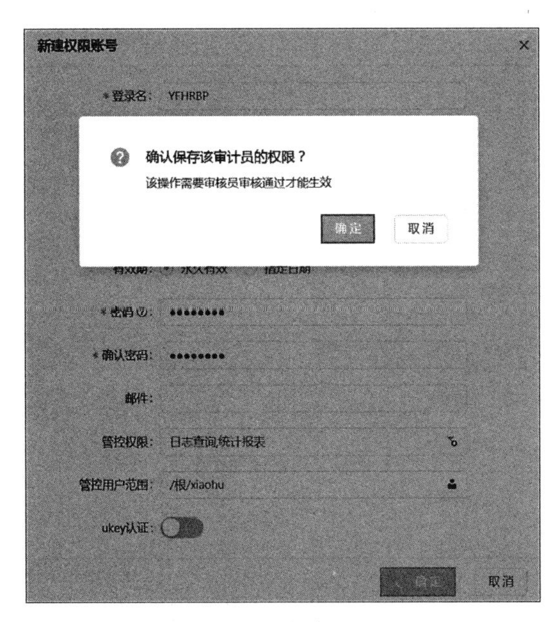


图 7-84　保存配置

首页 ×　权限配置 ×

+ 新建　删除　权限模式　请输入登录名/描述/邮件

已勾选 0 条记录

| 登录名 | 描述 | 激活状态 | 有效期 | 邮件 | 管理员类型 | 权限列表 | 管控用户范围 | ukey认证 | 变更类型 | 审核状态 | 审核 |
|---|---|---|---|---|---|---|---|---|---|---|---|
| nsauditor | 类型：auditor，用户... | • 启用 | 永久有效 | Nsauditor@local... | 审核员 | 操作日志,权限配置 | - | 关闭 | | | |
| admin | 类型：Administrator... | • 启用 | 永久有效 | Admin@localhos... | 超级管理员 | 所有权限 | 所有用户 | 关闭 | | | |
| YXBGQWG | 营销办公区网管 | • 启用 | 永久有效 | | 管理员 | 首页,系统监控,安全防护,上... | /根/xiaoliu | 关闭 | 新建 | 审核中 | 提交审核 |
| YFBGQWG | 研发办公区网管 | • 启用 | 永久有效 | | 管理员 | 首页,系统监控,安全防护,上... | /根/xiaohu | 关闭 | 新建 | 未提交 | |
| YXHRBP | 营销人力 | • 启用 | 永久有效 | | 审计员 | 日志查询,统计报表 | /根/xiaoliu | 关闭 | 新建 | 未提交 | |
| YFHRBP | 研发人力 | • 启用 | 永久有效 | | 审计员 | 日志查询,统计报表 | /根/xiaohu | 关闭 | 新建 | 未提交 | |

图 7-85　提交审核

审批。

(44) 单击“系统配置”→“权限配置”菜单，单击“审核”列表栏的“通过”按钮，如图 7-86 所示。

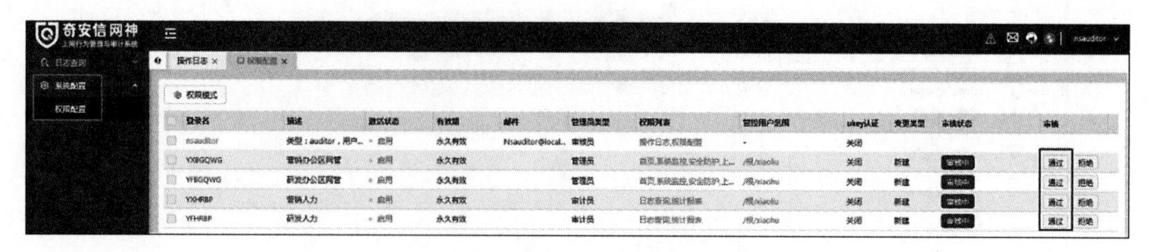

图 7-86　审核通过

(45) 返回上网行为管理登录界面，小王使用账号 admin，密码 admin123(以实际密码为准)，验证码 v5xn(以实际验证码为准)登录上网行为管理。

(46) 单击“上网管理”→“SSL 解密”→“解密策略”菜单，单击“新建”按钮，弹出“新建 SSL 解密策略”对话框，“名称”填写“HTTPS 解密策略”，本实验中其他配置保持默认，单击“目的地址”选项栏后的填写框。

(47) 在弹出的“选择目的对象”对话框中，单击选择“HTTPS 网站分类对象”选项，在“网站分类”列表栏，勾选“所有网站分类”选项，单击“确定”按钮。

(48) 所有配置完成后，打开“新建 SSL 解密策略”对话框，查看到新建 SSL 解密策略成功，单击“确定”按钮，如图 7-87 所示。

图 7-87　新建 SSL 解密策略

(49) 单击右上角的“立即生效”按钮，弹出“确认立即生效”对话框，单击“确定”按钮，如图 7-88 所示。

(50) 返回上网行为管理登录页面，在登录页面输入用户名“YXBGQWG”、密码“1qaz@WSX”(以实际密码为准)、验证码“88r6”(以实际验证码为准)，单击“登录”按钮。

(51) 单击“上网管理”→“上网审计策略”菜单，单击“新建”按钮，在下拉列表框中选择“网页浏览策略”选项。

图 7-88 立即生效

(52) 在弹出的“新建网页浏览策略”对话框中，“名称”填写“禁止访问 bilibili”，“用户”选择“/根/xiaoliu”，单击“更多条件”按钮，在下拉列表框中选择“网址”选项，单击“任意”选项栏，如图 7-89 所示。

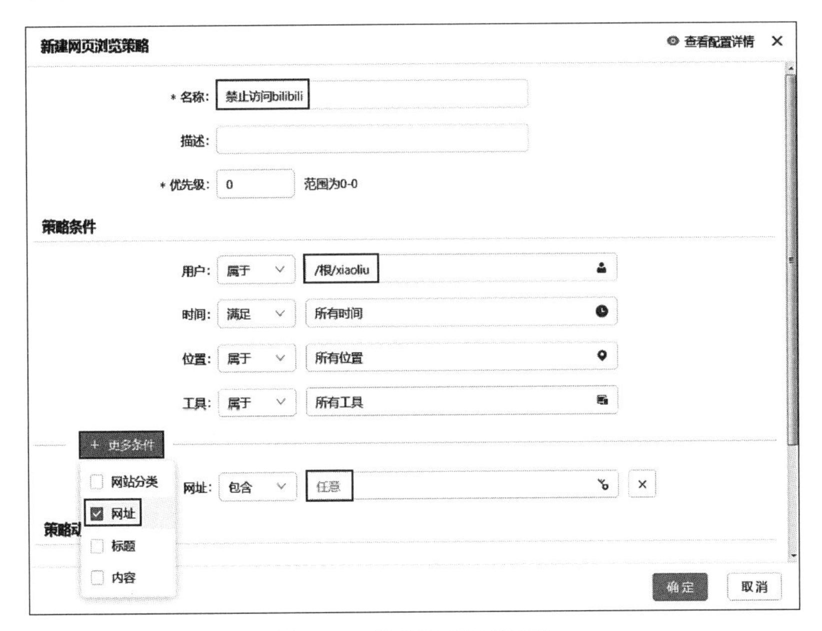


图 7-89 新建网页浏览策略

(53) 在弹出的“选择关键字对象”对话框中，单击“新建”按钮，弹出“新建关键字对象”对话框，“名称”填写“bilibili”，“格式”选择“普通表达式”，“关键字”填写“bilibili.com”，单击“确定”按钮，如图 7-90 所示。

(54) 返回“选择关键字对象”页面，选中新建的关键字对象 bilibili，单击“确定”按钮，如图 7-91 所示。

(55) 返回“新建网页浏览策略”对话框，在“策略动作”选项栏中，“控制动作”选择“阻塞”，“阻塞页面”选择“[默认]阻塞提示页面”，“记录方式”选择“记录行为”，单击“确定”按钮，如图 7-92 所示。

(56) 单击右上角的“立即生效”按钮，弹出“本次策略改动列表”对话框，单击“生效”按钮，如图 7-93 所示。

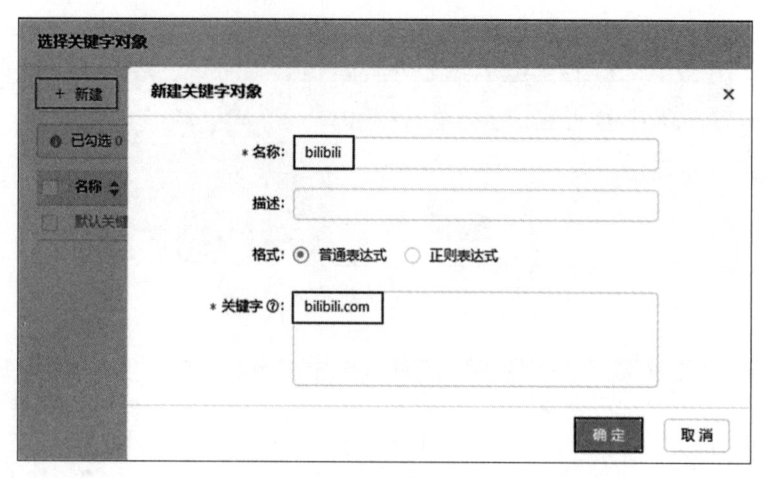


图 7-90　新建关键字对象 bilibili

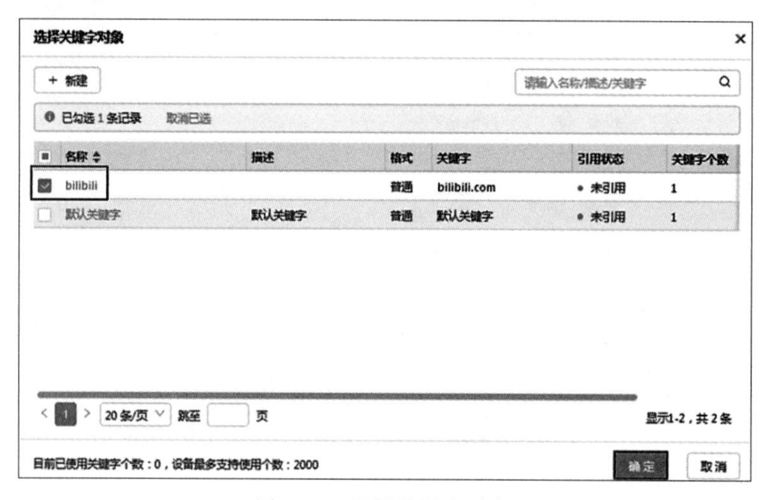


图 7-91　选择关键字对象

（57）返回上网行为管理登录页面，在登录页面输入用户名“YFBGQWG”、密码“1qaz@WSX”（以实际密码为准）、验证码“6szu”（以实际验证码为准），单击“登录”按钮。

（58）单击“上网管理”→“上网审计策略”菜单，单击“新建”按钮，在下拉列表框中单击“网页浏览策略”选项，如图 7-94 所示。

（59）在弹出的“新建网页浏览策略”对话框中，“名称”填写“禁止访问淘宝”，“用户”选择“/根/xiaohu”，单击“更多条件”按钮，在下拉列表框中选择“网址”复选项，单击“任意”选项栏，如图 7-95 所示。

（60）在弹出的“选择关键字对象”对话框中，单击“新建”按钮，弹出“新建关键字对象”对话框，“名称”填写“淘宝”，“格式”选择“普通表达式”，“关键字”填写“taobao.com”，单击“确定”按钮，如图 7-96 所示。

（61）返回“选择关键字对象”页面，选中新建的关键字对象“淘宝”，单击“确定”按钮，如图 7-97 所示。

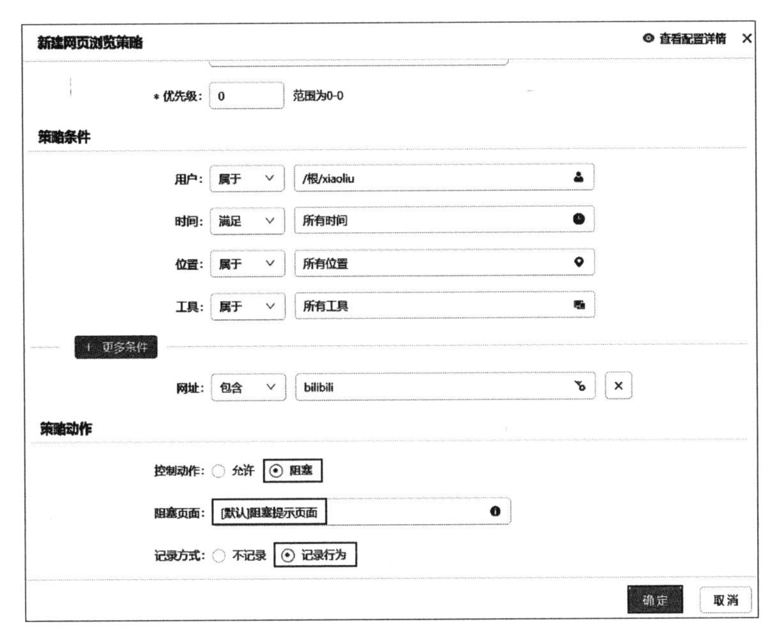


图 7-92　配置策略动作

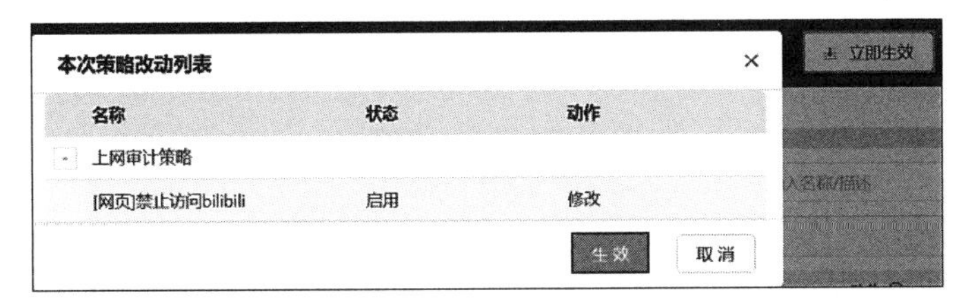


图 7-93　立即生效

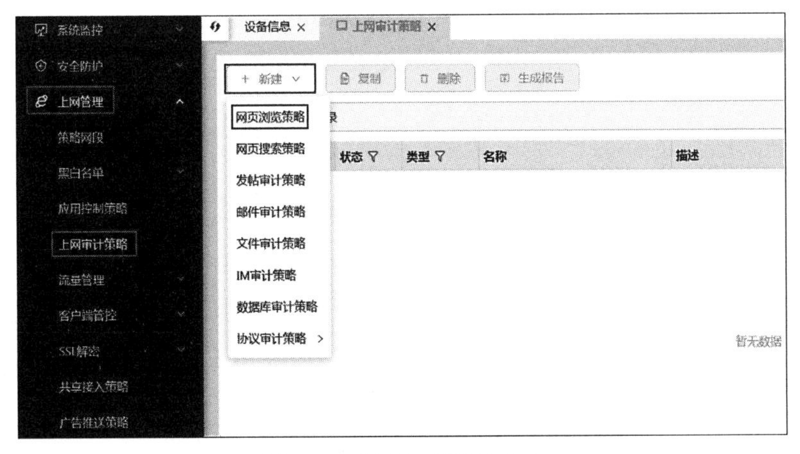


图 7-94　新建网页浏览策略

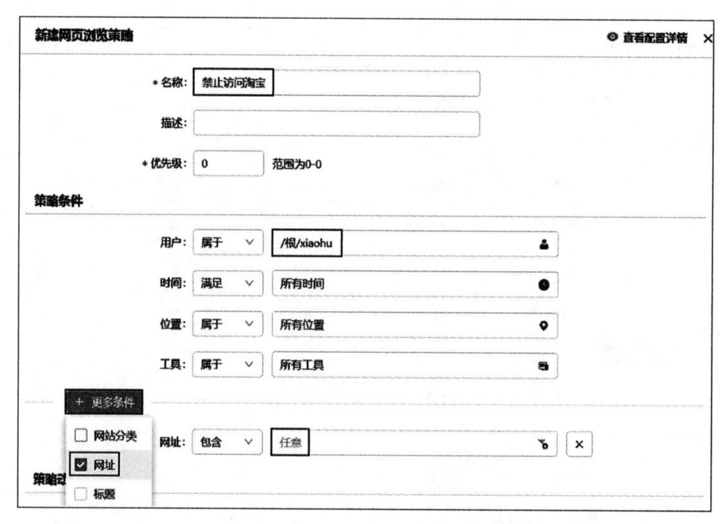


图 7-95 新建网页浏览策略

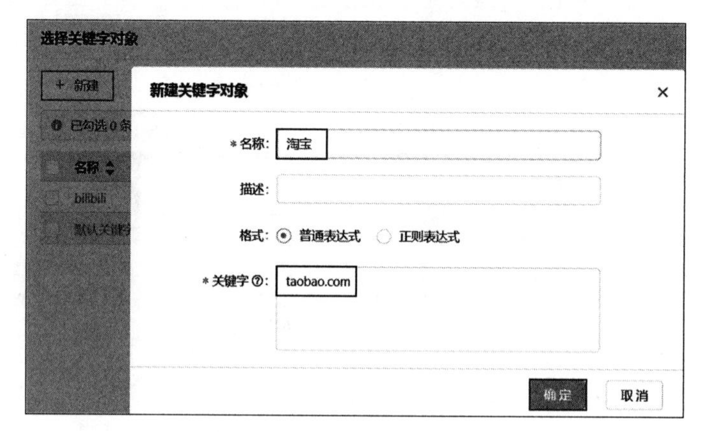


图 7-96 新建关键字对象淘宝

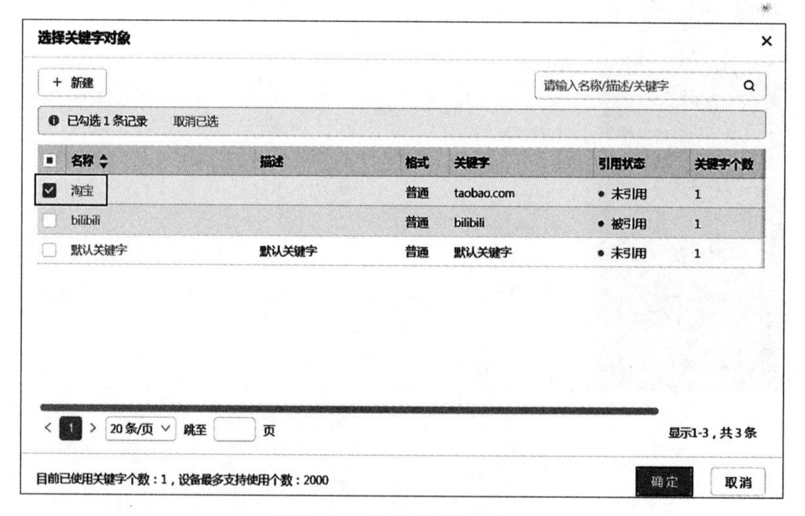


图 7-97 选择关键字对象

(62) 返回“新建网页浏览策略”对话框，在“策略动作”选项栏中，“控制动作”选择“阻塞”，“阻塞页面”选择“[默认]阻塞提示页面”，“记录方式”选择“记录行为”，单击“确定”按钮，如图 7-98 所示。

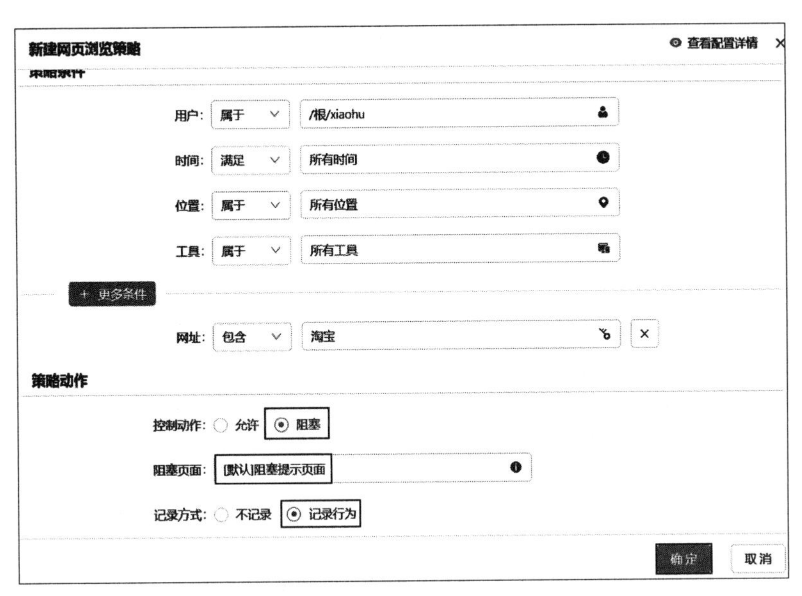


图 7-98　保存配置

(63) 单击右上角的“立即生效”按钮，弹出“本次策略改动列表”对话框，单击“生效”按钮，如图 7-99 所示。

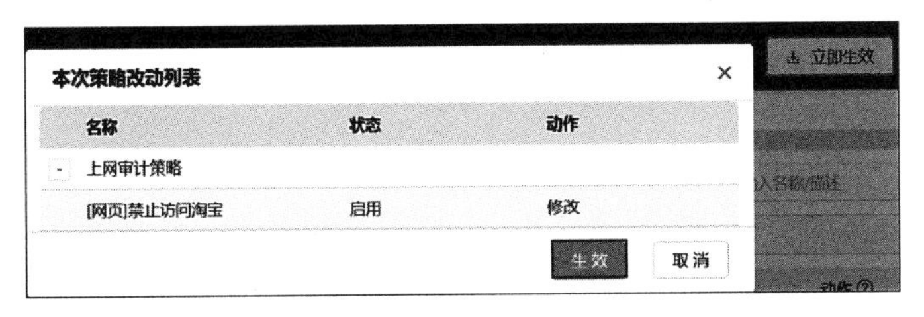


图 7-99　立即生效

**【实验预期】**

(1) 登录营销办公区 PC，打开浏览器访问 bilibili 失败，营销办公区网管创建的策略生效。

(2) 营销部门 HRBP 登录上网行为管理，在日志查询的审计日志中查看到 xiaoliu 被阻塞的记录。

(3) 登录研发办公区 PC，进入浏览器访问淘宝失败，研发办公区网管创建的策略生效。

(4) 研发部门 HRBP 登录上网行为管理，在日志查询的审计日志中查看到 xiaohu 被阻塞的记录。

(5) 使用 admin 管理员账号登录上网行为管理后提出修改三权分立模式为普通模式需审核员审核。

(6) 使用审核员账号登录上网行为管理审核通过由权限模式申请后,权限模式切换成功。

(7) 使用 admin 管理员账号登录上网行为管理,查看权限模式成功修改为普通模式。

**【实验结果】**

(1) 进入营销办公区 PC,双击桌面的谷歌浏览器快捷方式,运行谷歌浏览器。

(2) 在地址栏中输入网址"bilibili.com",访问失败,满足实验预期 1,如图 7-100 所示。

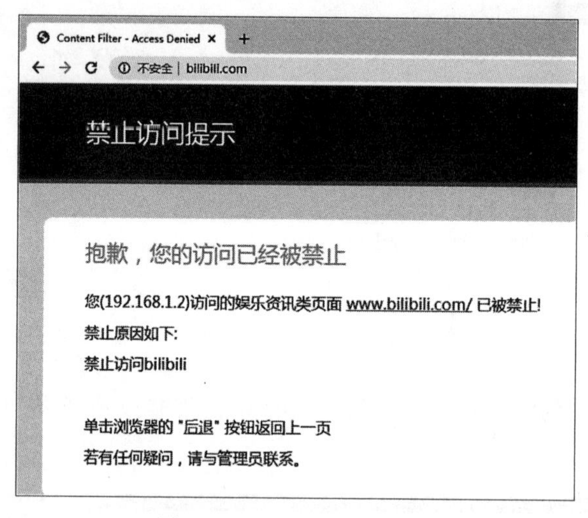


图 7-100 访问 bilibili 失败

(3) 返回上网行为管理登录页面,在登录页面输入用户名"YXHRBP"、密码"1qaz@WSX"(以实际密码为准)、验证码"88r6"(以实际验证码为准),单击"登录"按钮。

(4) 单击"日志查询"→"审计日志"菜单,阻塞记录如下,满足实验预期 2,如图 7-101 所示。

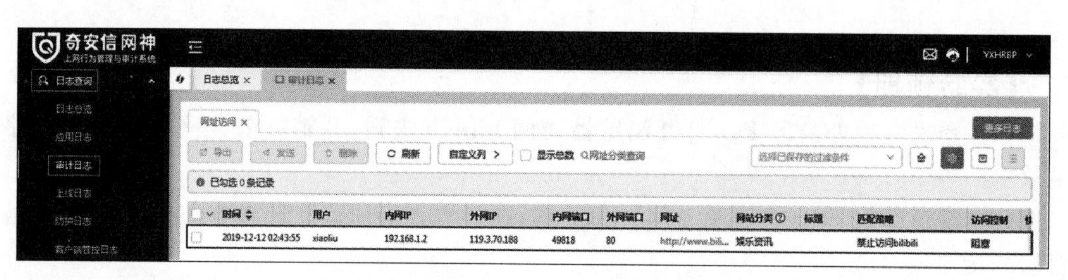


图 7-101 阻塞日志

(5) 进入研发办公区 PC,双击桌面的谷歌浏览器快捷方式,运行谷歌浏览器。

(6) 在地址栏中输入网址"taobao.com",访问失败,满足实验预期 3,如图 7-102 所示。

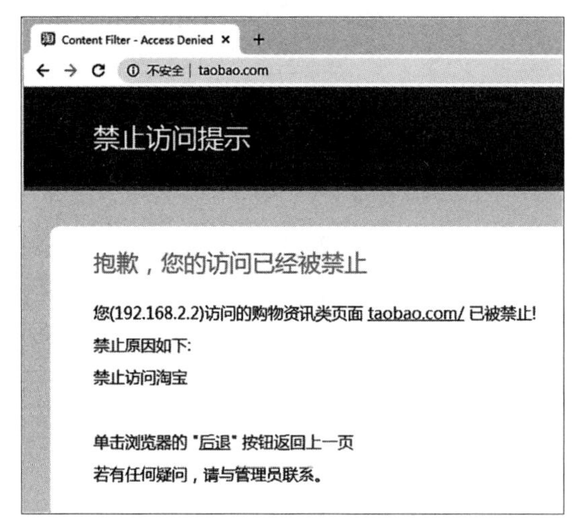


图 7-102　访问淘宝失败

(7) 返回上网行为管理登录页面，在登录页面输入用户名“YFHRBP”、密码“1qaz@WSX”(以实际密码为准)、验证码“88r6”(以实际验证码为准)，单击“登录”按钮。

(8) 单击“日志查询”→“审计日志”菜单，阻塞记录如下，满足实验预期 4，如图 7-103 所示。

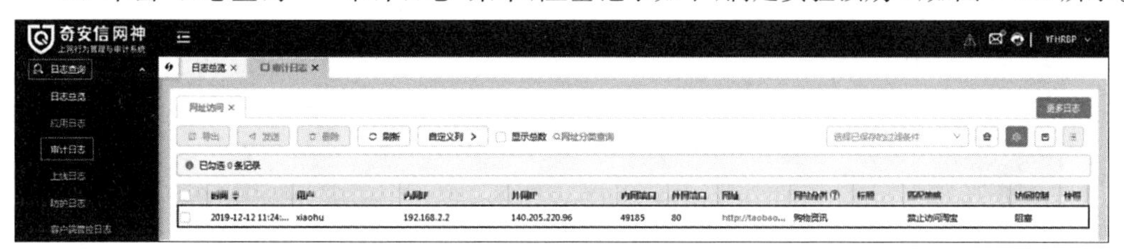


图 7-103　阻塞记录

(9) 返回上网行为管理登录页面，在登录页面输入用户名“admin”、密码“admin123”(以实际密码为准)、验证码“v5xn”(以实际验证码为准)，单击“登录”按钮。

(10) 单击“系统配置”→“权限配置”菜单，单击“权限模式”按钮，弹出“权限模式切换”对话框，选择“普通模式”单选按钮，单击“确定”按钮，弹出“确认操作”对话框，单击“确定”按钮，切换为普通模式，满足实验预期 5，如图 7-104 所示。

(11) 返回上网行为管理登录页面，在登录页面输入用户名“nsauditor”、密码(“C%8GUwupZ”(以实际密码为准)、验证码“ku9m”(以实际验证码为准)，单击“登录”按钮。

(12) 单击“系统配置”→“权限配置”菜单，单击“权限模式”按钮，弹出“权限模式切换”对话框，单击“通过”按钮，弹出“提示”对话框，单击“确定”按钮，满足实验预期 6，如图 7-105 所示。

(13) 页面自动跳转到上网行为管理登录页面，在登录页面输入用户名“admin”、密码“admin123”(以实际密码为准)、验证码“v5xn”(以实际验证码为准)，单击“登录”按钮。

(14) 单击“系统配置”→“权限配置”菜单，单击“权限模式”按钮，弹出“权限模式切换”对话框，模式切换为普通模式成功，满足实验预期 7，如图 7-106 所示。

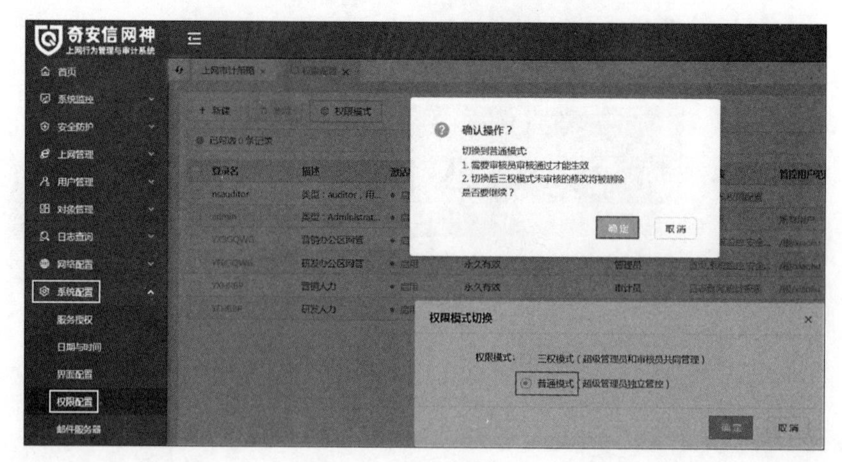


图 7-104　切换权限模式

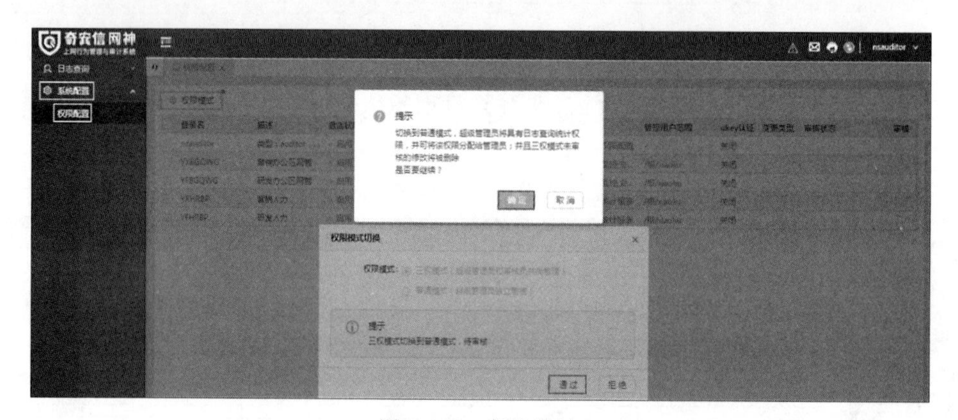


图 7-105　审核通过

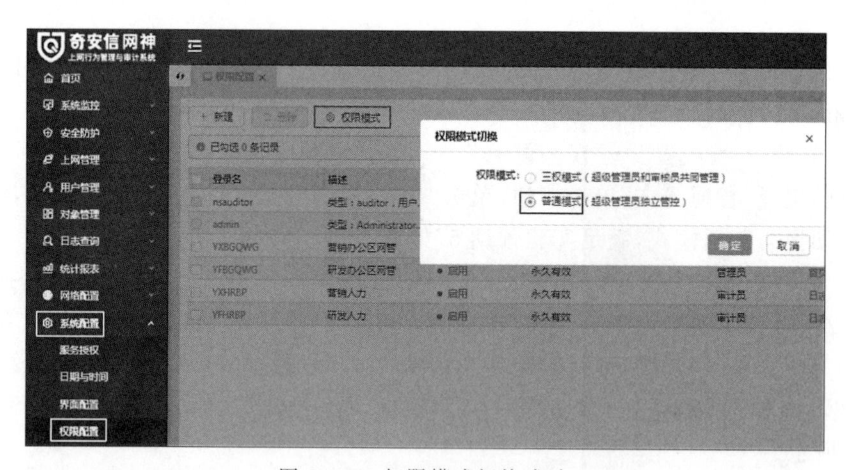


图 7-106　权限模式切换成功

## 【实验思考】

普通管理员是否可以删除超级管理员创建的策略？